电脑精品课堂系列教程

电脑入门教程与上机实训

东正科技 主编
曾双明 蔡广琴 等编著

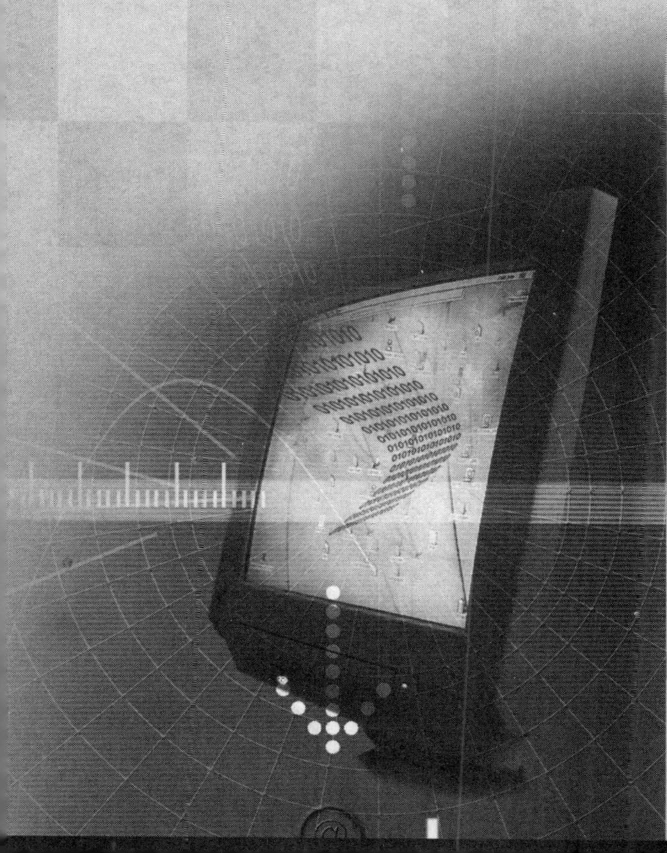

网上增值服务：

- ★实例视频演示文件
- ★素材、源文件、习题
- ★配套教学PPT文档

机械工业出版社
China Machine Press

本书从初学者的角度出发，系统全面地介绍了计算机的基础入门、汉字的输入方法、五笔字型输入法、认识 Windows XP、Windows XP 的操作基础与基本设置、计算机的优化与维护、Office 2003 入门操作与提高、畅游 Internet 以及计算机常用软件等内容。

全书每章主要分为学习目标、基础讲解、上机实训、总结提高、课后习题五部分，并以此为基础，引导读者从理论到实际操作，逐步加深对计算机常用软件各项功能的理解，提高其操作水平。

本书可作为计算机培训班教材，高职、中专计算机以及非计算机专业的教材，也可作为计算机爱好者的参考教材。

图书在版编目（CIP）数据

电脑入门教程与上机实训/东正科技主编.

-北京：机械工业出版社，2005.8

（电脑精品课堂系列教程）

ISBN 7-111-17296-5

Ⅰ. 电…　Ⅱ. 东…　Ⅲ. 电子计算机-教材　Ⅳ.TP3

中国版本图书馆 CIP 数据核字（2005）第 098283 号

机械工业出版社（北京市百万庄大街 22 号　邮政编码 100037）

策划编辑：朱英彪　责任编辑：闫志朝　版式设计：侯哲芬

北京蓝海印刷有限公司印刷

2005 年 9 月第 1 版第 1 次印刷

850mm×1168mm 1/16 · 20.25 印张 · 499 千字

0001~6000 册

定价：28.00 元

丛　书　序

随着计算机的日益普及，使用计算机已经成为现代人必须具备的一项基本技能。在我国，从零开始学习计算机的人数仍直线上升，在这些人群中就有相当数量的人希望能像学生一样坐在教室里接受相关的教育。于是，国内的许多计算机培训学校、电大、各类高校成教部针对这方面的需求，开设了各具特色的长、中、短期培训班另外为更多的学生群体创造学习的条件。他们所开展的教学，大多以突出实用性为主，采取边教学边上机操作的方式，着重培养学生的实际动手能力，使学生能将所学的技能直接用于社会工作中。

同时，IT 行业的发展和激烈的人才竞争也对 IT 从业人员提出了越来越高的要求，在此背景下，计算机高职高专教育发展非常迅速，在数量上已经超过了对本科人才的需求。高职高专这个层次有自己的特殊性，时间只有三年，要学习的内容很多，在教学要求上，既要有相当坚实的理论基础，又要能运用理论解决实际问题。目前在培养这个层次人才的过程中，突出矛盾之一是缺乏合适的教材，既要高于中专层次，又不宜用本科教材。

根据职业学校非计算机专业计算机教学以及计算机培训的特点，我们策划了“电脑精品课堂系列教程”。本套教程在注重系统性、科学性的基础上突出了实用性和操作性，重点讲述计算机的基本概念和基本操作方法，强调上机实训。按照由浅入深的教学原则，把各册教材的内容分割成若干个模块，采取循序渐进的教学方法，力求通俗而不肤浅，深入而不玄奥。对重点概念、重要的操作技能，讲深讲透。

丛书内容

2005 年推出的首批图书，为多数学校最常开设的课程，具体如下：

《五笔字型教程与上机实训》　《三维设计教程与上机实训 3ds max 7》

《电脑入门教程与上机实训》　《平面设计教程与上机实训 Photoshop CS》

《计算机组装与维修实训教程》　《动画制作教程与上机实训 Flash MX 2004》

《电脑上网教程与上机实训》　《建筑设计教程与上机实训 AutoCAD 2006》

《局域网组建与维护实训教程》　《机械设计教程与上机实训 AutoCAD 2006》

《网页制作教程与上机实训 Dreamweaver MX 2004》

《办公自动化教程与上机实训 Windows XP・Office 2003・Internet》

丛书体系

本系列在内容安排上，以培养计算机应用能力为主线，构造该专业的课程设置体系和教学内容体系；从计算机应用需求出发，进行理论教学，强调理论教学与实际操作密切结合，尤其突出实践体系与技术应用能力的实训环节的教学；教材编写力求内容新颖、结构合理、概念清晰、实用性强、通俗易懂、前后相关课程有较好的衔接。与其他图书相比，本套教材在培养学生的应用技能上更有特色。

丛书特色

与其他同类教材相比，本系列具有如下优势：

☑ **结构合理**：丛书中的每本图书均保持相同的体系，以章为单位，包括本章导读、基础知识、上机实训、总结提高、课后习题等部分内容。既适合老师教学使用，也适合初学者自学使用。

☑ **图文结合**：一般情况下，过多的文字叙述会给初学者带来一定的学习障碍，许多学生和老师都反映应尽量地增大图的比例。因此，丛书配有相应的图片，并使图片与文字能够有机地结合在一起，以帮助读者更好地学习。

☑ **讲解到位**：讲透基本理论、基本原理、方法和技术，在写法上力求叙述详细、具体、通俗易懂，对于一些关键的技术，都配有实例，让读者在实践中学习和提高。

☑ **图解教学**：对于一些复杂的对话框，采用箭头标注的方式，告诉读者如何设置，读者不需要阅读数种文字，只要按图索骥，就可以完成实例，简单明了。

☑ **实例精美**：对于本系列中的设计类教材，所选的例子与行业应用结合十分紧密，具有很强的应用性，如产品包装、广告设计等，或者是生活中常用的，如餐厅、客厅等。这些都是作者多年工作经验的结晶，相信一定会给读者以艺术的熏陶。

☑ **操作性强**：除书中的“上机实训”部分内容外，基础知识的介绍也均采取操作步骤的方式，这样避免了繁琐的语言叙述，读者可在实际操作的过程中掌握这些基础知识的应用。

☑ **作者实力雄厚**：这套教材都是聘请大专院校有丰富教学实践经验、工作在第一线的专家、教授编写。在编写过程中，充分考虑了大专院校的特点，在选材上贯彻少而精的原则，力求理论密切联系实际，深入浅出，便于教学。

☑ **读书笔记**：为便于读者学习使用本书时的记录和总结，我们在开本和版式上做了精心的安排。本书开本略大于正常 16 开，留出书的外侧部分可作为学习时记录之用；同时，每章最后的“读书笔记”可以由读者对本章的学习作一总结，以求巩固提高。

增值服务

为方便教师教学和读者练习使用，我们提供了丰富的学习资料：

☑ 书中实例的视频演示文件

☑ 习题及答案

☑ 书中的素材、源文件及最终结果

注：书中讲解时提到的素材、源文件等，均为从网上下载的文件，介绍时采用“打开下载素材|……|……文件”的方式，也可根据对应的目录找到所需的资料进行操作。

大家可以通过网站下载这些资料，也可以通过论坛咨询疑难问题与作者进行交流。

下载网址：http://www.cmpbook.com/jk_xz.asp

论坛：http://www.cmpbook.com/jk_ly.asp

另外，还制作了本书配套的**教学 PPT 文档**，教师可以通过邮件获取：

jpclass@126.com

前　　言

随着科技的不断发展，当今社会已经是一个信息化、数字化的社会。人们的生活、学习和工作都已离不开计算机的使用。

会使用计算机已经成为当今社会衡量一个人能力的主要标准之一。但是面对神秘的计算机，对于从未接触过它的初学者来说，难免会感到无所适从，不知从何入手。为了帮助计算机初学者快速掌握计算机的运用，解决学习、办公中的实际问题，我们推出了这本图书。本书所讲述的内容都是计算机初学者必要和必备的技能。

本书遵从由简到难的方式，按照读者学习的习惯谋篇布局。全书共分 8 章，第 1 章介绍计算机的基础知识和发展现状；第 2 章讲解 Windows XP 操作系统和汉字输入方法；第 3 章讲解计算机的优化与维护；第 4 章通过入门操作到高级操作的程序讲解 Word 2003 的使用；第 5 章循序渐进地讲解电子表格 Excel 2003 的使用；第 6 章介绍 Office 2003 其他工具的使用方法，包括 PowerPoint 2003、Access 2003、Outlook 2003 和 Picture Manager 的使用；第 7 章介绍计算机网络基础，详细讲述 Internet 的使用和个人网页的制作；第 8 章介绍一些常用工具软件，包括即时通信类软件、资源下载类软件和多媒体软件。

本书为《电脑精品课堂系列教程》中的一本，目标教学与上机实训是本丛书的两大特色。在每章的开始都将介绍本章需要掌握的内容，让读者心中有数；上机实训是根据本章学习的知识点，在讲解完基本内容后设置的，它不但让读者巩固所学的知识，还可以训练读者的动手操作能力，从而避免了纸上谈兵。本书的习题部分包括填空题、选择题和操作题，既满足了教师的教学要求，也能帮助自学者巩固所学的知识。本书每章主要包括学习目标、基础讲解、上机实训、总结提高、课后习题五部分，引导读者从理论到实际操作，逐步加深对计算机常用软件各项功能的理解，提高其操作水平。

要达到很好的学习效果，仅靠文字教材是非常困难的，如果结合多媒体视频动画课件的辅导，瞬间就可实现目标。本书为每一个操作实例配备了相应的多媒体教学课件，从中演示整个操作过程，为读者分析每一个重点和难点。读者可以到 **http://www.4u2v.com** 下载。

本书由东正科技主持编写，参加编写的有曾双明、蔡广琴、吴爱玲、林启宇、余晓浩等。此外参加编写工作的还有梁锐城、罗妙梅、杨格、罗双梅、罗亮烘、陈立、黄秀花、佘敏、柳祺、林徐攀、梁宇勃、肖贵荣、梁灿华、吴冠兰、黄琤瑜、戴银华、胡韵靖、李耀洪、刘文龙等。

由于编者水平有限，加上时间仓促，书中难免有不足之处，欢迎广大读者批评指正。

技术支持网站：**http://www.doking.cn**

技术支持 QQ：**303323011**

邮箱（E-mail）：**server@4u2v.com**

编者

目 录

第 1 章　认识计算机

本章导读

计算机是 20 世纪科学技术发展最重要的成就之一。现在，计算机已渗透到社会的各个领域之中，计算机在人们的身边随处可见。

不仅在航天飞行、气象预测、工业生产上需要计算机，而且人们的个人生活也越来越离不开计算机，像处理文档、玩游戏、听音乐、看电影等。随着互联网的迅猛发展，计算机更是为人们提供了一扇看世界的窗口。有了计算机和互联网，坐在家中就可以获取一切想要的信息。计算机凭借着它强大的计算能力和不断的飞速发展，为人类节省了大量繁重的脑力劳动，为社会创造了巨大的效益。同时，计算机正在改变着人们的生活、学习、工作方式，推动着世界经济的发展和社会的进步。

为了适应不断变革的社会环境，了解和掌握计算机的知识已成为必需。

本章将简单介绍计算机的历史、计算机的基本组成、计算机的分类、测评计算机的一些技术指标以及计算机的软件、硬件系统。通过学习本章，读者将初步了解计算机系统，认识计算机的基本工作原理。

重点与难点

- ☑ 认识什么是计算机
- ☑ 了解计算机的种类和应用领域
- ☑ 认识计算机的硬件和软件系统
- ☑ 了解计算机的数制及编码

1.1　计算机概述

计算机也称电脑，它是能够高效快速地处理信息的机器，它能按照给定的方法，将输入的数据信息进行加工、存储、传递，并形成相应的输出，使用户能够获取需要的信息。

1.1.1　计算机的概念与基本组成

计算机工作时，无论多么复杂的问题，计算机首先要把问题分解成能够识别的步骤。每一步骤对应着计算机的一条操作命令，人们把这样一条操作命令称之为机器指令。例如，当计算 2+6×3 这样一道数学公式时，因为计算机不懂乘法运算，所以是先把它分解成 6+6+6+2，一次执行一个加法，一共执行 3 次加法后才得到了结果（8086/8088 机器）。不同的机器有不同的机器指令，即它们能执行的最小单位是不一样的。完成特定目标的一组指令序列称之为程序。例如，打算在学生名单中按学号查找某位学生，实现这个功能的一条条有序的指令就可以称之为程序。

计算机如果要提供上述功能，那么它就必须具备两个最基本的能力。一个是把信息存储起来，另一个是能够进行自动计算。像人脑一样，首先计算机要把外来的信息存储（可能是暂时，也可能是永久），然后计算中心可以依次从存储器中读取每一条指令，并进行分析和计算，如此不断反复，直到获得最终的结果。这就是计算机“存储程序”的工作原理。

存储程序原理是美籍匈牙利数学家冯·诺依曼于 1964 年提出来的。虽然计算机技术发展很快，但迄今为止，该理论仍是计算机内在的基本工作原理，如图 1-1、图 1-2 所示。

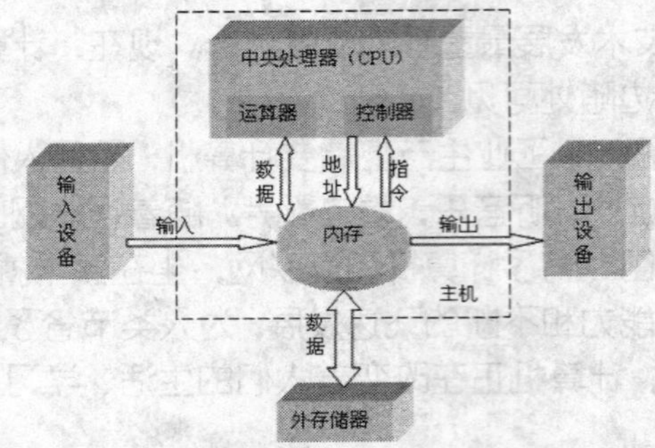

图 1-1　计算机的基本组成（原理图）

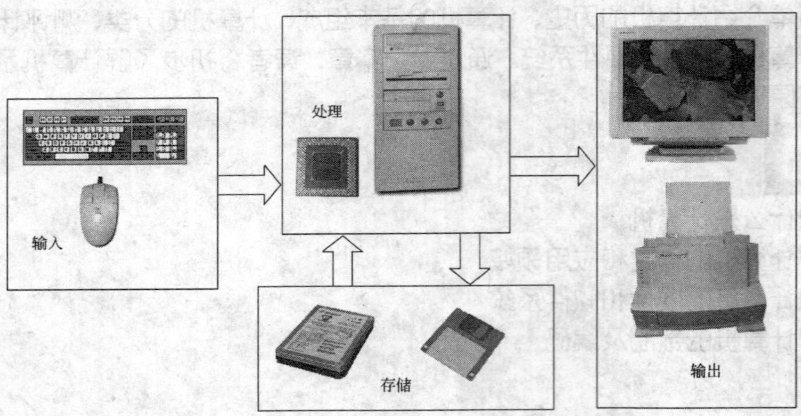

图 1-2　计算机的基本组成（实际图）

一个完整的计算机系统包括两部分，一部分是软件系统，另一部分是硬件系统，其基本组成如图 1-3 所示。

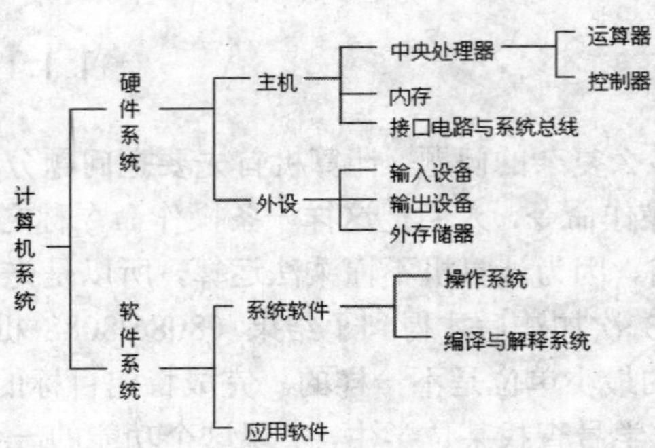

图 1-3　计算机系统结构图

1.1.2 计算机的发展

1946年，世界上第一台计算机ENIAC由美国的宾夕法尼亚大学研制成功（如图1-4所示），和现在所看到的计算机相比，它简直就是一个庞然大物，重28吨，占地170平方米，共用了18800只电子管、1500个继电器，运行的功率为150kW，每秒能做5000次加法。ENIAC的问世标志着计算机时代的到来。

图1-4 第一台电子计算机——ENIAC

从第一台电子计算机的出现至今，计算机技术的发展已经经历了五十多年。人们习惯于以计算机物理器件的变革作为分类，把计算机的发展划分为四代。

第一代（1946—1956）：这一时期的主要逻辑元件是电子管，内存使用汞延迟线，外存储器主要使用穿孔卡片、纸带，运行速度大约为 5000~40000（次/秒）。这一时期的计算机不仅体积大、速度慢、价格高，而且可靠性很差。此时的计算机使用二进制组成的机器语言和汇编语言编写程序，因此只有少数的专家才能使用计算机编程。

第二代（1957—1964）：这一时期的主要逻辑元件是晶体管，内存使用磁芯存储器，外存储器主要使用磁带、磁盘。运行速度为几十万~百万（次/秒）。计算机开始使用操作系统，程序设计语言出现了 FORTRAN、COBOL 等高级语言。运用范围从军事扩展到工程设计、数据处理。

第三代（1965—1970）：开始使用集成电路，内存主要是半导体存储器，外存储器使用磁盘、磁带。运行速度为百万~几百万（次/秒）。这一时期，计算机的指令系统进一步完善，计算机的设计开始走向标准化、通用化。

第四代（1971至今）：以大规模集成电路为主要功能部件，集成度更高、容量更大的半导体存储器作为内存，外存储器以磁盘、光盘等大容量存储器为主，运行速度达几百万~几亿（次/秒）。计算机软件系统不断完善，发展了分布式操作系统、数据库系统、各种更高效的编程语言，形成了软件产业，并且出现了计算机网络，同时计算机发展进入了以网络为特征的时代。

1.1.3 计算机的主要运用

随着计算机技术的飞速发展，计算机已经广泛运用于社会的各行各业，如工业、农业、商业、国防、教育以及日常生活等。归纳起来，计算机的运用有以下几个方面。

1. 科学计算

利用计算机来解决科学研究中的复杂数学运算，其越来越强大和准确的计算能力，可以节省大量的时间、人力。

2. 人工智能

即利用计算机来模仿人类的智力行为，该方面的研究正处于发展阶段。例如，聊天机器人，它是一个能和用户聊天的计算机。

计算机辅助设计与制造：利用计算机来辅助设计人员设计开发产品，辅助工程师制造新产品。

3. 生产自动化

在工业上，利用计算机实时地获取生产过程中的各种信息，如温度、湿度、时间等，对这些信息进行分析和处理，并给出相应的反应。

4. 多媒体技术

多媒体，是随着通信网络的发展，人们把视频、音频、文本、图形、图像等媒体综合起来，形成的一个新概念。利用计算机，可以很方便地设计出各种各样的媒体，同时也可以很方便地对各种媒体信息进行修改。

5. 计算机网络

计算机网络把每个人都和世界联系起来，每一台连上互联网的计算机都成了这个计算机世界的一个终端。因此，它为人们提供了一种新的共享资源的方式，使人们能够十分方便地获得世界上任何角落的信息。

1.2 计算机的分类与主要技术指标

计算机自诞生至今已有近六十年的历史，其发展速度之快，超乎想象。为了适应各行各业的需要，计算机的发展呈现出了多样化的趋势。例如，出现了适合科学运算的巨型机、适合办公和娱乐的个人台式机、适合工业控制的嵌入式计算机等。

1.2.1 计算机的分类

通常，人们按照计算机的综合性能把计算机分为以下五大类。

1. 微型计算机

也叫个人计算机（PC），人们平常所说的 486、586、奔腾Ⅰ、奔腾Ⅱ、奔腾Ⅲ、奔腾 4 等机型都属于微型计算机。它的特点是体积小，使用方便。它广泛运用于各行各业，从工厂的自动化控制到家庭的上网娱乐，遍及社会各个领域。一般个人计算机有台式机和便携式计算机（笔记本电脑）两种，如图 1-5 所示。

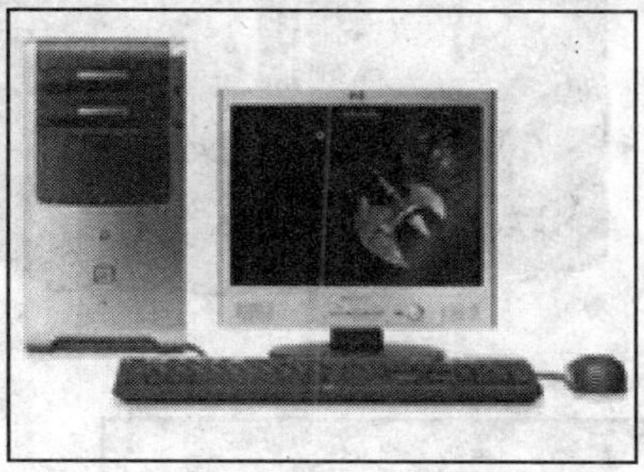

台式机

笔记本电脑

图 1-5　微型计算机

如今，个人计算机的体积越来越小，功能越来越强大，人们也越来越追求便携性或功能更强大的计算机。而且，现在的计算机还可以实现无线上网，即计算机到哪里都可以上网，再也不用被网线限制。

2. 工作站

工作站的体积和微型计算机差不多，但它提供了更大的存储空间、更稳定的工作和更高的运行速度，它主要是为工程师设计的机型。工程师们进行数学计算、辅助设计、多媒体设计时一般都要求较高的工作环境。同时，工作站也常常在网络中担任服务器的角色，即作为在网络中为访问者提供其所需信息的机器。

3. 小型机

这类机器可靠性、性能比工作站更高，一般运算速度达每秒几百万次，可让数千个用户同时工作，通常运用于银行、各研究机构和高等院校，如图 1-6 所示为 IBM 小型机（深蓝系列产品）。

4. 大型机

大型机运算速度在每秒几千万次左右，主要运用于银行、国家级部门等需要极大的数据存储和计算的地方，如图 1-7 所示。

5. 巨型机

运行速度每秒超过亿次的机器，主要运用于核武器、航天航空、气象预测等高尖端的科学领域中，研制这种计算机耗资大、周期长，如图 1-8 所示。

图 1-6　IBM 小型机

图 1-7　IBM 大型机

图 1-8　HP ASCIQ 巨型机

1.2.2　计算机的主要技术指标

计算机的主要技术指标有运算速度、字长和容量等，前者通常是衡量计算机运行速度的指标，后两者通常是衡量计算机规模大小的指标。除此之外，可靠性、计算机能接受的指令条数、允许配置的外设数量等也是常用的技术指标。

1. 运算速度

计算机执行不同的操作需要的时间各不相同。因此，确定计算机运算速度也有多种指标，人们最常用的有两种，一种是明确给出计算机进行一些基本的运算所需要的时间，如进行加法、乘法、除法这些运算各需要多少时间；还有一种就是以每秒钟执行百万条基本指令数（一般是加法、减法）为单位，来表示计算机的运算速度。人们把这简称为 MIPS。计算机作为一个系统，需要很多部件协同工作，不能仅仅把运算速度看作是惟一的指标。

2. 字长

字长是指计算机的处理器一次能够处理的数据的二进制位数，它决定了计算机很多器件的位数，如数据总线、寄存器等。因此，字长对计算机硬件的造价有着很大的影响。它表示计算机的计算精度，也反映计算机的处理能力。从 386 机、486 机起，一直到现在，微型机字长一般都是 32 位，现在已经开始向 64 位过渡。

3. 内存容量

内存容量反映了内存储器存储数据的能力。内存的容量越大，能容纳的数据和程序就越多，处理能力也就能加强，同时还会加快运算的速度。目前，个人计算机的内存容量一般都达到 512MB。

4. 时钟频率

时钟频率的作用是提供计算机定时信号，信号提供了一个基准的作用，用来同步 CPU 的每一步操作。CPU 的主频，是其核心内部的工作频率（核心时钟频率），它是评定 CPU 性能的重要指标。一般来说，主频数值越大越好。外频，是指 CPU 外部的工作频率，是由主板提供的基准时钟频率。但是，现在随着计算生产工艺和设计速度的发展，时钟频率已经不像以前那样具有决定性意义了。如现在 CPU 内部都有多通道、流水线技术，追求并行同时处理多条指令。

1.3 计算机硬件系统

微型计算机主要是由显示器、主机、键盘、鼠标等构成的。

1.3.1 主要硬件系统

1. 中央处理器 Center Processing Unit（CPU）

中央处理器是计算机最核心的部分，它直接决定了一个计算机系统的性能和档次。决定 CPU 档次的主要指标是主频和字长。现在 CPU 的字长基本上都是 32 位，已逐渐向 64 位过渡。PC 用的 CPU 主要有两个品牌，如图 1-9 所示。

Athlon XP　　　　奔腾 4

图 1-9　中央处理器（CPU）

2. 内存储器（简称内存）

内存是由半导体材料制造而成，是CPU和其他设备交流的场所，也是CPU存放数据、读取数据的地方。内存包括RAM和ROM两个部分，RAM是随机存储器，它的特点是数据可以随时按地址读写，但它是由电路的状态记录数据，所以断电后数据就会全部丢失；ROM是只读存储器，它存放的是内容不会改变的信息，其数据由电路的结构表示，即使断电，仍然能够保存。

目前，市场上主流的内存是DDR，容量一般是256MB或者512MB，如图1-10所示。

3. 硬盘

硬盘是计算机中的重要部件之一（如图1-11所示），它存储着人们在计算机中的一切信息。因此，一个性能稳定的硬盘是非常重要的。速度、容量、安全性一直是衡量硬盘的最主要的三大因素。更大、更快、更安全、更廉价永远是硬盘发展的方向。硬盘的主要技术指标有容量、磁盘的转速、数据传输的速度和缓存等，现在的主流硬盘容量为 80GB，2MB 缓存，转速为7200rpm。

图 1-10　Kingston DDR2 内存

图 1-11　迈拓的硬盘

4. 光驱

光驱是计算机的一个外设，现在已经成为装机必备的部件。现在光驱不仅可以读取光盘，还可以把数据刻录到光盘中。光盘的格式也由CD演变到DVD，其中一个显著的特点就是容量变成原来的许多倍。一张DVD格式的光盘可以储存多张CD格式的数据。有了光驱，就给人们提供了一个获得大量数据的途径；而且，大多数媒体信息都是以光盘的形式存储的，它也是人们享受多媒体和娱乐不可缺少的部件，如图1-12所示。

光驱的技术指标是倍速，目前一般的CD-RAM为52倍速，DVD-RAM为32倍速。

5. 显卡

显卡主要是处理计算机的成像，目前主要的计算机游戏或是计算机 3D 制作都需要一块强劲的显卡，由于和 3D 息息相关，所以现在的显卡也被称为 3D 显卡。不同的显卡性能上会有所区别，这里说的性能就是 3D 模型渲染的速度快慢，而很多年前大家追求的 2D 性能已经很少被人关注了。计算机的中央处理器被称为 CPU，而显卡中负责处理功能的核心芯片部件也被人称之为 GPU，GPU 的频率、档次是一个显卡好坏的重要标准。同时还要衡量的一点就是显存的大小，现在优质的显卡其显存一般是 128MB。如图 1-13 所示，为 Radeon 9800SE 显卡。

图 1-12　吸入式光驱外观

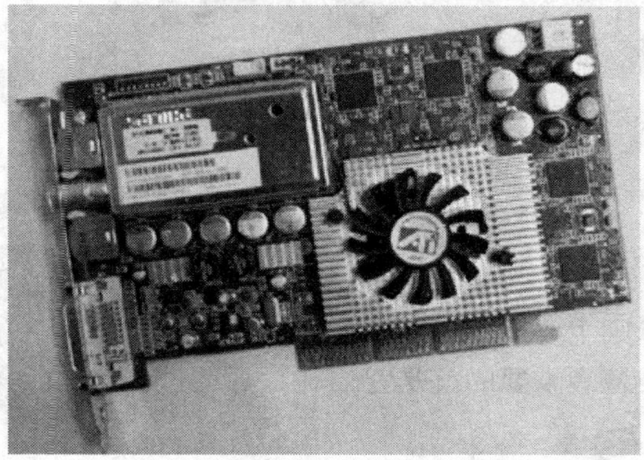

图 1-13　Radeon 9800SE 显卡

6. 声卡

声卡负责计算机的声音处理。连接音箱和麦克风后，就可以播放声音，录取声音。

7. 显示器

显示器分为液晶显示器和 CRT 显示器两种，如图 1-14 所示。现在，随着液晶显示器的不断降价，液晶显示器已经成为人们配机的首选。CRT 主要使用电子管成像，它的体积大，而且是通过不断地刷新屏幕来保持图像，使屏幕产生闪烁感，长时间使用对眼睛的损害很大。显示器的一些指标有以下几方面。

☑ 屏幕可视区域：人们平常说的 17in 显示器、15in 显示器实际上指屏幕对角线的长度。当然，屏幕可视区域越大越好。

☑ 点距：点距是指屏幕两个像素间的距离。屏幕上图像的显示是通过一个个微小的点组成，由于人眼分辨不出这些点，因此看起来就是一幅图像。点距越小，显示图像越清晰细腻，分辨率和图像质量也就越高。如今，家用显示器大多采用 0.28mm 点距，采用 0.25mm 的有 SONY 的特丽珑和三菱的钻石珑，0.26mm（ACER、部分飞利浦）和 0.27mm 的也不少，采用 0.22mm 的高档显示器就属于专业应用了。屏幕越大，点距对视觉效果影响也越大。

☑ 刷新频率：即屏幕刷新的速度。刷新频率越低，图像闪烁和抖动得就越厉害，眼睛疲劳得就越快。采用 70Hz 以上的刷新频率时才能基本消除闪烁，显示器最好稳定工作在允许的最高频率下，一般是 85Hz。

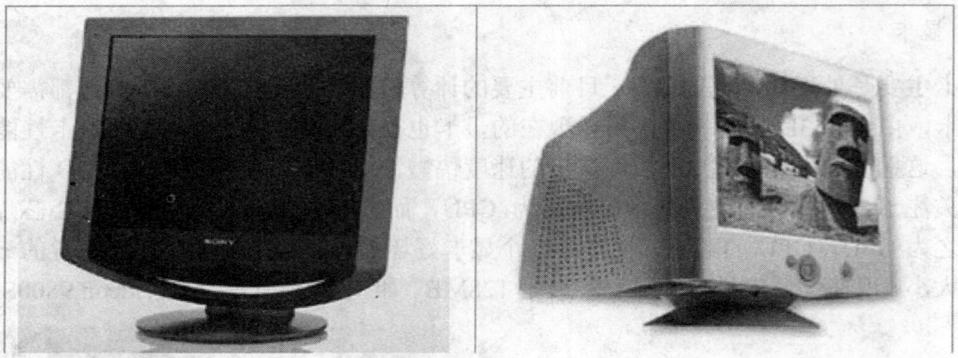

液晶显示器　　　　CRT 显示器

图 1-14　显示器

8. 键盘和鼠标

键盘和鼠标是计算机最常用的输入设备，如图 1-15 所示。键盘主要用于字符的输入，鼠标则主要运用于图形界面的环境，帮助用户方便地操作计算机。对于操作者来说，这两个输入设备最重要的就是它们是否舒适。

图 1-15　鼠标和键盘

1.3.2 其他外设硬件

1. U 盘

在刻录光驱还没出现，U 盘也不像现在随处可见的时候，软驱也是装机必备的部件之一，它为人们提供了方便的转移数据工具，即可以把文档一类的数据保存在软盘上，随身携带，用时只需插入软驱就可以即时操作。现在，已经出现了比软盘体积更小、速度更快、容量更大的代替品——U 盘，由于软盘容易损坏，因此人们基本上都会使用 U 盘而不是软盘。

2. 打印机

打印机分为针式打印机、喷墨打印机、激光打印机。针式打印机依靠针头撞击色带形成图像，它的打印成本最低，但是它的打印分辨率也是最低的，而且打印的速度很慢，噪音大。喷墨打印机使用大量的喷嘴，将墨点喷射到纸张上。由于喷嘴的数量较多，墨点细小，因此能够做出比针式打印机更细致、混合更多种色彩的效果。喷墨打印机的价格居中，打印质量也较好，所以被广大用户所接受，如图 1-16 所示。激光打印机是利用激光控制碳粉附着在纸上而成像的一种打印机，到现在为止其价格一直居高不下，打印成本很高，因此以黑色打印为主。现在市面上喷墨打印机已成了“大气候”，这与它低廉的价格、绚丽的色彩输出不无关系，也与各喷墨打印机厂商接连不断地推出新机型有关。打印机的打印质量、打印速度、耗材费用和综合成本都是购买打印机时需要考虑的因素。

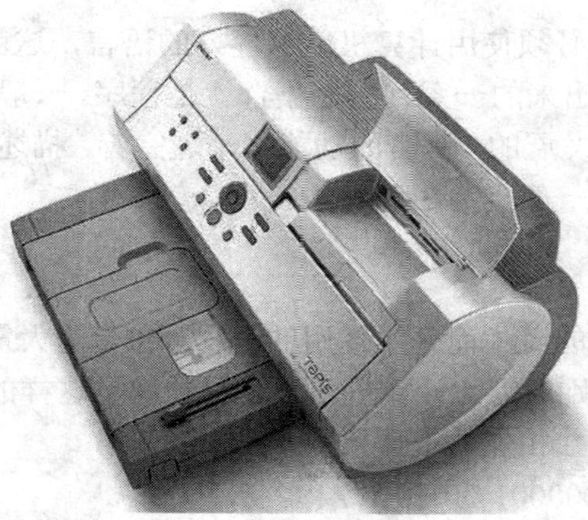

图 1-16 SONY 喷墨打印机

1.4 计算机软件系统

一个完整的计算机系统是由计算机硬件和计算机软件组成的（如图 1-3 所示）。计算机软件是帮助用户操作计算机硬件的，人们很难直接分析计算机硬件里的那些电流、信号等信息，所以需要软件把这些信息转化成容易理解的信息。同时，软件还能使用户更好地管理计算机硬件。没有安装任何计算机软件的计算机称之为裸机。计算机软件一般可分为系统软件（主要指操作系统）和应用软件。

1.4.1 操作系统

操作系统是计算机中最基本的系统软件。平时见到的 Windows 系列都是操作系统，像 Windows XP、Windows 2000、Windows 98 等。除了 Windows 系列，比较著名的操作系统还有 Linux、UNIX 等。从图 1-17 来看，操作系统是用来管理复杂的计算机系统的各个部分，包含处理器、存储器、时钟、磁盘、终端、网络接口、打印机以及许多其他设备，使用它们能够更好地协同高效工作。同时，操作系统为其他的应用软件程序提供了一个与计算机硬件的接口。有了操作系统，用户操作计算机时，只需通知计算机做什么，而不用明白计算机怎么做。例如，新建一个文档，只需单击按钮或者往计算机中输入几个简单的命令，而不用知道计算机是怎么一步步运行而最后建立出文档的。一个交互设计得非常好的操作系统，像 Windows XP，能够使用户不用掌握太多的计算机底层知识就可以操作计算机，只需拿着鼠标在一个个图标上单击就可以完成操作。操作系统给其他的应用软件提供了运行的平台，它们使用操作系统的命令访问计算机里的硬件，其运行的各种状态都受到操作系统的管理。

所谓的死机就与操作系统有关。死机就是计算机对操作没有任何反应。主要原因是计算机的操作系统出现了无法恢复的错误，错误可能是来自操作系统本身的，也可能是来自外部，像某个硬件，操作系统无法对该错误进行纠正或反应，就出现了死机。

1.4.2 计算机语言

用户和计算机交流时，必须使用计算机能够理解的语言，这就是计算机语言。像前面 1.1 节中讲的，用计算机语言写出来的一系列指令集合就是程序。一般计算机语言也叫做程序设计语言。计算机语言也是不断发展的，语言的功能越来越完善，描述问题的方法也越来越接近人类的思维方式。计算机语言一般分为 3 种类型。

1. 第一代语言——机器语言

机器语言是随着计算机的诞生而开始使用的语言，它是用大量“0”、“1”代码的组成来表示，且能够直接被计算机识别，因为计算机内部运行的都是这样的“0”、“1”信号。例如下面的一段编码就是完成把两个数相加的机器语言：

011011 000000 000000 000001 110101

这种语言，书写起来非常复杂繁琐，也不利于阅读，运用起来非常困难。为了把程序设计人员从这种繁琐的编制工作中解放出来。人们对计算机语言进行了研究，发展了语言的处理程序。

2. 第二代语言——汇编语言

汇编语言是使用助记符来标识每一条计算机的指令。它便于记忆，比机器语言前进了一步。下面的汇编语言就对应着上面那条机器语言。

ADD [00] [17];

它与计算机的指令也是一一对应的，执行的速度非常快，但是它对机器的硬件依赖性也很强。这需要了解计算机内部执行元件的构造，像 CPU 里面的存储器结构等。对一般人来说，汇编语言仍然很难学习。

汇编语言要依靠计算机的翻译程序翻译成机器语言才能执行。对不同的硬件系统，汇编语言也是不同的。

3. 第三代语言——高级语言

高级语言比汇编语言又前进了一大步，它更接近于人们的自然语言。描述问题与现实中所用的计算机公式基本一致，与计算机的指令系统无关，人们掌握起来更加容易。高级语言不是直接面对机器编程的，所以可以在不同的计算机系统上使用。

随着计算机的发展，高级语言的种类越来越多，目前已经有上百种，常用的高级语言有如下几种。

- ☑ FORTRAN 语言，主要运用于科学和工程计算上。
- ☑ PASCAL 语言，是一种标准的结构化设计语言，主要运用于科学计算和教学。
- ☑ BASIC 语言，简单易学，提供的人机交互功能强，适合一般的科学计算。目前，BASIC

语言已经有许多高级版本，如 Microsoft 的 Visual Basic 就是一种开发者较为喜爱的编程语言。

- ☑ C 语言，其功能强大，可移植性好，适用的范围非常广，是高级语言中使用人数非常多的一门语言。
- ☑ Java 语言，是一种新型的、跨平台的、纯面对对象的语言，提供强大的网络功能。它主要用于网络环境下的程序设计，也可作为一种通用的编程语言，正逐渐成为程序设计的流行语言。

用汇编语言和高级语言编写的程序，不能直接在计算机上执行，必须把它们翻译成机器语言才能被计算机识别。把汇编语言编译成机器语言的程序称为汇编程序。把高级语言翻译成机器语言有两种方法，一种是每翻译一句语句，就执行一句语句，这种翻译方法叫做解释程序；另一种是把高级语言全部翻译出来，然后形成目标文件，再执行程序，这种方法称为编译程序，大多数程序设计高级语言都使用这种翻译方法。

1.4.3 应用软件

应用软件是为了解决遇到的某个实际问题而编写的程序和资料，它使计算机具有了各种各样的功能，而不仅仅是算数。像常用的办公自动化软件（如 Word、Excel）就是应用软件。

1.5 常用数制及编码

如前文所述，计算机能处理的数据只能是由“0”和“1”组成的二进制数，但人们在社会生产过程中所接触的几乎都是十进制数，以及使用自然语言（如英语、汉语）交流思想。由于计算机不具备逻辑思维，因此无法领会人类的自然语言。人们为了控制计算机，就必须将自然语言的思想转换成计算机能理解的二进制数。

1.5.1 数的进位制

在日常生活中，人们最习惯使用的就是十进制，所谓的十进制就是逢十进一位。例如，24 可以表示为 2×10+4。其实，除了十进制，还有很多种进位制。计算机内部是一个二进制的世界。

在计算机中为什么不使用十进制来表示数字，而采用二进制呢？主要是因为计算机里的信息存储、表示都要有机器元件来实现。使用二进制有以下几个优点。

1. 二进制物理实现起来比较简单

二进制只需元件有两种不同的状态就可以表示出来。例如，开关的“开”和“关”，电流的“有”和“无”。这些都是比较容易实现的，成本也较低；而若使用十进制，就要求有 10 种状态来表示，这样不仅很难找到这种元件，而且成本也会非常高。

2. 使用二进制，计算机的可靠性高

因为只有两种状态，所以信号的抗干扰能力很强。就像电流，规定一个方向为正方向，表示一种状态，同样另一个方向表示另一种状态。那么，只要电流经过时是原来的方向，就可以得到正确的数值，而不用去管电流传播中是否衰减了，大小是多少。

3. 通用性强

基于二进制的编码，可以方便地运用于逻辑运算。二进制可以与逻辑值中的“真”和“假”对应，所以很容易实现逻辑运算。

因此，计算机内部使用的都是二进制。十进制用 0~9 十个数字表示，二进制用“0”和“1”来表示，逢二进一。十进制的 3，二进制就写为 11。十进制的 11，二进制就写为 1011。由于二进制的位数太多，对于计算机的数制，还常用八进制和十六进制。同理，八进制就是用 0~7 这 8 个数字来表示，每到八就进一位，十六进制用的是 0~9 这 10 个数，再加上 A、B、C、D、E、F 一共 16 个可能的数码。

既然计算机使用的都是二进制数，现在就介绍一下二进制数的单位。

☑ 位，英文简称为 bit，指的就是二进制数中的一位。

☑ 字节，英文简称为 byte，每 8 位的二进制数就称为一个字节，即一个字节等于 8 位二进制数。

☑ 字，英文简称为 word，每 16 位的二进制数就是一个字，一个字等于两个字节。

1.5.2 各进制间的相互转换

1. 把其他进制数转换成十进制

数制中的进位数习惯称为基数。例如，十进制的基数就是 10，八进制的基数就是 8，二进制的基数就是 2。十进制数 596.4 就可以展开如下：

$$596.4 = 5\times10^2 + 9\times10^1 + 6\times10^0 + 4\times10^{-1}$$

10 就是基数，像每一位所乘的数，如10^2，叫做权。如果想要把其他的进制转换成十进制，只需按照这种方法展开即可。

例 1：把二进制数 10101.1 转换为十进制。

$$(10101.1)_2 = 1\times2^4 + 0\times2^3 + 1\times2^2 + 0\times2^1 + 1\times2^0 + 1\times2^{-1}$$

$$=21.5$$

例 2：把十六进制数 5A 转化为十进制。

$$(5A)_{16} = 5\times16^1 + 10\times16^0$$

$$=90$$

2. 二进制、八进制和十六进制之间的互换

由于二进制、八进制、十六进制的基数分别是 2 的 1 次、3 次、4 次方，所以它们之间的转换比较容易。

（1）二进制转为十六进制

4 个二进制位为一个十六进制数，二进制 1111 为十六进制 F，从小数点开始自左向右数起，提取每四位二进制数，其中千位的 1=8，百位的 1=4，十位的 1=2，个位的 1=1，然后将转换

完的各个位数相加，得到的数就是十进制数 0~15，可轻松转换成十六进制。如果小数点最左边不够 4 位，那么需要补“0”，让它也是一个四位的二进制数。小数点右边的数也一样，只不过要从右往左数。

例 3：（0101 1100），可看成是两组二进制数 0101 和 1100，则这个数就是十六进制的 5C。

（0101 1100）

↓　↓

（5　C）

例 4：把 1010 1101.11 转换为二进制数。在最后边补两个 0 后，可以看作是 3 组二进制数，最后得到这个数为 AD.C。

（1010　1101．1100）——低位补了两个 0

↓　↓　↓

（A　D．C）

（2）二进制转为八进制

与二进制转成十六进制的方法相似，只不过是每三位二进制数为一个八进制数。

例 5：把 10101110.11 转换为八进制数。在最高位和最低位分别补一个 0 后，可以分解为 4 组二进制数，然后分别转换成每一位的八进制数。

（010 101 110．110）——高位和低位各补了一个 0

↓　↓　↓　↓

（2　5　6．6）

（3）八进制、十六进制转为二进制

和前面所说的一样，只需把前面的例子反推过来即可。对于八进制转为二进制，把每一位八进制数先写成 3 位二进制数，然后按着它原来的所在位数连接起来就形成了一个二进制数。十六进制数转为二进制数也一样，只不过是一位十六进制数写成 4 位二进制数就可以了。

提示：

在 Windows 中单击【开始】|【程序】|【附件】|【计算器】，选中【查看】再选【科学型】，就可以方便地进行各进制的转换了（如：要转换十进制 8984753 为十六进制，单击【十进制】，输入“8984753”，再单击【16 进制】，就会看到 8918B1，这样转换就完成了。其他同理）。

1.5.3　字符的编码

在计算机内部，只有二进制数，但日常使用的不仅只有二进制数，还有字母、数字、符号等，这些统称为字符。用户在计算机上工作，也需要计算机具有这样的字符。那么，计算机就必须把这些字符以二进制数进行编码。其中，最常用的一种编码方式是美国标准信息交换代码，简称为 ASCII 码，它是使用 8 位的二进制数来编码，最高位始终为 0，一共能表示 128 种字符和控制符号。常用的 ASCII 码如表 1-1 所示。

表 1-1　常用的 ASCII 码

<table>
<tr><th>ASCII 码</th><th>键　盘</th><th>ASCII 码</th><th>键　盘</th><th>ASCII 码</th><th>键　盘</th><th>ASCII 码</th><th>键　盘</th></tr>
<tr><td>27</td><td>Esc</td><td>32</td><td>Space</td><td>33</td><td>!</td><td>34</td><td>"</td></tr>
<tr><td>35</td><td>#</td><td>36</td><td>$</td><td>37</td><td>%</td><td>38</td><td>&</td></tr>
<tr><td>39</td><td>'</td><td>40</td><td>(</td><td>41</td><td>)</td><td>42</td><td>*</td></tr>
<tr><td>43</td><td>+</td><td>44</td><td>'</td><td>45</td><td>-</td><td>46</td><td>.</td></tr>
<tr><td>47</td><td>/</td><td>48</td><td>0</td><td>49</td><td>1</td><td>50</td><td>2</td></tr>
<tr><td>51</td><td>3</td><td>52</td><td>4</td><td>53</td><td>5</td><td>54</td><td>6</td></tr>
<tr><td>55</td><td>7</td><td>56</td><td>8</td><td>57</td><td>9</td><td>58</td><td>:</td></tr>
<tr><td>59</td><td>;</td><td>60</td><td><</td><td>61</td><td>=</td><td>62</td><td>></td></tr>
<tr><td>63</td><td>?</td><td>64</td><td>@</td><td>65</td><td>A</td><td>66</td><td>B</td></tr>
<tr><td>67</td><td>C</td><td>68</td><td>D</td><td>69</td><td>E</td><td>70</td><td>F</td></tr>
<tr><td>71</td><td>G</td><td>72</td><td>H</td><td>73</td><td>I</td><td>74</td><td>J</td></tr>
<tr><td>75</td><td>K</td><td>76</td><td>L</td><td>77</td><td>M</td><td>78</td><td>N</td></tr>
<tr><td>79</td><td>O</td><td>80</td><td>P</td><td>81</td><td>Q</td><td>82</td><td>R</td></tr>
<tr><td>83</td><td>S</td><td>84</td><td>T</td><td>85</td><td>U</td><td>86</td><td>V</td></tr>
<tr><td>87</td><td>W</td><td>88</td><td>X</td><td>89</td><td>Y</td><td>90</td><td>Z</td></tr>
<tr><td>91</td><td>[</td><td>92</td><td>\</td><td>93</td><td>]</td><td>94</td><td>^</td></tr>
<tr><td>95</td><td>_</td><td>96</td><td>`</td><td>97</td><td>a</td><td>98</td><td>b</td></tr>
<tr><td>99</td><td>c</td><td>100</td><td>d</td><td>101</td><td>e</td><td>102</td><td>f</td></tr>
<tr><td>103</td><td>g</td><td>104</td><td>h</td><td>105</td><td>i</td><td>106</td><td>j</td></tr>
<tr><td>107</td><td>k</td><td>108</td><td>l</td><td>109</td><td>m</td><td>110</td><td>n</td></tr>
<tr><td>111</td><td>o</td><td>112</td><td>p</td><td>113</td><td>q</td><td>114</td><td>r</td></tr>
<tr><td>115</td><td>s</td><td>116</td><td>t</td><td>117</td><td>u</td><td>118</td><td>v</td></tr>
<tr><td>119</td><td>w</td><td>120</td><td>x</td><td>121</td><td>y</td><td>122</td><td>z</td></tr>
<tr><td>123</td><td>{</td><td>124</td><td>|</td><td>125</td><td>}</td><td>126</td><td>~</td></tr>
</table>

在汉字编码中，为了能和 ASCII 码区分，它的最高位始终为 1，同时由于汉字比英文字母要多得多，所以汉字一般使用两个字节，即 16 位的二进制数来编码。

1.6　习题

一、填空题

1．世界上第一台名字为______的电子计算机于 1946 年在______国家研制成功。

2．构成计算机硬件的五个基本组成部分包括______、______、______、______和______。

3．根据规模大小，计算机可分为______、______、______、______、______和______。

4．计算机系统由______和______构成。

5．软件分为______和______。

6．常用的操作系统软件有：______、______、______、______和______等。

7．程序设计语言从低级到高级包括______、______、______。

8．______编码是世界各国统一采用的英文字符编码。一个汉字国标码占______字节，每个字节的最高位为______。

二、选择题

1. 下面______属于计算机的主要运用领域。

   ①科学计算 ②人工智能 ③生产自动化 ④多媒体技术 ⑤计算机网络

   A. 全部都是 B. ③不是 C. ②不是 D. ②和③都不是

2. 中央处理器，简称CPU，它由运算器和______集成在一快芯片内。

   A. 触发器 B. 判断器 C. 指挥器 D. 控制器

3. 计算机的发展大致可以划分为______代。

   A. 三 B. 四 C. 五 D. 多

【读书笔记】
DUSHU BIJI

第 2 章　Windows XP 操作系统

本章导读

Microsoft 公司自从推出 Windows 95 并获得巨大成功之后，在近几年又陆续推出了 Windows 98、Windows 2000 以及 Windows Me 三种用于 PC 的操作系统。Microsoft 公司于 2001 年又推出了其最新的操作系统——中文版 Windows XP，而且这次不再按照惯例以年份数字为产品命名。

本章主要介绍 Windows XP 的功能和特点、升级、安装、启动和退出、基本操作、附件功能、媒体与游戏、控制面板设置。

重点与难点

☑ 认识 Windows XP 操作系统
☑ 掌握 Windows XP 操作系统的安装
☑ 掌握 Windows XP 操作系统的基本操作
☑ 了解 Windows XP 的附件功能
☑ 掌握控制面板的设置操作

2.1　认识 Windows XP 操作系统

XP 是 Experience（体验）的缩写，Microsoft 公司希望这款操作系统能够在全新技术和功能的引导下，给 Windows 的广大用户带来全新的操作系统体验。根据用户对象的不同，中文版 Windows XP 可以分为家庭版 Windows XP Home Edition 和办公扩展专业版的 Windows XP Professional。

2.1.1　Windows XP 概述

中文版 Windows XP 的特征如下：

（1）采用 Windows NT/2000 的核心技术，运行非常可靠、稳定而且快速，为用户计算机的安全、正常、高效运行提供了保障。

（2）技术更加成熟，外观设计焕然一新，桌面风格清新明快、优雅大方，并用鲜艳的色彩取代以往版本的灰色基调，使用户有良好的视觉享受。

（3）系统大大增强了多媒体性能，对其中的媒体播放器进行了彻底的改造，使之与系统完全融为一体，用户无须安装其他的多媒体播放软件，使用系统的“娱乐”功能，就可以播放和管理各种格式的音频和视频文件。

总之，在新的中文版 Windows XP 系统中增加了众多的新技术和新功能，使用户能轻松地完成各种管理和操作。

2.1.2　Windows XP 的功能和特点

中文版 Windows XP 的问世，给广大计算机用户带来了诸多惊喜，它继承了 Windows 2000 先进技术的安全性和稳定性。中文版 Windows XP 的新增内容主要体现在工作界面设计、网络性能及多媒体技术等方面，下面具体介绍系统新增的内容。

1. 工作界面

（1）用户登录界面

当用户启动中文版 Windows XP 系统后，会出现漂亮的用户登录界面。它以蓝色为主色调，给人以一种宁静清新的感觉。在界面的左侧是 Wincows XP 的标志以及提示用户如何进行登录的内容，在右侧列出已建立的所有用户账户，如果用户没有设置登录密码，那么在登录时直接单击用户账户前的图标就可以登录到系统，这种简化信息管理的措施使用户在登录时更加方便。

（2）桌面

安装好中文版 Windows XP 后，在首次登录时，用户看到的是系统默认的桌面，上面只有"回收站"图标和中文版 Windows XP 的标志。为了更好地管理桌面上的图标，Windows XP 新增了"桌面清理向导"工具，用户使用该向导可以将最近没有使用过的桌面快捷方式放入一个名为"未被使用的桌面快捷方式"的文件夹中，这样使桌面看起来更为简洁，而当用户需要使用这些快捷方式时，可以从"未被使用的臬面快捷方式"文件夹中进行恢复，系统在运行时将每隔 60 天自动清理桌面。

（3）任务栏

中文版 Windows XP 系统在任务栏属性设置中增加了"分组相似任务栏按钮"的功能，通常如果用户在使用计算机时打开了很多的文档或者程序窗口，那么在任务栏上按钮显示的区域会变得很小，而使用这项功能，就可以避免这个问题，它会将所有打开的窗口自动分类而在一个统一的窗口按钮组中显示，当用户单击这个按钮组时即可显示其中的全部内容。在任务栏上的通知区域中新增了"隐藏不活动的图标"功能，使用此功能可以将暂时不用的小图标隐藏起来，这样不会使通知区域混乱，当用户需要使用图标时，单击向左的"显示隐藏的图标"箭头即可显示隐藏的图标，当选择使用其中的一个图标时，它会在通知区域重新显示。

（4）【开始】菜单

中文版 Windows XP 的【开始】菜单设计更为合理，显示区域增大，这样有利于用户进行识别和选择，系统会自动在【开始】菜单的左侧添加用户最常用程序的快捷方式，以便于用户随时再次使用这些程序。为适应网络和多媒体发展的需要，系统把进行网络浏览、收发电子邮件的工具以及"我的图片"、"我的音乐"等文档都放在了显著的位置。

（5）控制面板

在【控制面板】窗口中新增了分类视图，在这个视图中将原有的选项进行分类，用户在使用时可以先选择一个类别，然后再进行相关详细内容的选择，如图 2-1 所示。当然，用户可以单击【切换到经典视图】选项来改变其显示方式，在经典视图中会显示所有的选项。

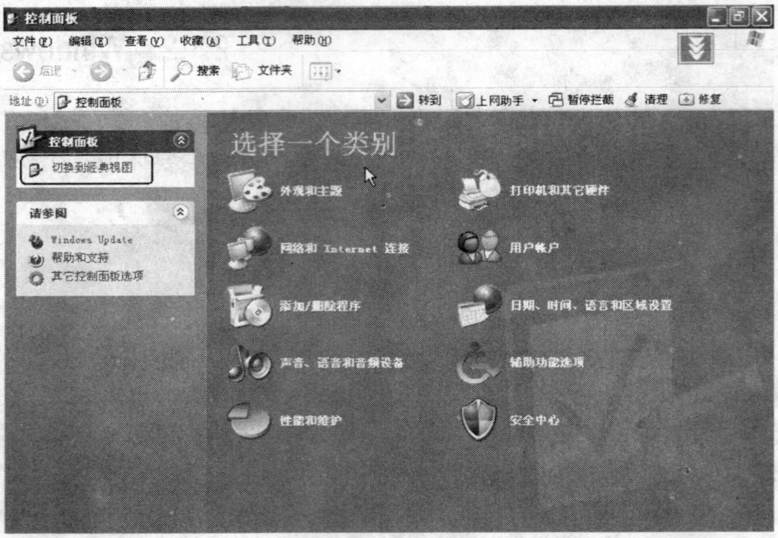

图 2-1　控制面板

在中文版 Windows XP 系统的窗口中（如【控制面板】窗口），都增加了一个链接区域，它会根据用户当前所处的位置和所选择的内容显示出相关的操作命令、详细信息以及用户可能要用到的其他位置，用户在使用时只要单击相关的链接就可以显示相关内容，这样用户在一个窗口中就能完成所有操作，使工作效率大为提高。

2. 网络性能

（1）网络的设置

中文版 Windows XP 具有强大的网络功能，可以用它来组建一个家庭网络或小型办公网络，即使用户不具有太多的网络知识，也可以使用“网络安装向导”轻松地完成网络的设置。当完成网络设置后，可以使多台计算机相连的网络共享 Internet 连接，共享网络中的文件、文件夹以及打印机等资源，而设置 Internet 连接防火墙，可以使未经授权的人无法随意访问用户的计算机或家庭网络，从而限制或阻止来自 Internet 的各种破坏。

当用户在【网上邻居】窗口中选择【添加一个网络位置】选项时，可以启动【添加网上邻居向导】，使用该向导可以帮助用户注册提供联机存储空间的服务，用户可以用所注册的空间来储存、组织和共享文档和图片，也可以用此向导来创建网站或者其他网络位置的快捷方式。

（2）网络工具

中文版 Windows XP 自带了微软公司最新版本的集成软件 MSN Explorer，利用该浏览工具，用户可以轻松地上网冲浪，与朋友进行交流、管理财务、收听音乐以及进行网上购物等。使用 NetMeeting 工具可以在网络上和其他用户进行交流，发送包括音频、视频文件的各种信息，参加各种讨论，甚至和别人进行聊天。Windows Messenger 集电子邮件、即时文字交流、即时视频文件播放、即时声音交流、远程支持及应用程序和数据文件的共享等功能于一体，它是类似于 OICQ 的网上信息传递工具。利用此功能，用户可以和在线的朋友进行交流，给朋友打电话和传呼，以及和朋友共享相片、音乐和其他文件等。

3. 多媒体性能

（1）媒体播放器

中文版 Windows XP 系统中 Windows Media Player 8.0 是一个功能强大的数字媒体播放器，它可以播放 CD、VCD、DVD 等格式的音频、视频文件。使用该播放器，用户不仅可以欣赏各种音乐和影片，还可以自定义播放器的外观，创建自己的播放列表，系统会将这些文件自动存放在“我的音乐”文件夹中，用户可以有效地进行各种管理。

（2）对扫描仪和照相机的支持

在中文版 Windows XP 中提供了对扫描仪和照相机的支持，用户可以在【控制面板】窗口中启动【扫描仪和照相机安装向导】给自己的计算机添加这两种外部设备。当添加设备完成后，用户可以将扫描仪和照相机中的图片或者相片转移到硬盘中系统指定的文件目录下。这样，用户就可以在各种图形、图像处理软件中对所获得的资料进行编辑。

（3）对 CD-RW 及 CD-R 的支持

在中文版 Windows XP 环境下，如果用户在自己的计算机上安装了 CD-RW 或者 CD-R 设备，那么就可以将图片、音乐以及各种文档做成 CD，从而方便地下载各种信息。不仅如此，用户还可以制作自己的音乐 CD，在个人相册中加入音乐做成光盘。

（4）Windows Movie Maker 程序

中文版 Windows XP 中提供了 Windows Movie Maker 程序，它可用于视频影片的编辑。用户可以将便携式摄像机或者数码摄像机中的影音资料导入到自己的计算机中，然后利用这个程序进行编辑，也可以将计算机中现存的音频、视频文件合成一个电影，可以在其中加入插曲、旁白甚至静物照片。Windows Movie Maker 程序采用超压缩技术，使用户所制作的影片占用的空间很小，所以不必担心自己所制作的影片会占用太多的硬盘空间。当编辑完成后，可以通过这个程序以电子邮件的方式发送给自己的家人和朋友，和他们共享，或者发送到网站在网上进行公布。

4. 帮助系统和搜索功能

（1）帮助和支持中心

在中文版 Windows XP 中引入了全新的帮助系统，当打开【帮助支持中心】窗口时可以看到一系列常用主题和多种任务的选项，其中的内容以超链接的形式显示，结构更加合理，而且使用起来更加方便。可以使用“搜索”、“索引”功能在帮助系统中查找所需要的内容，如果用户是连入 Internet 的，可以通过列表中的内容获得 Microsoft 公司的在线支持，可以和其他的中文版 Windows XP 使用者进行信息交流，或者向微软新闻组中的专家求助，也可以启动远程协助向在线的朋友或者专业人士寻求解决问题的方法。

（2）搜索功能

使用系统中的搜索功能，可以查找各种类型的对象，比如文件、图片、音乐以及打印机等，如果用户是处于网络中，还可以查找到自己的计算机和网络中的其他计算机。在【搜索结果】窗口中，系统一般会对内容进行分类，如可分为图片、音乐或录像、文档、所有文件和文件夹等类别，方便用户尽快地找到相应的内容，进而提高工作效率。用户还可以选择不同的动画屏幕角色，这样会使工作界面看起来更加生动活泼。

5. 多用户管理

（1）多用户管理

在中文版 Windows XP 中允许多用户登录，不同的用户可以使用同一台计算机进行个性化的设置。这样，各用户在使用公共系统资源的同时，可以设置富有个性的工作空间。

在【控制面板】窗口中选择【用户账户】命令，可以打开【用户账户】窗口，在这个窗口中可以更改当前登录用户账户的名称、密码、账户类型等，创建一个新的用户账户，还能更改所有用户的登录或注销方式。其中给人印象最深的莫过于用户图标了，系统提供了多张精美的图片作为用户登录特征图片，用户可以根据个人爱好进行选择，并且可从计算机中其他地方调入图片，甚至可以从照相机或扫描仪获得自己的相片来作为用户登录图标，系统可自动将大小不一的图片缩放到合适的尺寸，经过设置后，每个用户都可以有个性化的 Windows 组织和显示信息的方式。

（2）快速切换用户

在中文版 Windows XP 环境下切换用户账户的时候，不需要再重新启动计算机，只要选中【用户账户】窗口中【使用快速切换】复选框，则不用关闭所有程序就可以快速切换到另一个用户账户。在退出计算机系统时，出现一个要求用户进行选择的对话框，这时可以选择【切换用户】命令，就能够保留当前用户正在运行的程序，而迅速登录到另一个用户账户；当该用户再次登录时，可以返回到切换前的状态。

6. 其他新增功能

（1）系统还原

在中文版 Windows XP 的系统管理工具中新增了“系统还原”这一功能，如果用户对自己的计算机做了有害的更改，影响到系统的正常运行，使用“系统还原”功能可以取消所做的更改，还原系统原来的设置和性能，而在整个还原的过程中，不会使最近保存的文件、电子邮件等内容丢失，并且整个过程是可逆的。一般情况下，系统会自动创建还原点，当然用户也可以使用“系统还原向导”自己创建还原点。如果用户在对系统进行大的更改时出错，使用此功能可以很快地恢复到正常的状态，而不至于重新安装系统。

（2）激活功能

为了减少盗版和未经授权而使用中文版 Windows XP，Microsoft 公司在系统中新增了产品激活功能。在安装中文版 Windows XP 的过程中，会要求用户激活 Windows，用户可以在 Internet 上快速而简单地激活系统，在激活时，不需要提供姓名或者其他用户个人信息。如果选择暂不激活，用户只可以在短期内使用 Windows XP，在使用过程中，会周期性收到系统的提醒，如果在规定的时间内不进行激活，用户将不能继续使用该系统。

（3）任务管理器

在中文版 Windows XP 系统中，用户可以使用“任务管理器”来完成多种任务的查看与管理。当用户在键盘上按下 Ctrl+Alt+Delete 组合键时，会打开【任务管理器】窗口。在【应用程序】选项卡中，用户可以查看当前正在运行的程序，切换应用程序窗口，关闭没有响应的程序；在【进程】选项卡中，显示了当前使用系统的用户名、CPU 和内存的使用情况；而在【性能】选项卡中，用户可以通过图表了解 CPU 处理数据的进程以及有关物理内存和核心内存的情况，如果用户是连入网络的，还可以查看有关网络的应用状态。

（4）错误报告

Microsoft 公司在售后服务方面也做出了很大的努力，例如增加了发送错误报告的功能，为广大用户提供跟踪服务，用户在运行应用程序过程中，如果执行了非法操作，或者系统出错时，会出现一个对话框，询问用户是否向微软发送错误报告，如果用户是连入 Internet 的，可以选择发送报告，Microsoft 公司将收集相类似的信息，对系统所出现的问题进行改正，进一步完善软件的功能，提高其质量。

（5）Clear Type 技术

随着液晶显示器应用的日趋广泛，中文版 Windows XP 也新增了 Clear Type 技术。通过该技术，使用液晶显示器或者便携式计算机的用户将获得更高质量的画面效果，字体的边缘在屏幕上显示会更平滑，并且字体清晰易读，不过使用此选项对用户的显卡和显示器有一定的要求。

（6）多语言及输入法

在中文版 Windows XP 中提供了对世界各地多种语言的支持，不管是哪个国家的用户都可以使用该软件，而且其语言栏的显示方式也作了很大的改进。系统将默认的语言和用户所选择的语言分别列出，这样会更利于用户进行选取，而且语言栏可以以按钮的形式缩小到任务栏，微软拼音输入法升级到了 3.0 版本，用户可以对其属性进行各种设置，使用更加方便、灵活。

2.2　安装 Windows XP

要使用 Windows XP，可以在原来的操作系统上升级安装 Windows XP（如在 Windows 98 或 2000 中），也可以全新安装 Windows XP（需要 Windows XP 系统安装盘，且要格式化之前的操作系统）。下面将简要介绍一下各自的操作方法。

2.2.1　升级 Windows XP

（1）如果用户是使用光盘进行安装，可以在打开的光盘中找到所需文件的正确路径；如果事先进行了文件的复制，可以在现有的操作系统中通过【我的电脑】或【资源管理器】窗口，找到相应的安装文件，双击 Setup 图标，这时会打开【欢迎使用 Microsoft Windows XP】窗口，如图 2-2 所示。

在这个窗口的“您希望做什么？”选项组中，用户可以选择“安装可选的 Windows 组件”选项，对系统组件进行自定义安装。用户可以把自己暂时不需要的选项去掉，这样可以减少文件的复制数量，缩短安装时间。在此用户也可以执行其他任务或者检查系统的兼容性。

（2）选择【安装 Microsoft Windows XP】选项，可以打开中文版 Windows XP 的安装界面，如图 2-3 所示。

在界面左侧显示安装的进程以及安装总共所需要的时间，在右侧的【欢迎使用 Windows 安装程序】窗口中，用户可以选择执行哪一类型的安装。在【安装类型】下拉列表框中有【升级安装】和【全新安装】两种选项。在此提醒用户【升级安装】会保留已安装的程序、数据文件和现有的计算机设置，而【全新安装】将替换原有的 Windows 或在不同的硬盘、磁盘分区上安装 Windows，它会造成硬盘上所有数据的丢失。

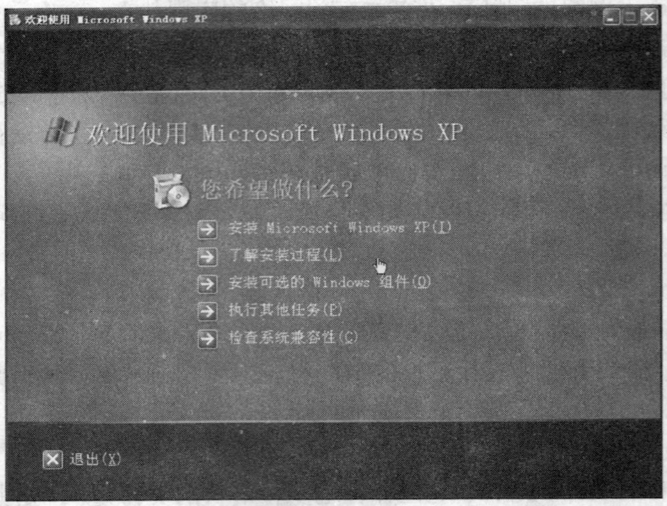

图 2-2　欢迎使用 Microsoft Windows XP

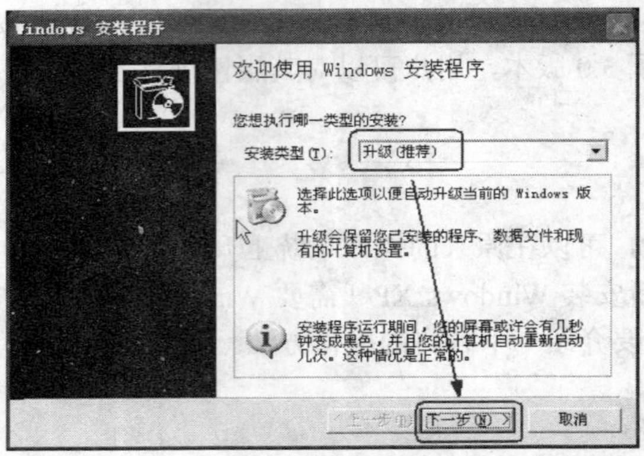

图 2-3　升级安装/全新安装 Windows

(3) 用户在这里选择【升级安装】，单击【下一步】按钮继续。

(4) 在接下来的对话框中要求用户阅读许可协议，当用户看完此协议后，可以选择【我接受这个协议】单选按钮，只有接受此协议，才能继续进行安装，如图 2-4 所示。

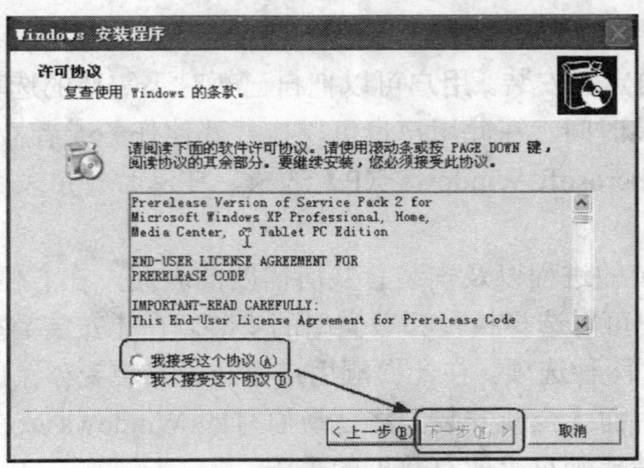

图 2-4　接受/不接受协议界面

（5）在【许可协议】对话框中进行选择后，单击【下一步】按钮打开【您的产品密钥】对话框，要求用户输入所安装的 Windows 产品的密钥，并提示用户这 25 个字符的产品密钥在 Windows CD 文件背面的黄色不干胶纸上；通常在安装光盘中会有一个名为 SN 的文件，双击该文件，也可以得到产品的密钥。在输入时用户要确保所输入内容正确无误，否则安装过程不能继续，如图 2-5 所示。

（6）在【产品密钥】文本框中输入正确的内容后，单击【下一步】按钮可以打开【获得更新的安装程序文件】对话框，用户可以使用动态更新从 Microsoft 的网站上获得更新的安装程序文件，以保证现在所安装的程序是最新的。Internet 用户如果选择【是，下载更新的安装程序文件】单选按钮，安装程序能够使用用户的 Internet 连接来检查 Microsoft 的网站；如不需要这项服务，可以选择【否，跳过这一步继续安装 Windows】单选按钮，然后单击【下一步】按钮继续安装，如图 2-6 所示。

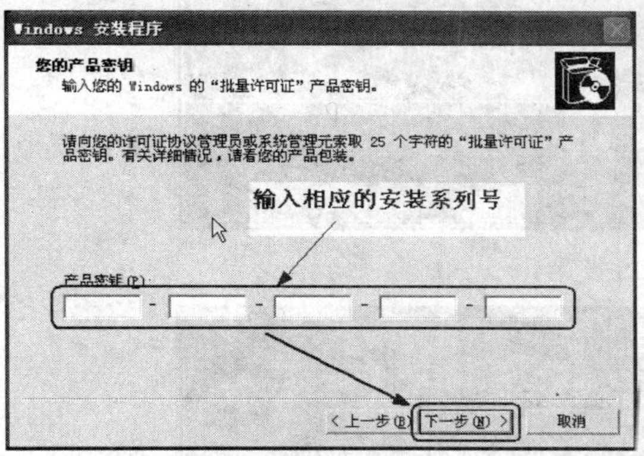

图 2-5　输入产品密钥

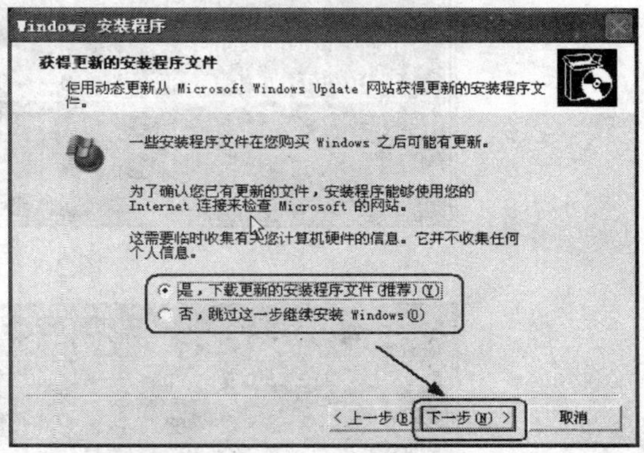

图 2-6　下载更新的安装程序文件

（7）这时已经进入“准备安装”阶段，系统会开始复制安装所需要的文件。在【正在复制安装文件】中会显示文件复制的进度，在界面的右侧将出现中文版 Windows XP 的新增功能介绍，如果用户在此时要退出安装，可以按 Esc 键，即可取消安装程序，如图 2-7 所示。

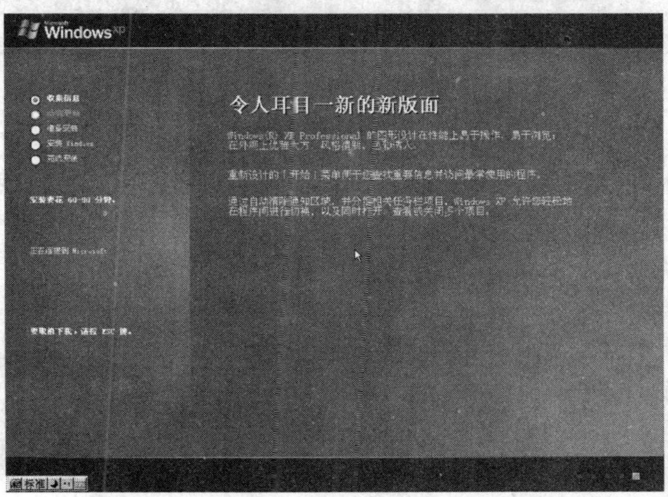

图 2-7　准备安装

（8）接着按照相应提示，一步步地将操作系统安装完成。

2.2.2 全新安装 Windows XP

（1）开机按 Delete 键或 F2 键进入 BIOS 设置，将计算机的启动模式改成从光盘启动。也就是从 CD-ROM 启动，根据主板的不同，BIOS 设置有所差异（1STBOOT CDROM），如图 2-8 和图 2-9 所示。

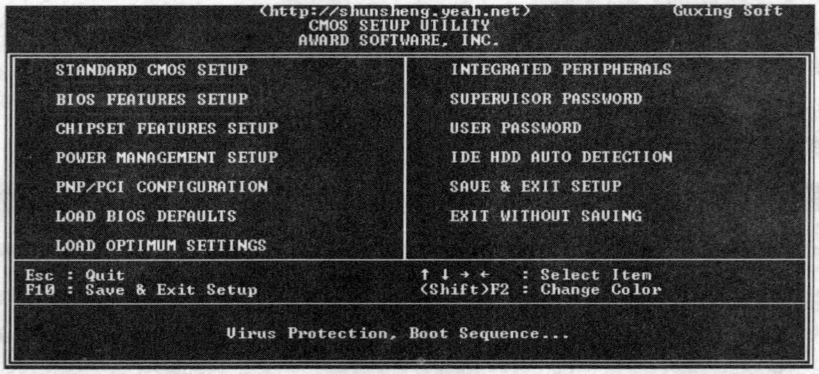

图 2-8　BIOS 设置 1

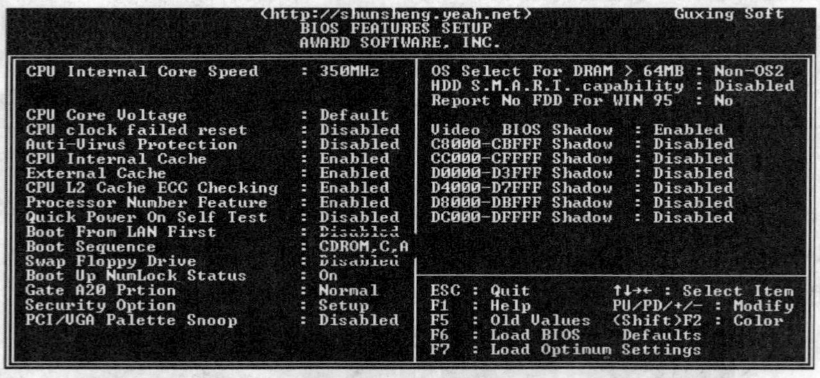

图 2-9　BIOS 设置 2

（2）启动机器，插入 Windows XP 的安装光盘，等待光盘引导出现，将出现 Press any key to boot from CD...，如图 2-10 所示。这时，按任意键进行引导，XP 的安装程序会自动运行，如图 2-11 所示。

（3）按照画面提示和相关的安装知识完成操作系统的安装。

提示：

Windows XP 是一个多语言支持的操作系统，在【语言】选项卡中，要选择【附加语言支持】，否则，在玩繁体中文游戏时就会出现乱码，如图 2-12 所示。

为了进一步增强文字兼容性，可以在【高级】选项卡中全部安装"非 Unicode 程序的语言"支持，建议全选，如图 2-13 所示。

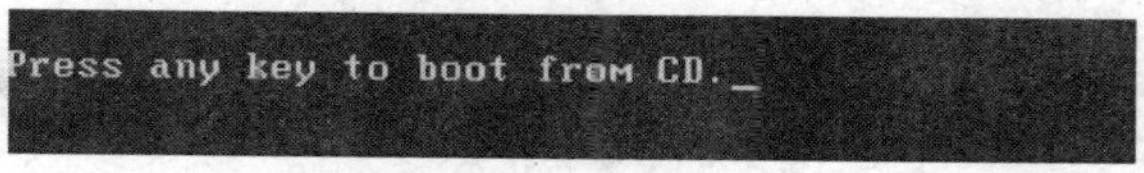

图 2-10　进入光盘引导

图 2-11　安装程序自动运行

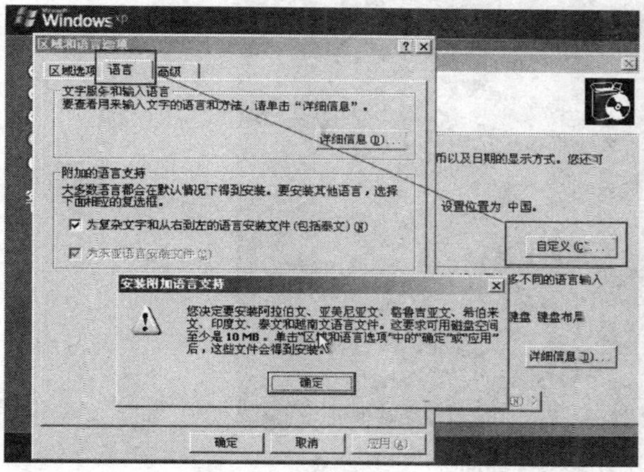

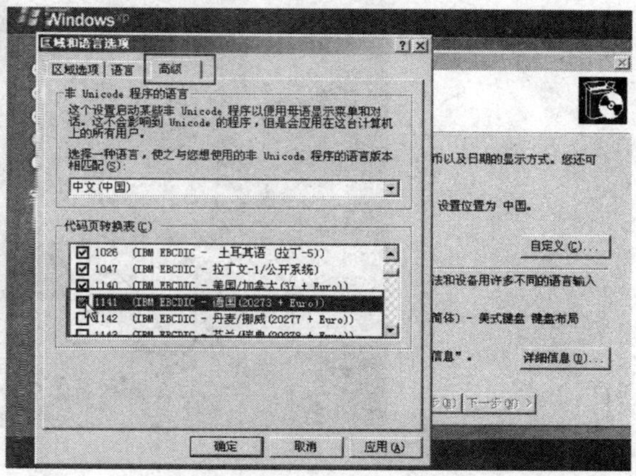

图 2-12　语言设置　　　　图 2-13　安装语言

2.2.3　安装硬件驱动程序

无论是升级安装还是全新安装操作系统，都必须安装相应的硬件驱动程序，如主板、显卡等。安装硬件驱动程序很简单，因为系统会找出没有安装驱动程序的硬件，并会弹出安装向导，用户只要将对应的驱动程序光盘放到光驱中即可，系统会自动找到最为合适的程序来安装。

提示：

在 Windows XP 系统中附带很多比较常用的硬件驱动程序，比如 GF2 芯片的部分显卡和以太网网卡驱动程序。对于这些硬件，用户在安装完操作系统后就已经安装好了它们的驱动程序。

2.3 Windows XP 的基本操作

待安装完成操作系统和相应的硬件驱动程序后，即可登录 Windows XP。本节将简单介绍一下如何操作 Windows XP 系统。

2.3.1 Windows XP 启动和退出

要进入安装好的操作系统，必须首先将计算机接通电源，接着启动主机，之后计算机自动启动进入。

1. Windows XP 启动

安装好中文版 Windows XP 第一次登录系统后，可以看到一个非常简洁的画面，在桌面的右下角只有一个回收站的图标，这就表明用户已经顺利地启动了 Windows XP 操作系统，如图 2-14 所示。

图 2-14　第一次登录系统界面

2. Windows XP 退出

要退出当前的用户一般有两种方法，一是注销用户，二是关闭计算机，单击【开始】按钮可以对其进行选择，如图 2-15 所示。

图 2-15　退出当前用户或关闭系统

（1）注销

当需要注销时，在【开始】菜单中单击【注销】按钮，这时桌面上会出现一个对话框，用户单击【注销】按钮，系统将实施注销，如图 2-16 所示。

提示：

“切换用户”指在不关闭当前登录用户的情况下切换到另一个用户，用户可以不关闭正在运行的程序，而当再次返回时系统会保留原来的状态。

单击【取消】按钮，则取消此次操作。

（2）关闭计算机

当用户不再使用计算机时，可单击【开始】按钮，在【开始】菜单中单击【关闭计算机】按钮，这时系统会弹出一个【关闭计算机】对话框，用户可在此作出选择，如图 2-17 所示。

图 2-16　注销

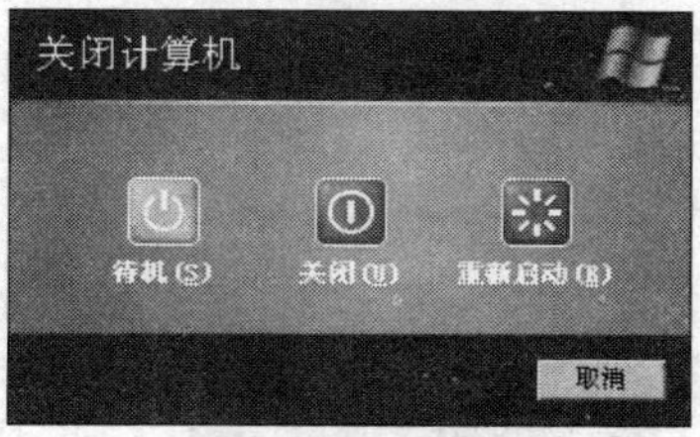

图 2-17　关闭/重新启动计算机

- ☑ 待机：当用户选择【待机】选项后，系统将保持当前的运行，计算机将转入低功耗状态；当用户再次使用计算机时，在桌面上移动鼠标即可恢复原来的状态。此项通常在用户暂时不使用计算机，而又不希望其他人在自己的计算机上任意操作时使用。
- ☑ 关闭：选择此项后，系统将停止运行，保存设置退出，并且会自动关闭电源。用户不再使用计算机时选择该项可以安全关机。
- ☑ 重新启动：此选项将关闭并重新启动计算机。

提示：

当用户打开了计算机的休眠功能时（相关介绍在本章其他小节中），在弹出【关闭计算机】窗口后，按住 Shift 键，原来的【待机】按钮会变为【休眠】按钮，如图 2-18 所示。

图 2-18　系统的休眠功能

2.3.2　使用 Windows XP

下面来介绍 Windows XP 的最基本操作。

1. 认识及操作 Windows XP 桌面

当用户安装好中文版 Windows XP 第一次登录系统后，在桌面的右下角只有一个回收站的图标，并标明了 Windows XP 的标志及版本号。如果用户想恢复系统默认的图标，可执行下列操作。

（1）右击桌面，在弹出的快捷菜单中选择【属性】命令，如图 2-19 所示。

（2）在打开的【显示 属性】对话框中选择【桌面】选项卡，如图 2-20 所示。

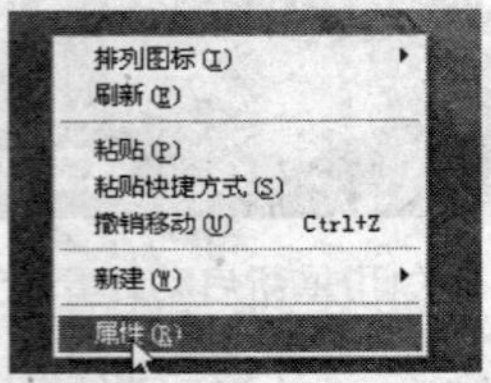

图 2-19　打开桌面属性

图 2-20　【显示 属性】对话框

提示：

在图 2-20 中还可以进行更换桌面背景图片的操作。

（3）单击【自定义桌面】按钮，这时会打开【桌面项目】对话框。在【桌面图标】选项组中选中【我的电脑】、【网上邻居】等复选框，单击【确定】按钮返回到【显示 属性】对话框中。单击【应用】按钮，然后关闭该对话框，这时用户就可以看到系统默认的图标，如图 2-21 所示。

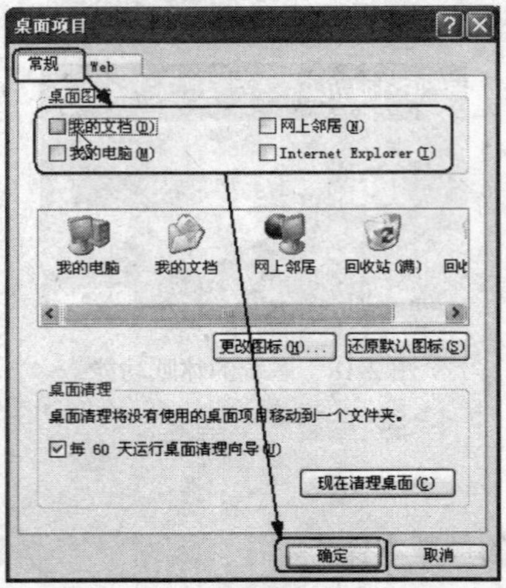

图 2-21　自定义桌面

2. 桌面上的图标说明

“图标”是指在桌面上排列的小图像，它包含图形、说明文字两部分。如果用户把鼠标放在图标上停留片刻，桌面上即会出现对图标所表示内容的说明或者文件存放的路径，双击图标就可以打开相应的内容。

（1）“我的文档”图标：用于管理“我的文档”下的文件和文件夹，可以保存信件、报告和其他文档，它是系统默认的文档保存位置。

（2）“我的电脑”图标：用户通过该图标可以实现对计算机硬盘驱动器、文件夹和文件的管理，在双击展开的窗口中用户可以访问连接到计算机的硬盘驱动器、照相机、扫描仪和其他硬件以及有关信息。

（3）“网上邻居”图标：该项中提供了对网络上其他计算机中文件夹和文件访问以及有关信息，在双击展开的窗口中用户可以进行查看工作组中的计算机、查看网络位置及添加网络位置等工作。

（4）“回收站”图标：在回收站中暂时存放着用户已经删除的文件或文件夹等一些信息，当用户还没有清空回收站时，可以从中还原删除的文件或文件夹。

（5）Internet Explorer 图标：用于浏览互联网上的信息，通过双击该图标可以访问网络资源。

3. 创建桌面图标

桌面上的图标实质上就是打开各种程序和文件的快捷方式，用户可以在桌面上创建自己经常使用的程序或文件的图标，这样使用时直接在桌面上双击即可快速启动该项目。

创建桌面图标可执行下列操作。

（1）右击桌面上的空白处，在弹出的快捷菜单中选择【新建】命令。

（2）利用【新建】命令下的子菜单，用户可以创建各种形式的图标，比如文件夹、快捷方式、文本文档等，如图 2-22 所示。

4. 图标的排列

用户需要对桌面上的图标进行位置调整时，可在桌面上的空白处右击，在弹出的快捷菜单中选择【排列图标】命令，在其子菜单中包含了多种排列方式，如图 2-23 所示。

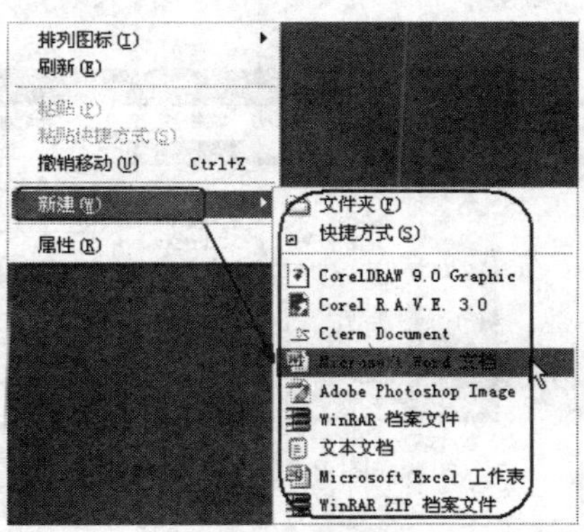

图 2-22　创建桌面图标

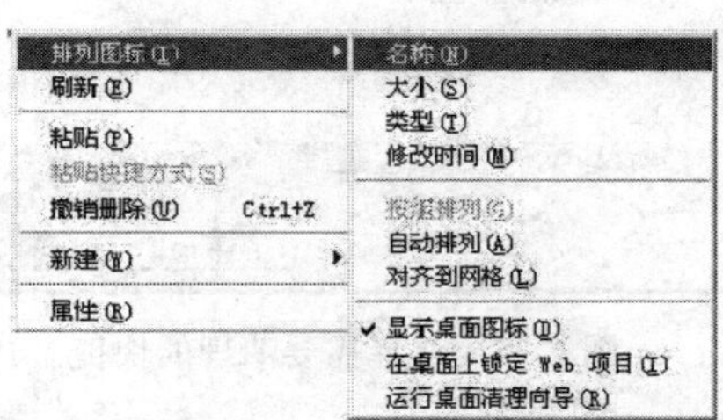

图 2-23　排列图标

5. 使用清理桌面向导

使用清理桌面向导，可参考下列操作。

（1）在使用桌面清理向导进行操作时，用户可以在桌面空白处右击，在弹出的快捷菜单中选择【排列图标】|【运行桌面清理向导】命令，如图 2-24 所示。

（2）这时将弹出【清理桌面向导】对话框之一，帮助用户清理计算机系统的桌面，单击【下一步】按钮继续，如图 2-25 所示。

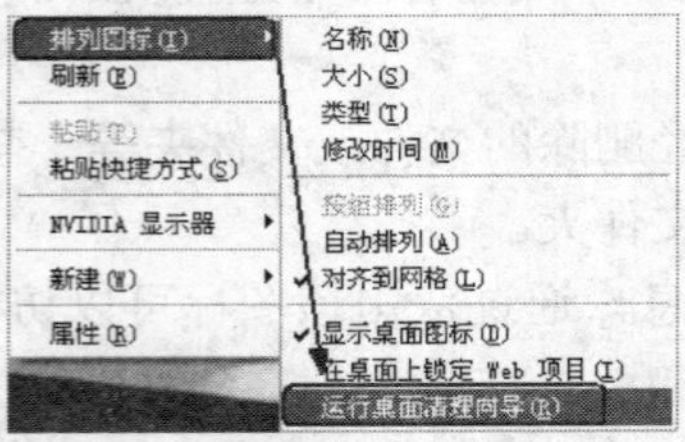

图 2-24 选择【运行桌面清理向导】

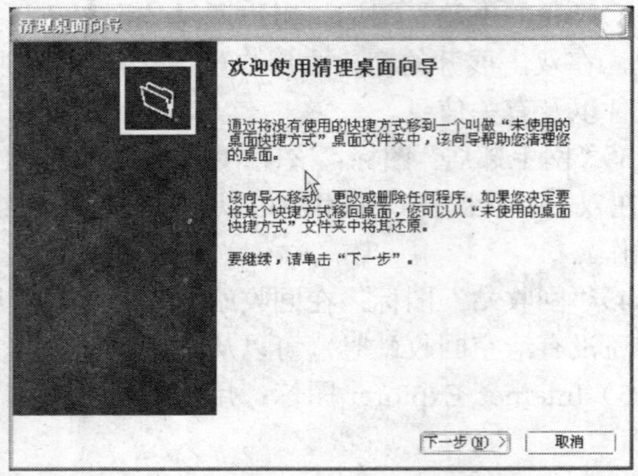

图 2-25 桌面清理向导

（3）弹出【清理桌面向导】对话框之二，用户可以选择需要清理的快捷方式，之后所选择的快捷方式将被移动到“未使用的桌面快捷方式”文件夹，如图 2-26 所示。

（4）当用户根据向导提示完成操作后，所选的快捷方式在桌面上消失，而在桌面上会出现一个“未使用的桌面快捷方式”文件夹。

（5）如果用户需要撤销以前的操作，使清理掉的快捷方式重新恢复到桌面，可以在桌面上双击“未使用的桌面快捷方式”文件夹，在【未使用的桌面快捷方式】对话框中选择【编辑】|【撤销移动】命令，即可还原已清理的快捷方式，如图 2-27 所示。

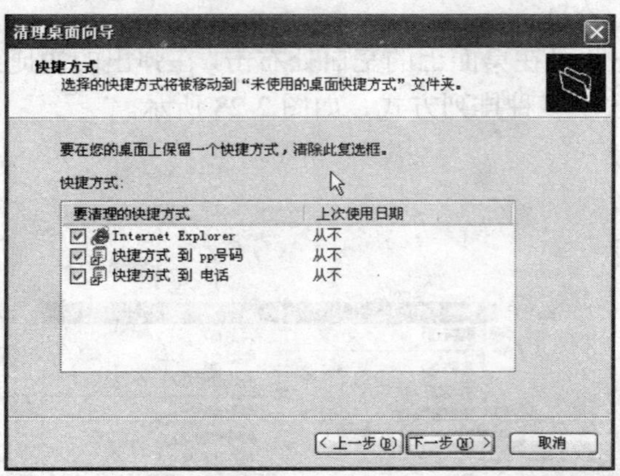

图 2-26 选择需要清理的快捷方式

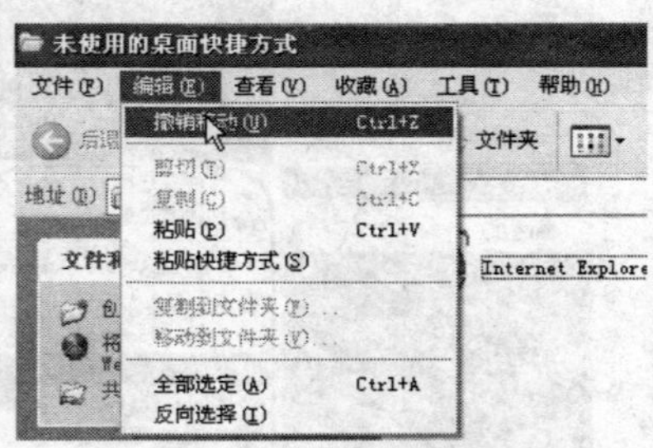

图 2-27 撤销移动

2.3.3 任务栏

任务栏是位于桌面最下方的一个小长条，其中显示了系统正在运行的程序、打开的窗口、当前时间等内容，用户通过任务栏可以完成许多操作，而且也可以对它进行一系列的设置。

1. 任务栏的组成

任务栏可分为“开始”菜单按钮、快速启动工具栏、窗口按钮栏和通知区域等几部分，如图 2-28 所示。

图 2-28　任务栏

（1）【开始】菜单按钮

单击此按钮，可以打开【开始】菜单，用户在操作过程中，要用它打开大多数的应用程序。

（2）快速启动工具栏

它由一些小型的按钮组成，单击可以快速启动程序。一般情况下，它包括网上浏览工具 Internet Explorer 图标、收发电子邮件的程序 Outlook Express 图标和显示桌面图标等。

（3）窗口按钮栏

当用户启动某项应用程序而打开一个窗口后，在任务栏上会出现相应的有立体感的按钮，表明当前程序正在被使用，在正常情况下，按钮是向下凹陷的，而把程序窗口最小化后，按钮则是向上凸起的，这样可以使用户观察更方便。

（4）语言栏

在此用户可以选择各种语言输入法。单击 CH 按钮，在弹出的菜单中进行选择可以切换为中文输入法。语言栏可以最小化以按钮的形式在任务栏显示。单击右上角的还原小按钮，它也可以独立于任务栏之外。

如果用户还需要添加某种语言，可在语言栏任意位置右击，在弹出的快捷菜单中选择【设置】命令，即可打开【文字服务和输入语言】对话框，用户可以设置默认输入语言，对已安装的输入法进行添加、删除，添加世界各国的语言以及设置输入法切换的快捷键等，如图 2-29 所示。

（5）音量控制器

桌面上小喇叭形状的按钮，单击它后会出现一个音量控制对话框，用户可以通过拖动上面的小滑块来调整扬声器的音量。当选中【静音】复选框后，扬声器的声音消失，如图 2-30 所示。右击也会弹出一个选择设置的窗口，如图 2-31 所示。

用户双击音量控制器按钮或者右击该按钮，在弹出的快捷菜单中选择【打开音量控制】命令，可

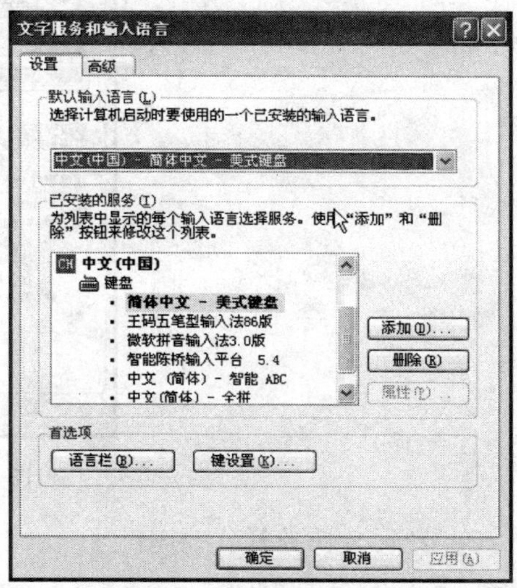

图 2-29　【文字服务和输入语言】对话框

以打开【音量控制】窗口，从中用户可以对【音量控制】、【波形】、【软件合成器】等各项内容进行调整，如图 2-32 所示。

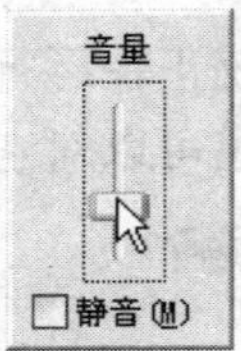

图 2-30　音量调节窗口

图 2-31　选择设置窗口

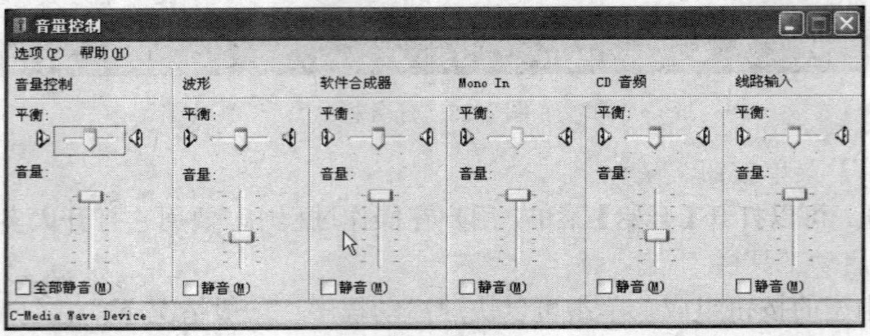

图 2-32　音量控制

用户可以右击音量控制器按钮，在弹出的快捷菜单中选择【调整音频属性】命令，打开【声音和音频设备属性】对话框。该对话框显示了有关音频设备的信息，从中用户可以进行音频的进一步调整。

在【声音】选项卡中，用户可以改变应用于 Windows 和程序事件中的声音方案；通过单击【浏览】按钮，系统将提供多种声音方案，如图 2-33 所示。

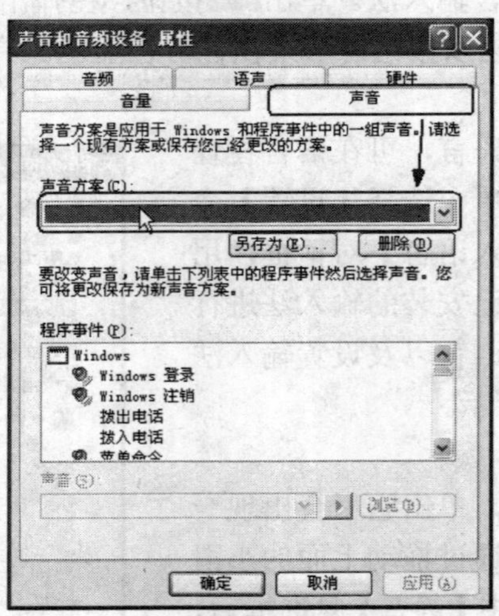

图 2-33　调整音频属性

2. 自定义任务栏

系统默认的任务栏位于桌面的最下方，用户可以根据自己的需要把它拖到桌面的任何边缘处；也可改变任务栏的宽度；通过改变任务栏的属性，还可以让它自动隐藏。

（1）任务栏的属性

用户在任务栏上的非按钮区域右击，在弹出的快捷菜单中选择【属性】命令，即可打开【任务栏和「开始」菜单属性】对话框，如图 2-34 所示。

在【任务栏外观】选项组中，用户可以通过对复选框的选择来设置任务栏的外观。单击【自定义】按钮，在打开的【自定义通知】对话框中，用户可以进行隐藏或显示图标的设置，如图 2-35 所示。

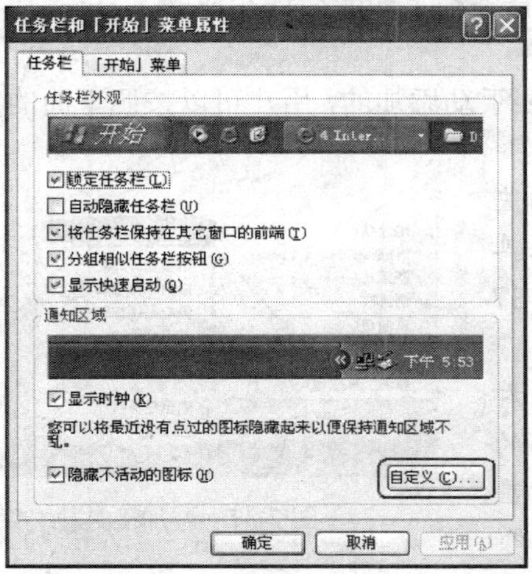

图 2-34　【任务栏和「开始」菜单属性】对话框

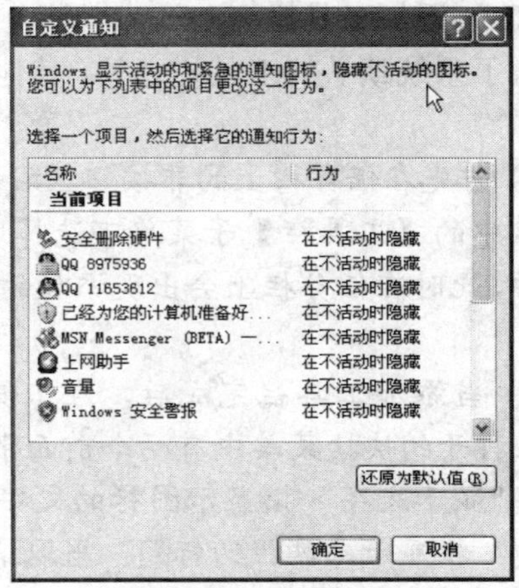

图 2-35　自定义任务栏外观

（2）改变任务栏及各区域大小

当任务栏位于桌面的下方妨碍了用户的操作时，可以把任务栏拖动到桌面的任意边缘。在移动时，用户应先确定任务栏处于非锁定状态，然后在任务栏上的非按钮区按下鼠标左键拖动，直到所需要的边缘再松手，这样任务栏就会改变位置，如图 2-36 所示。

图 2-36　拖动任务栏

3. 使用工具栏

在任务栏中使用不同的工具栏，可以方便而快捷地完成一般的任务，系统默认显示“语言栏”，用户可以根据需要添加或者新建工具栏。

（1）常用工具栏

当用户在任务栏的非按钮区域右击，在弹出的快捷菜单中指向【工具栏】时，可以看到在其子菜单中列出的常用工具栏，选择其中的一项，任务栏上即会出现相应的工具栏。

（2）添加工具栏

除了系统默认的工具栏之外，其他工具栏是需要手动添加的，用户可以按照下面的步骤来操作。

1）首先在任务栏上的非按钮区右击，在弹出的快捷菜单中的【工具栏】子菜单下选择所要添加的工具栏名称，此时在任务栏上会出现添加的内容，如图 2-37 所示。

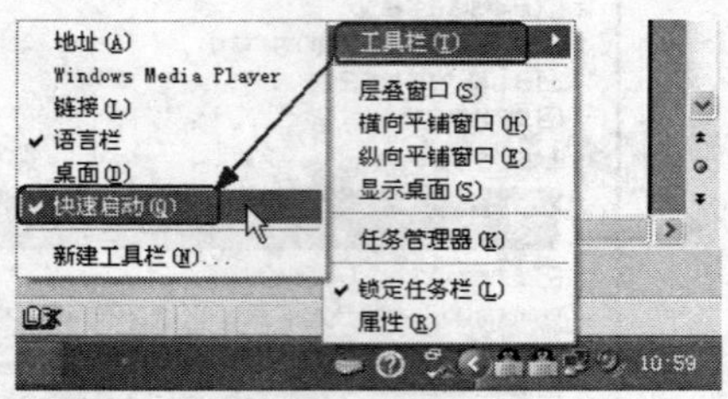

图 2-37 添加工具栏

2）当添加工具栏完成后，在工具栏的标题上右击，在打开的快捷菜单中有两个前面带有“√”标志的选项，“显示文字”指显示图标的文字说明部分，“显示标题”指显示工具栏的标题。当取消选项前的“√”标志时，工具栏将不显示文字和标题。

3）当用户不再需要某工具栏时，可以按照以上的方式再选择一次，取消工具栏名称前面的“√”，或者在快捷菜单中选择【关闭工具栏】命令，就可以删除添加的工具栏。

在添加了工具栏后，用户直接在任务栏上操作就可以启动程序或者打开文件，这是比较方便和快捷的。

2.3.4 使用【开始】菜单

使用计算机时，利用【开始】菜单可以完成启动应用程序、打开文档以及寻求帮助等工作，可以说一般的操作都能通过【开始】菜单来实现。

1. 启动应用程序

用户在启动某应用程序时，可以在桌面上创建快捷方式，直接从桌面上启动，也可以通过在任务栏上创建工具栏启动，但是大多数人在使用计算机时，还是习惯使用【开始】菜单进行启动。

当用户启动应用程序时，可单击【开始】按钮，在打开的【开始】菜单中把鼠标指向【所有程序】菜单项，这时会出现【所有程序】的级联子菜单，在其级联子菜单中可能还会有下一级的级联菜单，当其选项旁边不再带有黑色的箭头时，单击该程序名，即可启动此应用程序。

现在以启动“豪杰超级解霸 2000”这个程序来说明此项操作的步骤。

（1）在桌面上单击【开始】按钮，把鼠标指向【所有程序】选项。

（2）在【所有程序】级联子菜单中执行【豪杰超级解霸 2000】/【超级解霸 2000】命令。

这时，用户就可以打开“豪杰超级解霸 2000”的界面了，如图 2-38 所示。

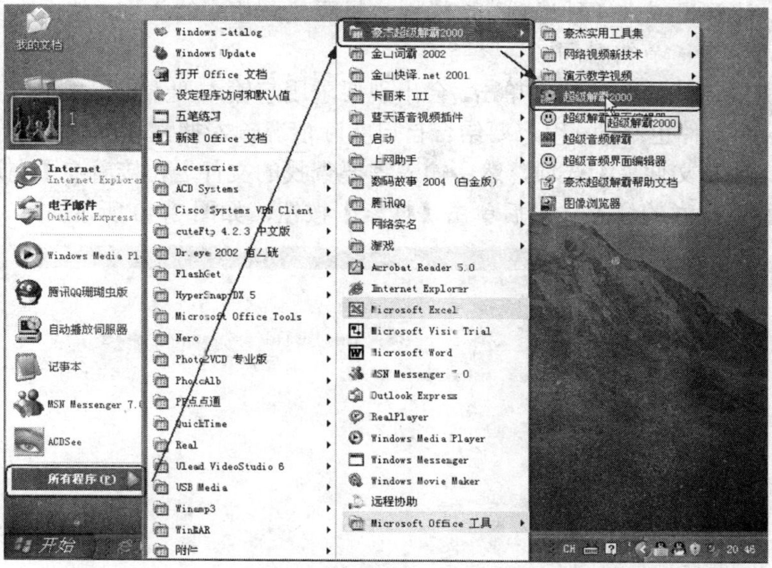

图 2-38　启动应用程序

2. 查找内容

有时用户需要在计算机中查找一些文件或文件夹的存放位置，如果手动查找会浪费很多时间，使用【搜索】命令可以帮助用户快速找到所需内容，而且除了文件和文件夹，还可以查找图片、音乐以及网络上的计算机和通讯簿中的人等。

当用户需要进行内容查找时，可以在桌面上单击【开始】按钮，在打开的【开始】菜单中选择【搜索】命令，这时会打开【搜索结果】窗口，如图 2-39 所示。

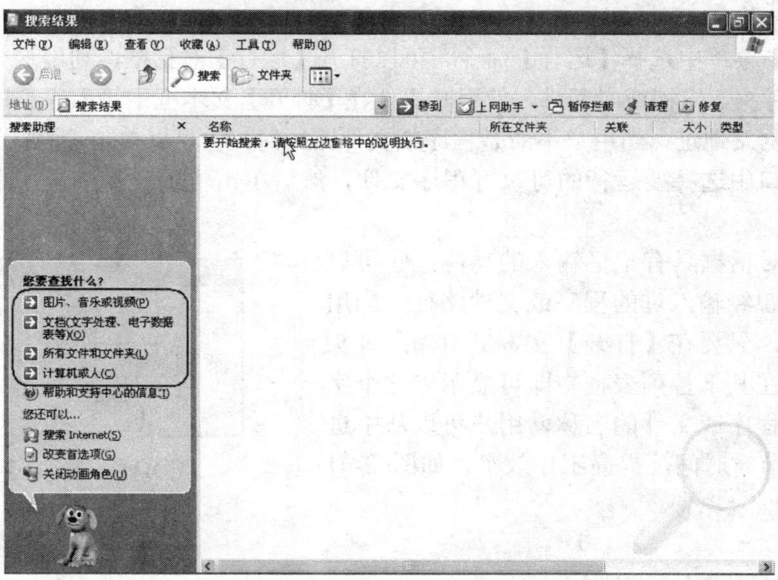

图 2-39　搜索窗口

该窗口把所要查找的内容作了详细的划分归类，分为图片、音乐或录像，以及文档、所有文件和文件夹、计算机或人 4 种选项，这样用户只要找到相应的类别，然后在其类型下进行查找就会缩小搜索范围，节约时间。

用户选定所要查找的类型然后单击，会出现要求用户输入搜索标准的列表，所选择的类型不同，所要输入的条件也不同，用户要结合自己实际情况输入搜索标准。例如，查找某个文件，则选择【所有文件和文件夹】选项，然后输入需要查找的文件名，接着在【在这里寻找】下拉列表框中选择所要搜索的位置，最后单击【搜索】按钮，如图 2-40 所示。

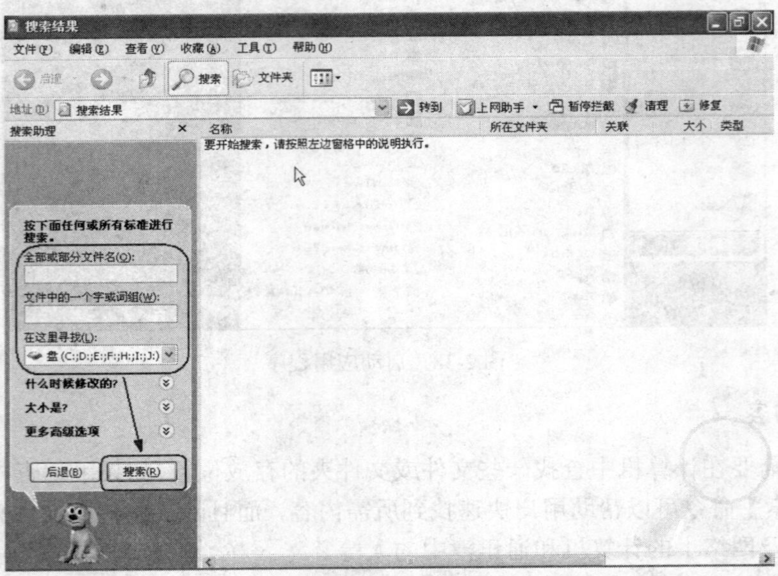

图 2-40　搜索【所有文件和文件夹】

3. 运行命令

在【开始】菜单中选择【运行】命令，可以打开【运行】对话框，利用这个对话框用户可打开程序、文件夹、文档或者网站，使用时需要在【打开】文本框中输入完整的程序或文件路径以及相应的网站地址，当用户不清楚程序或文件路径时，也可以单击【浏览】按钮，在打开的【浏览】窗口中选择要运行的可执行程序文件，然后单击【确定】按钮，即可打开相应的窗口。

【运行】对话框具有记忆输入的功能，它可以自动存储用户曾经输入过的程序或文件路径，当用户再次使用时，只要在【打开】文本框中输入开头的一个字母，在其下拉列表框中即可显示以这个字母开头的所有程序或文件的名称，用户可以从中进行选择，从而节省时间，提高工作效率，如图 2-41 所示。

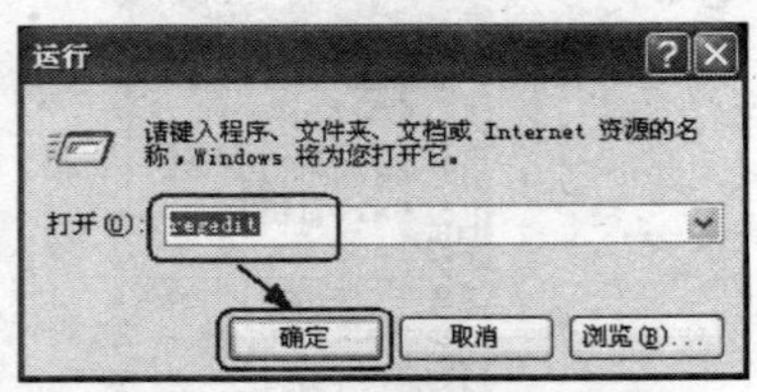

图 2-41　【运行】对话框

2.3.5　文件和文件夹

1. 创建新文件夹

用户可以创建新的文件夹来存放具有相同类型或相近形式的文件。创建新文件夹可按下列操作步骤进行：

（1）双击“我的电脑”图标，打开【我的电脑】窗口，如图 2-42 所示。

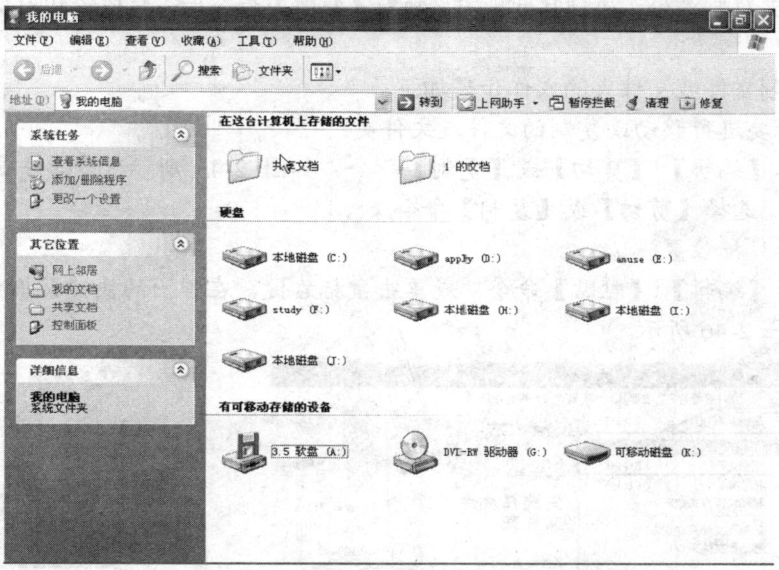

图 2-42　【我的电脑】窗口

（2）双击要新建文件夹的磁盘，打开该磁盘。

（3）选择【文件】|【新建】|【文件夹】命令，如图 2-43 所示；或单击鼠标右键，在弹出的快捷菜单中选择【新建】|【文件夹】命令即可新建一个文件夹，如图 2-44 所示。

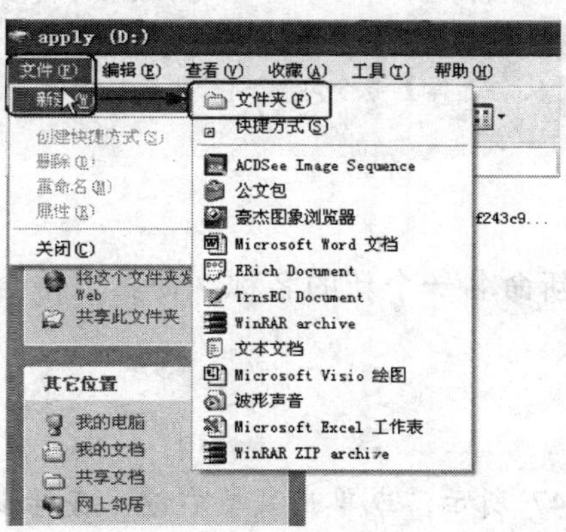

图 2-43　新建文件夹 1

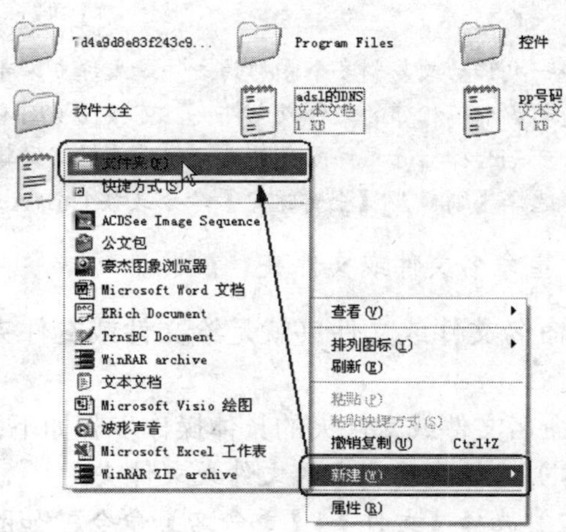

图 2-44　新建文件夹 2

（4）在新建的文件夹名称文本框中输入文件夹的名称，按 Enter 键或用鼠标单击其他地方即可。

2. 移动和复制文件或文件夹

在实际应用中，有时用户需要将某个文件或文件夹移动或复制到其他地方以方便使用，这时就需要用到【移动】或【复制】命令。移动文件或文件夹就是将文件或文件夹放到其他地方，执行【移动】命令后，原位置的文件或文件夹消失，出现在目标位置；复制文件或文件夹就是将文件或文件夹复制一份，放到其他地方，执行【复制】命令后，原位置和目标位置均有该文件或文件夹。

移动和复制文件或文件夹的操作步骤如下：

（1）选择要进行移动或复制的文件或文件夹。

（2）选择【编辑】|【剪切】或【复制】命令，如图 2-45 所示；或单击鼠标右键，在弹出的快捷菜单中选择【剪切】或【复制】命令。

（3）选择目标位置。

（4）选择【编辑】|【粘贴】命令，或单击鼠标右键，在弹出的快捷菜单中选择【粘贴】命令即可，如图 2-46 所示。

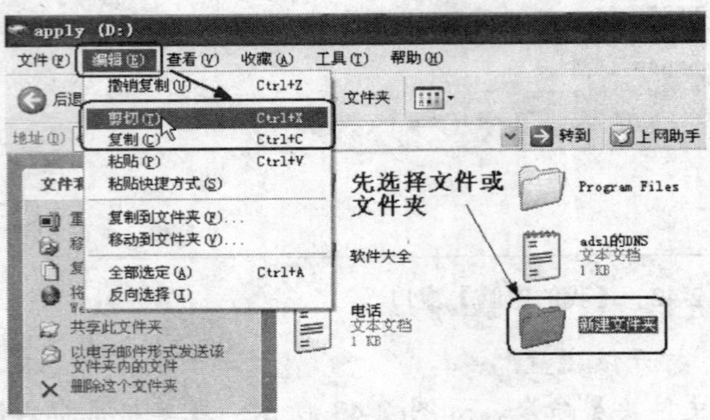

图 2-45 剪切/复制

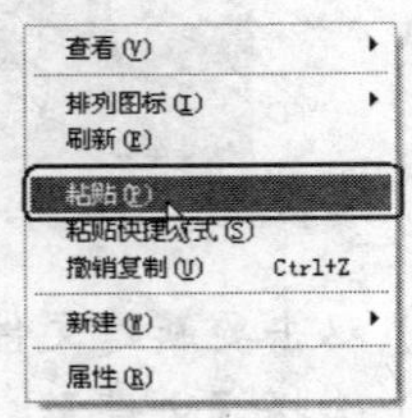

图 2-46 粘贴

注意：

若要一次移动或复制多个相邻的文件或文件夹，可按住 Shift 键选择多个相邻的文件或文件夹；若要一次移动或复制多个不相邻的文件或文件夹，可按住 Ctrl 键选择多个不相邻的文件或文件夹；若非选文件或文件夹较少，可先选择非选文件或文件夹，然后选择【编辑】|【反向选择】命令即可；若要选择所有的文件或文件夹，可选择【编辑】|【全部选定】命令或按 Ctrl+A 键。

3. 重命名文件或文件夹

重命名文件或文件夹就是给文件或文件夹重新命名一个新的名称，使其更符合用户的要求。

重命名文件或文件夹的具体操作步骤如下：

（1）选择要重命名的文件或文件夹。

（2）选择【文件】|【重命名】命令，如图 2-47 所示；或单击鼠标右键，在弹出的快捷菜单中选择【重命名】命令。

（3）这时文件或文件夹的名称将处于编辑状态（蓝色反白显示），用户可直接输入新的名称进行重命名操作。

注意：

也可在文件或文件夹名称处直接单击两次（两次单击间隔时间应稍长一些，以免使其变为双击），使其处于编辑状态，然后输入新的名称进行重命名操作。

4. 删除或还原“回收站”中的文件或文件夹

“回收站”为用户提供了一个安全的删除文件或文件夹的解决方案，用户从硬盘中删除文件或文件夹时，Windows XP 会将其自动放入“回收站”中，直到用户将其清空或返回原位置。

删除或还原“回收站”中文件或文件夹的操作步骤如下。

（1）双击桌面上的“回收站”图标。

（2）打开【回收站】窗口，如图 2-48 所示。

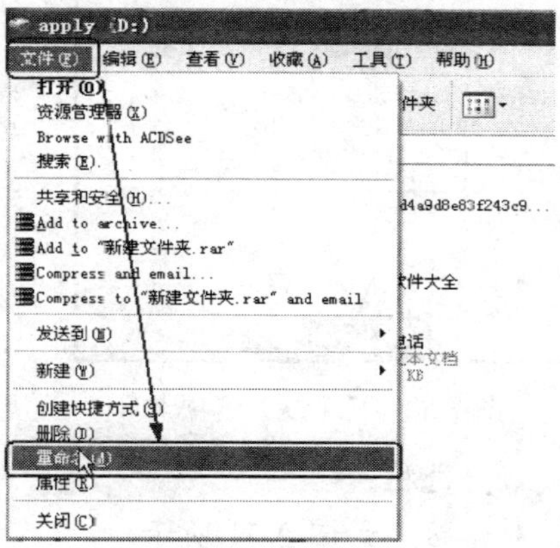

图 2-47　重命名

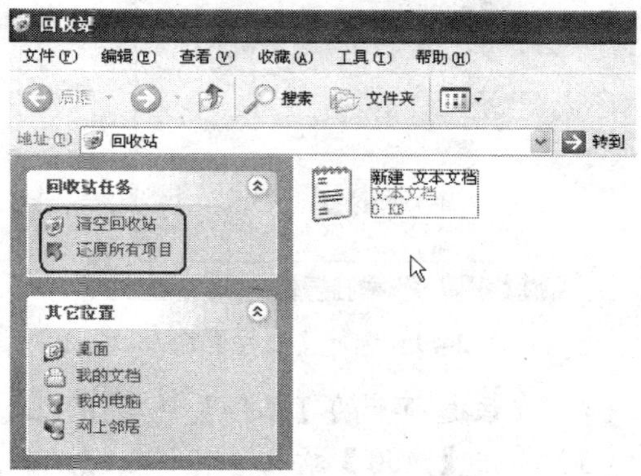

图 2-48　【回收站】窗口

（3）若要删除“回收站”中所有的文件和文件夹，可单击【回收站任务】窗格中的【清空回收站】命令；若要还原所有的文件和文件夹，可单击【回收站任务】窗格中的【还原所有项目】命令；若要还原特定文件或文件夹，可选中该文件或文件夹，单击【回收站任务】窗格中的【还原此项目】命令；若要还原多个文件或文件夹，可按住 Ctrl 键，选定这些文件或文件夹。

注意：

删除“回收站”中的文件或文件夹，意味着将该文件或文件夹彻底删除，无法再还原；若还原已删除文件夹中的文件，则该文件夹将在原来的位置重建，然后在此文件夹中还原文件；当回收站充满后，Windows XP 将自动清理“回收站”以存放最近删除的文件或文件夹。可以选中要删除的文件或文件夹，将其拖到“回收站”中进行删除。若想直接删除文件或文件夹，而不将其放入“回收站”中，可在拖往“回收站”时按住 Shift 键，或选中该文件或文件夹，按 Shift+Delete 键。

5. 更改文件或文件夹属性

文件或文件夹包含 3 种属性：只读、隐藏和存档。若将文件或文件夹设置为【只读】属性，则该文件或文件夹不允许更改和删除；若将文件或文件夹设置为【隐藏】属性，则该文件或文件夹在常规显示中将不会被看到；若将文件或文件夹设置为【存档】属性，则表示该文件或文件夹已存档，有些程序也用此选项来确定哪些文件需做备份。

更改文件或文件夹属性的操作步骤如下：

（1）选中要更改属性的文件或文件夹。

（2）选择【文件】|【属性】命令，或单击鼠标右键，在弹出的快捷菜单中选择【属性】命令，如图 2-49 所示。打开【属性】对话框。

（3）选择【常规】选项卡，如图 2-50 所示。

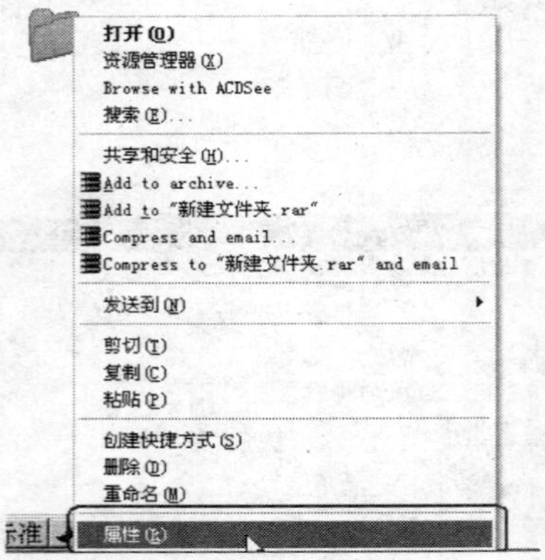

图 2-49　选择【属性】命令

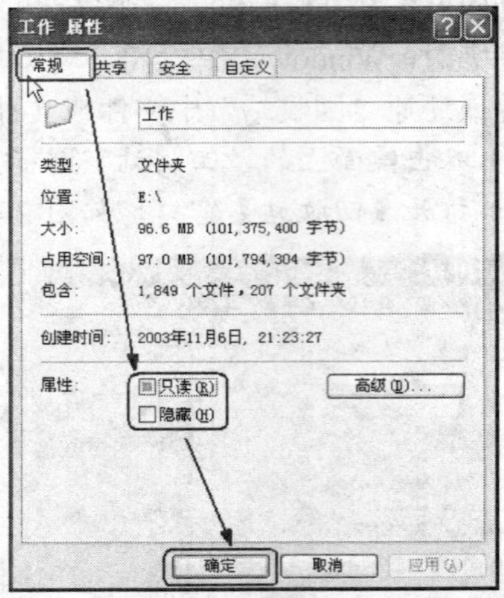

图 2-50　【常规】选项卡

（4）在该选项卡的【属性】选项组中选定需要的属性复选框。

（5）单击【应用】按钮，将弹出【确认属性更改】对话框，如图 2-51 所示。

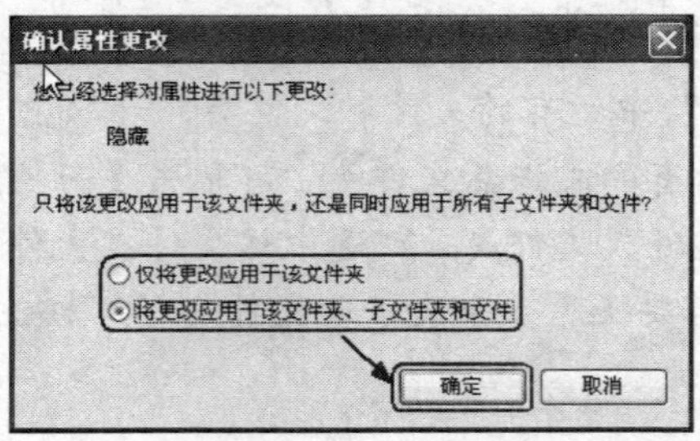

图 2-51　【确认属性更改】对话框

（6）在该对话框中可选择【仅将更改应用于该文件夹】或【将更改应用于该文件夹、子文件夹和文件】单选按钮，单击【确定】按钮即可关闭该对话框。

（7）在【常规】选项卡中，单击【确定】按钮即可应用该属性。

6. 共享文件夹

Windows XP 网络方面的功能设置更加强大，用户不仅可以使用系统提供的共享文件夹，也可以设置自己的共享文件夹，与其他用户共享自己的文件夹。

系统提供的共享文件夹被命名为“共享文档”，双击“我的电脑”图标，在【我的电脑】

窗口中可看到该共享文件夹。若用户想要将某个文件或文件夹设置为共享，可选定该文件或文件夹，将其拖到“共享文档”共享文件夹中即可。

设置用户自己的共享文件夹的操作如下：

（1）选定要设置共享的文件夹。

（2）选择【文件】|【共享和安全】命令，如图 2-52 所示；或单击鼠标右键，在弹出的快捷菜单中选择【共享】命令。

（3）打开【属性】对话框中的【共享】选项卡，如图 2-53 所示。

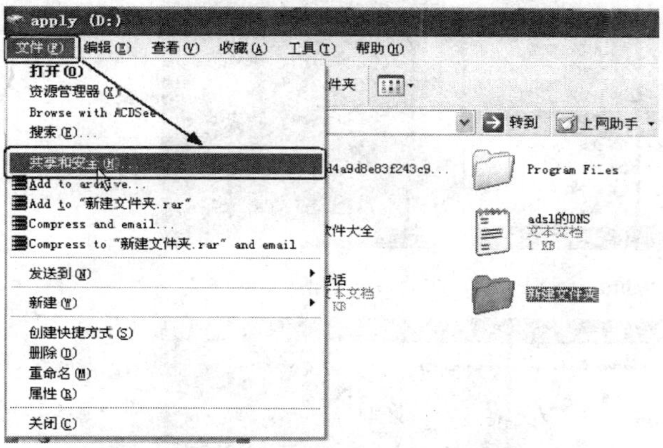

图 2-52　选择【共享和安全】命令

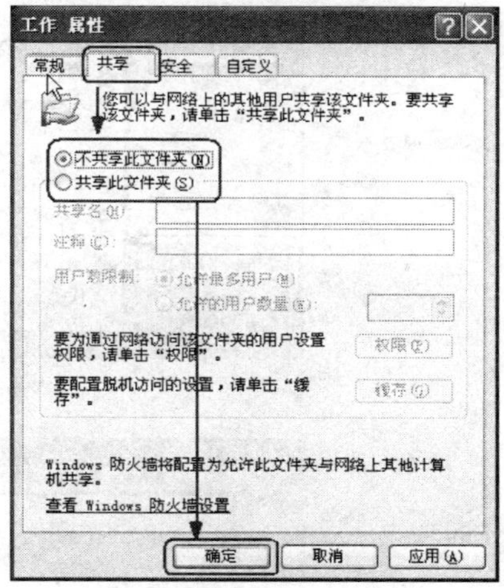

图 2-53　【共享】选项卡

（4）选中【共享此文件夹】复选框，这时【共享名】文本框和【权限】按钮变为可用状态。用户可以在【共享名】文本框中更改该共享文件夹的名称。

（5）设置完毕，单击【应用】按钮和【确定】按钮即可。

注意：

在【共享名】文本框中更改的名称是其他用户连接到此共享文件夹时将看到的名称，文件夹的实际名称并没有改变。

2.4　Windows XP 的附件功能

Windows XP 的附件功能有辅助工具、通讯、系统工具、娱乐、画图、计算器、记事本、通讯簿、写字板等功能，如图 2-54 所示。

2.4.1　画 图

“画图”程序是一个位图编辑器，如图 2-55 所示。用户可以对各种位图格式的图画进行编辑，可以自己绘制图画，也可以对扫描的图片进行编辑修改，在编辑完成后，可以以 BMP、JPEG、GIF 等格式存档，还可以发送到桌面和其他文本文档中。

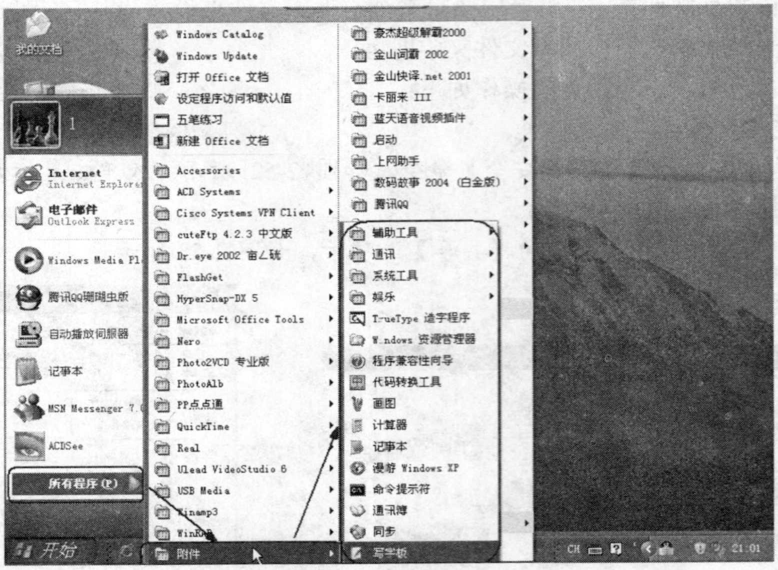

图 2-54　Windows XP 附件功能

图 2-55　“画图”程序

下面来简单介绍一下程序界面的构成。

（1）标题栏：在这里标明了用户正在使用的程序和正在编辑的文件。

（2）菜单栏：此区域提供了用户在操作时要用到的各种命令。

（3）工具箱：其中包含 16 种常用的绘图工具和 1 个辅助选择框，为用户提供多种选择。

（4）颜料盒：它由显示多种颜色的小色块组成，用户可以随意改变绘图颜色。

（5）状态栏：它的内容随光标的移动而改变，标明了当前鼠标所处位置的信息。

（6）绘图区：处于整个界面的中间，为用户提供画布。

2.4.2　计算器

计算器可以帮助用户完成数据的运算，它可分为“标准计算器”和“科学计算器”两种。“标准计算器”可以完成日常工作中简单的算术运算，“科学计算器”可以完成较为复杂的科学运算，比如函数运算等，运算的结果不能直接保存，而是将其存储在内存中，以供粘贴到其他应用程序和文档中。它的使用方法与日常生活中所使用的计算器的方法一样，可以通过鼠标单击计算器上的按钮来取值，也可以通过键盘输入来操作。

1．标准计算器

在处理一般数据时，用户使用“标准计算器”即可满足工作和生活的需要。单击【开始】按钮，选择【程序】|【附件】|【计算器】命令，即可打开【计算器】窗口，系统默认为“标准计算器”，如图 2-56 所示。

2．科学计算器

当用户从事非常专业的科研工作时，要经常进行较为复杂的科学运算，可以选择【查看】|【科学型】命令，弹出【科学计算器】窗口，如图 2-57 所示。

图 2-56　计算器

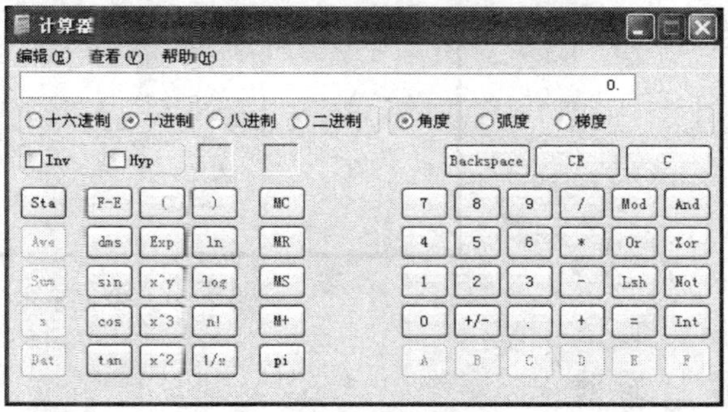

图 2-57　科学计算器

2.4.3　写字板和记事本

1．写字板

当用户要使用写字板时，可执行以下操作。

在桌面上单击【开始】按钮，在打开的【开始】菜单中执行【程序】|【附件】|【写字板】命令，这时就可以进入“写字板”界面，如图 2-58 所示。

2．记事本

当用户需要新建一个文档时，在桌面上单击【开始】按钮，在打开的【开始】菜单中执行【程序】|【附件】|【记事本】命令，这时就可以进入“记事本”界面，如图 2-59 所示。

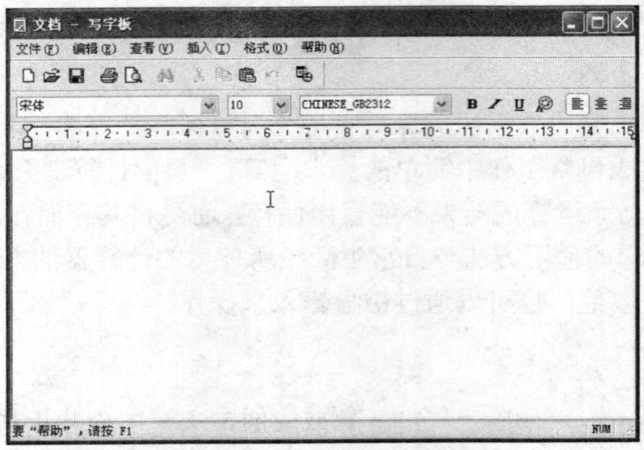

图 2-58 "写字板"界面

图 2-59 "记事本"界面

2.4.4 媒体与游戏

1. 使用录音机

使用"录音机"进行录音的操作如下：

（1）单击【开始】按钮，选择【程序】|【附件】|【娱乐】|【录音机】命令，打开【声音-录音机】窗口，如图 2-60 所示。

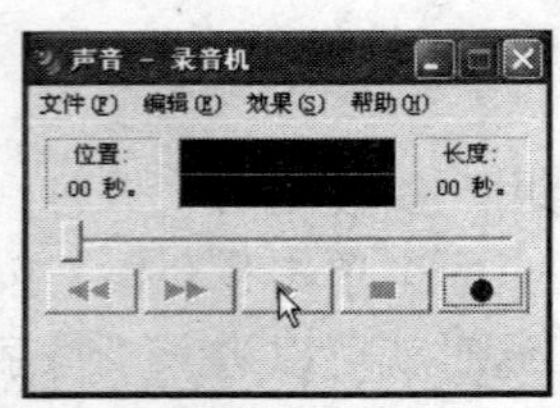

图 2-60 【声音-录音机】窗口

（2）单击【录音】按钮，即可开始录音。最长录音时间为 60s。

（3）录制完毕后，单击【停止】按钮即可。

（4）单击【播放】按钮，即可播放所录制的声音文件。

注意：

"录音机"通过麦克风和已安装的声卡来记录声音。所录制的声音以波形（.wav）文件保存。

2. Windows Media Player 播放器

使用 Windows Media Player 可以播放、编辑和嵌入多种多媒体文件，包括视频、音频和动画文件。Windows Media Player 不仅可以播放本地的多媒体文件，还可以播放来自 Internet 的流式媒体文件。

使用 Windows Media Player 播放多媒体文件、CD 唱片的操作步骤如下：

（1）单击【开始】按钮，选择【程序】|【附件】|【娱乐】|Windows Media Player 命令，打开 Windows Media Player 窗口，如图 2-61 所示。

图 2-61　Windows Media Player 窗口

（2）若要播放本地磁盘上的多媒体文件，可选择【文件】|【打开】命令，选中该文件，单击【打开】按钮或双击即可播放，如图 2-62 所示。

图 2-62　打开多媒体文件

（3）若要播放 CD 唱片，可先将 CD 唱片放入 CD-ROM 驱动器中，单击【CD 音频】按钮，再单击【播放】按钮即可。

3. 游戏

Windows XP 系统自带的游戏有 Internet 翻转棋、Internet 黑桃王、Internet 红心大战、Internet 双陆棋、Internet 跳棋、三维弹球、扫雷、蜘蛛纸牌、纸牌等。

每个游戏都有相应的帮助菜单，用户可以通过帮助菜单了解游戏的玩法、各种策略和技巧等，如图 2-63 所示。

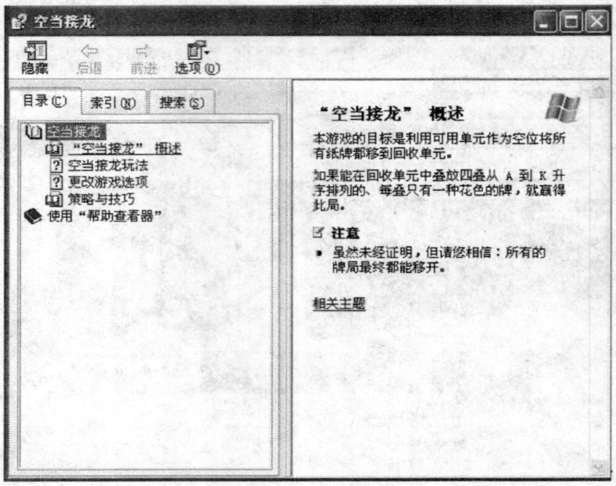

图 2-63　游戏帮助菜单

2.5　控制面板与汉字输入

“控制面板”提供丰富的专门用于更改 Windows 外观和行为方式的工具。有些工具可帮助用户调整计算机设置，从而使得操作计算机更加有趣。例如，可以通过【鼠标】将标准鼠标指针替换为可以在屏幕上移动的动画图标，或通过【声音和音频设备】将标准的系统声音替换为自己选择的声音。其他工具可以将 Windows 设置得更容易使用。例如，如果用户习惯使用左手，则可以利用【鼠标】更改鼠标按钮，以便利用右键执行选择和拖放等主要功能。

2.5.1　控制面板

要打开“控制面板”，可单击【开始】，然后单击【控制面板】。如果计算机设置为使用更熟悉的【开始】菜单的经典显示方式，可单击【开始】，指向【设置】，然后单击【控制面板】。

首次打开“控制面板”时，将看到“控制面板”中最常用的项目，这些项目按照分类进行组织，如图 2-64 所示。要在“分类”视图下查看“控制面板”中某一项目的详细信息，可以用鼠标指针置于该图标或类别名称之上，然后阅读显示的文本。要打开某个项目，可单击该项目图标或类别名。某些项目会打开可执行的任务列表和选择的单个控制面板项目。例如，单击【外观和主题】时，将与单个控制面板项目一起显示一个任务列表。

如果打开“控制面板”时没有看到所需的项目，则单击【切换到经典视图】，如图 2-65 所示。要打开某个项目，可双击它的图标。要在“经典控制面板”视图下查看“控制面板”中某一项目的详细信息，可用鼠标指针置于该图标名称之上，然后阅读显示的文本。

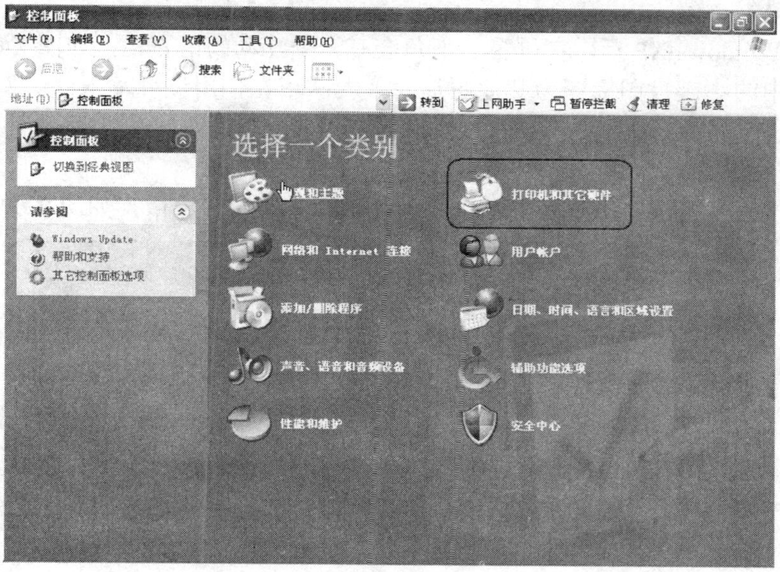

图 2-64　默认控制面板

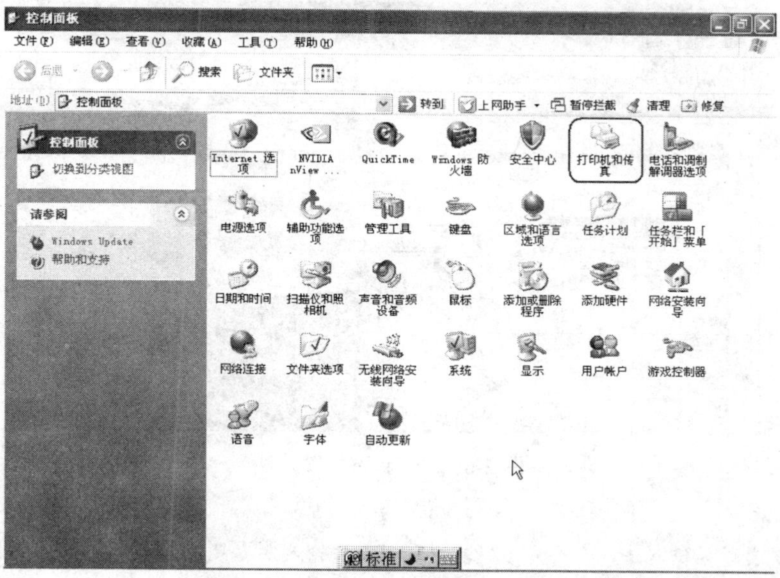

图 2-65　经典视图控制面板

2.5.2　汉字输入法

中文 Windows XP 系统中提供了多种中文输入方法，默认的有智能 ABC 输入法、微软拼音输入法、郑码输入法、全拼输入法等。用户可根据需要安装或删除相应的输入法。

1. 了解 Windows XP 下的输入法

（1）语言栏

启动中文 Windows XP 后，在屏幕右下角会有一个浮动的语言栏，如图 2-66 所示。

当语言栏中的小键盘图标变为其他图形时，表示正在使用该种输入法。例如，表示在使用智能 ABC 输入法。

（2）语言栏设置

用鼠标右击语言栏，选择【设置】命令可以打开它的设置窗口，如图 2-67 所示。

图 2-66　语言栏

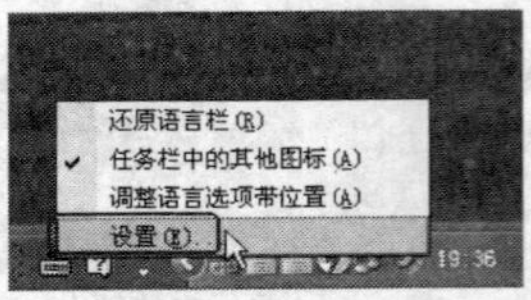

图 2-67　打开语言栏设置窗口

打开【文字服务和输入语言】对话框后可以进行添加或删除输入法的操作。例如，要添加紫光拼音输入法，可在【设置】选项卡中单击【添加】按钮，在弹出的【添加输入语言】对话框中【键盘布局/输入法】下拉列表框中选择【紫光拼音输入法】，单击【确定】按钮，返回【文字服务和输入语言】对话框，单击【确定】按钮，如图 2-68 所示。

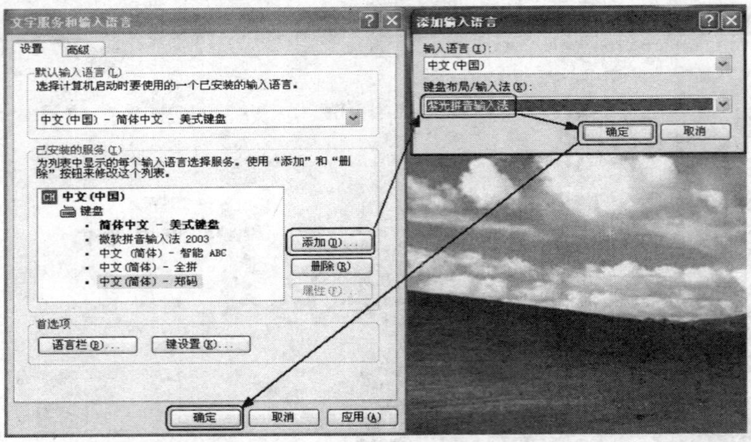

图 2-68　删除/添加输入法

注意：

一些不是系统自带的输入法，需要先运行其安装程序将输入法安装在系统中，然后在【添加输入法区域设置】窗口中将其应用于使用的输入法。

如果桌面或任务栏中没有语言栏，可能是因为被某些程序关闭或自己不小心关闭了，这时可以到“控制面板”中打开【区域和语言选项】对话框进行设置，如图 2-69 所示。

2. 认识智能 ABC 输入法

当选择某种输入法后，在屏幕上将弹出汉字输入法工具栏，如“智能 ABC”，该栏有 5 个按钮。可用鼠标指向某个按钮并单击，单击后将会有相应的变化，如图 2-70 所示。下面介绍这些按钮的功能及其使用。

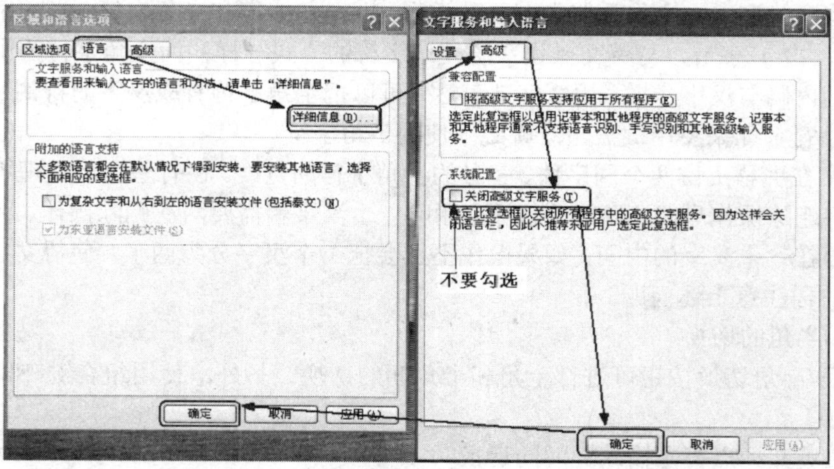

图 2-69 【区域和语言选项】对话框

图 2-70 汉字输入法工具栏及按钮名称

图 2-70 中 1 为中英文切换按钮；2 为输入方式切换按钮；3 为全角/半角切换按钮；4 为中/英文标点切换按钮；5 为软键盘按钮。

（1）中/英文输入方式之间的切换

当中英文切换按钮的图案是汉字输入法标志时，计算机就处于汉字输入状态，这时从键盘上按任何英文字母键（无论大小写）都会被认为是汉字的输入码，这意味着无法输入英文。若单击该按钮，则计算机会转为英文输入状态，此时可进行英文输入，若再次单击该按钮则回到汉字输入状态，继续输入汉字。

除使用鼠标外，一种更为简捷的方法就是使用键盘中的“大小写字母转换键（Caps Lock）”。其他的中/英文输入法相互切换方法如下：

① 按组合键 Ctrl+空格键。

② 从输入法指示器中反复选择中文和英文输入法。

③ 单击“输入法指示器”左侧的“输入法状态控制器”，在弹出的菜单中设置打开/关闭输入法。

注意：

使用这 3 种方法切换英文输入法时，只能输入半角符号，而使用中/英文切换按钮切换，则可以输入全角或半角符号和中文标点。

（2）中文输入方式之间的切换

Windows XP 所提供的中文输入法还有不同的输入方式，例如智能 ABC 包括“标准”和“双打”两种输入方式。可用输入方式切换按钮进行切换。

（3）全角和半角的概念

① 全角字符和半角字符

中文操作系统的内码体系包含了用于处理英文的 ASCII 码系统，所以可以处理英文字母和符号。这些字符在中文操作系统中有两种类型，即全角字符和半角字符。半角字符的内码就是 ASCII 码，占 1 字节，与英文操作系统处理字符的方式一样；而全角字符为中文操作系统特有，它们的内码与汉字一样，用 2 字节表达。可以把全角字符看成汉字的特例，而半角字符才是真正的字符。如果要用键盘命令就必须使用半角字符。

一个汉字在屏幕上占两个同字体、字号的半角字符的宽度。在有些汉字处理不完善的软件中，一次文字删除操作只能删除半个汉字，删除一个汉字就需要两次删除操作。在这些应用软件中，光标停在一个汉字的中间，如果操作不当会把一个汉字分为两半，使得文字混乱。在使用这些软件时需注意上述问题。

② 全角/半角的切换

单击全角/半角切换按钮可进行全角和半角间的切换。另外，使用组合键 Shift+空格键同样可进行切换。

（4）中/英文标点符号输入之间的切换

中文标点类似于全角英文标点，但两者在显示上有些区别，并且中文标点是全角字符。表 2-1 列出了中英文标点的对应关系。

表 2-1　中英文标点对照（英文标点为全角）

中文标点	键位（英文标点）	中文标点	键位（英文标点）	中文标点	键位（英文标点）
。	.	，	,	；	;
：	:	？	?	！	!
“ ”	“	‘ ’	‘	（	(
）	)	《 ＜	<	＞ 》	>
……	^	——	_	、	\
·	@	—	&	￥	$

用中/英文标点切换按钮可完成中文标点输入状态和英文标点输入状态间的转换。

（5）软键盘（动态键盘）

在中文 Windows 中提供了 13 种软键盘，用于输入特殊符号。可以通过软键盘按钮进行操作。

当单击软键盘按钮时，在屏幕上将弹出一个预先设定的“当前软键盘”，如图 2-71 所示为“特殊符号”软键盘。可用鼠标单击软键盘上的键位直接输入一些特殊符号。若再次单击软键盘按钮则可关闭软键盘。

软键盘的种类可以由用户设定。用鼠标右击软键盘按钮可激活软键盘种类选择菜单，可用鼠标选择其他的软键盘，选后在屏幕上会立刻弹出所选软键盘。

3. 智能 ABC 输入法的使用

智能 ABC 输入法有两种方式：标准方式和双打方式。在标准方式下，用户可直接使用全拼、简拼、混拼、全拼加笔形、简拼加笔形、混拼加笔形和纯笔形等多种输入方法，无须进行任何切换。用智能 ABC 输入法输入汉字的基本步骤如下：

（1）选择智能 ABC 后便可立刻输入汉字的输入码，智能 ABC 的输入码以字母开头，由字母、数字、隔音符号（单引号）和定位符（“[” 和 “]”）组成。

（2）开始输入汉字输入码（即按任何字母键）后，屏幕上就会弹出输入框，输入的字母将显示在该框中，如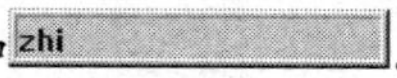

。

（3）输入完毕，按空格键，这时将弹出一个选字框，如图 2-72 所示。该框中列出所有符合条件的汉字或词组（每次显示 1 页，每页最多列出 9 个），可按“[”、“]”键或“+”、“–”键向前和向后翻页，也可以用鼠标单击选字框下方的翻页按钮。

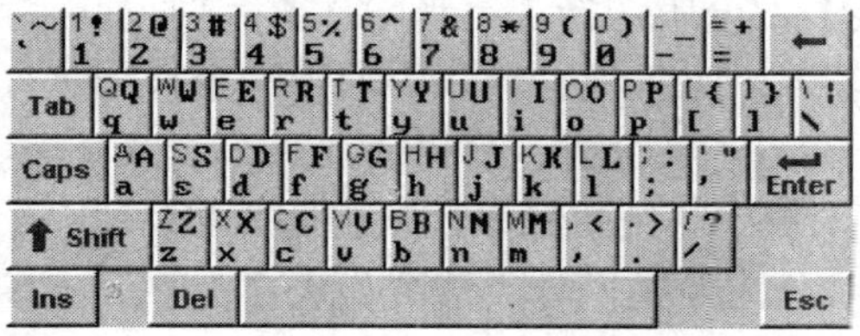

图 2-71　“特殊符号”软键盘

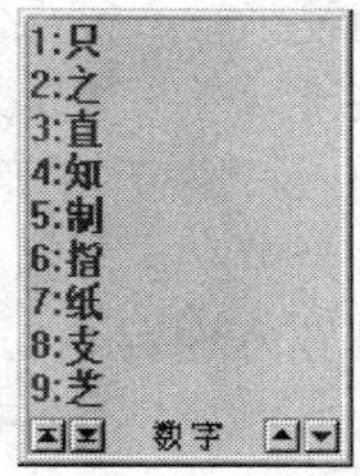

图 2-72　选字框

（4）当找到包含所需汉字或词组的页后，可按数字键或用鼠标进行选择。如果按空格键，则表示在输入框中当前页的第一个汉字或词组被选中。

（5）在汉字选择完毕后，输入框和选字框将关闭，表示一次汉字输入完成。在完成汉字输入之前，可利用退格键（BackSpace）对输入码进行修改和定义新词。

（1）全拼输入

全拼输入是指以汉字和词组的完整拼音为输入码的输入方式，它分为单字输入和词组输入两种模式。

单字的全拼输入可直接输入单字完整的汉语拼音，再按上面的步骤进行输入和选字。

由于单字的词组输入是利用相关词组来输入单字的，因此重码大大减少。其方法是，在词的全拼输入码的末尾加上定位符“[”或“]”。“[”表示取词的第一个字，“]”表示取词的最后一个字。例如，输入单字“锦”，若用单字的全拼“jin”输入，重码字就有 34 个并且需要翻页才能找到“锦”字，而利用词组“锦绣”的全拼“jinxiu”加定位符输入，则重码字只有两个，即“锦”（锦绣）和“进”（进修）。

将词组中每个字的汉语拼音按先后顺序连起来便构成了该词组的全拼输入码。对于有二义性的词应使用隔音符“'”，如“饥饿”的全拼输入码为“jie”，这会被计算机误认为“接”的单字全拼输入码，故应输入“ji'e”。

（2）简拼输入

简拼输入模式用于输入词组。它由词组中每个汉字拼音的第一个字母组成。对于声母为 zh、ch、sh 的汉字，也可取前两个字母，表 2-2 列出了几个简拼的例子。

表 2-2　几个简拼的例子

词　组	全拼输入码	简拼输入码
计算机	jisuanji	jsj
恩人	enren	e'r
瞬时	shunshi	ss,ssh,shs 或 shsh
指挥	zhihui	z'h 或 zhh

（3）混拼输入

混拼输入模式是指在输入词组时，词组的输入码中有的字取全拼，有的字取其拼音的第一个字母或其完整的声母。对读音不确切的字可取其拼音的首字母，而对读音准确的字可取全拼。

（4）纯笔形输入

使用纯笔形输入需要对智能 ABC 的输入法属性进行设置（方法见前面的“输入法属性的设置”）。在【属性设置】对话框的【功能】部分中选择【笔形输入】，这时智能 ABC 可同时支持拼音输入、拼音+笔形输入和纯笔形输入。系统根据输入码的第一个符号进行判断，如果第一个符号为英文字母系统便自动进入拼音方式（全拼、简拼或混拼）或拼音+笔形方式；如果第一个符号为数字 1~8，则为纯笔形输入模式。纯拼输入法只能输入单字。

智能 ABC 将汉字的基本笔画按其形状分为 8 类，分类情况如表 2-3 所示。

表 2-3　智能 ABC 纯拼模式的笔形分类

笔　　形	笔形名称	笔形特点	编　码
一（·）	横（提）	笔画由左向右	1
丨	竖	笔画由上向下	2
丿	撇	笔画由右上向左下	3
、（　）	点（捺）	笔画由左上向右下	4
丑（刁）	折（横折钩）	笔画由左上向右下，带转弯	5
匕（匡）	弯（竖弯钩）	笔画由左上向右下，带转弯	6
十（乂）	叉	笔画交插	7
口	方	笔画为封闭框	8

（5）拼音+笔形输入

拼音+笔形输入法实际上是拼音输入法的补充，它允许汉字的拼音码（全拼或简拼）加上该汉字的 1~6 位纯笔形输入码，其目的是减少拼音输入的重码。

（6）造词

智能 ABC 是以词组输入为主的输入方法。系统支持词组输入，这是因为智能 ABC 中有特定的词组库。词组库中记忆了常用词组，如果用户经常进行构词则系统就会将新词组加入词组库。

例如，输入词组“计算机应用基础”，首先输入该词的简拼“jsjyyjch”（用全拼、混拼或拼音+笔形亦可），按下空格键。由于词组库中没有该词，因此系统首先是对该输入码从头开始进行音节划分。在划分音节时，系统总是在词组库中寻找字数最多的词与输入码匹配。这样，它找出了输入码为“jsj”的三字词并显示在选字框中供用户选择。选择了“计算机”之后，系统会再次在词组库中寻找与“yy”匹配的词组并在选字框中列举出来。用户可在其中选择词组“应用”。此时，词组“计算机应用”被输入，同时系统也记住了该词组。

（7）特殊符号的输入

智能 ABC 利用了汉语拼音的第一个字母不可能为 i、u 和 v 的特点，在不需要任何切换的情况下，就能完成 3 种特殊的输入方式。

中文数量的简化输入：智能 ABC 规定，如输入码以 i 开头，则自动进入中文数量的简化输入方式。i 表示小写中文数字，I 为大写中文数字，并且系统还规定了在数字输入中一些字母所表示的量的含义，如 G（个）、S（十，拾）、B（百，佰）、Q（千）、W（万）、E（亿）、Z（兆）、D（第）、N（年）、Y（月）、R（日）、D（吨）、K（克）、￥或＄（元）、F（分）、L（里）、M（米）、J（斤）等，表 2-4 列举出了几个例子。

表 2-4　中文数量简化输入的例子

输　入　码	输出的数和量
i1997n7y1r	一九九七年七月一日
i4b7s9qk	四百七十九千克
I1w07b8s1￥	壹万零柒佰捌拾壹元

（8）用户自定义词的输入

由用户设计的输入码词组称为自定义词。右击输入法工具栏中除软键盘按钮之外的任一按钮，在弹出的菜单中选择【定义新词】，此时在屏幕上将弹出【定义新词】对话框。在该对话框的【新词】文本框和【外码】文本框中分别输入词组和自定义的输入码，然后单击【添加】按钮即可完成自定义词的添加。

若要输入自定义字就必须以字母 u（大小写一样）开头，后面紧跟用户自定义的输入码。例如“汕头大学计算机系”的输入码为“usdjsj”。

（9）专有名词的输入

专有名词（如人名、地名等）可以与一般名词一样进行输入。如果输入码的第一个字母为大写，而其他字母为小写，则系统将只找地名和人名。例如，用“st”输入地名“汕头”，重码词超过 100 个，而输入“St”则无重码词（输入完后按空格键）。

4. 五笔字型输入法的使用

五笔字型输入法是一种重码少、输入速度快的汉字输入法。下面简单介绍五笔字型输入法的基本原理和输入规则。

（1）“五”种笔画

五笔字型输入法将汉字笔画定义为 5 种，即横（一）、竖（丨）、撇（丿）、捺（丶）、折（乙）。其中，提笔视为横，左竖钩视为竖，点视为捺，带折均视为折。

（2）“四”种情况

由 5 种笔画组成字根中的汉字时，其间的关系可分为 4 种情况，如下所示。

单：即五种笔画自身，如一、乙。

散：组成字根的笔画之间有一定的距离，如三、八等。

连：组成字根的笔画之间是相连的，如厂、人等。

交：组成字根的笔画是互相交叉的，如十、力等。

（3）“三”种字型

根据构成汉字的各字根之间的位置关系，可以把汉字分为 3 种字型，如下所示。

左右型：如行、树、对等。

上下型：如要、型、晶等。

杂合型：如成、也、选等。

（4）基本字根

基本字根是组成汉字的构件。在五笔字型输入法中，总共有130种基本字根，它们分布在5个区中，如下所示。

一区：横起笔类　　27种　　分“王土大木工”5个位。
二区：竖起笔类　　23种　　分“目日口田山”5个位。
三区：撇起笔类　　29种　　分“禾白月人金”5个位。
四区：捺起笔类　　23种　　分“言立水火之”5个位。
五区：折起笔类　　28种　　分“已子女又纟”5个位。

以上这些汉字也称键名汉字。

（5）拆分原则

拆分原则可概括为4句口诀：“能散不连，兼顾直观；能连不交，取大优先”。

其输入规则有以下6条。

1）取码规则

若将五笔字型的取码规则编成一首歌，则其歌词如下。

五笔字型均直观，	依照笔顺把码编；
键名汉字打四下，	基本字根请照搬。
一二三末取四码，	顺序拆分大优先；
不足四码要注意，	交叉识别补后边。

2）键名汉字输入

键名汉字的输入为连击该键4次。例如：

王（GGGG）	金（QQQQ）	言（YYYY）	木（SSSS）

3）成字字根输入

对于除键名外的成字字根，取码规则为“键名码+首笔码+次笔码+末笔码”。例如：

字　例	键　名	首　笔	次　笔	末　笔	键　码
方	方	、	一	乙	YYGN

当成字字根仅为两笔时，则仅有三码，取码规则为“键名码+首笔码+末笔码”。例如：

字　例	键　名	首　笔	末　笔	键　码
力	力	丿	乙	LTN

4）合体字输入

除键名和成字字根外的任何汉字都称为合体字，其取码规则如下。

依书写顺序取第一、二、三、末字根编码。例如：

字　例	拆　分	键　码
给	纟人一口	XWGK

不足四码者，需要加末笔字型交叉识别码。若加后仍不足，则需要再按空格键或者输入 Z 键，从提示中挑选所要的字，此时若还不足四码，则可以按空格键表示结束。例如：

字　例	拆　分	键　码
华	人匕十	WXFJ
同	冂一口	MGKD
汉	氵又	ICY

5）简码输入

在五笔字型输入法中还提供简码输入。一级简码（共 25 个）只需按键一次，再按空格键就可以完成输入。二级简码（共 625 个）的输入则需按键两次加一空格键。下面仅介绍一级简码。

一（G）	地（F）	在（D）	要（S）	工（A）
上（H）	是（J）	中（K）	国（L）	同（M）
和（Y）	产（U）	不（I）	为（O）	这（P）
民（N）	了（B）	发（V）	以（C）	经（X）

6）词组输入

五笔字型输入法输入速度快，主要体现在词组输入上。词组输入分二字词组、三字词组、四字词组和多字词组。下面分别举例加以说明。

① 两字词组

每字取其前两码，共四码组成。例如：

字　例	拆　字	键　码
经济	纟又氵文	XCIY
计划	讠十戈刂	YFAJ
大型	大 一廾	DDGA
出现	凵山王冂	BMGM

② 三字词组

前两字各取首码，最后一字取前两码，共四码组成。例如：

字　例	拆　字	键　码
计算机	讠竹木几	YTSM
同志们	冂士亻门	MFWU
联合国	耳人口王	BWLG
办公室	力八宀一	LWPG

③ 四字词组

每字各取首码，共四码组成。例如：

字　例	拆　字	键　码
艰苦奋斗	又艹大冫	CADU
信息处理	亻丿夂王	WTTG
中共中央	口廿口冂	KAKM
技术革命	扌木廿人	RSAW

④ 多字词组

取第一、二、三及最后一个汉字的首码，共四码组成。例如：

字　例	拆　字	键　码
中华人民共和国	口亻人口	KWWL
中央电视台	口冂日厶	KMJC
为人民服务	丶人巳夂	YWNT
中央委员会	口冂禾人	KMTW

2.6　上机实训

2.6.1　系统的基本操作

1. 新建工具栏

如果需要经常用到某些程序或者文件，可以在任务栏上创建工具栏，它的作用相当于在桌面上创建快捷方式。

实训内容：新建一个工具栏。

（1）在任务栏的非按钮区域右击，执行【工具栏】|【新建工具栏】命令，打开【新建工具栏】对话框，用户可以在此选择自己所要创建的程序或文件名称，然后单击【确定】按钮，如图 2-73 所示。

（2）此时已完成创建，在任务栏上出现新建的工具栏，在快捷菜单中【工具栏】下也增加了【我的音乐】选项。

提示：

当用户不再使用此工具栏时，可在右击所弹出的快捷菜单中选择【工具栏】|【我的音乐】命令，即可删除所创建的工具栏。

2. 删除文件或文件夹

当有的文件或文件夹不再需要时，用户可将其删除，以利于对文件或文件夹进行管理。删除后的文件或文件夹将被放到“回收站”中，用户可以选择将其彻底删除或还原到原来的位置。

实训内容：删除文件或文件夹。

（1）选定要删除的文件或文件夹。若要选定多个相邻的文件或文件夹，可按住 Shift 键进行选择；若要选定多个不相邻的文件或文件夹，可按住 Ctrl 键进行选择。

（2）选择【文件】|【删除】命令，或单击鼠标右键，在弹出的快捷菜单中选择【删除】命令，如图 2-74 所示。

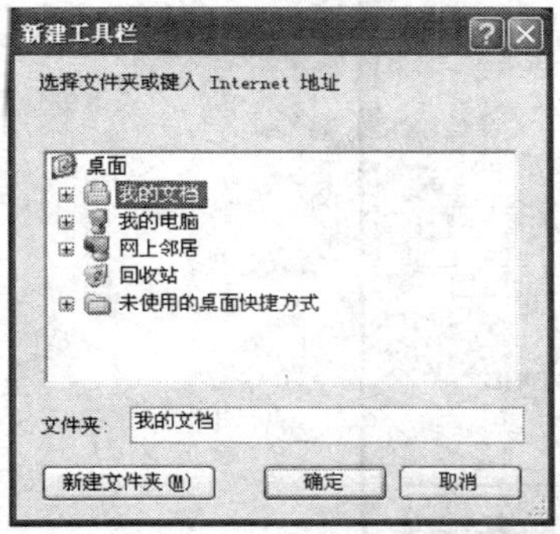

图 2-73　【新建工具栏】对话框

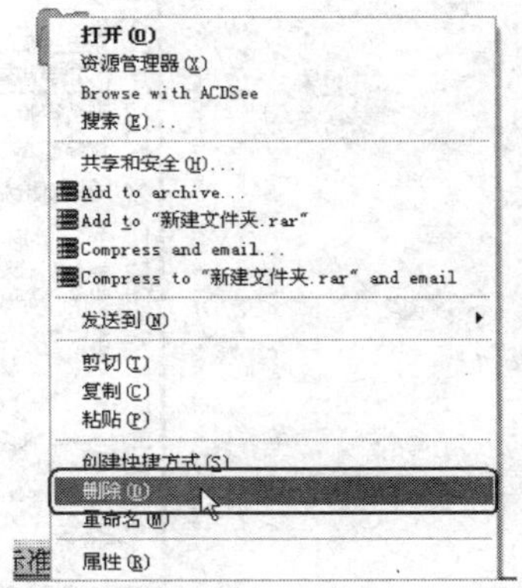

图 2-74　删除

（3）弹出【确认文件删除】对话框，如图 2-75 所示。

图 2-75　是否放入“回收站”

（4）若确认要删除该文件或文件夹，可单击【是】按钮；若不删除该文件或文件夹，可单击【否】按钮。

注意：

从网络位置删除的项目、从可移动媒体（例如 3.5 英寸磁盘）删除的项目或超过“回收站”存储容量的项目将不被放到“回收站”中，而被彻底删除，不能还原。

3. 共享文件夹

实训内容：在网络上与其他用户共享文件夹。

（1）在 Windows 资源管理器中打开“我的文档”，选择【开始】|【所有程序】|【附件】|【Windows 资源管理器】命令。

（2）单击希望进行共享的文件夹。

（3）在【文件与文件夹任务】选项组中单击【共享该文件夹】。

（4）如图 2-76 所示，在【XP 属性】对话框中，选中【共享此文件夹】单选按钮，以便与网络上的其他用户共享文件夹。

4. 文件与文件夹权限

实训内容：修改设置、查看、修改或删除文件与文件夹权限。

（1）打开 Windows 资源管理器并定位到希望设置权限的文件或文件夹，选择【开始】|【所有程序】|【附件】|【Windows 资源浏览器】命令。

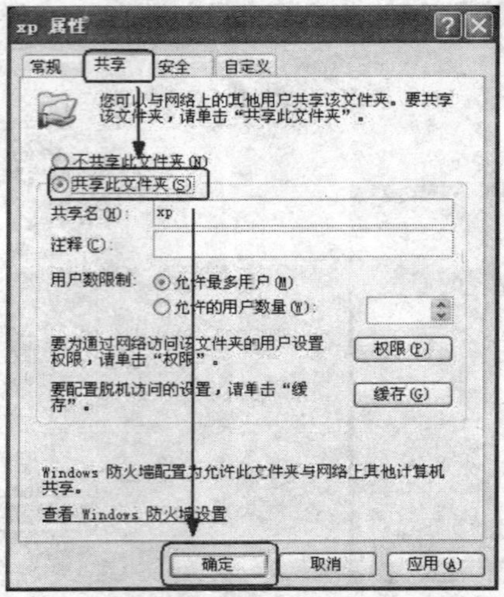

图 2-76　在网络上共享文件夹

（2）右击所定位的文件或文件夹，在随后出现的快捷菜单中选择【属性】命令，并在弹出的【XP 属性】对话框中选择【安全】选项卡，如图 2-77 所示。

（3）如需对未显示在【组或用户名称】列表框中的组或用户设置权限，可单击【添加】按钮。如图 2-78 所示，输入希望设置权限的组或用户名称并单击【确定】按钮。

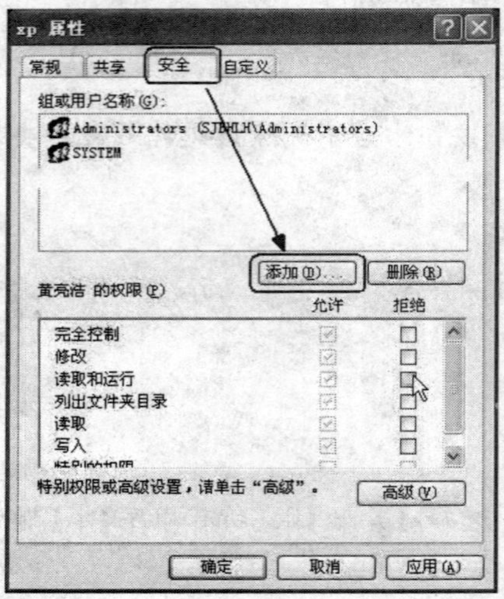

图 2-77　设置文件与文件夹权限

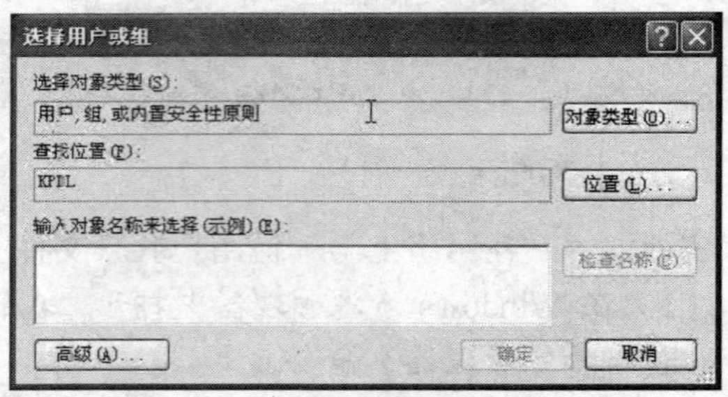

图 2-78　新建组或用户权限

（4）如需针对现有组或用户修改或删除权限，可单击相应组或用户名称，并执行以下任意一项操作。

☑　如需允许或拒绝某种权限，在【权限】列表中，选定【允许】或【拒绝】复选框。

☑　如需从【组或用户名称】列表框中删除某个组或用户，可单击【删除】按钮。

2.6.2 系统的附件功能

实训内容：运行附件中的“空当接龙”游戏。

（1）单击【开始】按钮，选择【程序】|【游戏】|【空当接龙】命令，打开【空当接龙】窗口，如图 2-79 所示。

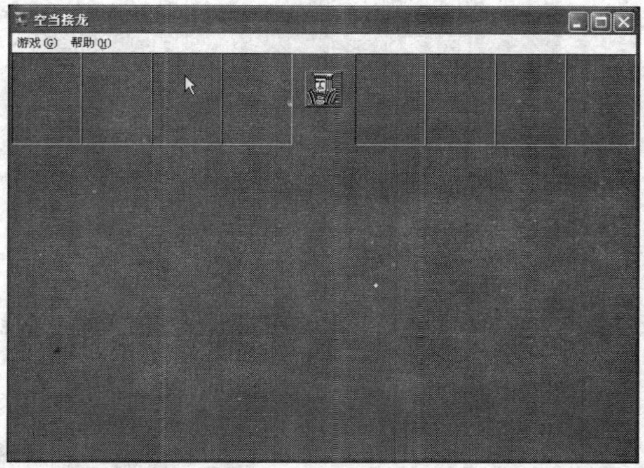

图 2-79 打开【空当接龙】窗口

（2）打开【游戏】菜单，可选择【开局】、【选局】、查看【战况】等，如图 2-80 所示。

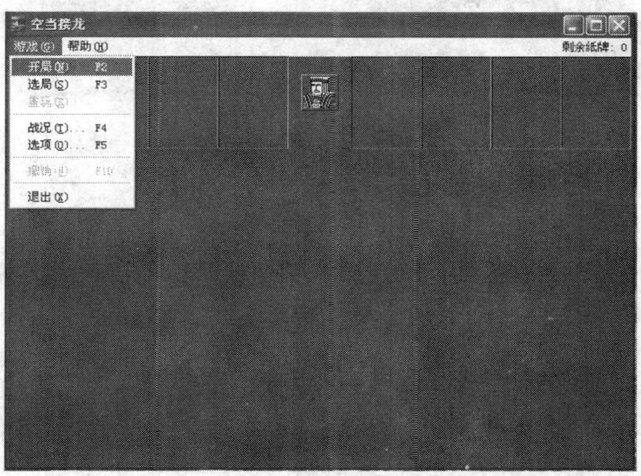

图 2-80 打开【游戏】菜单

（3）选择【游戏】|【开局】命令，开始游戏，如图 2-81 所示。

2.6.3 “控制面板”设置的操作

1. 添加打印机

实训内容：添加打印机操作。

图 2-81　开始游戏

（1）在“控制面板”下，选择【打印机和其他硬件】，打开【打印机和其他硬件】窗口，如图 2-82 所示。

（2）选择【打印机和传真】，打开【打印机和传真】窗口，如图 2-83 所示。

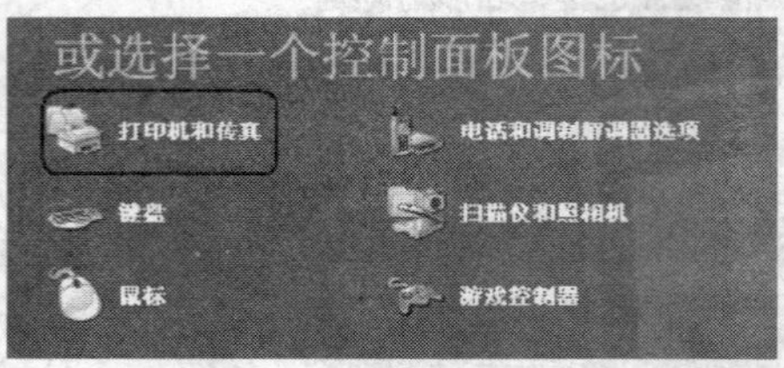

图 2-82　【打印机和其他硬件】窗口

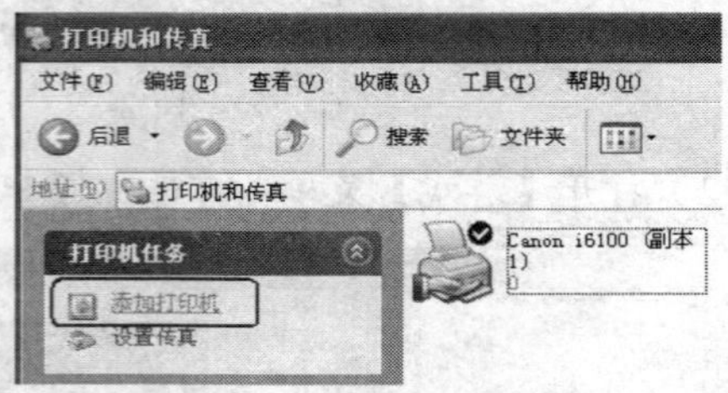

图 2-83　【打印机和传真】窗口

（3）选择【添加打印机】，打开【添加打印机向导】窗口，如图 2-84 所示。

（4）再单击【下一步】按钮，打开如图 2-85 所示窗口。

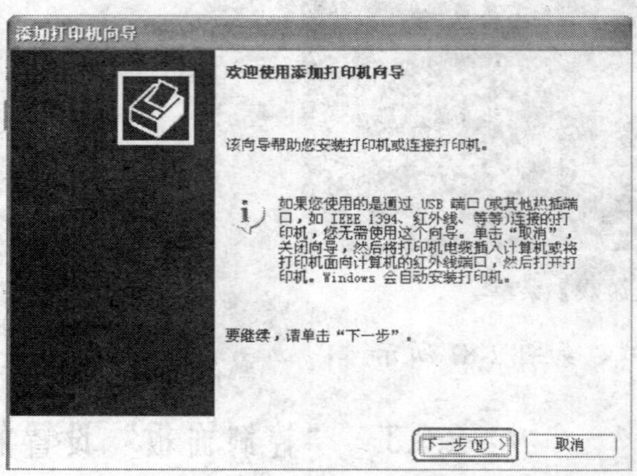

图 2-84　【添加打印机向导】窗口

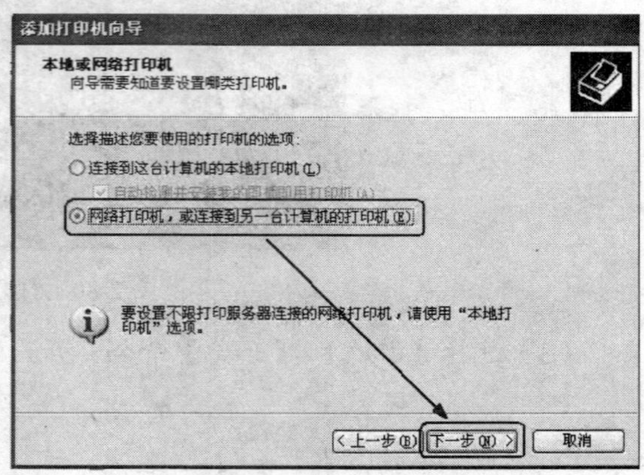

图 2-85　设置本地/网络打印机

（5）选择【网络打印机，或连接到另一台计算机的打印机】，然后单击【下一步】

按钮。

（6）选择【浏览打印机】，然后单击【下一步】按钮，打开如图 2-86 所示窗口。

（7）选择所需打印机，然后单击【下一步】按钮就可以添加该打印机，如图 2-87 所示。

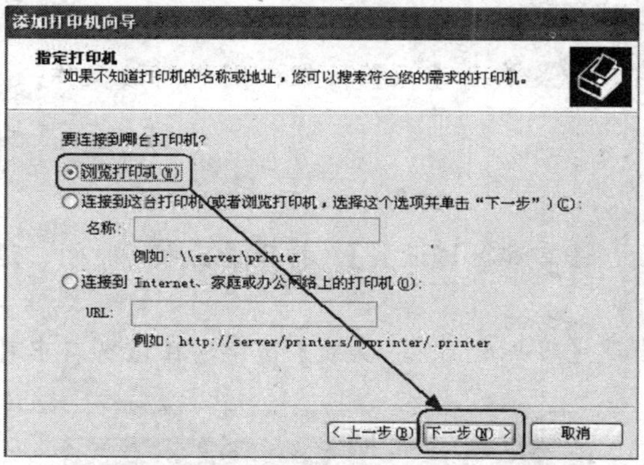

图 2-86　指定打印机

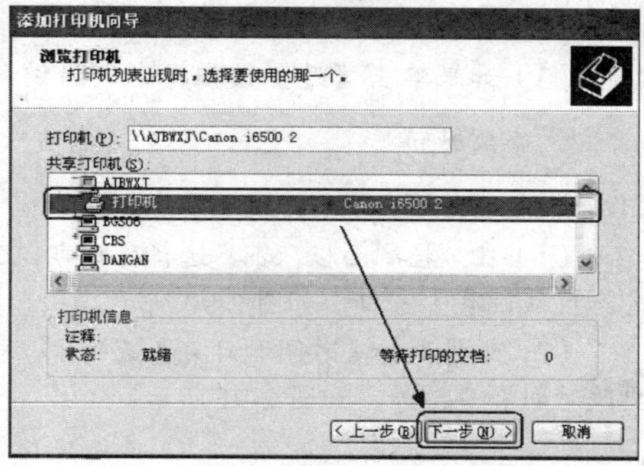

图 2-87　浏览选择打印机

2. 添加或删除程序

实训内容：添加或删除程序操作。

（1）在“控制面板”下，选择【添加或删除程序】，打开【添加或删除程序】窗口，如图 2-88 所示。

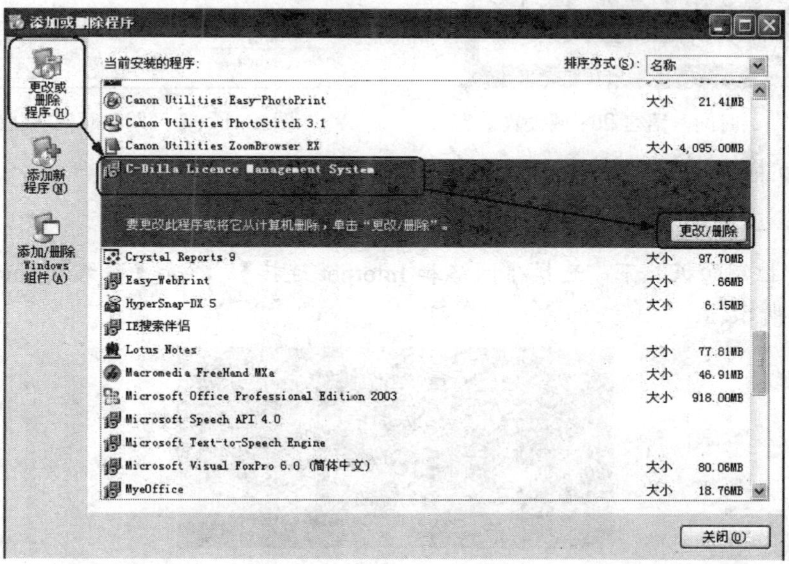

图 2-88　【添加或删除程序】窗口

（2）选择需要删除的程序，然后单击【更改/删除】按钮，弹出【添加或删除程序】提示框，如图 2-99 所示。

图 2-89　是否删除程序

（3）如果单击【是】按钮，则删除该程序；如果单击【否】按钮，则取消该操作。

3. 修改时间

实训内容：修改日期/时间操作。

（1）在“控制面板”下，选择【日期、时间、语言和区域设置】，打开【日期、时间、语言和区域设置】窗口，如图 2-90 所示。

（2）如果选择【时间和日期】选项卡，将出现【日期和时间 属性】窗口，在该窗口中可更改时间和日期等，如图 2-91 所示。

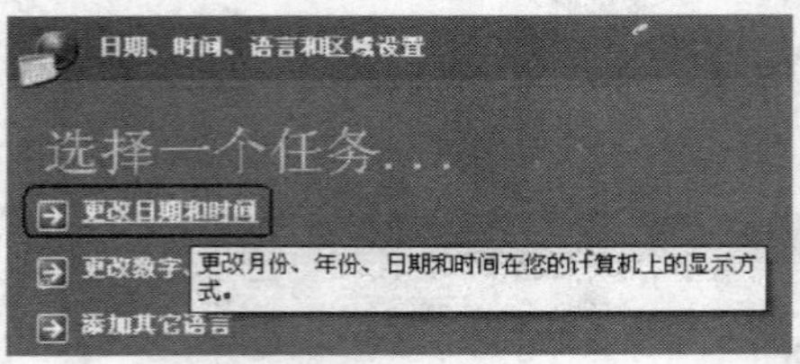

图 2-90　【日期、时间、语言和区域设置】窗口

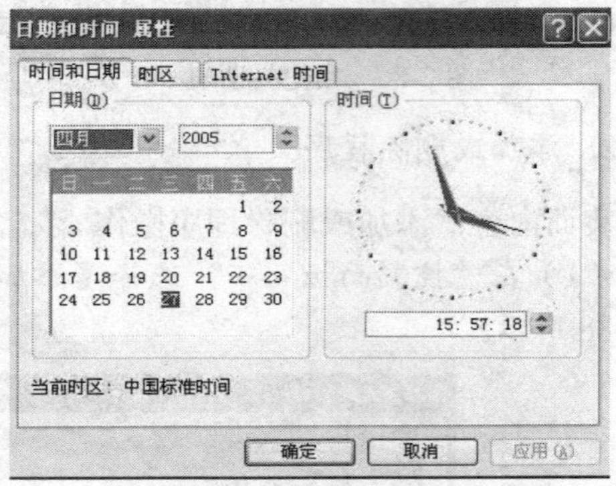

图 2-91　【日期和时间 属性】窗口

4. 设置 IP 地址

实训内容：设置/修改 IP 地址操作。

（1）在“控制面板”下，选择【网络和 Internet 连接】，打开【网络和 Internet 连接】窗口，如图 2-92 所示。

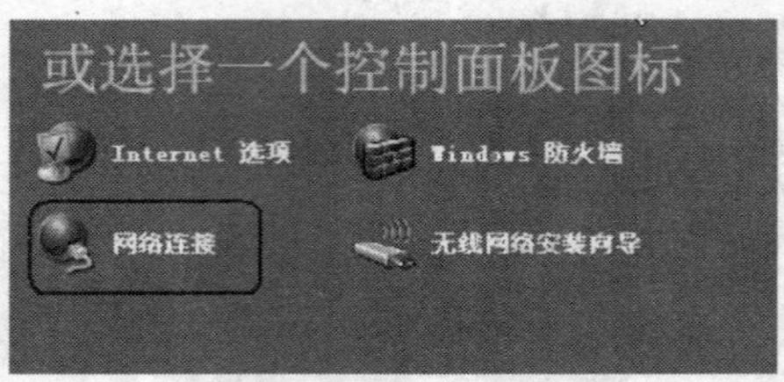

图 2-92　【网络和 Internet 连接】窗口

（2）选择【网络连接】则出现【网络连接】窗口，如图 2-93 所示。

（3）右击【本地连接】图标，选择【属性】命令则出现【本地连接 属性】窗口，如图 2-94 所示。

（4）选择【Internet 协议（TCP/IP）】则出现【Internet 协议（TCP/IP）】窗口，从中输入 IP 地址，或者选择【自动获得 IP 地址】，如图 2-95 所示。

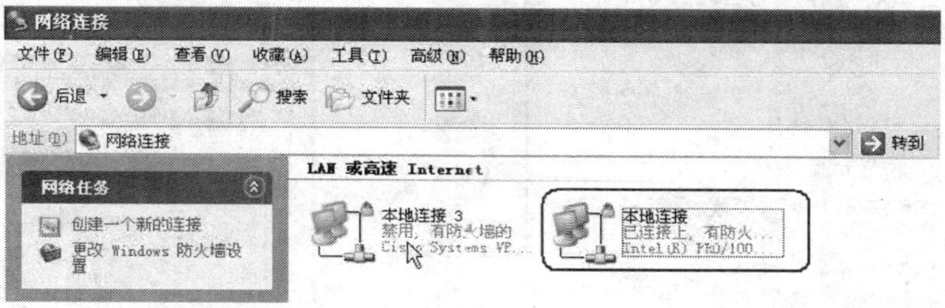

图 2-93　【网络连接】窗口

图 2-94　【本地连接属性】窗口

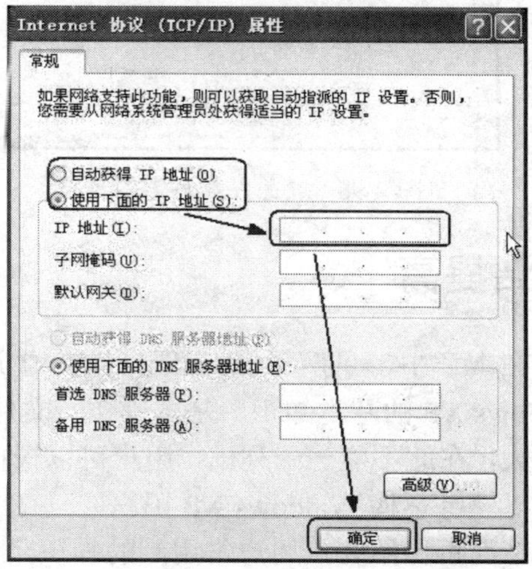

图 2-95　【Internet 协议（TCP/IP）属性】窗口

2.6.4　计算机其他设置

实训内容：将计算机加入到域中或更改名称。

（1）以管理员身份登录到计算机上，右击“我的电脑”图标并在随后出现的快捷菜单中选择【属性】命令，【系统属性】对话框将显示在屏幕上，如图 2-96 所示。

（2）在【计算机名称】选项卡下，单击【修改】按钮。在【计算机名称修改】对话框中，如图 2-97 所示，选择【域】并在相应文本框中输入域名。在本文所介绍的示例中，当前名为 feng 的计算机已被加入到名为 zhong 的域中。

（3）输入用以进行身份验证的用户名及口令，以便证明用户具备加入到相关域中的适当权限。

（4）当“欢迎加入到域中”的消息出现时，单击【确定】按钮。为使所做的修改生效，用户必须重新启动计算机。

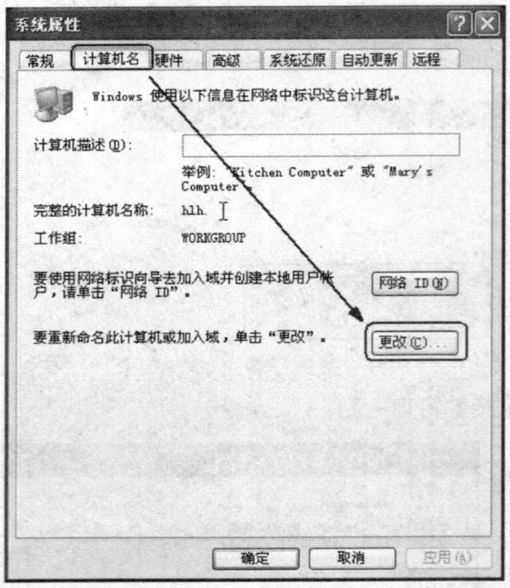

图 2-96　【系统属性】对话框

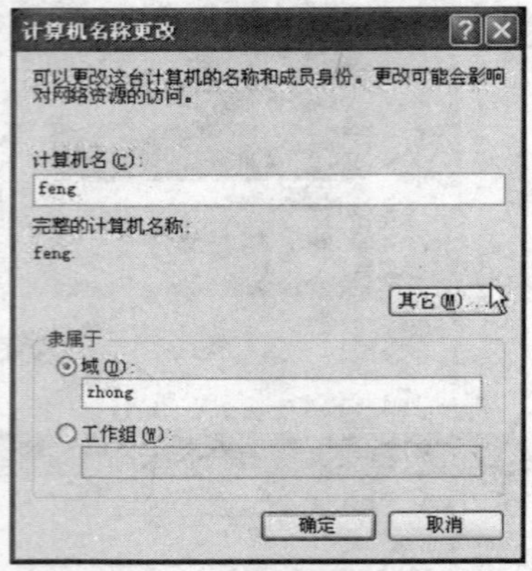

图 2-97　将计算机加入到域中

2.7　总结提高

在本章中，讲解了 Windows XP 中最基本的操作和一些功能的使用方法，内容包括了 Windows XP 的基本知识、基本操作、文件管理、附件、“控制面板”等。Windows XP 的功能很强大，在此不能一一列出，用户可以根据本章所学的知识，熟练操作，举一反三，相信不久就可以熟练掌握 Windows XP 了。

下面再介绍几点用户常用到的知识，以提高用户对操作系统的应用。

☑　打开操作系统的防火墙。在使用计算机进行网络连接时，一定要注意计算机安全，不要让其感染网络上的病毒。为此，Windows XP 的升级版 SP2 版提供了一个较为安全的防火墙。要运用此防火墙，可以进行如下操作：（1）打开“控制面板”，再双击打开【安全中心】选项，如图 2-98 所示；（2）打开【安全中心】窗口后，双击“Windows 防火墙”图标，打开其对话框，然后再选中【启用】单选按钮，如图 2-99 所示。

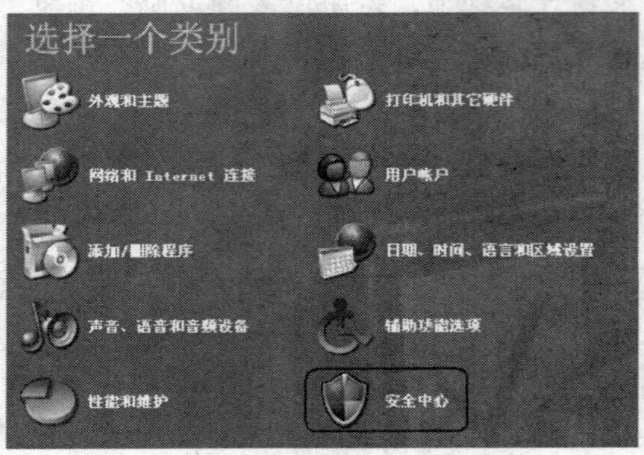

图 2-98　打开安全中心

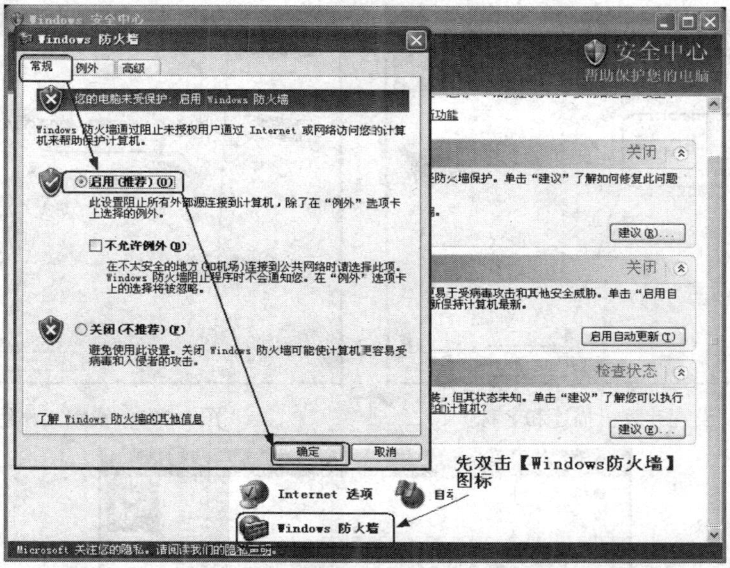

图 2-99　启动防火墙

☑　网络安装向导。如果是在家里或多人宿舍里，且计算机都已相互连接，那么可以开设某些文件夹来共享文件，方便相互之间的文件传输。要共享文件，必须先运行网络安装向导。创建网络安装向导操作如下：（1）在“控制面板”中打开【网络连接】窗口，双击“网络安装向导”图标，打开“网络安装向导”后单击【下一步】按钮，如图 2-100 所示；（2）在接下来的窗口中单击【下一步】按钮来到【选择连接方法】窗口，如图 2-101 所示；（3）接着会来到“设置计算机描述和名称”窗口，如图 2-102 所示；（4）设置工作组名称，如图 2-103 所示（工作组是区别网络共享的重要标识，所以其计算机在设置时要使用相同的工作组名称）；（5）经上一步操作，系统会自动创建网络，等待片刻后来到【快完成】窗口，在此窗口中选择最后一项，如图 2-104 所示；（6）最后单击【完成】按钮结束“网络安装向导”的创建。之后，结合前文所学的“共享文件夹”操作，设置共享后的文件夹将会在“网络邻居”中找到。

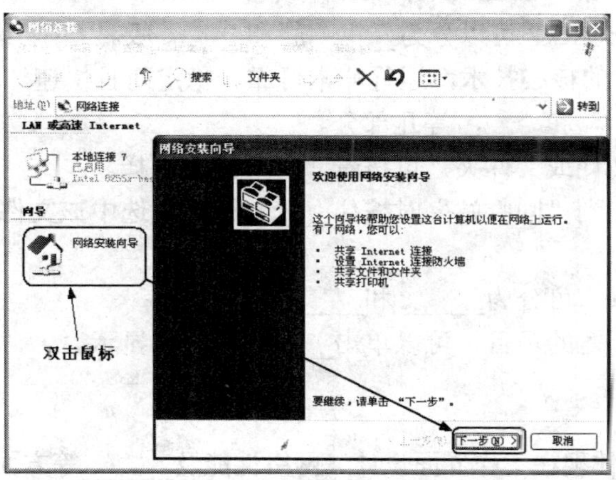

图 2-100　打开“网络安装向导”

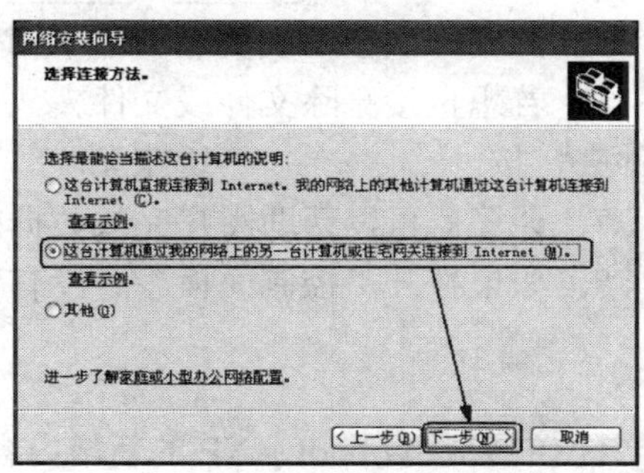

图 2-101　选择连接方法

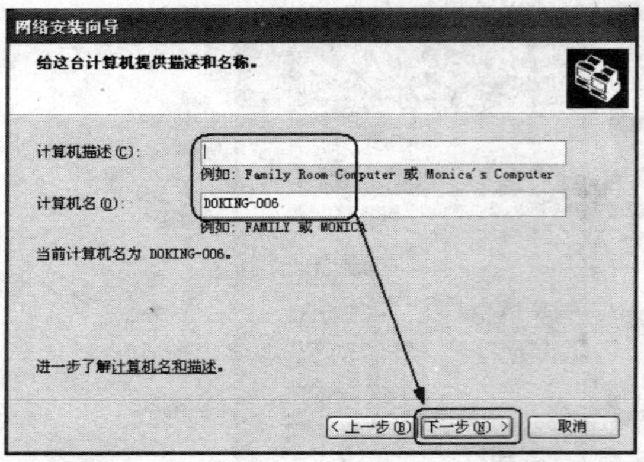

图 2-102 设置计算机描述和名称

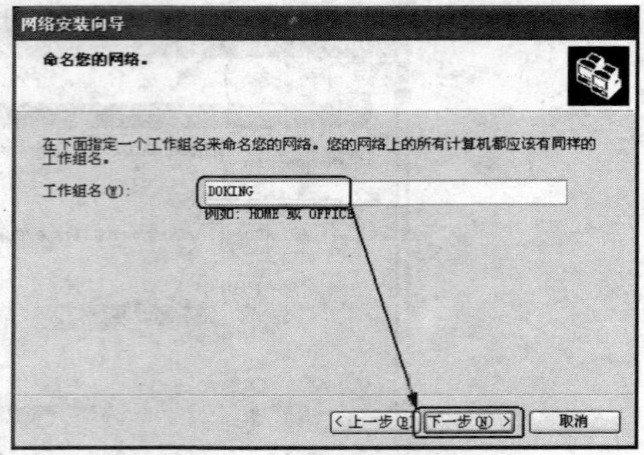

图 2-103 设置工作组名称

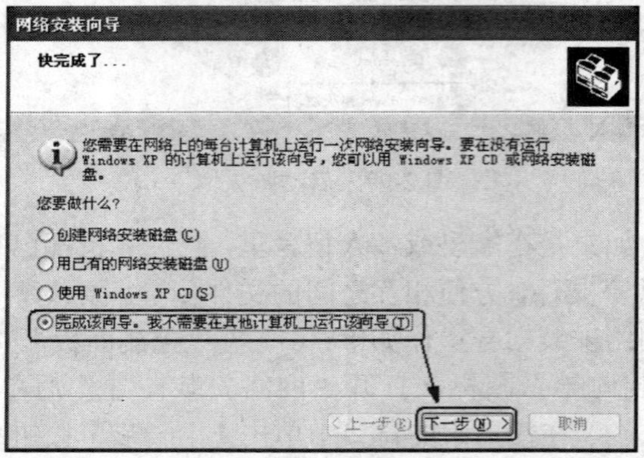

图 2-104 选择完成该向导

2.8 习题

一、填空题

1．Microsoft 公司于______年推出了中文版 Windows XP 操作系统。

2．根据用户对象的不同，中文版 Windows XP 可以分为______版和______版。

3．中文版 Windows XP 采用的是______的核心技术，运行非常可靠、稳定而且快速。

4．任务栏可分为______、______、______和______等几部分。

5．若要一次移动或复制多个不相邻的文件或文件夹，可按着______键来选择。

6．若想直接删除文件或文件夹，可在拖到“回收站”时按住______键，或选中该文件或文件夹，按______+______键来删除。

7．计算器可以帮助用户完成数据的运算，可分为______和______两种。

8．如果打开“控制面板”时没有看到所需的项目，可以单击______按钮来显示。

二、选择题

1．中文版 Windows XP 的新增内容主要体现在工作界面设计、网络性能及______等方面。

A．多媒体技术　B．游戏娱乐　C．系统安全　D．服务器架设

2．中文 Windows XP 系统中提供了多种中文输入方法，下面______不属于。

A．智能 ABC 输入法　　B．郑码输入法

C．全拼输入法　　D．86 版五笔输入法

3．五笔字型输入法的基本原理和输入规则中有四种情况，下面______项不是。

A．单　　B．散　　C．合

D．连　　E．交

4．下面______不属于 Windows XP 系统下的附件工具。

A．搜索　　B．画图　　C．计算器　　D．记事本

三、操作题

1．将一副照片设置为墙纸（平铺方式），并设置等待 5 分钟就启动的屏幕保护程序。

2．将“我的文档”下资料文件复制到本地计算机的其他磁盘中（先在该磁盘建立一个名为“备份”的文件夹）。

3．将计算机中保存音频或视频的文件夹设置为共享文件夹，共享名称为“娱乐媒体”。

【读书笔记】
DUSHU BIJI

第 3 章　计算机的优化与维护

本章导读

本章主要介绍了计算机维护的流程、如何加速计算机的启动速度、保护 IE 浏览器的方法，以及如何安装防火墙和使用杀毒软件，从而更好地保护自己的计算机。

重点与难点

☑　掌握使计算机快速启动的方法
☑　掌握 IE 浏览器的维护
☑　掌握防火墙的使用
☑　掌握杀毒软件的使用

3.1　计算机维护的流程

计算机的故障种类很多，平时如不注意对计算机进行维护，则容易导致问题集中爆发，最后只好重装系统，这样既给自己造成损失，又给维修人员添了许多烦恼。其实，只要平时注意维护，就可以“防患于未然”，确保计算机正常地运作。

3.1.1　日常软硬件维护

（1）保持放置计算机的房间干燥、清洁，尤其是计算机工作台要每天或隔两三天视房间的清洁度而除尘。如果环境不良，显示器内部灰尘厚积，天气转潮时，容易导致线路板短路而损坏显示器。

（2）正确开机（先开外设，后开主机）和关机断电。“先外设、后主机”的顺序如果搞反了，就有可能使系统无法识别相关硬件，或者无法装载设备驱动程序。

（3）使用不“保险”的软盘或光盘前，一定要先查毒安装或使用后再次查毒，因为一些杀毒软件对压缩文件中的病毒无能为力。

（4）系统非正常退出或意外断电后，应尽快进行硬盘扫描，及时修复错误。因为在这种情况下，硬盘的某些簇链接会丢失，给系统造成潜在的危险，如不及时修复，会导致某些程序紊乱，甚至危及系统的稳定运行。

3.1.2　经常进行软件系统维护

计算机的维护周期可根据其使用情况来定，如果短时间内计算机的使用很频繁，常有软件的安装和卸载，就应该进行如下维护。

（1）用干净的系统盘启动机器，选择新版杀毒软件进行病毒检测，确保在没有病毒的情况下进行下一步。

（2）重新启动计算机，选择【控制面板】|【系统】|【设备管理器】命令，看有没有带黄色“!”或是红色“×”的设备选项。如果有，说明硬件设备有冲突，可以先删除该设备，然后进行“新硬件检测”，按照安装向导重新安装设备驱动程序或进行必要的驱动程序升级，以解决系统的冲突问题。如果“设备管理器”各项列表正常，或者问题已经解决，进行下一步。

（3）选择【附件】|【系统工具】|【磁盘清理程序】命令，搜集硬盘中的各类临时文件、中间文件、衍生文件以及无效文件，此工具比较保守，用户尽可大胆地将这类文件彻底删除。一般来说，每个硬盘分区的剩余空间不应小于该分区容量的 15%，对于 C 盘则越大越好。

（4）使用 CleanSwap 或类似的工具软件对动态链接库进行扫描，删除多余无用的库文件。这类软件大都提供恢复功能，若无十分把握，建议不要轻易进行彻底删除，可以“留用查看、以观后效”。

（5）使用 RegClean 或类似工具对日渐庞大的注册表进行“减肥”，当然，事先一定要做好备份，以防不测。鉴于注册表对于 Windows 的重要性，对不太熟悉它的用户这里也有个较简单的“减肥”措施——在桌面上选择【开始】|【运行】命令打开注册表编辑器，首先单击【导出注册表文件】，随后再单击【引入注册表文件】。因为在“导出”时系统会将注册表多余的内容删除，所以这一进一出，注册表就会“瘦”许多，效果虽然不如专用工具，但也差强人意了。

（6）运行【附件】|【系统工具】|【系统信息】|【工具】|【注册表】|【检查程序】，确保注册表文件正确无误（如果出错且无法自动修复，可用备份恢复接着运行），再运行【工具】|【系统文件检查器】，确保系统文件的完整性。

（7）运行【附件】|【系统工具】|【磁盘扫描程序】，修复错误、交叉链接等磁盘错误；运行【附件】|【系统工具】|【磁盘碎片整理程序】，最好选定【重新安排程序文件以使程序启动得更快】选项，虽然花的时间较长，但也值得。

（8）重新启动计算机，注意观察运行速度是否有所提高。

3.2　加速计算机的启动和运行速度

让计算机启动更快是大家的共同心愿，下面介绍几种加快计算机启动速度的方法。

3.2.1　优化“启动”组

计算机初学者都爱试用各种软件，用不多久又将其删除，但常常会因为某些莫名其妙的原因，这些软件还会驻留在“启动”项目中（尤其是在使用一些盗版软件时），Windows 启动时就会为此白白浪费许多时间。要解决这个问题，其实很简单，具体步骤如下。

（1）选择【开始】|【运行】命令，在出现的对话框的【打开】文本框中输入 msconfig，然后单击【确定】按钮，如图 3-1 所示。

（2）调出【系统配置实用程序】对话框，单击其中的【启动】标签，将不用加载启动组的程序前面的“√”去掉就可以了，如图 3-2 所示。如此一来，至少可以将启动时间缩短 10 秒。

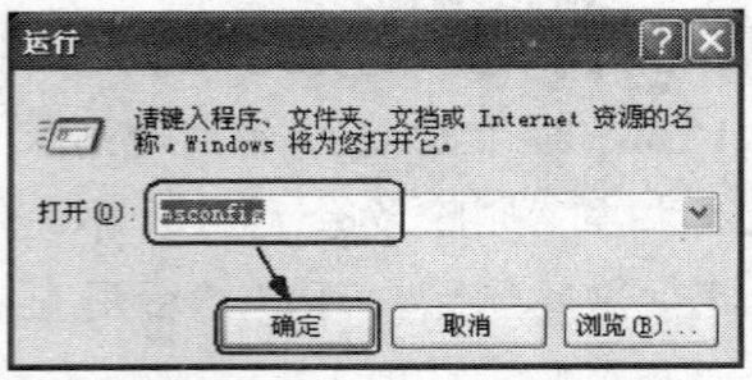

图 3-1 【运行】对话框

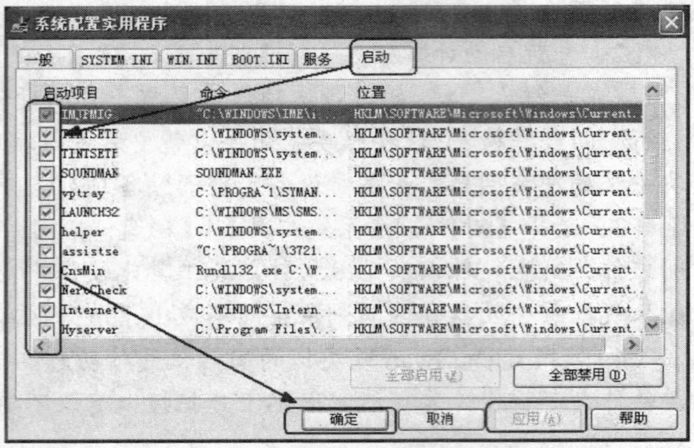

图 3-2 【系统配置实用程序】对话框

3.2.2 整理、优化注册表

Windows 在开机启动后，系统要读取注册表里的相关资料并暂存于内存中，Windows 开机的大部分时间，都花费在这上面了。因此，整理、优化注册表显得十分必要。有关注册表的优化，可以使用 Windows 优化大师等软件。下面就以 Windows 优化大师为例，介绍如何整理、优化注册表。

具体步骤如下。

（1）选择【注册信息清理】|【扫描】命令，软件就会自动清扫注册表中的“垃圾”，扫描结束后，如图 3-3 所示。

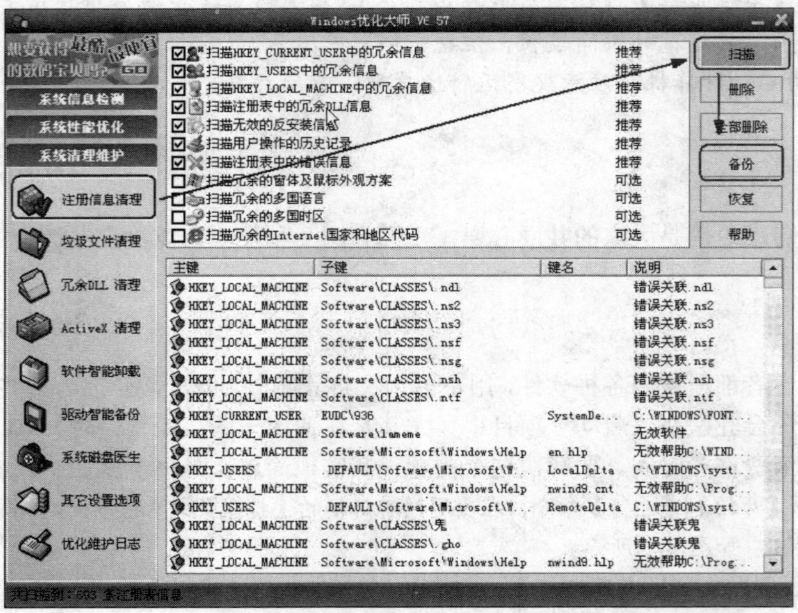

图 3-3 扫描结果

（2）单击【备份】按钮，备份注册表，会出现如图 3-4 所示的窗口。

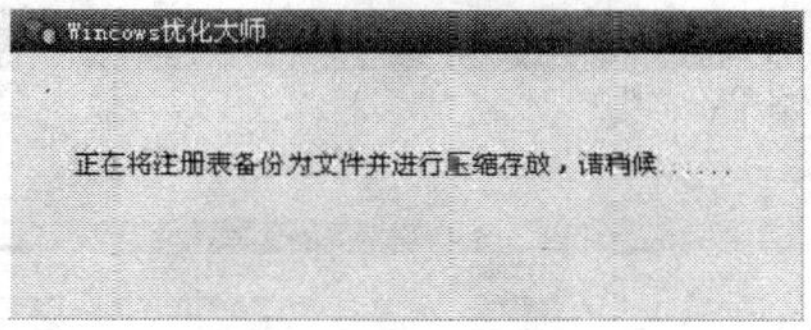

图 3-4　备份注册表

（3）选择需要删除的内容，然后单击【删除】按钮，将出现如图 3-5 所示的窗口。

图 3-5　是否删除

（4）如果所有的内容都需要删除，则单击【全部删除】按钮，将把扫描结果全部删除。

3.2.3　经常维护系统

如果在系统中储存了太多的游戏、应用软件、旧资料，会让计算机运行速度越来越慢，而开机时间越来越长。因此，最好每隔一段时间，对计算机进行一次全面的维护。对于硬盘最好能每隔一段时间就做一次"磁盘碎片整理"，那样会明显加快程序启动速度，选择【开始】|【所有程序】|【附件】|【系统工具】|【磁盘碎片整理程序】命令即可。

注意：
在整理磁盘碎片时系统所在的盘一定要整理，这样才能真正加快 Windows 的启动顺序。

磁盘碎片整理步骤如下。

（1）打开【磁盘碎片整理程序】对话框，如图 3-6 所示。

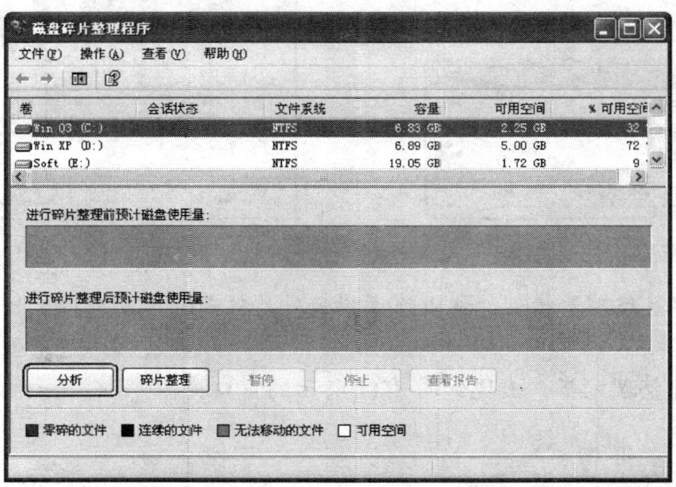

图 3-6　打开【磁盘碎片整理程序】对话框

（2）单击【分析】按钮，对磁盘碎片进行分析，如图 3-7 所示。

图 3-7　磁盘碎片分析过程

（3）磁盘碎片分析完毕，出现如图 3-8 所示窗口。

（4）单击【查看报告】按钮，将出现【分析报告】窗口，如图 3-9 所示，用户可看到最零碎的文件。

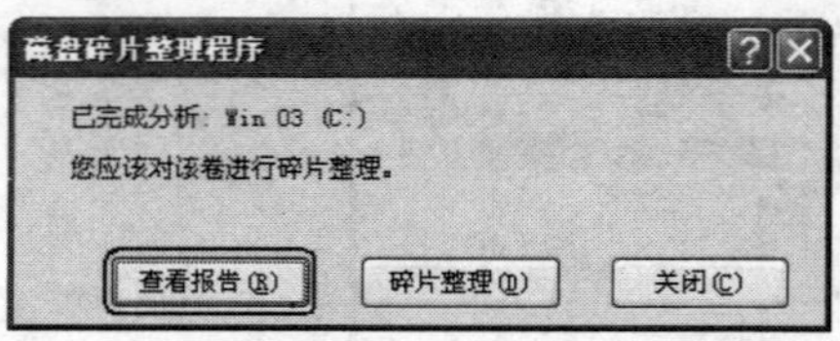

图 3-8　磁盘碎片分析完毕

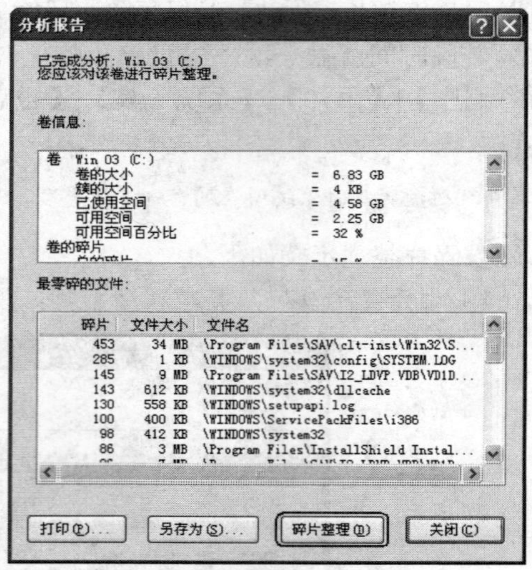

图 3-9　【分析报告】窗口

（5）单击【碎片整理】按钮，将出现【磁盘碎片整理程序】窗口，如图 3-10 所示，系统将开始整理磁盘碎片。

（6）磁盘碎片整理完毕，出现如图 3-11 所示的窗口。

3.2.4　去掉“墙纸”等设置

“墙纸”、“屏幕保护”等设置不但占用系统资源，还严重影响 Windows 的启动顺序，如果暂不使用，可以去除它们。

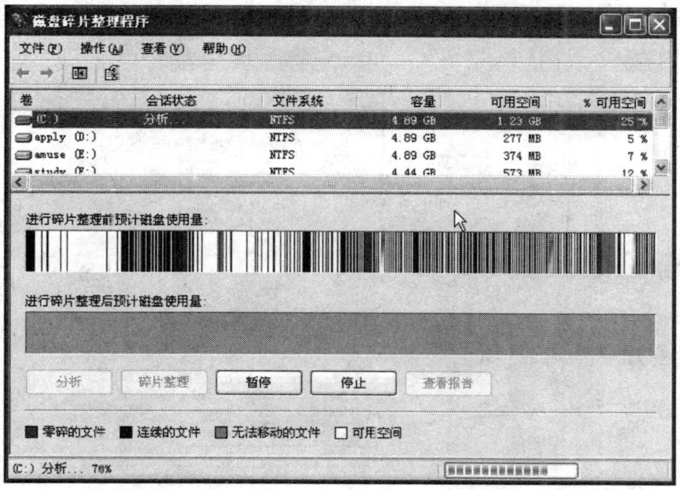

图 3-10　【磁盘碎片整理程序】窗口

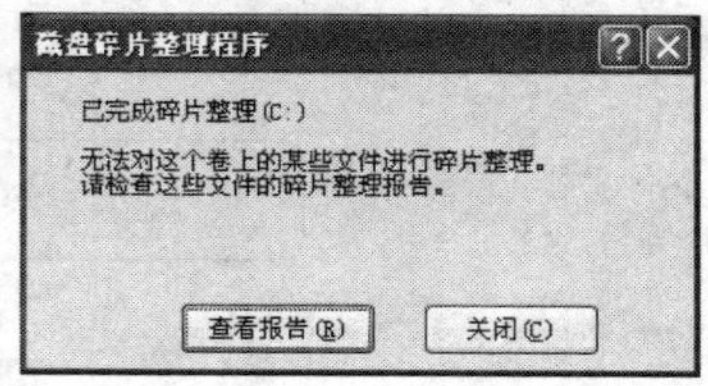

图 3-11　磁盘碎片整理完毕

去除的方法是：在桌面空白处单击鼠标右键，在弹出的菜单中选择【属性】命令，然后在弹出的对话框中分别单击【桌面】和【屏幕保护程序】标签，将【背景】和【屏幕保护程序】设置为【无】即可，结果分别如图 3-12 和图 3-13 所示。

图 3-12　【背景】设置

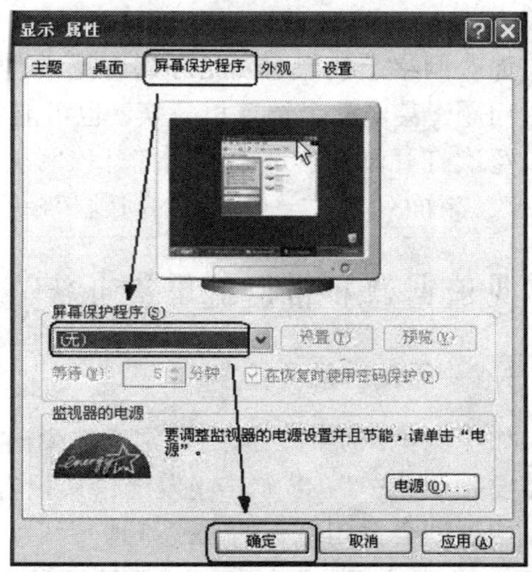

图 3-13　【屏幕保护程序】设置

3.2.5　减少不必要的字体文件

字体文件占用系统资源多，引导速度就慢，并且会占用相当的硬盘空间。因此，应当尽量减少不必要的字体文件。但如果删错了字体文件，会使 Windows 系统紊乱。可以采用下面这个“偷梁换柱”的方法（可以实现字体文件的安装，而不占用大量的磁盘空间）：首先打开字库活页夹（如 f:\zk），选中全部 truetype 字体文件，按住鼠标的右键将它们拖动到 C:\Windows\fonts 活页夹中，在弹出的菜单中选择【在当前位置创建快捷方式】命令，这样就可以在系统的字体活页夹下建立字库文件的快捷方式了，如图 3-14 所示。当需要使用这些字库文件时，只要插入字库光盘，不用时取出即可。

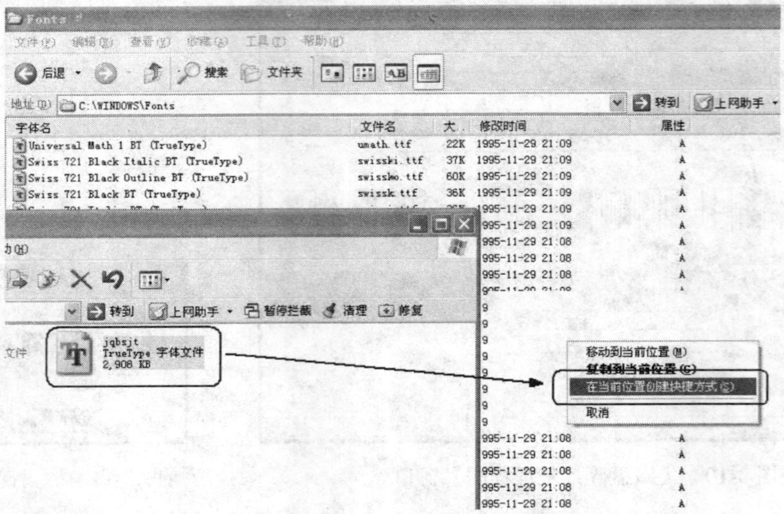

图 3-14　创建字体快捷方式

3.3　保护 IE 浏览器

如今网络上的黑客网站和病毒泛滥，一不小心，就可能“中招”，使自己的 IE 浏览器出现各种问题，甚至整个计算机瘫痪，也可能使计算机中的重要数据丢失。例如，访问了某些网站后，每次打开浏览器都会默认打开该网页，并且把 IE 修改主页的功能也给禁止了，使用户无法更改。下面列举了一些常见的问题和相应的解决办法，并介绍一些如何保护 IE 浏览器的方法。

3.3.1　常见的问题和相应的解决办法

1. 关闭发送错误报告

如在浏览网页时，系统经常突然弹出一个窗口，提示“Microsoft Internet Explorer 遇到问题需要关闭……”，若单击【发送错误报告】按钮则会导致当前的 IE 窗口关闭，如单击【不发送】按钮则会关闭所有的 IE 窗口。

（1）对于 Windows 9x/Me/NT/2000 的 IE 6.0 用户只需要修改以下注册表就可以了，步骤如下。

1）选择【开始】|【运行】命令，打开【运行】对话框，输入 regedit 命令，如图 3-15 所示。

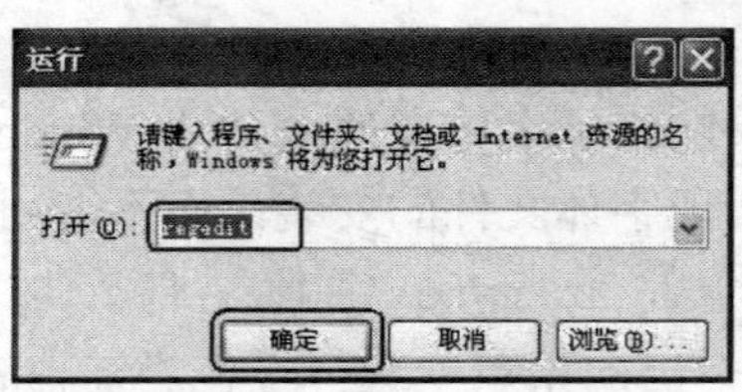

图 3-15　【运行】对话框

2）单击【确定】按钮后，出现【注册表编辑器】对话框，如图 3-16 所示。在注册表中定位到 HKEY_LOCAL_MACHINE\Software\Microsoft\Internet Explorer\Main。

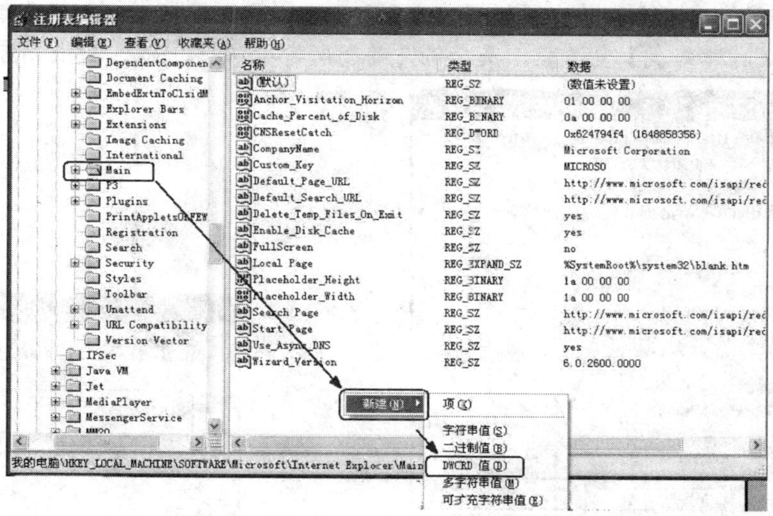

图 3-16 【注册表编辑器】对话框

3）在右侧新建名为 IEWatsonEnabled 的 DWORD 键，并将其值设为 0 即可，分别如图 3-17 和图 3-18 所示。

图 3-17 新建名为 IEWatsonEnabled 的 DWORD 键

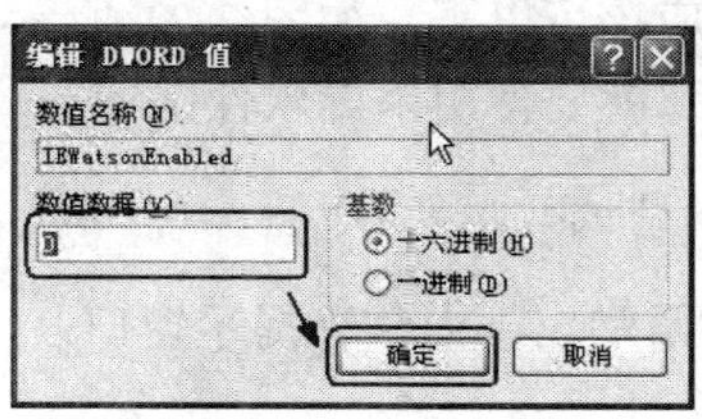

图 3-18 DWORD 键值设为 0

（2）对于 Windows XP 的 IE 6.0 用户，操作步骤如下。

1）右击桌面“我的电脑”图标打开【系统属性】对话框，如图 3-19 所示。

2）在【高级】选项卡中单击【错误报告】按钮，然后单击【禁用错误报告】并勾选【但在发生严重错误时通知我】复选框，最后确定关闭所有对话框，如图 3-20 所示。

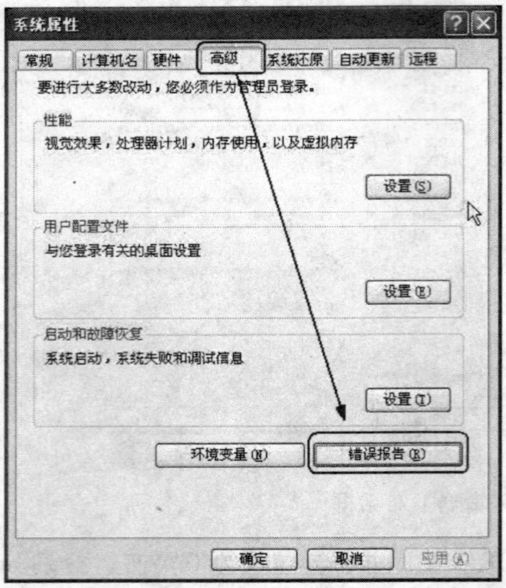

图 3-19　【系统属性】对话框

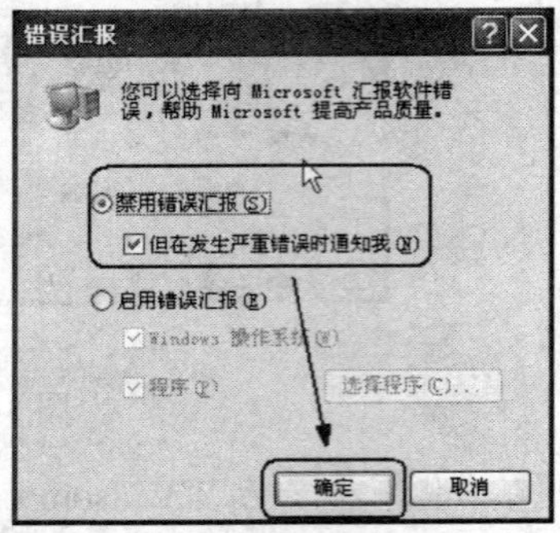

图 3-20　【错误报告】对话框

2. IE 的新建窗口模块

只能打开网站的首页，单击其中的任何链接都无法打开，即使执行鼠标右键快捷菜单中【在新的窗口中打开】命令也无济于事。这是因为 IE 的新建窗口模块被破坏了，只要在【开始】|【运行】中依次运行以下命令为模块注册即可。

Regsvr32 Actxprxy.dll
Regsvr32 Shdocvw.dll
Mshtml.dll
Urlmon.dll
Msjava.dll
Browseui.dll
Oleaut32.dll
Shell32.dll

运行完这几个文件模块后就应该可以了，如图 3-21 所示。当然，如果感染了“冲击波”等病毒，也可能会有这种故障，那就要使用杀毒软件杀毒。

3. 禁用浏览网页时的“脚本调试”功能

上网浏览网页过程中，IE 经常弹出下面这种提示窗口：

“出现运行期错误”

行：XXXXXX

错误：无效字符

出现这种现象的原因通常是因为网页本身有错误，用户可以在 IE 中设置让其不检查这类错误，即进入【Internet 选项】对话框后切换到【高级】选项卡，然后勾选【禁用脚本调试】复选框，如图 3-22 所示。

图 3-21　运行 Regsvr32 Actxprxy.dll

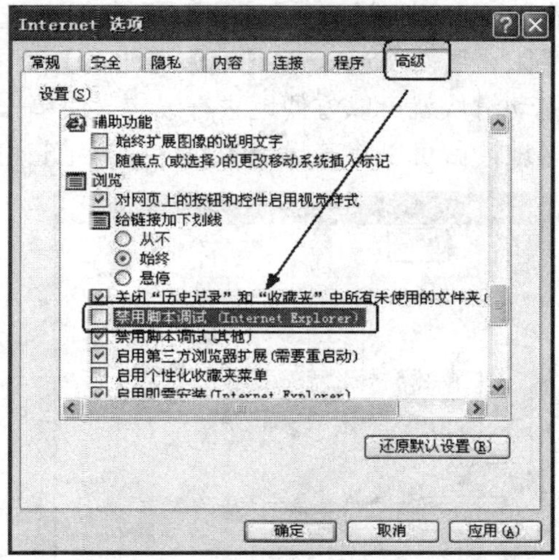

图 3-22　【高级】选项卡

4．禁用“脚本”程序

使用 IE 进入某些网页后，想保存其中的图像，但单击鼠标右键后并没有出现平常那种快捷菜单，从而导致不能使用【图片另存为】功能。网页上禁用鼠标右键是因为其中包含了“脚本”，用户只要将其禁用即可：进入【Internet 选项】对话框，切换到【安全】选项卡下，如图 3-23 所示。单击【自定义级别】按钮，在打开的【安全设置】对话框中拖动滚动条，找到【脚本】，将其下的【Java 小程序脚本】、【活动脚本】都设为【禁用】即可，如图 3-24 所示。

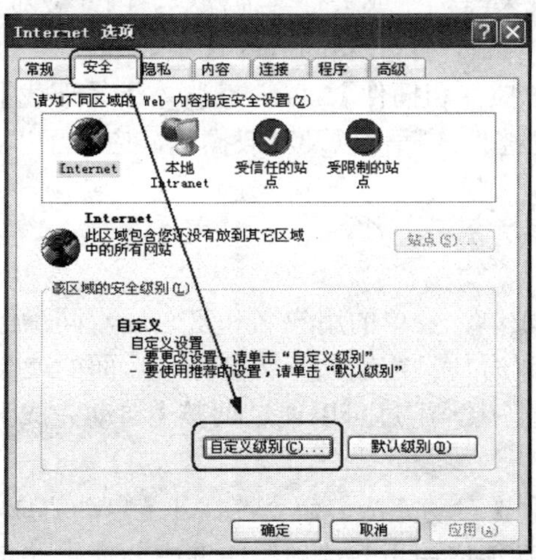

图 3-23　【Internet 选项】|【安全】选项卡

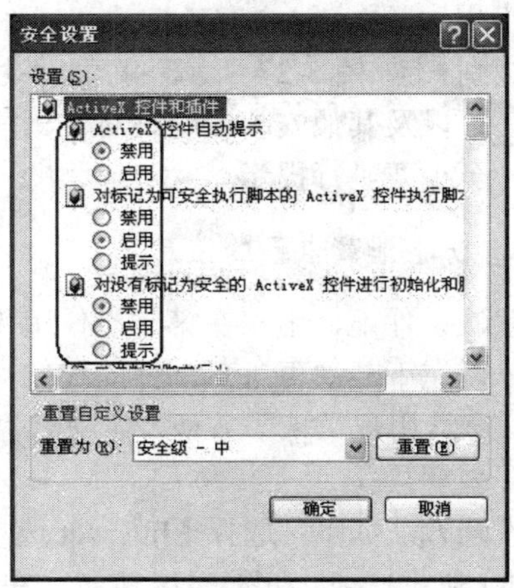

图 3-24　【安全设置】对话框

3.3.2 保护 IE 浏览器的方法

1. 管理好 Cookie

在 IE 6.0 中，打开【工具】|【Internet 选项】|【隐私】选项卡，如图 3-25 所示。这里设定了【阻止所有 Cookie】、【高】、【中高】、【中】、【低】、【接受所有 Cookie】6 个级别，用户只要拖动滑块就可以方便地进行设定，而单击下方的【站点】按钮，在【网站地址】中输入特定的网址，就可以将其设定为允许或拒绝它们使用 Cookie，如图 3-26 所示。

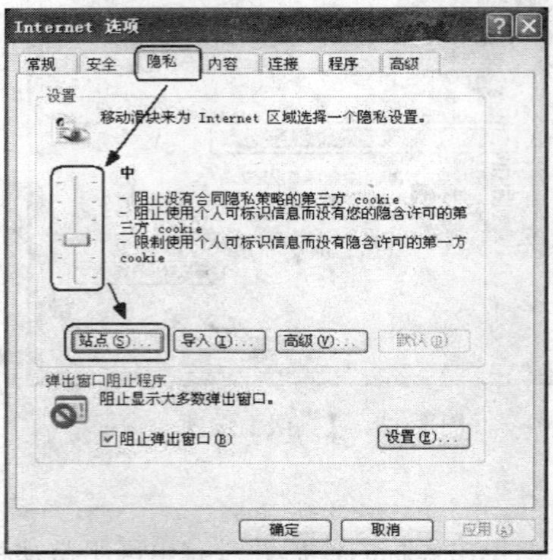

图 3-25 【隐私】选项卡

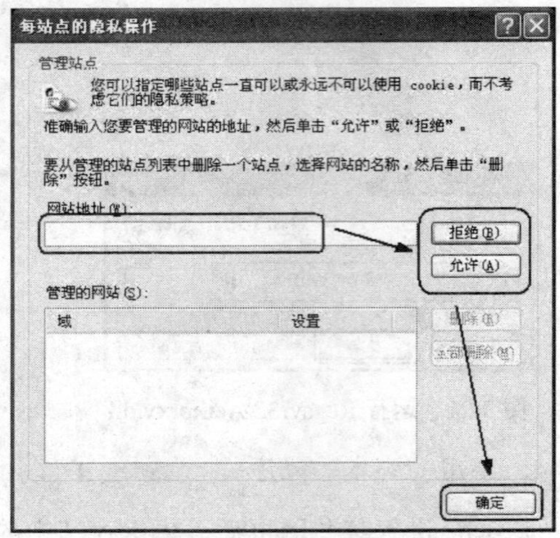

图 3-26 隐私操作

2. 禁用或限制使用 Java 程序及 ActiveX 控件

在网页中经常使用 Java、Java Applet、ActiveX 编写的脚本，它们可能会获取用户标识、IP 地址，乃至口令，甚至会在用户的计算机上安装某些程序或进行其他操作，因此应对 Java、Java 小程序脚本、ActiveX 控件和插件的使用进行限制。打开【Internet 选项】|【安全】|【自定义级别】，如图 3-27 所示，就可以设置【ActiveX 控件和插件】、Java、【脚本】、【下载】、【用户验证】以及其他安全选项。对于一些不太安全的控件或插件以及下载操作，应该予以禁止、限制，至少要进行提示。

3. 防止泄露自己的信息

默认条件下，用户在第一次使用 Web 地址、表单、表单的用户名和密码后，同意保存密码，以便在下一次再进入同样的 Web 页及输入密码时，只需输入开头部分，后面的就会自动完成。这给用户带来了方便，但同时也留下了安全隐患，不过可以通过调整【自动完成】功能的设置来解决。

设置方法如下：选择【Internet 选项】|【内容】|【自动完成】命令，打开【自动完成设置】对话框，如图 3-28 和图 3-29 所示。在【自动完成功能应用于】选项组中选中要使用的自动完成功能复选框。为安全起见，防止泄露自己的一些信息，应该定期清除历史记录，方法是在【自动完成设置】对话框中单击【清除表单】和【清除密码】按钮。

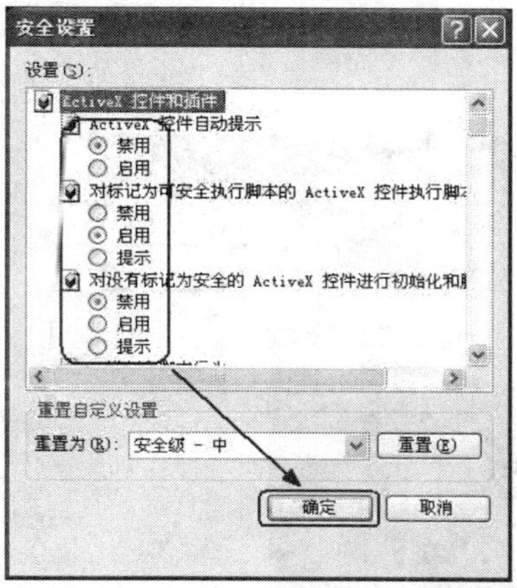

图 3-27　安全设置

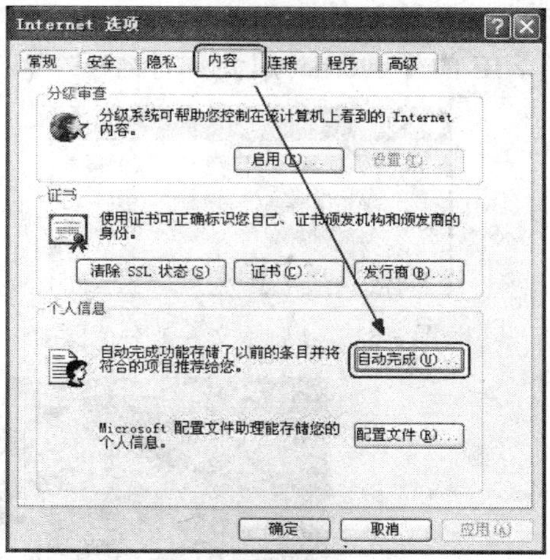

图 3-28　【内容】选项卡

4. 清除已浏览过的网址和网页

在【Internet 选项】对话框中的【常规】选项卡下单击【历史记录】选项组中的【清除历史记录】按钮即可，如图 3-30 所示。为了加快浏览速度，IE 会自动把用户浏览过的网页保存在缓存文件夹 C:\Windows\Temporary Internet Files 下。当用户确认不再需要那些浏览过的网页时，在此选中所有网页，删除即可。

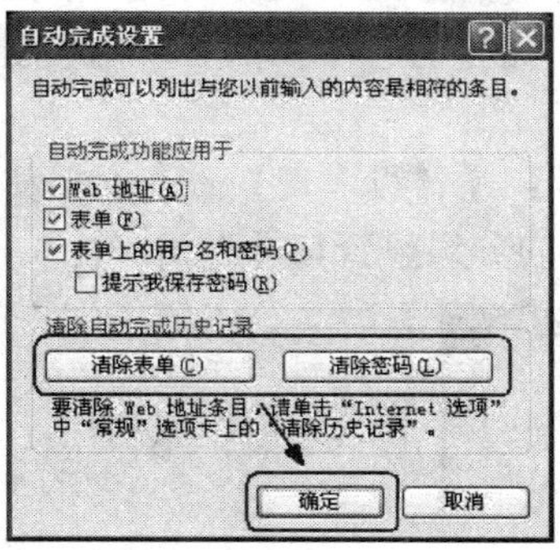

图 3-29　【自动完成设置】对话框

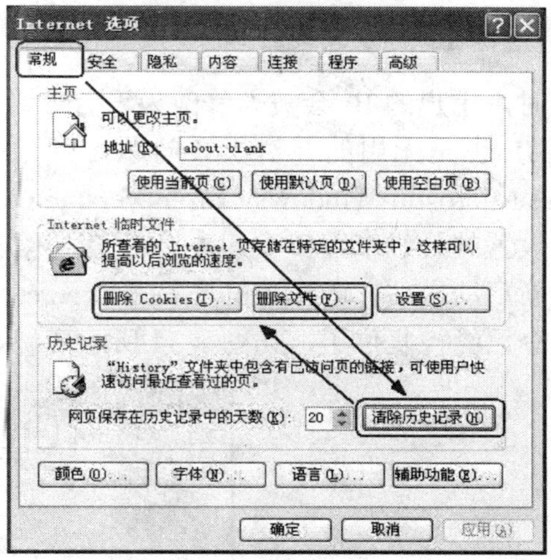

图 3-30　【常规】选项卡

单击【Internet 临时文件】选项组中的【删除文件】按钮，在打开的【删除文件】对话框中选中【删除所有脱机内容】复选框，单击【确定】按钮，如图 3-31 所示。这种方法会遗留少许 Cookie 在文件夹内，为此 IE 6.0 在【删除文件】按钮旁边增加了一个【删除 Cookie】的按钮，通过它可以很方便地删除遗留的 Cookie，如图 3-32 所示。

5. 在 DOS 下打开【Internet 属性】对话框

有时在浏览了某些恶意网页后，会导致 IE 的【Internet 属性】对话框无法打开，这时可以在 DOS 窗口下输入 RunDll32.exe shell32.dll,Control_RunDLL inetcpl.cpl 命令，如图 3-33 所示，就可打开 IE 的【Internet 属性】对话框。

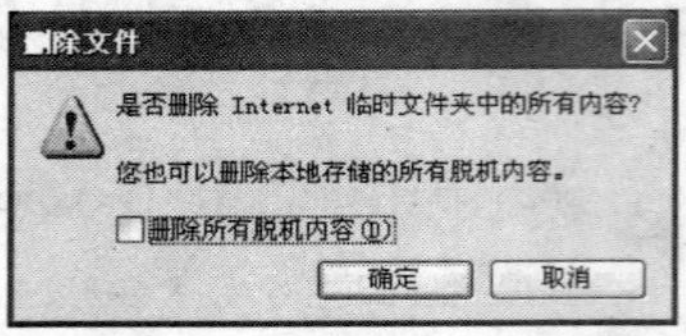

图 3-31　【删除文件】对话框

图 3-32　【删除 Cookie】对话框

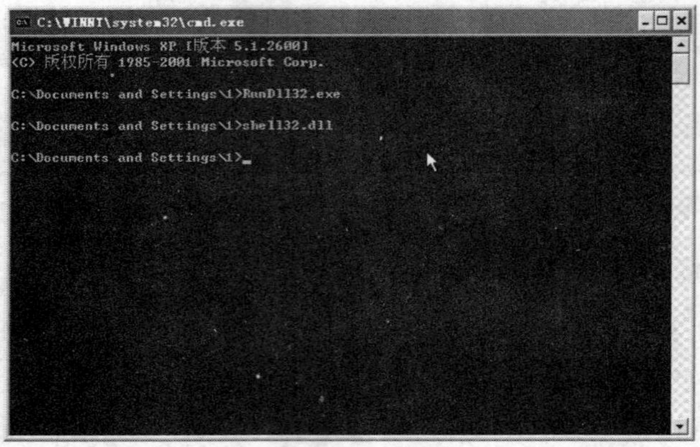

图 3-33　DOS 窗口

6. 解除 IE 的分级审查口令

有时，用户的 IE 会被人修改为设有分级审查口令，一旦被设置了分级审查口令，即使重新安装 IE 也是无用的。对于该问题，可以进入注册表，找到 HKEY_LOCAL_MACHINE\Software\Microsoft\Windows\CurrentVersion\policies\Ratings，这里有一个名为 key 的主键，这就是用户设置的分级审查口令，直接将它删除即可。

重新启动之后，选择【工具】|【Internet 选项】|【内容】|【分级审查】命令，会发现分级审查口令已经被复位了，如图 3-34 所示。现在只要输入新的分级审查口令即可。

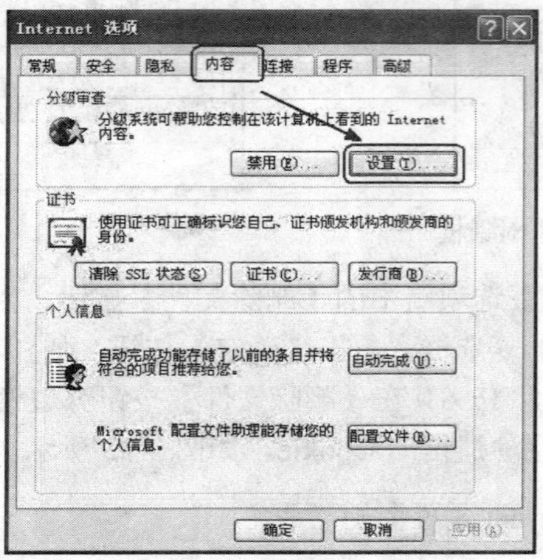

图 3-34　分级审查

3.4 安装防火墙

由于现在网络上流传着各种各样的病毒和黑客软件，如果不注意保护好自己的系统，将很容易感染病毒或受到攻击，从而使自己的系统越来越慢，甚至会使整个系统崩溃。为了更好地保护自己的计算机，可以为系统经常打补丁、获得计算机操作系统、软件和硬件的最新更新程序，以及进行 Windows Update。此外，还可以通过安装病毒防火墙来使系统免受病毒的侵扰。

下面以“金山毒霸”为例，简单介绍如何安装病毒防火墙。安装步骤如下：

（1）在光驱中放入“金山毒霸”安装盘，系统将自动运行光盘，或者进入光盘后双击 setup.exe 图标，将出现如图 3-35 所示界面。

图 3-35　运行“金山毒霸”

（2）选择【安装金山毒霸 2003 安全组合装】，将进入“金山毒霸”的安装程序，如图 3-36 所示。

（3）单击【下一步】按钮，进入阅读协议界面，如图 3-37 所示。

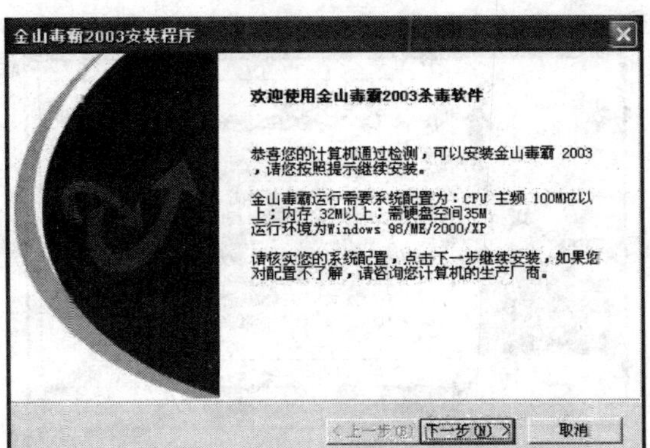

图 3-36　“金山毒霸”安装

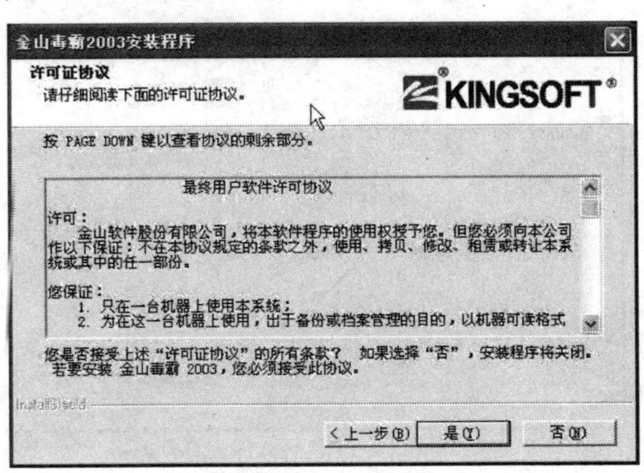

图 3-37　阅读协议

（4）如果同意协议，单击【是】按钮，进入“金山毒霸”说明界面，如图 3-38 所示。

（5）单击【下一步】按钮，进入输入序列号界面，如图 3-39 所示。

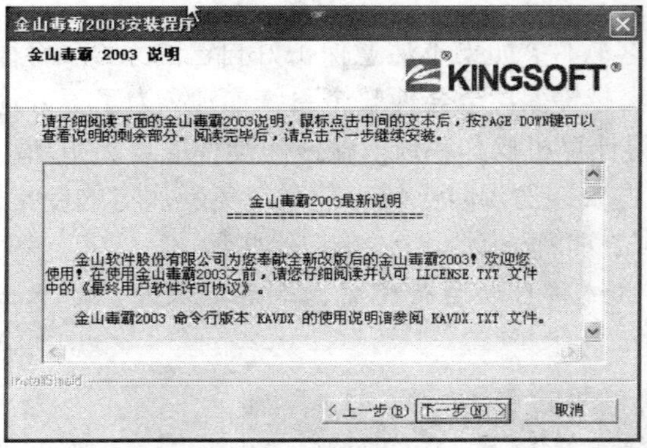

图 3-38 “金山毒霸”说明

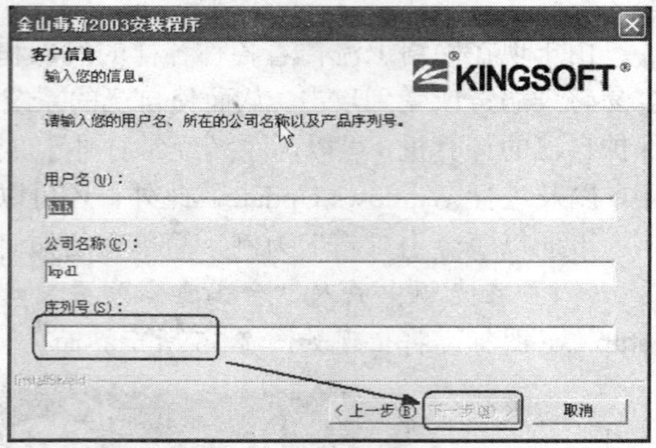

图 3-39 输入序列号

（6）输入序列号后单击【下一步】按钮，进入选择安装类型界面，如图 3-40 所示。

（7）选择【典型】后单击【下一步】按钮，进入选择程序文件夹界面，如图 3-41 所示。

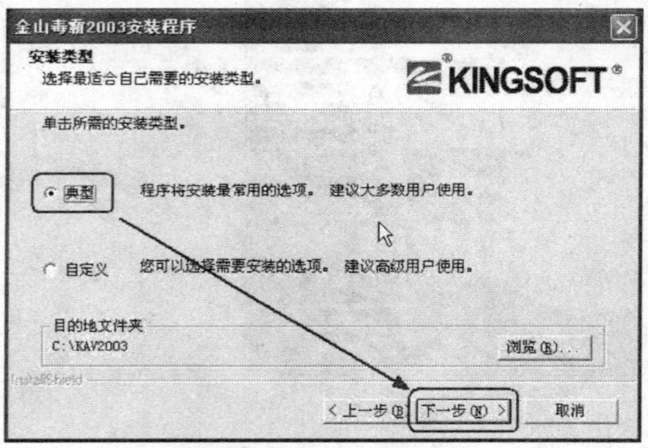

图 3-40 选择安装类型

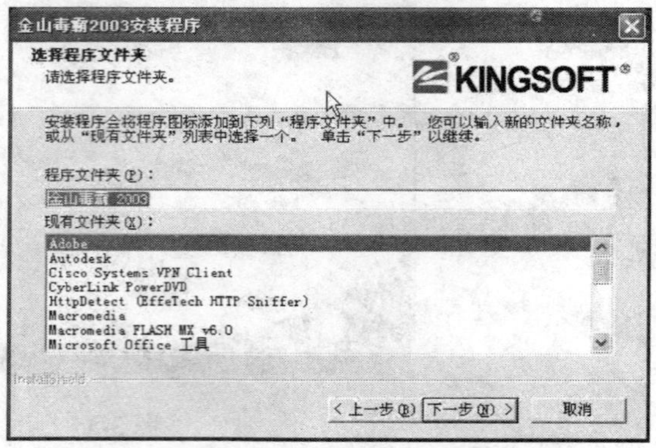

图 3-41 选择程序文件夹

（8）单击【下一步】按钮，进入安装状态界面，如图 3-42 所示。

（9）安装完成后，“金山毒霸”将自动检测系统漏洞，进入如图 3-43 所示界面。

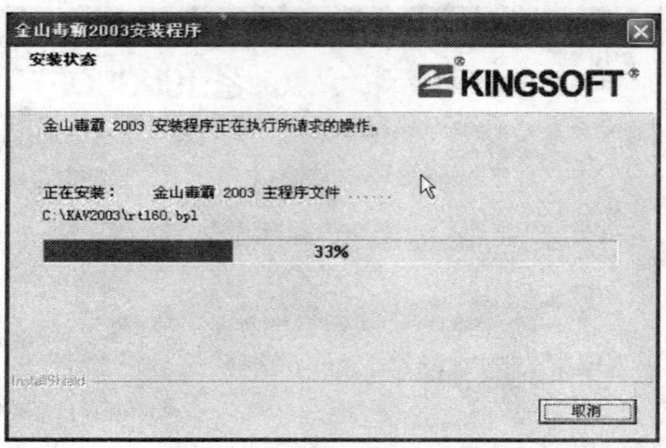

图 3-42 安装状态

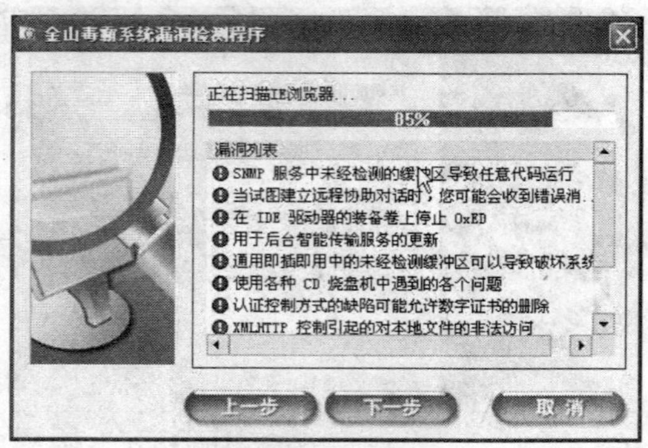

图 3-43 检测系统漏洞

（10）单击【下一步】按钮，进入如图 3-44 所示的界面，然后再下载更新这些程序。

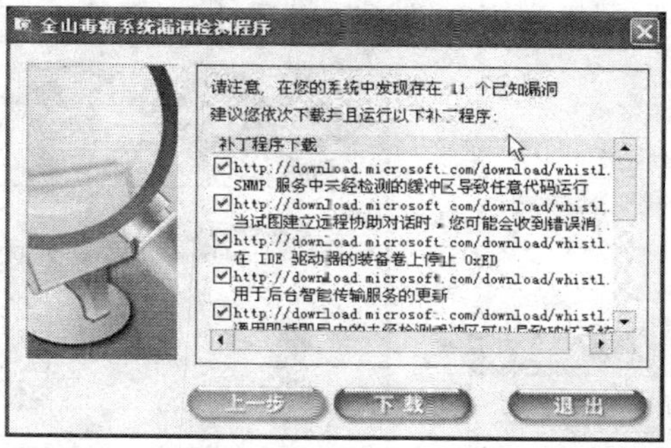

图 3-44　下载更新补丁

3.5　使用杀毒软件

为操作系统安装一种杀毒软件是十分必要的，下面以“金山毒霸 2003”为例，介绍其简单的使用操作。

3.5.1　使用闪电杀毒功能

（1）先安装好软件，然后启动“金山毒霸大管家”和“金山网标”，如图 3-45 所示。启动后任务栏将出现“金山毒霸大管家”和“金山网标”图标，如图 3-46 所示。

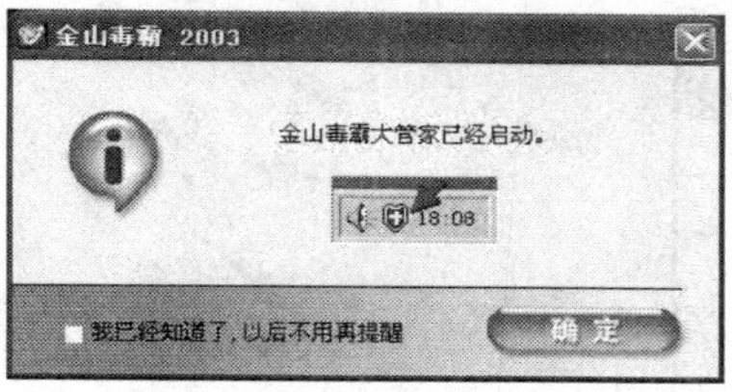

图 3-45　启动“金山毒霸大管家”

图 3-46　任务栏

（2）运行“金山毒霸 2003”进行杀毒，启动后的界面如图 3-47 所示。

图 3-47　启动杀毒

（3）单击【闪电杀毒】按钮，如图 3-48 所示。

（4）单击【执行】按钮，进入闪电杀毒，如图 3-49 所示。

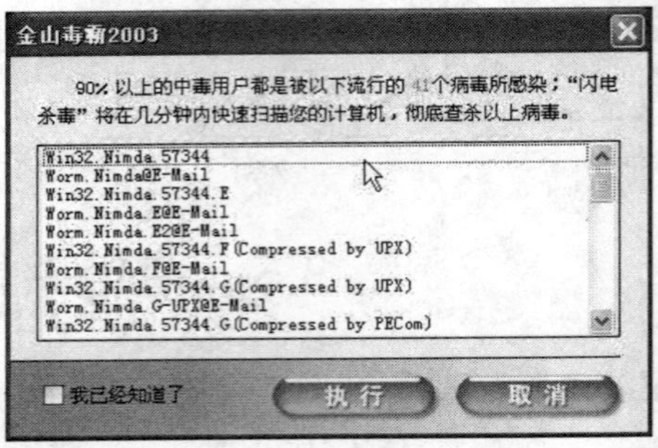

图 3-48　闪电杀毒说明

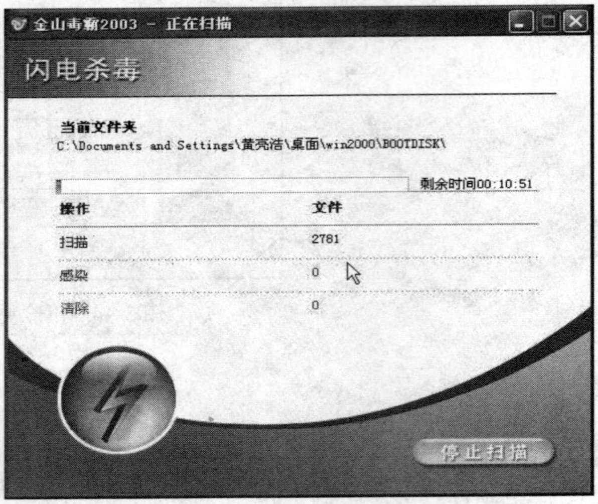

图 3-49　执行闪电杀毒

3.5.2　全面杀毒

如果选择【全面杀毒】，将进入如图 3-50 所示界面。在执行杀毒过程中，单击【停止扫描】按钮，将提示是否停止此次扫描，如图 3-51 所示。

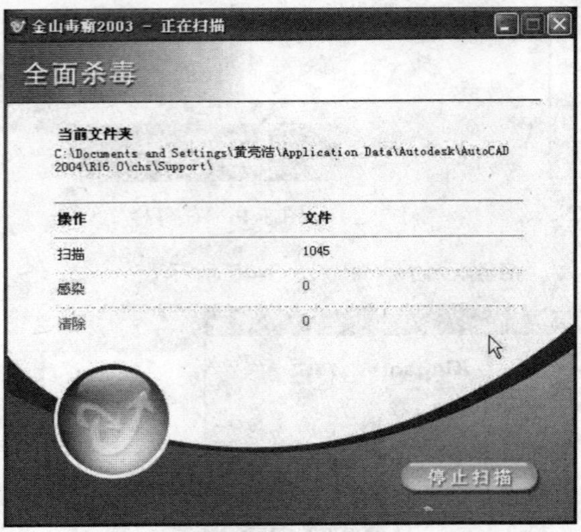

图 3-50　执行全面杀毒

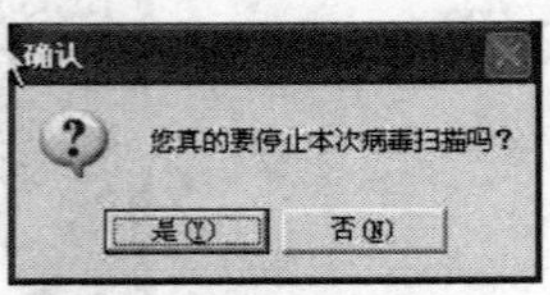

图 3-51　是否停止扫描

3.5.3　在线升级

（1）在图 3-47 所示的界面中选择【在线升级】，将进入如图 3-52 所示的界面。

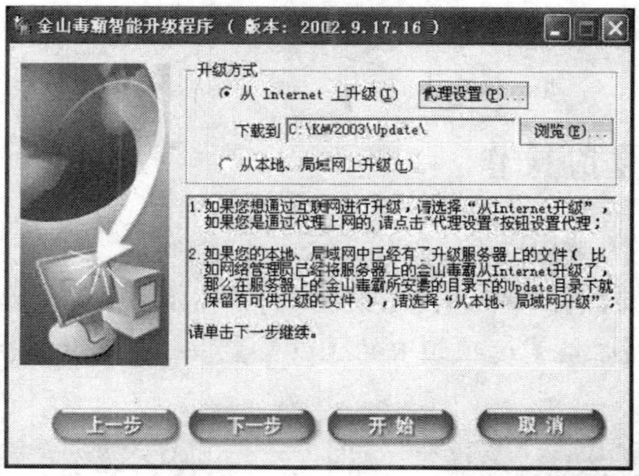

图 3-52　设置升级方式

（2）设置完成后，单击【开始】按钮，将要求选择升级服务器，如图 3-53 所示。

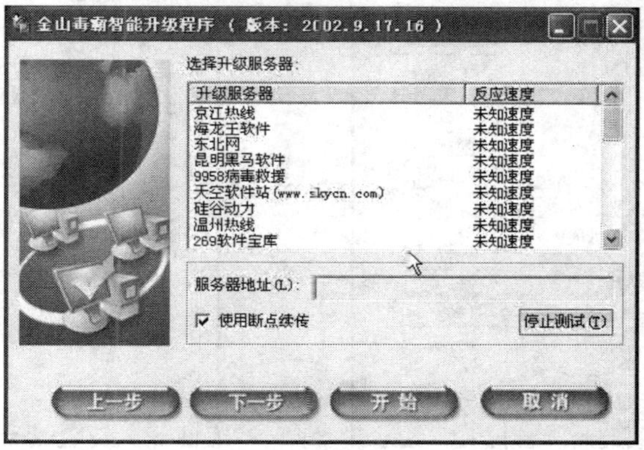

图 3-53　选择服务器

（3）单击【开始】按钮，将启动升级程序，如图 3-54 所示。

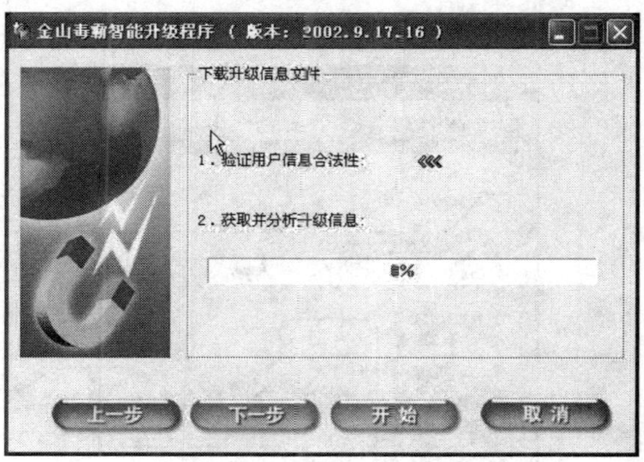

图 3-54　升级程序

3.6 上机实训

3.6.1 加快计算机运行速度的操作

实训内容：更改系统的虚拟内存。

（1）打开【控制面板】窗口中的【系统】，将出现如图 3-55 所示窗口。

（2）单击【高级】|【性能】选项组中的【设置】按钮，打开【性能选项】窗口，如图 3-56 所示。

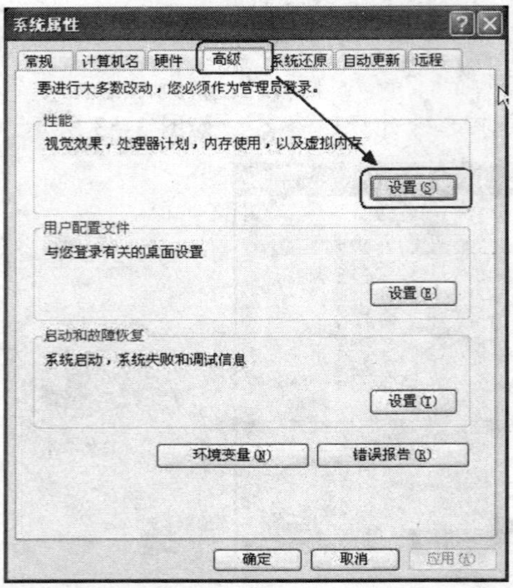

图 3-55 【系统属性】窗口

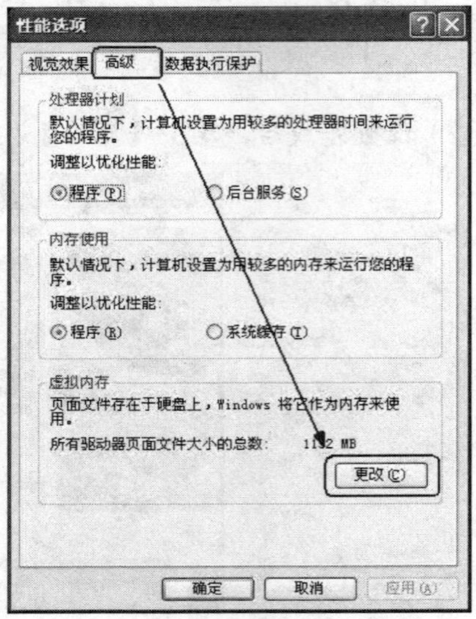

图 3-56 【性能选项】窗口

（3）单击【高级】|【虚拟内存】选项组中的【更改】按钮，打开【虚拟内存】窗口，如图 3-57 所示。

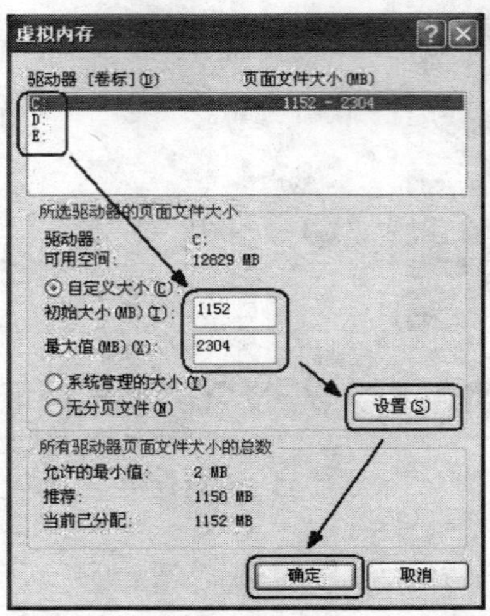

图 3-57 【虚拟内存】窗口

提示：

用户自己进行虚拟内存设置，应指向一个较少用的硬盘，并把最大值和最小值都设定为一个固定值，大小为物理内存的 2 倍左右。这样，虚拟内存在使用硬盘时，就不用顾及其忽大忽小的差别，而将固定的空间作为虚拟内存，以加快存取速度。虚拟内存的设置最好在“磁盘碎片整理”之后进行，这样虚拟内存就分布在一个连续的、无碎片文件的空间上，可以更好地发挥作用。

3.6.2　保护 IE 浏览器操作

实训内容：设置“管理加载项”。

如果 Windows XP 装了 SP2 补丁，上网后安装了不少的插件，但有些插件似乎不稳定，如果想禁用它们，可以这样设置：在装了 SP2 的 Windows XP 系统中，IE 增加了一个“管理加载项”的功能。在 IE 窗口中选择【工具】|【管理加载项】命令，这时在打开的对话框中可以看到当前 IE 已经安装的插件列表，选中要禁用的插件名称，然后选中下面的【禁用】单选按钮，如图 3-58 所示。

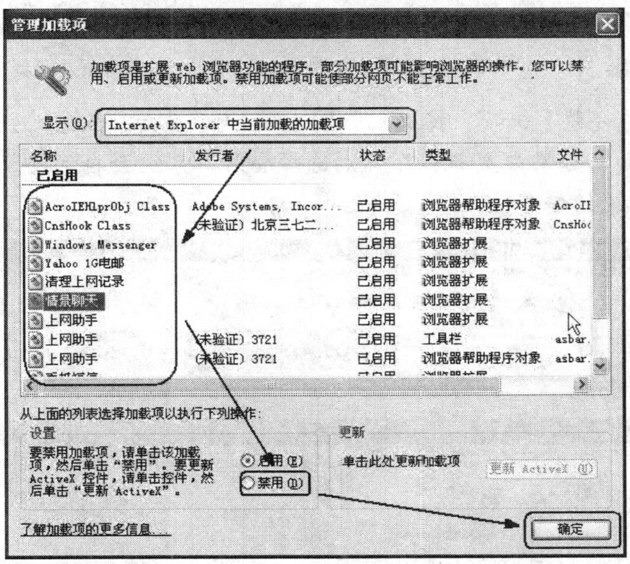

图 3-58　管理加载项

3.7　总结提高

本章讲解了一些最为常用的维护计算机的方法，除此之外，还应注意计算机使用环境的条件。比如，所在地区的电压是否稳定，使用环境的空气温度和湿度是否符合要求等。对这些问题，都必须采用相应的改善方法，如给计算机添加独立的稳压器等。

对于操作系统本身也有很好的升级程序。下面介绍如何运行 Windows Update 给系统打上补丁，从而使系统的安全性能得到提升，以防止病毒的侵扰。

（1）打开 IE 浏览器，如图 3-59 所示。选择【工具】|Windows Update 命令，打开如图 3-60 所示的窗口。

图 3-59　打开 IE 浏览器

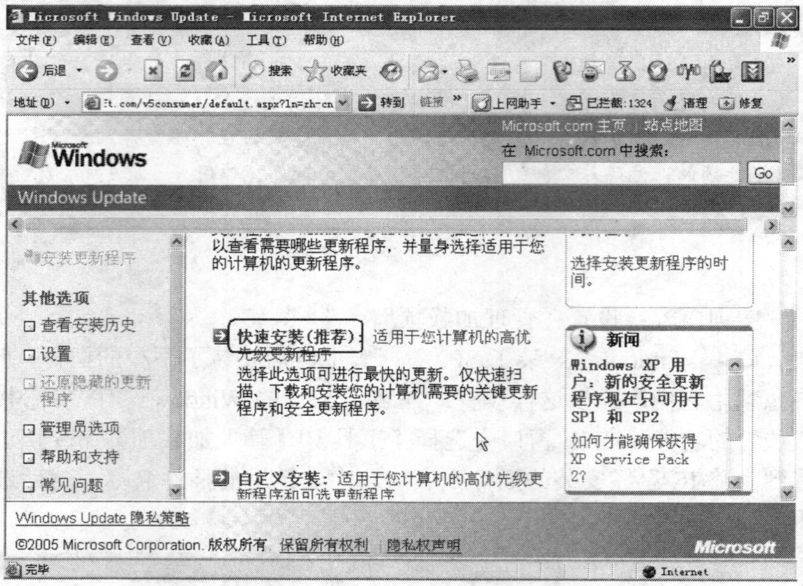

图 3-60　Windows Update 网页

（2）选择【快速安装】选项，将进入如图 3-61 所示界面。如果已经更新过程序，将出现如图 3-62 所示的界面。如果未更新程序，则选择安装，系统会自动安装所查找到的需要更新的程序，从而增强系统的安全性。

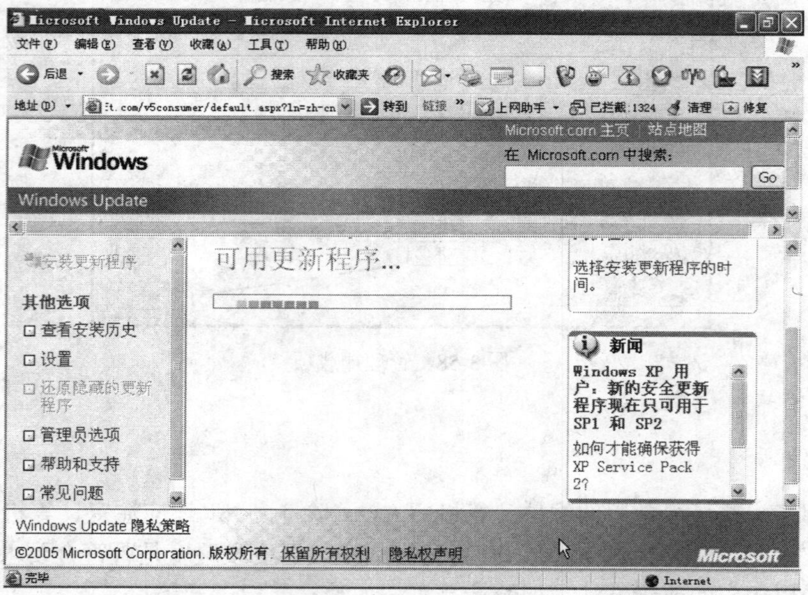

图 3-61　查找可更新的程序

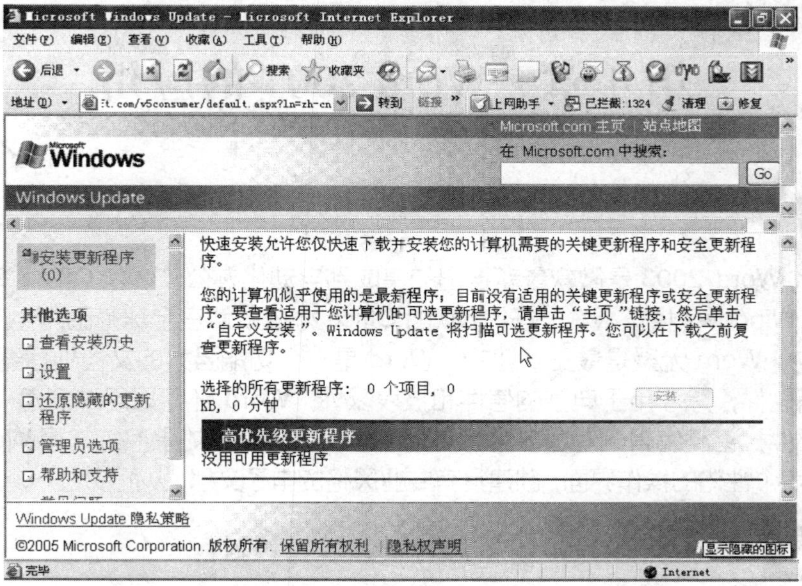

图 3-62　查找结果

3.8　习题

一、填空题

1．一般来说，每个硬盘分区的剩余空间不应小于该分区容量的______。
2．系统非正常退出或意外断电后，应尽快进行______，及时修复错误。
3．调出【系统配置实用程序】对话框的运行命令是______。
4．打开【注册表编辑器】对话框的运行命令是______。

二、选择题

1．下面______不可以改善电脑的启动和运行速度的设置。
　A．优化“启动”组　　B．整理或优化注册表
　C．去掉“墙纸”等花哨的设置　　D．将 C 盘空间尽可能地调整大
2．保护电脑，除了经常打补丁外，还可以通过安装______来使系统免受病毒的侵扰。
　A．病毒防火墙　B．多个操作系统　C．查毒软件　D．隔离软件

三、操作题

为 IE 安装“上网助手”，并学会如何利用“上网助手”对 IE 进行修复和使用它的各种功能。

【读书笔记】DUSHU BIJI

第 4 章　Word 2003 的应用

本章导读

Microsoft Word 2003 是微软最新推出的集成到自动化办公软件包 Office 2003 中的文档编辑软件。同 Windows 操作系统一样，微软的 Office 办公软件在全球范围内也广受用户欢迎。而在 Office 中，Word 无疑是最受欢迎的。Word 是一个功能强大的文档处理器，它不仅仅是一个文字编辑软件，除了用于典型的信件和报表以外，Word 还可以用来创建 Web 页，编辑任意的电子邮件，甚至编辑一些可以进行交互的小程序。用户如果熟练掌握 Word 2003 的使用，就可以设定个性化的操作界面，创建具有专业风格的电子文档，从而成为一个文字处理大师。

重点与难点

☑ 了解认识 Word 2003
☑ 掌握 Word 2003 的基本操作
☑ Word 2003 的排版技术
☑ 掌握 Word 表格的操作
☑ 掌握图形在 Word 中的使用

4.1　Word 2003 概述

与 Word 2002 相比，Word 2003 拥有全新风格的操作界面、简洁易用的任务窗格、新增的阅读视图，更加安全的文档保护、快捷的网络共享、无处不在的 Office 助手等功能，使用户能够轻而易举地创建简洁、美观的 Word 文档。

4.1.1　Word 2003 的启动与退出

Word 2003 的启动和退出操作比较简单，下面介绍几种常用的方法。

1. Word 2003 的启动

启动 Word 2003 和启动其他 Windows 应用程序的方法是一样的，下面是两种常用的方法。

（1）使用【程序】菜单启动

1）单击屏幕左下角任务栏上的【开始】按钮。

2）单击【程序】命令，打开下级菜单。

3）在【程序】下级菜单中单击 Microsoft Word 2003 命令，即可启动 Word 2003。

（2）使用桌面快捷方式

直接双击桌面上创建的 Microsoft Word 2003 图标，即可启动 Word 2003。

2. Word 2003 的退出

退出 Word 2003，也有几种方法。

（1）用鼠标指针选择菜单栏上的【文件】|【退出】命令。

（2）单击 Word 2003 标题栏右端【关闭】按钮。

（3）双击标题栏左上端的控制图标，在控制菜单中选择【关闭】命令。

（4）按 Alt+F4 组合键退出。

退出 Word 2003 时，如果该文档是新建的文档，关闭时会弹出如图 4-1 所示的【另存为】对话框，此时，只要在【文件名】方框中输入该文档的文件名，单击【确定】按钮即可成功关闭 Word 2003。

在退出时，如果用户使用的是一个已经存在的文档，Word 2003 将显示一个提示框，询问用户是否要保存当前所做的修改。单击【是】按钮，编辑结果被保存；单击【否】按钮，则不保存编辑结果；单击【取消】按钮，则放弃文档的保存并关闭窗口，如图 4-2 所示。

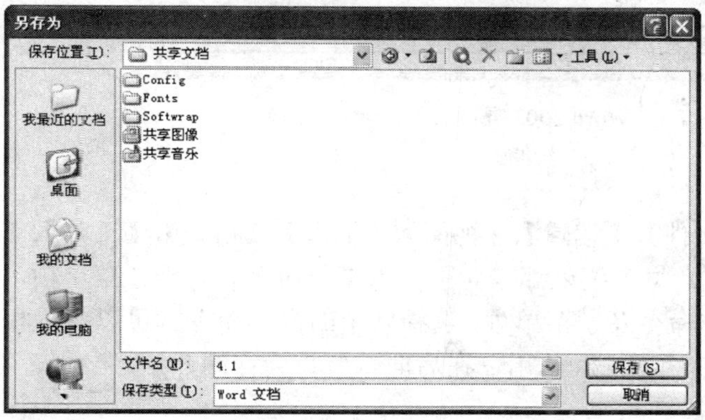

图 4-1　【另存为】对话框

图 4-2　是否保存提示框

4.1.2　Word 2003 应用程序窗口介绍

启动 Word 2003 后，可以在屏幕上看到 Word 2003 程序的窗口，如图 4-3 所示。Word 2003 程序的窗口具有三维的立体效果，它主要由标题栏、菜单栏、常用工具栏、格式工具栏、扩展工具栏、文本编辑区、标尺、垂直滚动条、水平滚动条和状态栏等部分组成。这些组成部分有各自的功能和作用，下面将逐一介绍。

1. 标题栏

Word 2003 应用程序窗口最上面一行是标题栏，用于显示文档的标题名称。

标题栏的最左端有一个 Word 的图标，为窗口控制图标。图标旁的文字部分即是此时所编辑的 Word 文档的文件名，新建的 Word 文档其默认的文件名为“文档 1”，以后再建立则依次为“文档 2”“文档 3”……。文件名后的 Microsoft Word 字样是 Word 应用程序的名称。

标题栏最右边的 3 个按钮分别是【最小化】按钮、【还原】按钮或【最大化】按钮和【关闭】按钮。

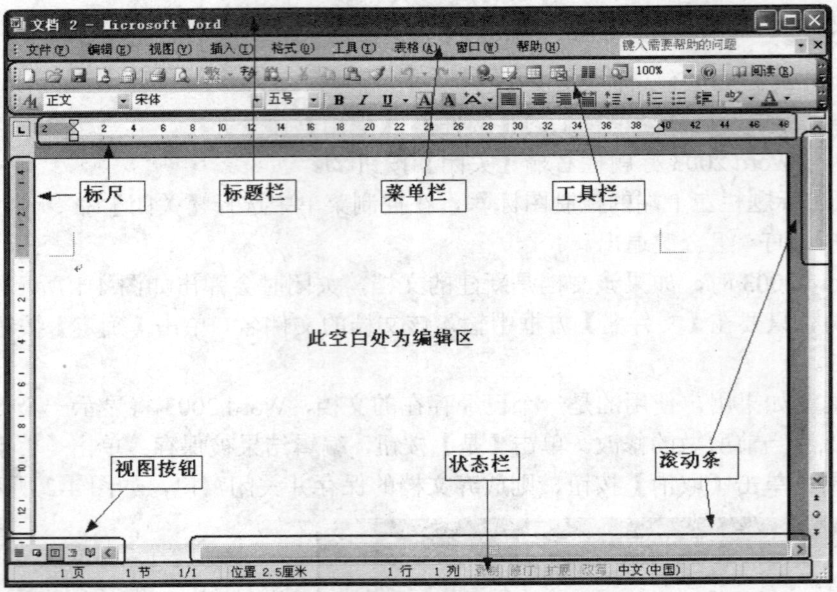

图 4-3　Word 2003 界面

2. 菜单栏

标题栏下面一行为菜单栏，由【文件】、【编辑】、【视图】、【插入】、【格式】、【工具】、【表格】、【窗口】、【帮助】9 个菜单项组成。每个菜单都包含了一组操作命令和若干子菜单项，打开一个菜单项，就会显示该菜单的操作命令及子菜单项，选择其中的操作命令就可以执行相应的功能。关于菜单栏的各个菜单项的使用方法和作用，在后面章节将会详细介绍。

3. 工具栏

菜单栏的下面是工具栏。工具栏分为“常用工具栏”和“格式工具栏”两种，由许多命令按钮组成，每个按钮都代表菜单项中的一个命令。通常把工具栏上的这些命令按钮称为快捷按钮。通过使用这些快捷按钮可以完成对文件存盘、打印、编辑、排版等常见的工作，使用方法在后面的章节中将会详细介绍。

4. 标尺

Word 2003 中有两种标尺，分别是“水平标尺”和“垂直标尺”，用于标示正文、图片、表格和文本框的长度和宽度。

水平标尺有 4 个小滑块，分别称它们为首行缩进、悬挂缩进、左缩进和右缩进标记。它们用于调整段落缩进量，可以用鼠标拖动，以实时地调整段落的首行、左右缩进。垂直标尺则可以调整页面边距以及表格的行高、列宽等。如果用户想要隐藏或者显示标尺，可以通过选择菜单栏中的【视图】|【标尺】命令来完成。

5. 文本编辑区

屏幕中间白色的区域就是文本编辑区，此区域主要用于显示、输入文档等。

6. 滚动条

Word 文档编辑区的右端和下端各有一个滚动条。用鼠标拖动滚动条可以查看文档内容。另外，用键盘上的 PageUp 键和 PageDown 键可以实现整屏翻动。

在下端的滚动条的左端有 5 个视图按钮，它们分别依次是“普通视图”、“Web 版式视图”、“页面视图”、“大纲视图”和“阅读版式”，单击这些视图按钮可以进行不同视图方式的切换。

7. 状态栏

用于显示光标所在的页号、节号、文档的页数，以及光标在当前页中距上边界的位置、所在行数和列数等。

4.1.3　使用帮助

在 Word 2003 中，用户要获得帮助，主要有以下几种方法。

1. 工具栏的屏幕提示

在 Word 2003 窗口中，将鼠标指针移动到工具栏上任一命令按钮上，在按钮上停留片刻，按钮下方就会出现一个提示框显示该按钮的名称，如图 4-4 所示。

2. 【帮助】菜单

在 Word 2003 窗口中，选择菜单栏上的【帮助】|【Microsoft Office Word 帮助】命令，可以打开一个任务窗格，如图 4-5 所示。

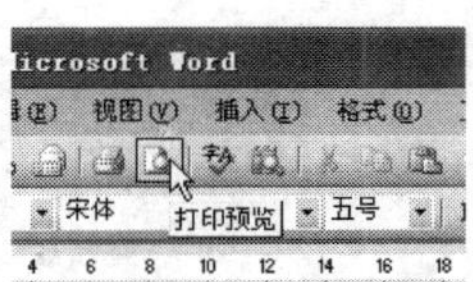

图 4-4　屏幕提示

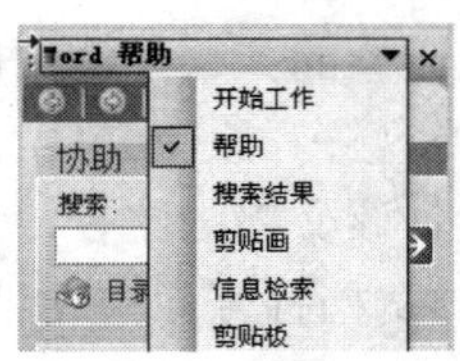

图 4-5　任务窗格

单击任务窗格右边的▼按钮，会弹出一个下拉列表，共有新建文档、剪贴板、搜索、插入剪贴画、样式和格式、显示格式、邮件合并、翻译等 14 项，用户可以从中选择执行某个命令。

3. Office 助手

使用 Office 助手，在编辑文档的过程中可以随时获得帮助信息，它具有跟踪功能，具备动画效果。

选择【帮助】|【显示 Office 助手】命令，就可以看到那个可爱的回形针了，如图 4-6 所示。使用时用户可以不理会它的存在，当出现疑惑时单击这个小助手，它就能显示相关的一些信息。如果这些信息中没有用户所需要的，可以输入关键字进行查询。

如果要隐藏 Office 助手，则右击小助手，在弹出的快捷菜单中选择【隐藏】即可，如图 4-7 所示。

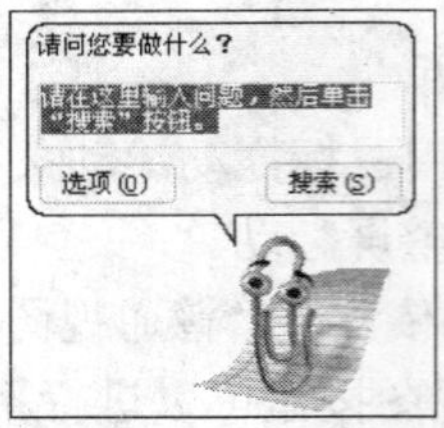

图 4-6　Office 助手

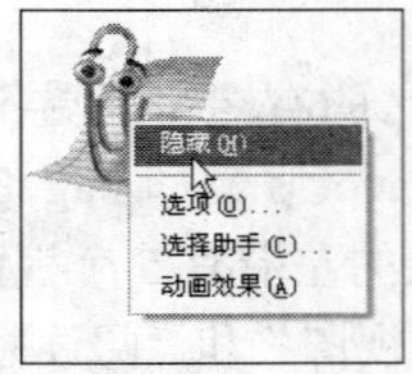

图 4-7　隐藏 Office 助手

4.2　文档的基本操作

Word 是最常用的文字处理软件，处理的文字包括英文、中文简体、中文繁体以及其他语种，利用它可以写一封信、一份报告、一份简历或一个说明书等，这些都称为一个文档。

文档的基本操作包括创建新文档、打开原有文档、文档的输入、文件的保存、编辑文档和改变 Word 2003 的视图等内容。

4.2.1　创建新文档

启动 Word 2003 后，系统将默认启动一个名为“文档 1”的空白文档。另外在菜单栏中也可以完成新建文档的操作，选择【文件】|【新建】命令，或者直接单击工具栏上第一个按钮，也可以新建一个文档。

1. 打开原有文档

打开一个硬盘上已有的文档，常用的有两种方法。

（1）直接通过硬盘打开原有文档

直接在硬盘上找到该文档的路径，双击该文档就可以打开这个文档了。

（2）通过新建的文档打开原有文档

打开一个新的 Word 2003 文档，选择菜单栏中的【文件】|【打开】命令，或者直接单击工具栏上的按钮，在弹出的【打开】对话框中，【查找范围】选项旁有一个下拉三角按钮，用鼠标单击该按钮会弹出一个下拉列表，选择要打开的文档的路径，找到该文档单击【打开】按钮，或双击该文档都可以打开它。

例如，要打开“我的文档”中的“简历.doc”文件，操作如下。

1）在工具栏上单击按钮，系统会自动弹出【打开】对话框，如图 4-8 所示。

2）在【查找范围】中选择【我的文档】，在下拉列表中选择【简历】，单击【打开】按钮后，即可打开“简历.doc”文件，如图 4-9 所示。

2. 文档的输入

如果用户要创建文本，只需从键盘上输入内容，文本即被输入到插入点。文档编辑区中有个闪动的小竖线，这就是光标，它所在的位置称为插入点，输入的文字将会从那里出现。

在行末尾不必按 Enter 键，Word 2003 有一个默认的行宽。当文字输入到右边界满一行时，Word 会自动换到下一行继续输入，这个特性称为整字换行。如果需要自己换行或要创建一个新段落时才需按 Enter 键。

如果在输入过程中发现前面的输入有错误需要修改，可以将光标插入到需要修改的地方，按 BackSpace 键删除错误的内容，然后重新输入正确的文本。

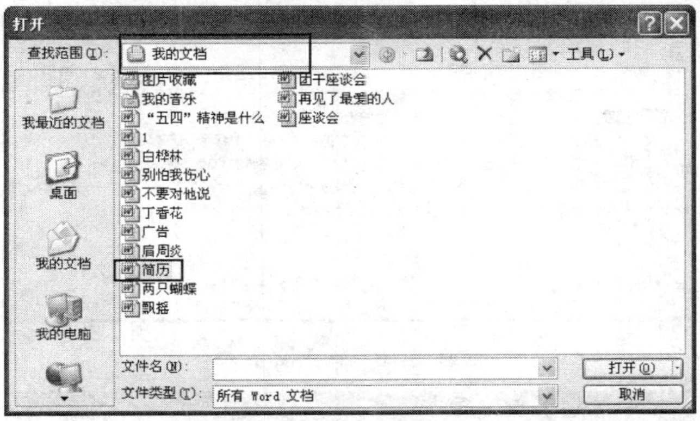

图 4-8　【打开】对话框

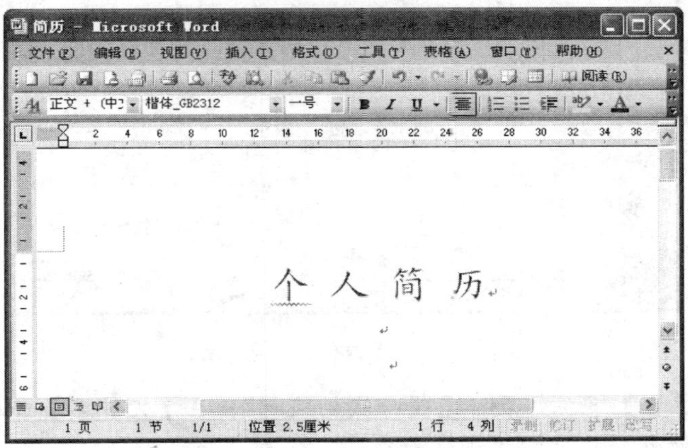

图 4-9　简历.doc

例如，要新建一个文档，在工作区域中输入相应文本，可以这样操作。

（1）选择【文件】|【新建】命令或者单击工具栏中的按钮，新建一个空白文档。

（2）在文本编辑区中输入相应文本，如图 4-10 所示。

3．文件的保存

完成一篇文档的输入后，需要保存文档，如果遇到停电或者系统故障，没有存盘，文档就会丢失。保存文件是把工作成果保存在硬盘或软盘上，这样即使停电，以前保存的文档仍可以拿出来继续编辑，不会有太大损失。下面介绍具体的保存方法。

例如：要将刚才输入的文档保存在“我的文档”中，文件名为“五四运动”，则操作如下。

（1）选择菜单栏中的【文件】|【保存】命令，或者直接单击工具栏上的【保存】按钮。如果是硬盘上已有的文件就直接保存文档，如果是新建的文档，选择保存后系统会弹出一个【另存为】对话框，如图 4-11 所示。

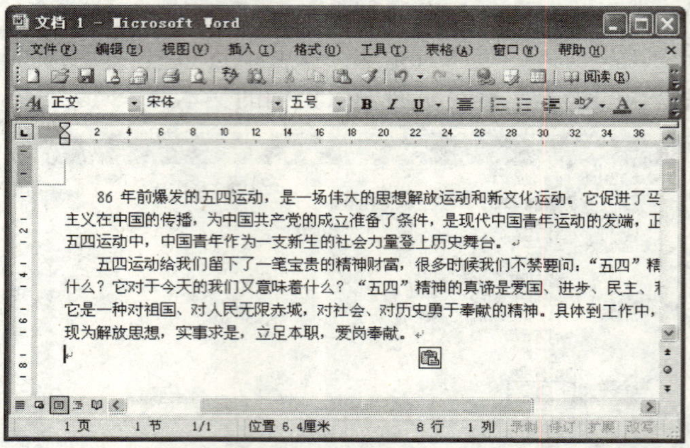

图 4-10　输入文字

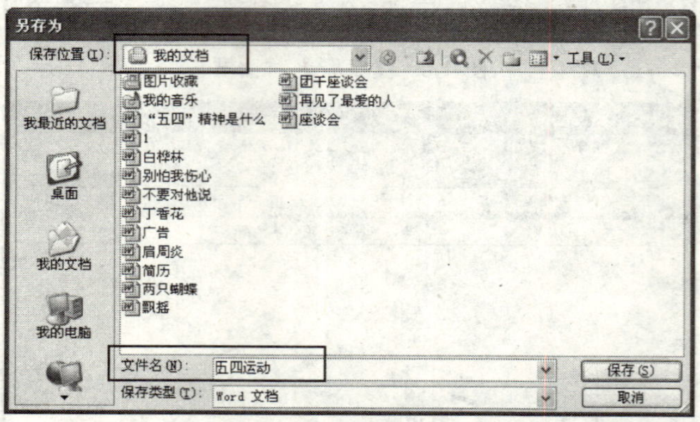

图 4-11　【另存为】对话框

（2）在【保存位置】下拉列表中选择“我的文档”，在【文件名】文本框中输入“五四运动”，单击【保存】按钮后即可将文档保存。

4.2.2　编辑文档

在文档处理过程中，经常要对文本内容进行一些修改或调整，下面详细介绍。

1. 光标的定位

（1）启用“即点即输”

Word 2003 为用户提供了一种叫做“即点即输”的功能，即利用双击空白区域的方法将文字、图形、表格或其他项目插入文档的空白区域。“即点即输”会自动应用将内容放置在双击处所需的段落格式和对齐方式（此功能仅在页面视图和 Web 版式视图中可用）。

可以这样设置该功能：选择【工具】|【选项】命令，打开【选项】对话框，选择【编辑】选项卡，如图 4-12 所示。选中【启用“即点即输”】复选框，单击【确定】按钮，即可启用“即点即输”功能了。

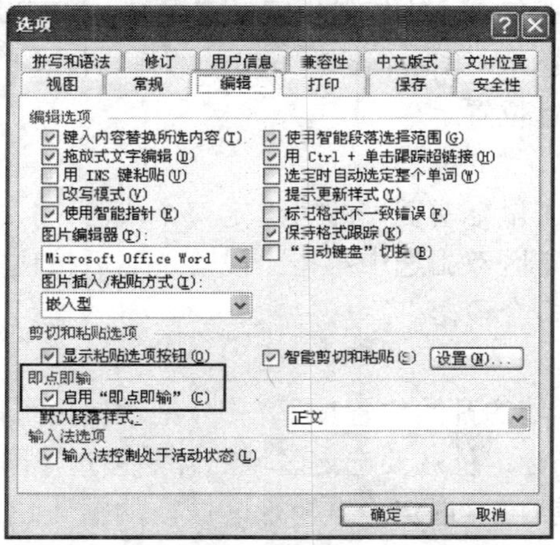

图 4-12　【编辑】选项卡

（2）Ctrl 键+方向键

用键盘上的几个方向键配合 Ctrl 键可以进行定位：按住 Ctrl+左方向键"←"，光标向左移动一个词的距离；按住 Ctrl+右方向键"→"，光标向右移动一个词的距离；按住 Ctrl+上方向键"↑"，光标移至段落的开始位置；按住 Ctrl+下方向键"↓"，光标就移到了下一个段落的首行首字前面。

（3）Ctrl 键+翻页键

使用 Ctrl 键配合 PageUp 和 PageDown 键的作用是浏览。

按 Ctrl+PageUp 键，光标至整个页面的首行首字前面；再按一下，光标至前一页的首行首字前面。

按 Ctrl+PageDown 键，光标至下一页的首行首字前面。

2. 文字的选定

（1）用鼠标选定

将光标定位在要选定文字的开始位置，按住鼠标左键并拖动到结束位置后松开。如果要选定的文字太长，可以将光标定位在要选定文字的开始位置，按住 Shift 键，在要选定文字的结束位置单击，就可以实现这些文字的选定。

（2）行的选定

把鼠标移动到行的左边，鼠标变成一个斜向右上方的箭头，单击该箭头，即可选中这一行；或者将光标定位在要选定文字的开始位置，按住 Shift+End 键（或 Home 键），可以选中光标所在位置到行尾（首）的文字。

如果要选定多行，则在鼠标变成斜向右上方的箭头时，向下拖动鼠标到想选择的结束行即可；也可以配合 Shift 键，在开始行的左边单击选中该行，按住 Shift 键，在结束行的左边单击，同样可以选中多行。

（3）句的选定

按住 Ctrl 键，单击文档中的某句子的任一位置，则该句子就被选定。

如果要选定多句，则按住 Ctrl 键，在第一个要选中的句子的任意位置按下鼠标左键，松开 Ctrl 键，拖动鼠标到最后一个句子的任意位置松开左键，就可以选中多句；也可以使用 Shift 键，具体方法是：按住 Ctrl 键，在第一个要选中句子的任意位置单击，松开 Ctrl 键，按下 Shift 键，单击最后一个句子的任意位置。

（4）段落的选定

在某段中的任意位置三击鼠标左键，即可选定整个段落。

选中多段：在左边的选定区双击选中第一个段落，然后按住 Shift 键，在最后一个段落中任意位置单击，则可以选中多个段落。

（5）矩形选定

按住 Alt 键，在要选定区域的开始位置按下左键，拖动鼠标可以拉出一个矩形的选择区域；也可以使用 Shift 键：先将光标定位在要选定区域的开始位置，同时按住 Shift 键和 Alt 键，单击要选定区域的结束位置，就可以选定一个矩形区域，如图 4-13 所示。

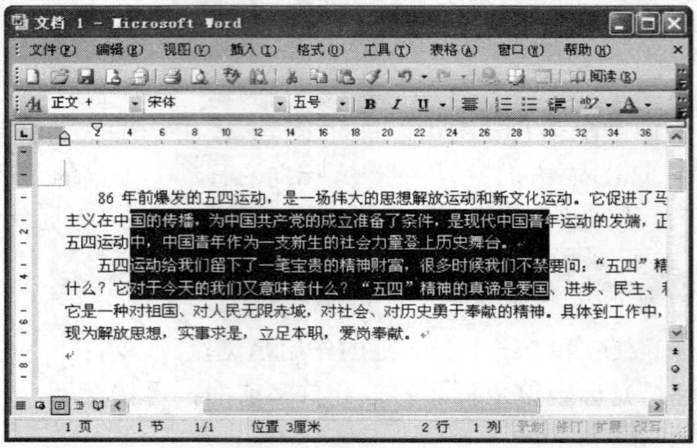

图 4-13 矩形选定

（6）全文选定

使用快捷键 Ctrl+A 可以选中全文；先将光标定位到文档的开始位置，再按 Shift+Ctrl+End 键也可以选取全文；按住 Ctrl 键，将鼠标移到左边的选定区中（鼠标变反方向指针时）单击，同样可以实现选定全文的目的。

（7）扩展选定

选取文本是 Word 经常要用到的操作，但很多用户在选取文本时，只是用常规的方法进行文本选取，却从没应用到 Word 的扩展选定功能。其实，在某些情况下应用 Word 的扩展选定功能，选取文本将更准确、更有效率。

启用 Word 的扩展选定功能：当 Word 的扩展选定功能未启用时，底部状态栏右边的“扩展”二字为灰色。要启用扩展选定功能，按一下 F8 键。此时，底部状态栏右边的“扩展”二字变为黑色，表明相应的功能已启用。用鼠标在“扩展”两个字上双击也可以切换扩展状态。

应用扩展选定功能：当扩展选定功能启用后，用鼠标单击某处，相应的文本就选择到这里。除了用鼠标单击以外，用户还可以巧妙地用 F8 键来选取一个字、一个句子、一段甚至全选。在扩展选定功能启用后再按一下 F8 键，将选取一个字；按两下 F8 键，选取一个句子；按三下，选取一段；按四下，全选。应用好 F8 键的功能，跨页选取文章段落再也不是一件麻烦的事了。

要关闭 Word 的扩展功能，按 Esc 键或者按 F6 键即可。

3. 文字的复制

选定文字的目的是为了对它进行复制、删除、移动等操作。

对于文档中重复输入的文字，可以通过复制操作来完成，这样可大大提高工作效率。

例如：要将文档中的第一段复制到文档的最后，操作如下。

（1）先选定要复制的文字，选择【编辑】|【复制】命令或单击工具栏上的按钮将文字复制到系统的剪贴板上，如图 4-14 所示。

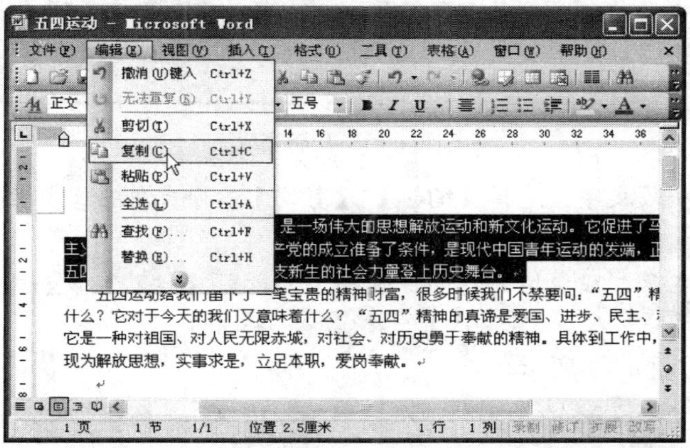

图 4-14　复制

（2）将光标放在文档的最后，选择【编辑】|【粘贴】命令或单击工具栏上的按钮实现文字的粘贴，如图 4-15 所示。

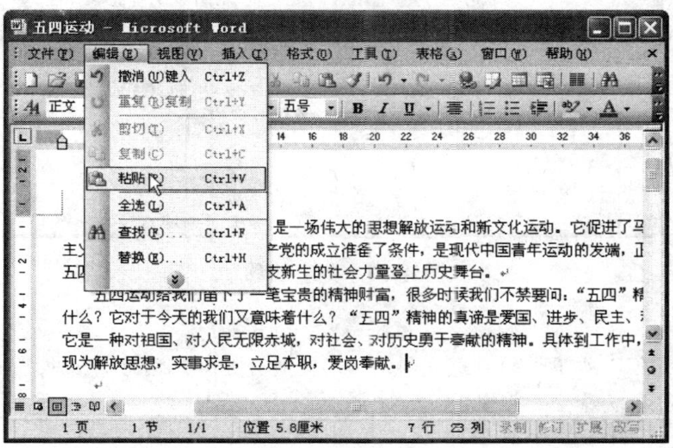

图 4-15　粘贴

完成后的文档如图 4-16 所示。

4. 文字的移动

用户还可以使用系统的剪贴板，将文字移动到另外一个地方。

例如：要将文档中的第一段文字与第二段文字的位置交换，操作如下。

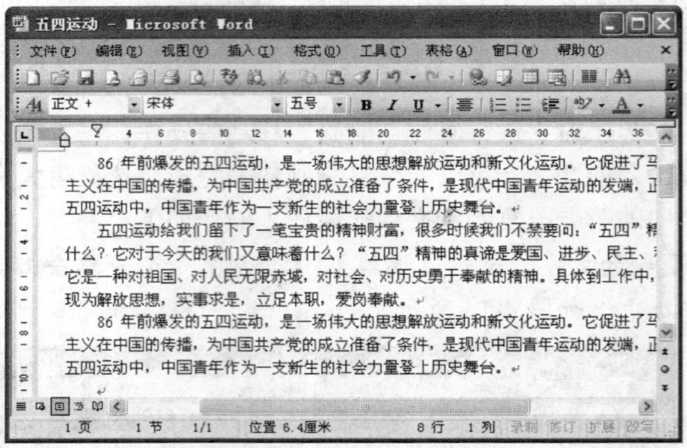

图 4-16　复制完成

（1）先选中第一段文字，选择【编辑】|【剪切】命令或单击工具栏上的按钮将文字剪切到系统的剪贴板上。

（2）将光标放在第二段文字的后面，选择【编辑】|【粘贴】命令或单击工具栏上的按钮实现文字的粘贴。

完成后的文档如图 4-17 所示。

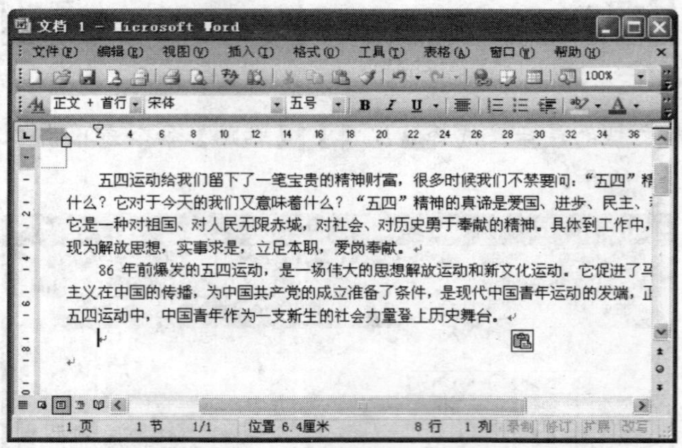

图 4-17　文字的移动

注意：

剪切的操作和复制相似，所不同的只是复制是将选定的部分复制到剪贴板中，而剪切是在复制到剪贴板的同时将原来的选中部分也从原位置删除了。

5. 文字的删除

删除文字通常使用以下两种方法。

（1）使用 Delete 键：通常只是在删除数目不多的文字时使用，如果要删除的文字很多，则比较麻烦。当删除一整段的内容时，先选中该段落，然后按一下 Delete 键或使用【编辑】菜单中的【清除】命令，就可以把选中的段落全部删除。

（2）使用 BackSpace 键：它的作用是删除光标前面的字符，可以用来直接删除输入错误的字。

6. 查找和替换

Word 2003 提供了“查找”和“替换”功能，可查找一个字、一句话甚至是一段内容。当然，用户还可以“查找并替换”某些内容。

例如：要将文档中所有的“五四”替换成“十一”，不必一个一个去替换，可以使用【替换】命令来操作，具体方法如下。

（1）选择【编辑】|【替换】命令，打开【替换】对话框，如图 4-18 所示。

（2）在【查找内容】文本框中输入要查找的内容“五四”，在下面的【替换为】文本框中输入“十一”，如图 4-19 所示。

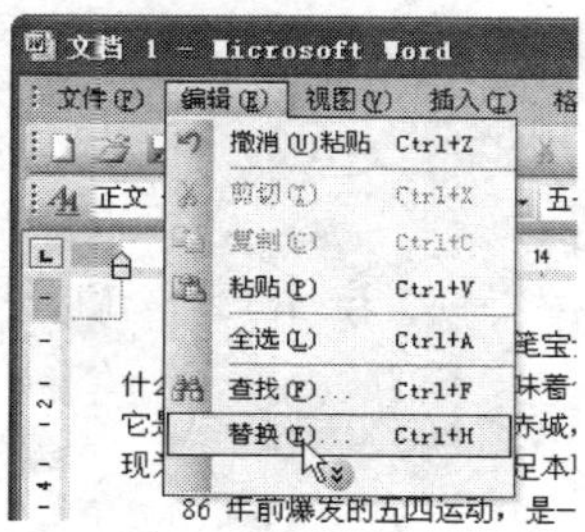

图 4-18　替换

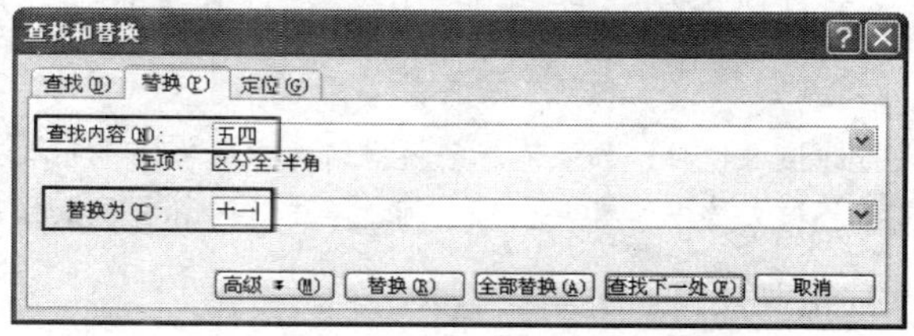

图 4-19　【查找和替换】对话框

（3）单击【查找下一处】按钮，Word 就自动在文档中找到下一处使用这个词的地方，这时单击【替换】按钮，Word 即会把选中的词替换掉并自动选中下一个词。如果确定了文档中的这个词全部要替换，单击【全部替换】按钮，完成后 Word 会告知替换的结果，如图 4-20 所示。

图 4-20　替换命令

如果不想替换文字，而只是查找，可以使用【查找】选项卡。打开【查找】选项卡，在【查找内容】文本框中输入要查找的内容，单击【查找下一处】按钮，就可以找到文档中下一处使用这个字的位置了，如图 4-21 所示。

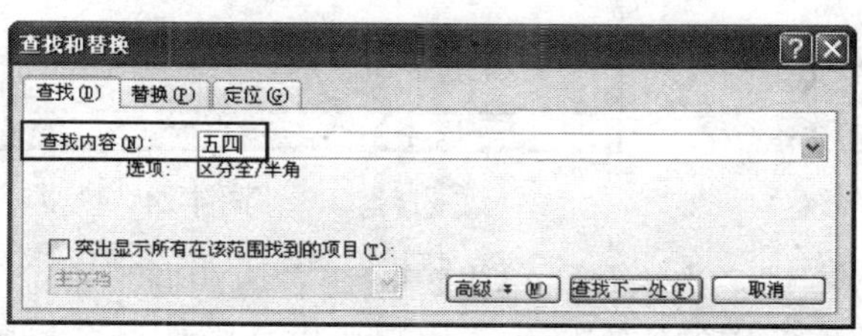

图 4-21　【查找】选项卡

单击【高级】按钮，在对话框下面会出现查找的更多条件选项，帮助用户进行查找。如这里选中【区分全/半角】复选框，如图 4-22 所示。

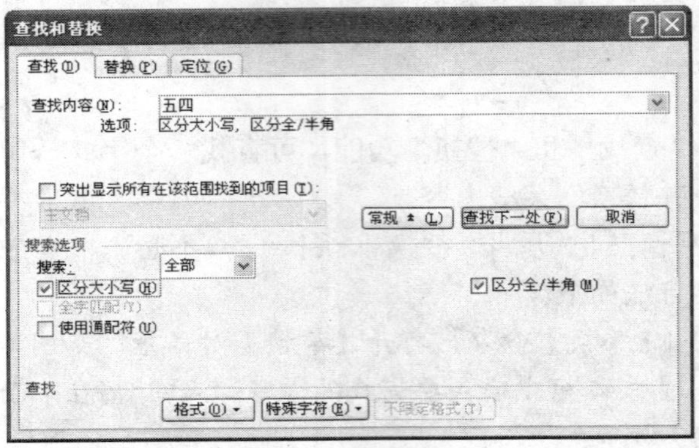

图 4-22　查找的高级选项

单击工具栏上的按钮，可以直接打开【查找和替换】对话框。

注意：

在进行替换操作时，如果不想替换当前选中的字词，可以单击【查找下一处】按钮跳过当前选中的字词；如果确定要替换文档中所有要查找字词，单击【全部替换】按钮。

7. 撤销和恢复

撤销和恢复是相对应的，撤销是取消上一步的操作，而恢复则是把撤销的操作再重复回来。例如，在文档中输入“晓宇”，结果不小心输成了“小于”，这时选择【编辑】|【撤销】命令或者单击工具栏上的按钮，就可以撤销这一步操作，如图 4-23 所示。

如果用户误删除了文档的内容，就可以通过选择【编辑】|【恢复】命令或者单击工具栏上的按钮来恢复刚才的操作，如图 4-24 所示。

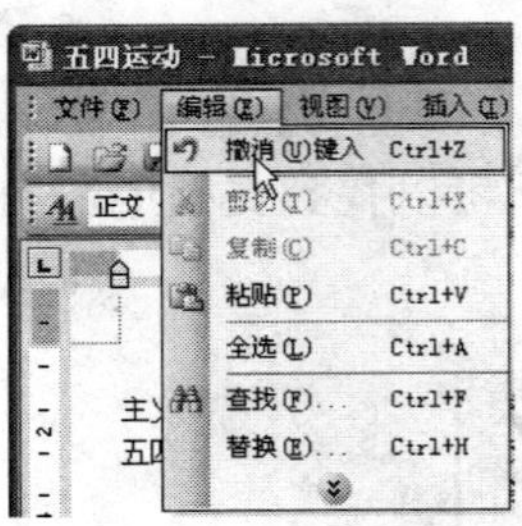

图 4-23　撤销

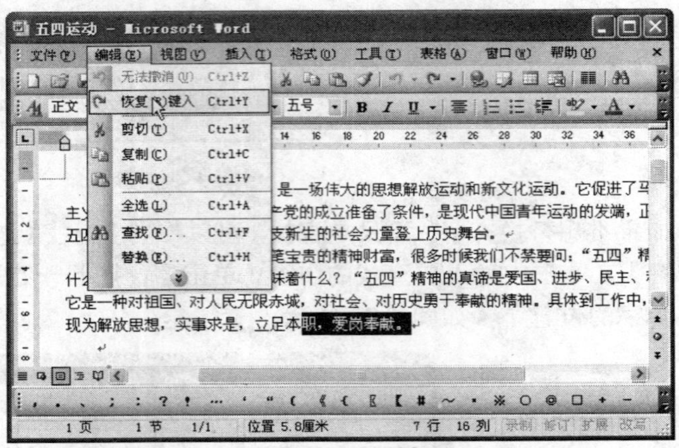

图 4-24　恢复

此外，还可以一次撤销多次操作。单击按钮右边的向下小箭头，会弹出一个下拉列表框，其中列出了目前能撤销的所有操作，用户可以从中选择多步操作来撤销，如图 4-25 所示。

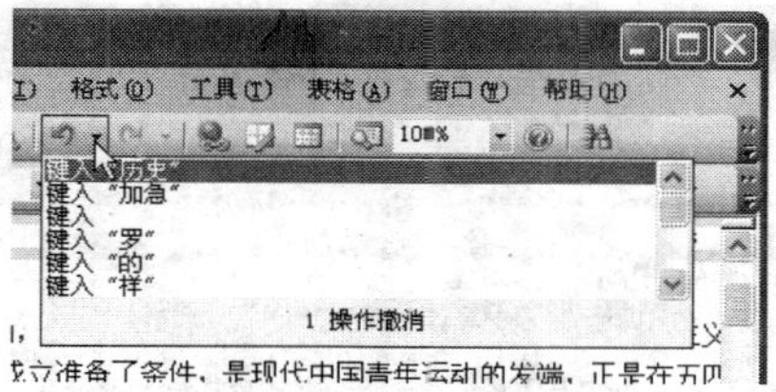

图 4-25　撤销多步操作

4.2.3　改变 Word 2003 的视图

在 Word 2003 窗口的左下端有 5 个视图按钮，依次分别是“普通视图”、“Web 版式视图”、“页面视图”、“大纲视图”和“阅读版式”。这些按钮操作起来经常会反复开关，单击这些视图按钮或者单击【视图】菜单中相应的命令可以在不同视图方式之间切换。

1. 普通视图

“普通视图”是 Word 最基本的视图方式，也是 Word 默认的视图方式，可以显示完整的文字格式，但简化了文档的页面布局(如对文档中嵌入的图形及页眉、页脚等内容就不予显示)，其显示速度相对较快，因而非常适合于文字的录入阶段。用户可在该视图方式下进行文字的录入及编辑工作，并对文字格式进行编排。

2. Web 版式视图

使用“Web 版式视图”可以预览具有网页效果的文本。在这种方式下，原来换行显示两行的文本，重新排列后在一行中就全部显示出来。它是 Word 中惟一按照窗口大小进行折行显示的视图方式（其他几种视图方式均是按页面大小进行显示），这样就避免了 Word 窗口比文字宽度窄，而用户必须左右移动光标才能看到整排文字的尴尬局面，并且“Web 版式视图”方式显示字体较大，方便了用户的联机阅读。

3. 页面视图

Word 的“页面视图”方式是直接按照用户设置的页面大小进行显示，此时的显示效果与打印效果完全一致。用户可从中看到各种对象（包括页眉、页脚、水印和图形等）在页面中的实际打印位置，适用于编辑页眉和页脚、调整页边距以及处理边框等操作。

4. 大纲视图

“大纲视图”方式是按照文档中标题的层次来显示文档，用户可以折叠文档，只查看主标题，或者扩展文档，查看整个文档的内容，从而使得用户查看文档的结构变得十分容易。在这种视图方式下，还可以通过拖动标题来移动、复制或重新组织正文，方便了用户对文档大纲的修改。

选择【视图】|【大纲】命令，或者单击按钮均可切换到“大纲视图”方式，如图 4-26 所示。

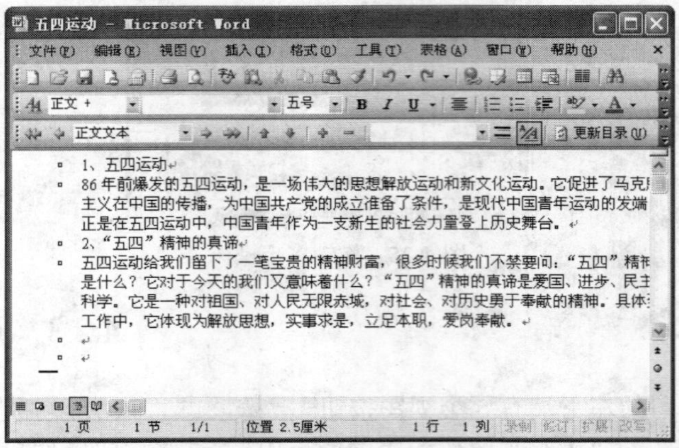

图 4-26　大纲视图

5. 阅读版式视图

Word 2003 新增了“阅读版式视图”，用户可以更方便地阅读文档。该视图优化了要在屏幕上阅读的文档，可以放大文字、缩短行的长度以及使页面恰好适合屏幕，通过缩略图还可以快速访问特定的页面。另一新增的“并排比较”功能可以让用户在阅读文档时，与另一文档进行比较。

单击【视图】→【阅读版式】命令，或者单击按钮均可切换到“阅读版式视图”方式，如图 4-27 所示。

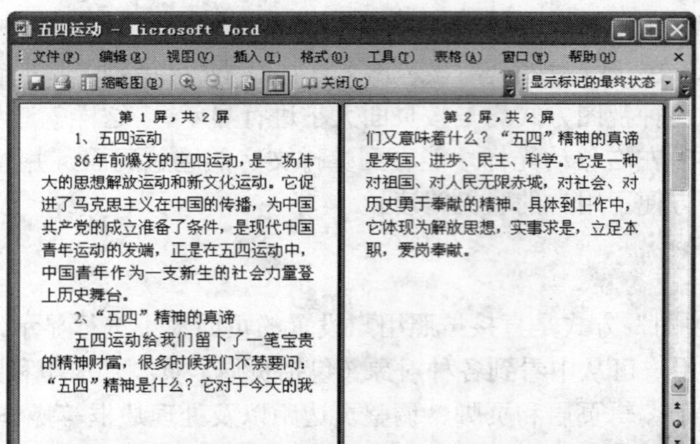

图 4-27　阅读版式视图

注意：

不要将 Word 的视图方式与“全屏显示”相混淆。“全屏显示”不是 Word 的一种视图方式，而是独特的显示方式，即显示时去掉 Word 所有的屏幕组件（如标题栏、菜单栏等），将整个屏幕全部用来显示 Word 文档的内容，以便在屏幕上显示更多的文档信息。“全屏显示”与 Word 的视图方式并不相冲突，任何一种视图均可采用“全屏显示”。选择【视图】|【全屏显示】命令即可切换到“全屏显示”方式。单击“全屏显示”工具栏上的【关闭全屏显示】按钮，或者按 Esc 键则可关闭“全屏显示”，并切换到以前的视图方式。

4.3　Word 2003 的排版技术

在很多人眼里，书籍排版只有专业的出版社和印刷厂利用专业的排版印刷工具才能完成，其实不然，利用目前在办公领域应用最为广泛的 Word 文字处理系统，通过简单的操作也能够达到专业出版书籍的要求。

下面就来介绍 Word 2003 的排版技术。

4.3.1　字符的格式

在 Word 2003 中，有关文字的特殊效果基本上是用字符格式来实现的。字符的格式主要包括以下几种：

1. 常用文字格式

文字的格式可以说就是文字的外观，文字的字体和字号是最常用的文字格式。此外，在 Word 2003 中可以设置的文字格式还有很多。

例如：要将“五四运动.doc”中的第一段的文字变粗，操作如下。

选定第一段文字，单击工具栏上的 **B** 按钮，选中的文字立即就变粗了，如图 4-28 所示。

再次单击该按钮，文字会恢复原状。同样，在选定相应文字后，单击 *I* 按钮，可以把文字变成斜体显示；单击 U 按钮，选中的文字下面出现下划线。系统默认的下划线是单下划线，可以设置双下划线、虚线下划线等不同形式的下划线，只需单击 U 按钮右边的下拉箭头，打开下拉菜单，选择相应的下划线即可，如图 4-29 所示。

单击下拉菜单中的【下划线颜色】命令，还可以设置下划线的颜色，如图 4-30 所示。

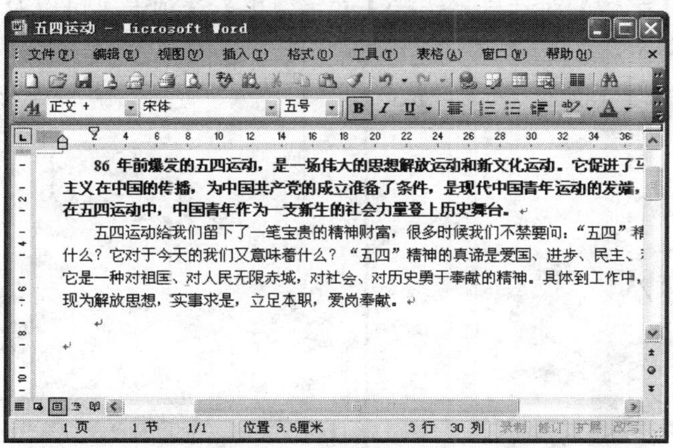

图 4-28　加粗文本内容

图 4-29　下拉菜单

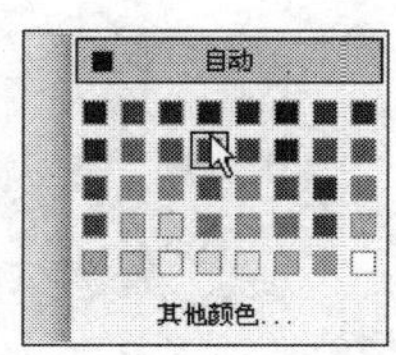

图 4-30　下划线颜色

2. 添加边框和底纹

通过设置字符格式，可以给选中的文字加上边框和底纹，添加了边框和底纹的文字不但更引人注目，而且可以使文档更加美观。具体操作方法如下：

选定相应文字，单击工具栏上的 A 按钮，选中的文字周围就出现了一个边框，如图 4-31

所示。

选定相应文字，单击工具栏上的 A 按钮，文字就添加上了底纹，如图 4-32 所示。

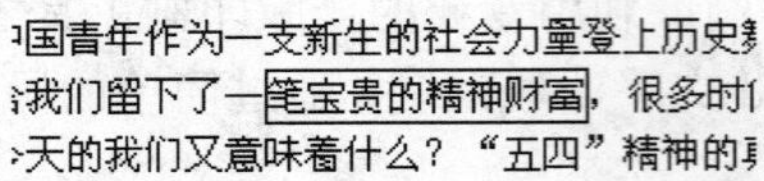

图 4-31　添加边框

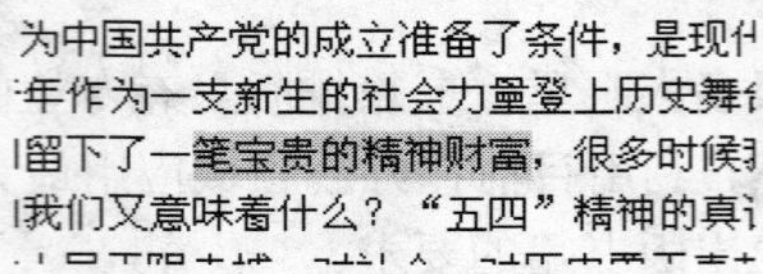

图 4-32　添加底纹

系统默认的是黑色边框，灰色底纹，也可以选择【格式】|【边框和底纹】命令，打开【边框和底纹】对话框，对边框和底纹进行详细的设置，如图 4-33 所示。

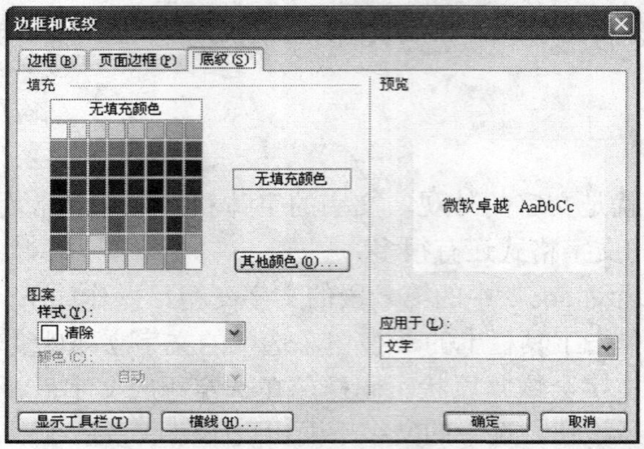

图 4-33　【边框和底纹】对话框

3. 设置动态效果

选择【格式】|【字体】命令，打开【字体】对话框，选择【文字效果】选项卡，可以对文档中的文字设置动态效果，如图 4-34 所示。

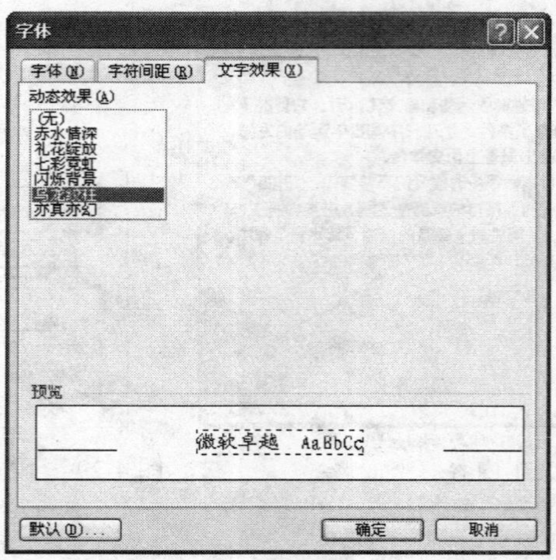

图 4-34　文字效果

4. 西文字体的中文格式

在前面介绍了使用快捷按钮将文字变粗、倾斜、加下划线等操作，在【字体】对话框中，通过【字体】选项卡，可以对中、西文字体进行详细的设置，如图 4-35 所示。

图 4-35 【字体】选项卡

在【字形】下拉列表框中可以选择所需的字体和字体样式；在【字号】下拉列表框中可以选中所需的字号；还可以在【下划线线型】下拉列表框中选择下划线的类型；在【字体颜色】下拉列表框中为文本选择一种颜色；在该选项卡的【效果】选项组中，可以根据需要一次打开多种特殊效果。

4.3.2 段落的格式

1. 段落间距

如果要将段落间距设置为 5 磅，则应首先把光标定位在要设置的段落中，选择【格式】|【段落】命令，打开【段落】对话框，在【间距】选择区域中，单击【段后】设置框中的向上箭头，把间距设置为“5 磅”，如图 4-36 所示。

单击【确定】按钮，这样这个段落和后面的段落之间的距离就拉开了。

2. 对齐方式

在 Word 中，常用段落的对齐方式有 5 种，分别是左对齐、两端对齐、居中、右对齐和分散对齐，如图 4-37 所示。因为 Word 默认的为左对齐，所以在 Word 里没有把左对齐按钮放到工具栏上来（当没有选择工具栏中的对齐方式时，表示当前对齐方式为左对齐）。

日常使用中通常都是用两端对齐来代替左对齐的，因为左对齐段落的最右边是不整齐的，会有一些不规则的空档，而两端对齐的段落则不会出现这样的问题。

3. 段落行距

行距就是行和行之间的距离。选中全文，选择【格式】|【段落】命令，打开【段落】对

话框。单击对话框中【行距】下拉列表框中的下拉箭头，选择行距数值，如图 4-37 所示。单击【确定】按钮后，就可以改变整个文档的行距了。

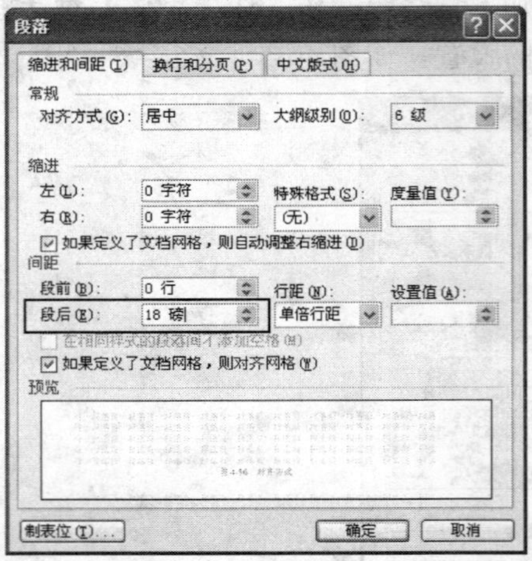

图 4-36　段落间距

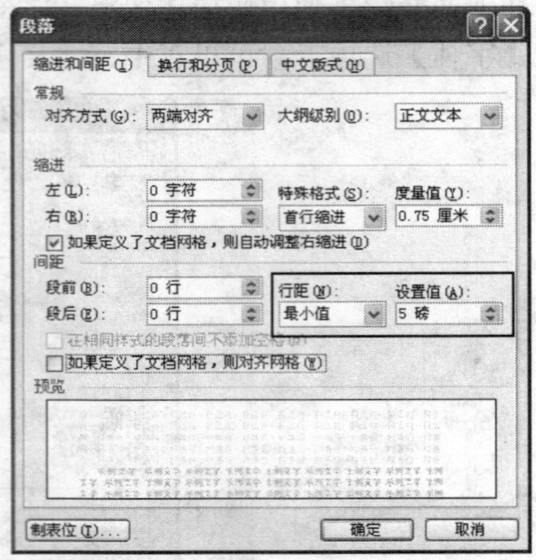

图 4-37　段落行距

4. 段落的缩进

段落的缩进有首行缩进、左缩进、右缩进和悬挂缩进 4 种形式，标尺上有上述几种缩进所对应的标记，这几个标记分别代表了段落不同部分的位置。首行缩进就是在一段文字的第一行的开始位置空两格，首行缩进标记控制的是段落的第一行的开始位置；标尺中的左缩进和悬挂缩进两个标记是不能分开的，但是拖动不同的标记会有不同的效果。

拖动左缩进标记，可以看到首行缩进标记也在跟着移动，悬挂缩进标记只影响段落中除第一行以外的其他行左边的开始位置，而左缩进标记则会影响到整个段落。

如果要把整个段落的左边往右挪，则可以直接拖动左缩进标记，这样可以保持段落的首行缩进或悬挂缩进的量不变。右缩进标记表示的是段落右边的位置，拖动标记，段落右边的位置就会发生变化。需要精确定位的地方可以按住 Alt 键后再拖动标记，这样就可以平滑地拖动。

5. 自动套用格式

此外，利用 Word 提供的“自动套用格式”功能还可以设置一些常用文档的格式。

选择【格式】|【自动套用格式】命令，打开【自动套用格式】对话框，选择套用文档类型为【常规文档】，如图 4-38 所示。单击【确定】按钮，Word 就会自动套用默认的常用文档样式来对这个文档进行排版。同时，也可以选择【信函】和【电子邮件】两种样式来进行设置。

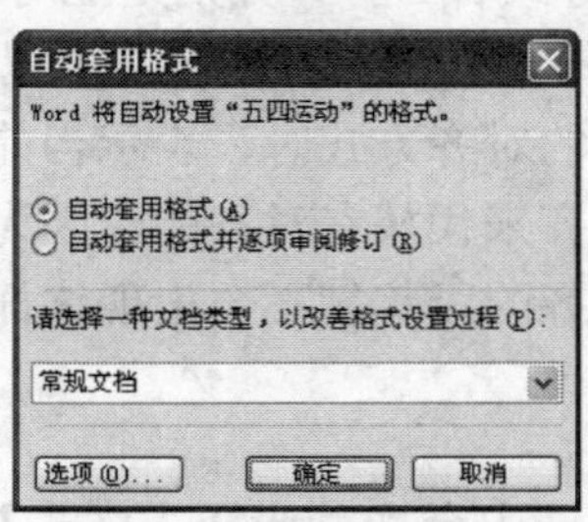

图 4-38　自动套用格式

4.3.3　项目符号和编号

在 Word 中可以快速地给段落添加项目符号和编号，使文档更加具有层次感，以方便阅读。

1. 项目符号

Word 的编号功能是很强大的，可以轻松地设置多种格式的编号以及多级编号等，一般在一些列举条件的地方使用。

添加项目符号的方法是：选中目标段落，选择【格式】|【项目符号和编号】命令，打开【项目符号和编号】对话框，如图 4-39 所示。

在【项目符号和编号】对话框中，选择【项目符号】选项卡，选择一种喜欢的项目符号，单击【确定】按钮即可。

要取消项目符号时，只需将光标定位到项目符号的后面，按 BackSpace 键，即可取消添加的项目符号。

自定义一个项目符号：打开【项目符号和编号】对话框，选择一种项目符号的样式，单击【自定义】按钮。在【自定义编号列表】对话框中，从【字体】列表中选择一种喜欢的字体，然后选择一个喜欢的符号，如图 4-40 所示，单击【确定】按钮后，回到【项目符号和编号】对话框，再次单击【确定】按钮，即可将刚才选中的符号作为项目符号。

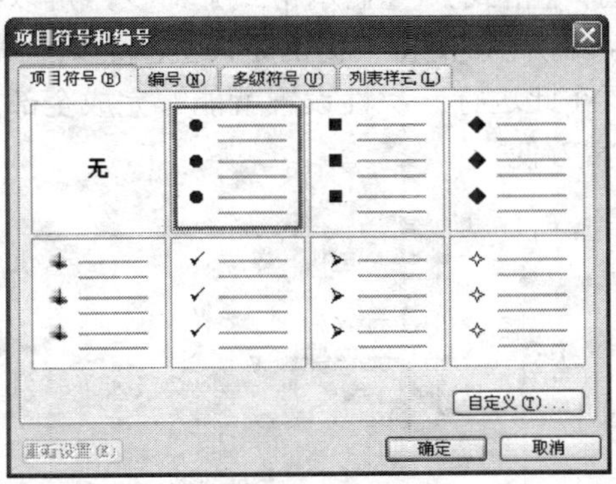

图 4-39　【项目符号和编号】对话框

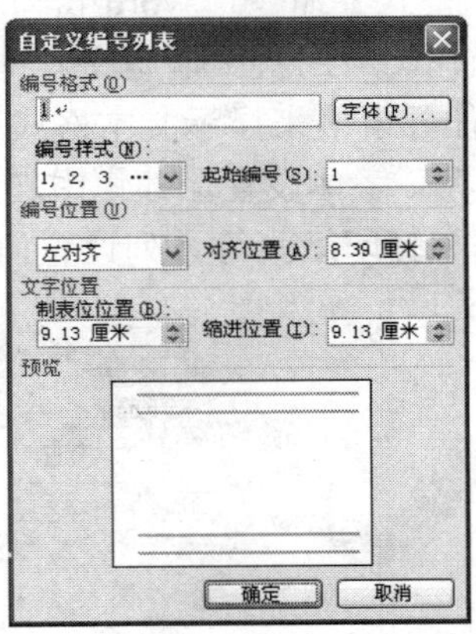

图 4-40　自定义项目符号

2. 编号设置

要给段落设置编号，可以选择【格式】|【项目符号和编号】命令，在【项目符号和编号】对话框中有默认的【编号】选项卡，其中有很多编号可供选择，如图 4-41 所示。

如果需要另外设置，则选择一种编号，然后单击【自定义】按钮，在【自定义编号列表】对话框的【编号样式】下拉列表框中选择中文的“一、二、三……”，在上面的【编号格式】文本框中就出现了所选择的样式，然后在后面输入一个顿号，将括号删除，在下边的预览框中可看到设置的效果。

单击【自定义编号列表】对话框中的【字体】按钮，在【字体】对话框中，将【中文字体】设置为【楷体】，单击【确定】按钮，回到【自定义编号列表】对话框，就可以看到编号的字体已经变成楷体了，如图 4-42 所示。

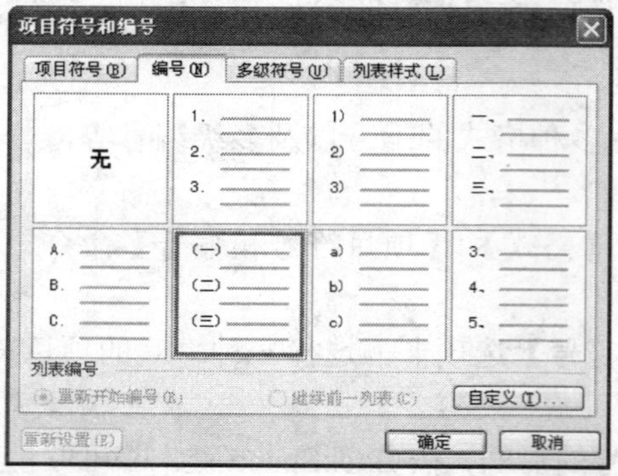

图 4-41　【编号】选项卡

图 4-42　【字体】对话框

4.3.4　样式和格式

Word 2003 提供了全新的格式设置方式，以便快速定制文档中的段落格式。选择【格式】|【样式和格式】命令，Word 窗口右边会多出一个任务窗格，如图 4-43 所示。在此可以创建、查看、选择、应用甚至清除文本中的格式。选择【格式】|【显示格式】命令，可以打开【显示格式】任务窗格来显示文本格式属性，如图 4-44 所示。值得一提的是，这里将以前 Word 2000 版本的段落、字体设置全部集中起来，所以只要在此进行一次性设置就能够完成全部文章的段落、字体和打印纸张等系列设置，使用起来非常方便。

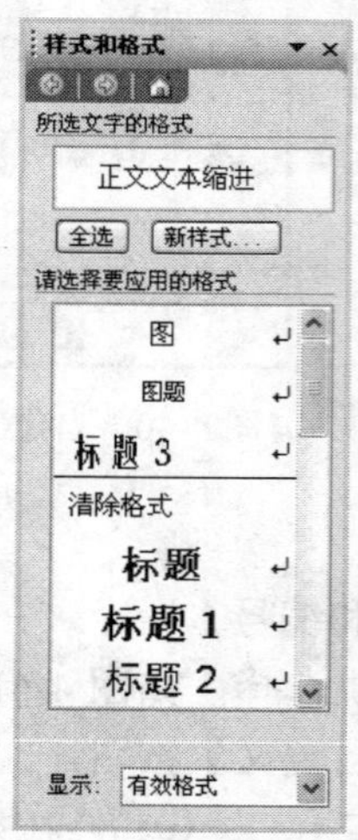

图 4-43　【样式和格式】窗格

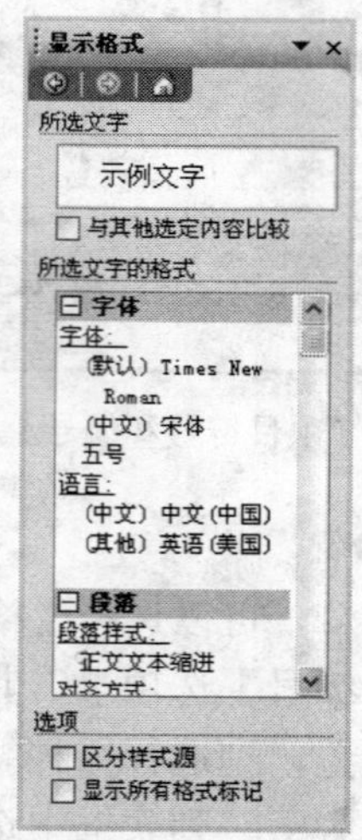

图 4-44　【显示格式】任务窗格

（1）套用格式、样式

要套用格式、样式，只要先选择要套用的文本内容，然后再单击相应的样式名即可（操作见上机实训内容）。

（2）新建样式

单击【新样式】按钮，可以打开【新建样式】对话框，重新设置文字的样式。

在【属性】选项组中包含了【名称】、【样式类型】、【样式基于】、【后续段落样式】4 项内容，在【名称】文本框中可以给新建样式命名；单击【样式类型】右边的下拉按钮可以选择【字符】或【段落】类型；单击【样式基于】、【后续段落样式】下拉按钮可以套用已有的其他样式。

在【格式】选项组中可以对当前设置的样式中的文字字体、字号、风格、居中、缩进等进行调整。

单击【格式】按钮打开一个下拉菜单，可以对字体、段落、制表位、边框、语言等进行设置，如图 4-45 所示。

单击【确定】按钮，新的样式就创建了，如图 4-46 所示。

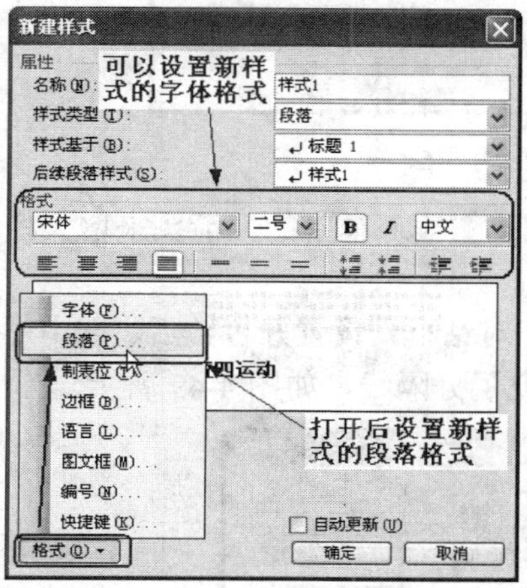

图 4-45　【格式】下拉菜单

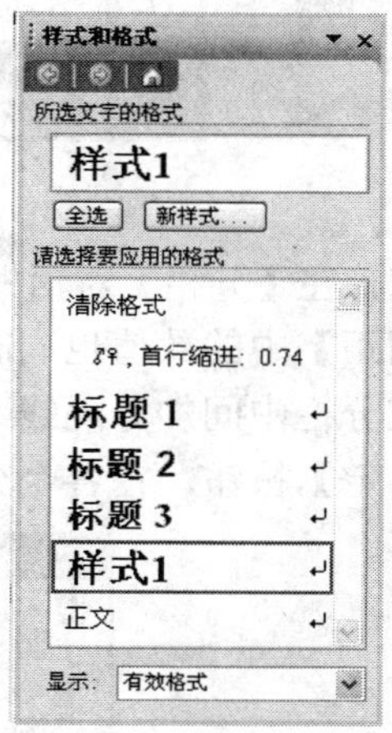

图 4-46　样式

4.3.5　分栏

使用 Word 可以方便地改变整个文档排版的栏数，把文档的不同部分设置成不同的排版栏数。分栏一般是按节进行的，如果不设置分节符或分栏符，Word 就会将整个文档看成一节。如果对选定部分段落进行分栏，则系统会自动在选定部分的前后加上分节符。

例如：将某文档分成两栏，操作如下。

（1）选择【格式】|【分栏】命令，打开【分栏】对话框，如图 4-47 所示。

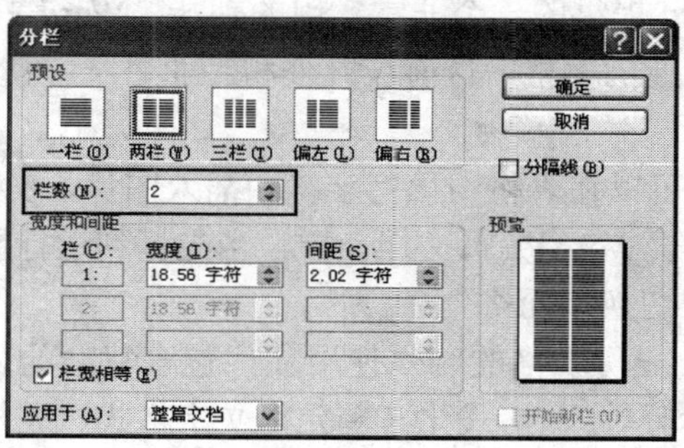

图 4-47　【分栏】对话框

（2）在【分栏】对话框中选择【预设】选项组中的【两栏】，单击【确定】按钮，整篇文档就按两栏排版了，如图 4-48 所示。

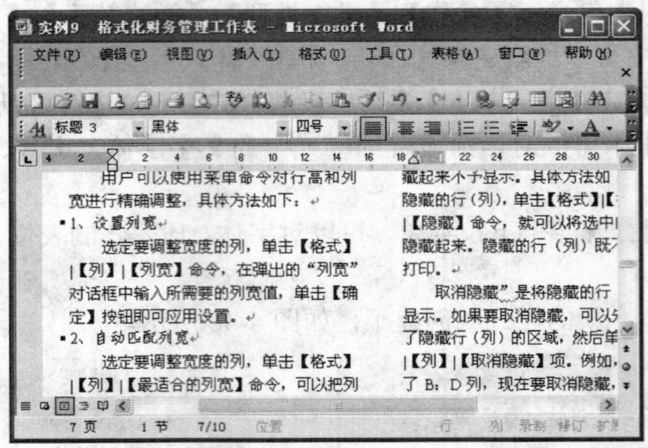

图 4-48　分为两栏

调整栏宽：在【分栏】对话框中，单击【宽度】输入框中的上箭头来增大栏宽的数值，此时会发现【间距】中的数值也同时变化了。

还可以在分栏中间加分隔线：打开【分栏】对话框，设置好栏数后，选中【分隔线】复选框，单击【确定】按钮，在各个分栏之间就出现了分隔线，如图 4-49 所示。

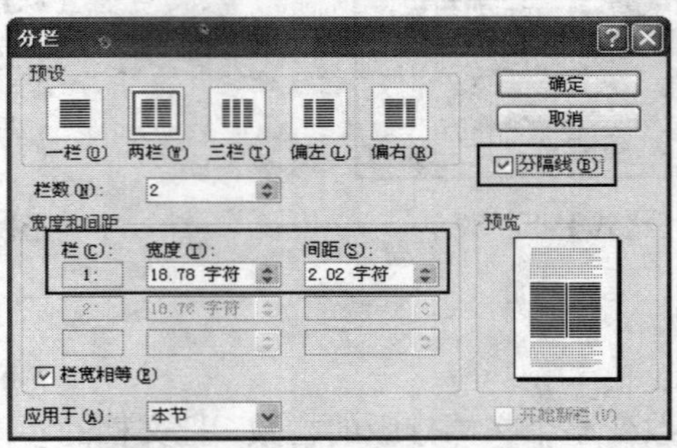

图 4-49　加分隔线

4.4　表格操作

表格的操作功能是 Word 提供的一个非常实用的功能，Word 2003 的表格操作功能更加完善，用它能够制作出非常专业的表格，目前在办公和工业生产中使用极为广泛，是 Word 中人们应该掌握的基本功能。

在 Word 2003 中，用户可以在表格中填写字符和插入图片，表格中的每个方格称为“单元格”。在单元格中输入字符与 Word 编辑文档一样，当光标到达行尾时会自动换行，同时也可以通过按键盘上的 Tab 键来切换单元格。

在实际的使用过程中，一份表格的制作使用往往包含复杂的内容，如表格的创建、编辑（单元格的选取、合并和拆分等）、格式化（单元格文字格式、表格的格式设置、排序和数字计算等）。

4.4.1　创建表格

选择【表格】|【插入】|【表格】命令，打开【插入表格】对话框，设置要插入表格的列、行，如图 4-50 所示，单击【确定】按钮，所需表格就插入到文档中了。

插入表格还可以通过单击工具栏中的【插入表格】按钮，在弹出的下拉列表中，拖动鼠标到合适的位置（按住鼠标拖动可以选择更多的表格）来完成，如图 4-51 所示。

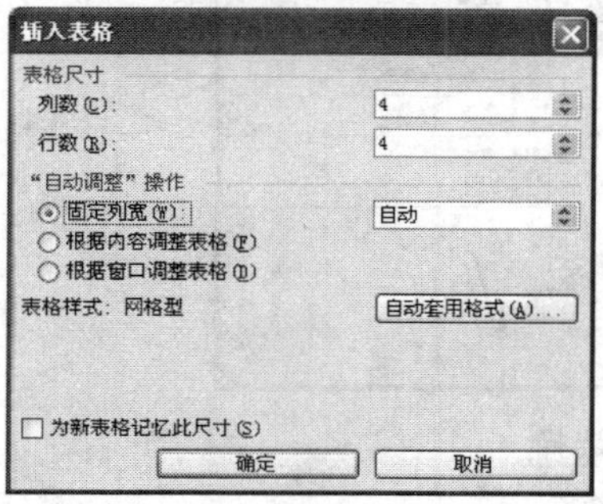

图 4-50　插入表格

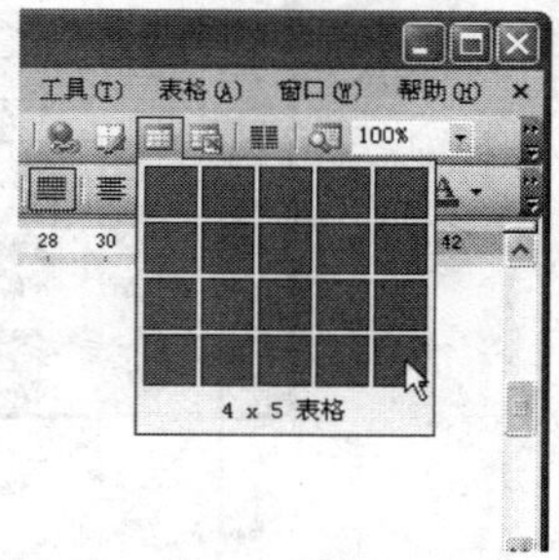

图 4-51　【插入表格】按钮

Word 2003 允许在表格中插入另外一个表格。把光标定位在表格的任意一个单元格中，然后执行插入表格命令，这个表格将会被插入到光标定位的那个单元格中，如图 4-52 所示。

在单元格中单击鼠标右键，选择【插入表格】命令，也可以在单元格中插入一个表格。

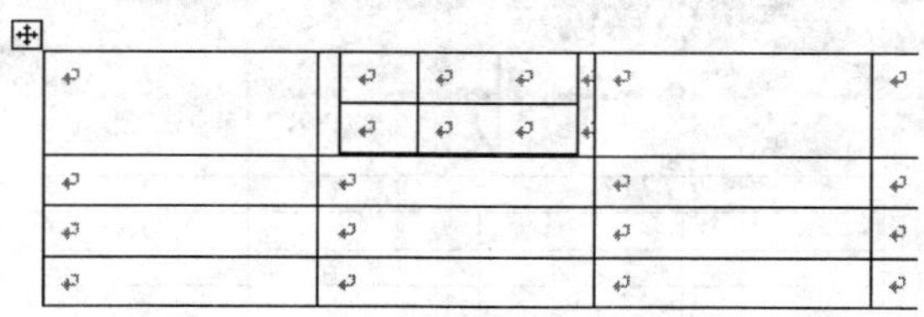

图 4-52　插入表格

4.4.2　编辑表格

表格编辑主要指单元格的选定、表格的拆分和合并等。

1. 单元格的选定

就像文章是由文字组成的一样，表格也是由一个或多个单元格组成的。所以，单元格就如同文档中的文字，要对它操作，必须先选择它。

把光标定位到单元格中，选择【表格】|【选择】命令可选择行、列、单元格或者整个表格，如图 4-53 所示。

其他选择方法：

（1）把光标放到单元格的左下角，光标变成一个黑色的箭头，按下鼠标左键可选择一个单元格，拖动可选择多个。

（2）像选中一行文字一样，在左边文档的选择区中单击，可选中表格的一行单元格。

（3）把光标移到一列的上边框，等光标变成向下的箭头时单击鼠标即可选择一列。

（4）把光标移到表格上，等表格的左上方出现了一个移动标记时，在这个标记上单击鼠标即可选择整个表格。

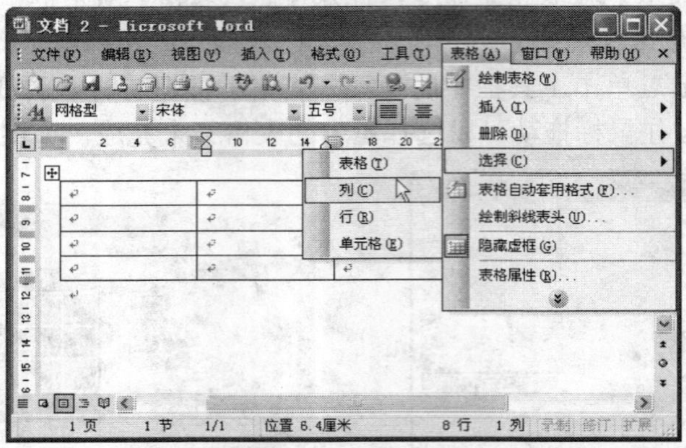

图 4-53　表格选择

2. 合并单元格

合并一行单元格：首先选中想要合并的连续的一行单元格，然后选择【表格】|【合并单元格】命令，选中的单元格就合并成一个单元格了，如图 4-54 所示。

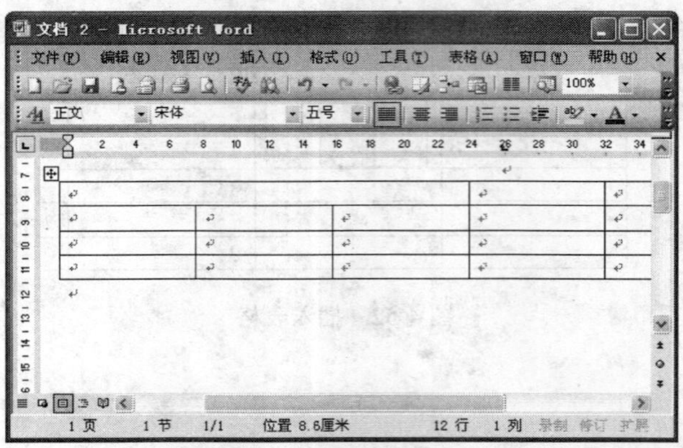

图 4-54　合并单元格

3. 拆分单元格

选取需要拆分的单元格，选择【表格】|【拆分单元格】命令，在打开的【拆分单元格】对话框中设置好列数和行数，单击【确定】按钮即可（操作见上机实训）。

4. 删除单元格

选定要删除的单元格，选择【表格】|【删除】|【单元格】命令，将会弹出【删除单元格】对话框，如图 4-55 所示。

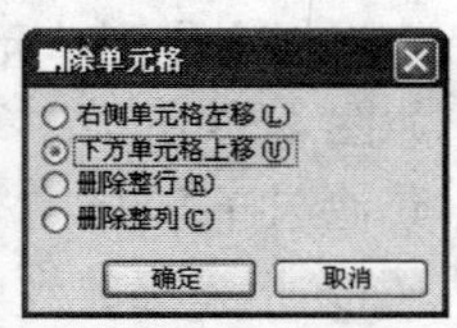

图 4-55　删除单元格

在该对话框中用户可以选择任意一种删除方式：【右侧单元格左移】、【下方单元格上移】、【删除整行】、【删除整列】，单击【确定】按钮，选定单元格即被删除。

5. 拆分表格

“拆分表格”和“拆分单元格”的操作基本相同，先将光标移到要开始拆分的单元格中，然后选择【表格】|【拆分表格】命令，表格就自光标的位置被上下拆分为两个表格了。

6. 插入行/列/单元格

在表格中插入行、列、单元格的方法有多种。

（1）把光标定位在一个单元格中，选择【表格】|【插入】命令，在其下级菜单中选择【行】、【列】或【单元格】，即可相应插入行、列、单元格。或者选取一个单元格，单击常用工具栏上的【插入单元格】按钮，也可以选择插入一行或一列单元格。

（2）把光标定位到表格最后一行的最右边的回车符前面，然后按 Enter 键，就可以在最后面插入一行单元格了。

（3）把光标定位在表格下面的段落标记前，单击工具栏上的【插入行】按钮，Word 会弹出一个对话框，选择要插入的行数，单击【确定】按钮，行单元格就插入进来了。

4.4.3　表格的格式化

在 Word 2003 中可以完成给表格添加边框、阴影或者给表格的边框加上颜色，设置单元格中文字的字符格式以及段落格式，设置整个表格在文档中的位置及环绕方式等操作。

1. 给单元格中的文本排版

在单元格中输入任意文字，选取单元格中的文字，单击鼠标右键，选择快捷菜单中的【单元格对齐方式】命令，会弹出几个按钮供选择，此时可以选择需要的格式，如图 4-56 所示。

如要将单元格中的文字竖排，具体方法如下：把光标定位到单元格中，选择【格式】|【文字方向】命令，或者单击工具栏上的【更改文字方向】按钮，打开【文字方向—表格单元格】对话框，如图 4-57 所示。

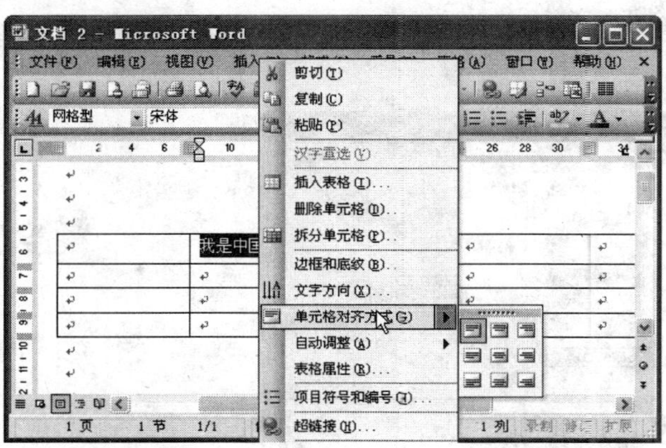

图 4-56　单元格对齐方式

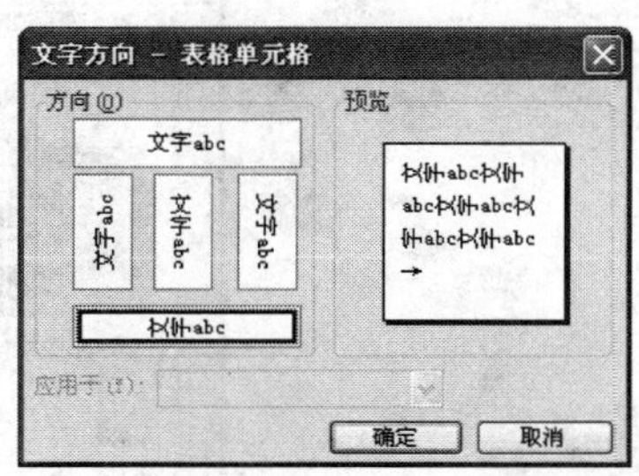

图 4-57　【文字方向—表格单元格】对话框

在【文字方向—表格单元格】对话框中，选定文字排列的方向，单击【确定】按钮后，即可改变文字的方向。

事实上可以把表格中的每个单元格看作是一篇独立的文档，其中同样可以进行段落的设置，如【两端对齐】、【居中】按钮都可用。

2. 表格的排版

表格的格式设置与段落相似，有对齐、底纹和边框修饰等设置。选中整个表格，单击格式工具栏上的【居中】、【左对齐】等按钮即可调整表格的位置。

（1）表格边框修饰

选择【格式】|【边框和底纹】命令，在【边框和底纹】对话框中，选择【页面边框】选项卡，如图 4-58 所示。

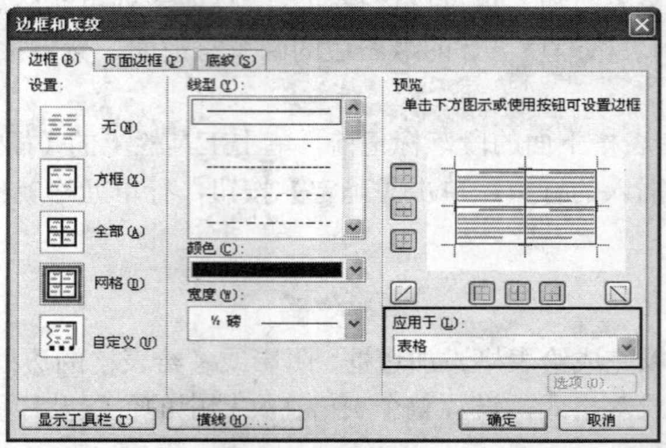

图 4-58　【页面边框】选项卡

在【线型】区域选择需要的线条，在旁边的【预览】区域可以预览当前设置的效果。这里可以设置表格边框的线条、颜色和宽度等。根据自己的需要设置完毕，单击【确定】按钮完成设置。

（2）表格添加底纹

选中表格，打开【边框和底纹】对话框，然后选择【底纹】选项卡，选择需要的颜色，注意应把【预览】区域下面的应用范围设置为【表格】，如图 4-59 所示。预览效果后，单击【确定】按钮完成设置。

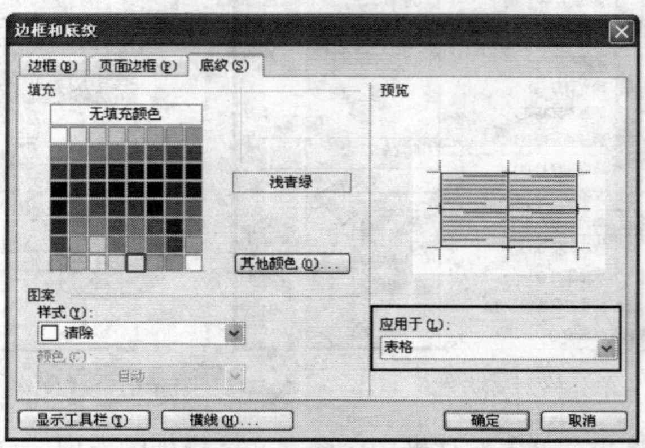

图 4-59　【底纹】选项卡

（3）表格自动套用格式

Word 2003 提供了表格自动套用格式的功能。选择【表格】|【自动套用格式】命令，在【表格自动套用格式】对话框中，选择喜欢的样式格式，如图 4-60 所示。

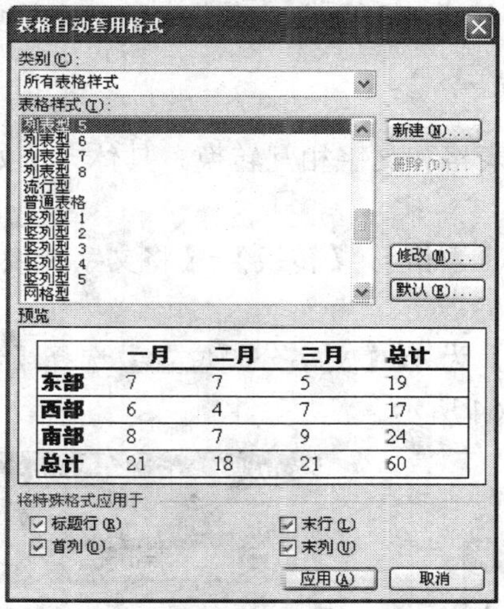

图 4-60　【表格自动套用格式】对话框

单击【确定】按钮，表格会自动套用所选定的格式。

（4）斜线表头的设置

用户可以使用【表格和边框】工具栏上的【绘制表格】按钮在单元格中任意绘制线段，以完善表格的结构。对于绘制斜线表头，Word 2003 提供了功能更强的专门工具，具体操作如下。

1）先将光标插入点定位在任意位置，选择【表格】|【绘制斜线表头】命令，弹出如图 4-61 所示对话框。

2）在【表头样式】下拉列表中选择斜线样式，然后在【字体大小】下拉列表中选取字号，最后在【行标题】、【列标题】后面的文本框中输入表头文字。

3）单击【确定】按钮，完成斜线的绘制，如图 4-62 所示。

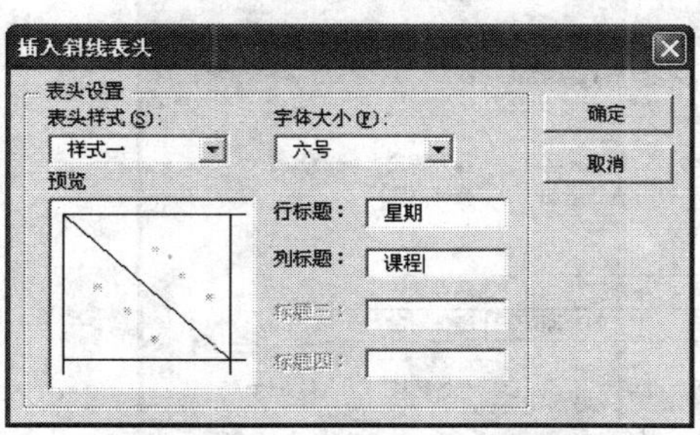

图 4-61　插入斜线表头

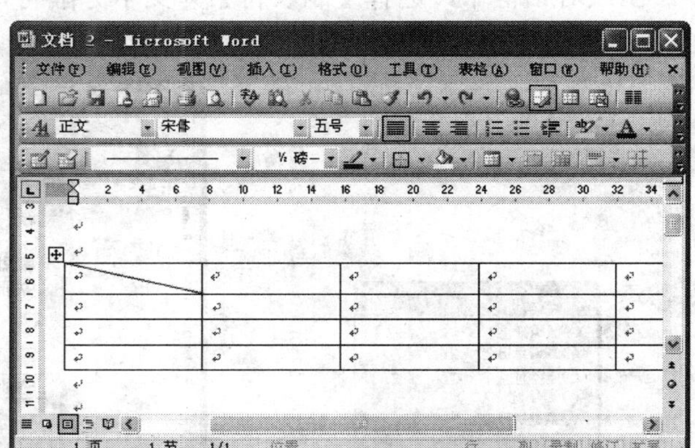

图 4-62　绘制斜线

（5）标题行重复

对于大型的表格，通常分成两页甚至更多，而第二页中的表格却没有了表头，查看时会很不方便。在 Word 2003 中可以使用“标题行重复”来解决这个问题。具体方法如下：选中第一行表格，选择【表格】|【标题行重复】命令，在第二页的表格中标题行就出现了。

3. 表格和文字的相互转换

在 Word 2003 中，可以将表格和文字相互转换。具体方法如下：

（1）把文字转换成表格

选中要转换的文字，选择【表格】|【转换】|【将文字转换成表格】命令，打开【将文字转换成表格】对话框，如图 4-63 所示。

在对话框中，设置【列数】为 4，【文字分隔位置】选择【制表符】，单击【确定】按钮，文字就转换成了表格，如图 4-64 所示。

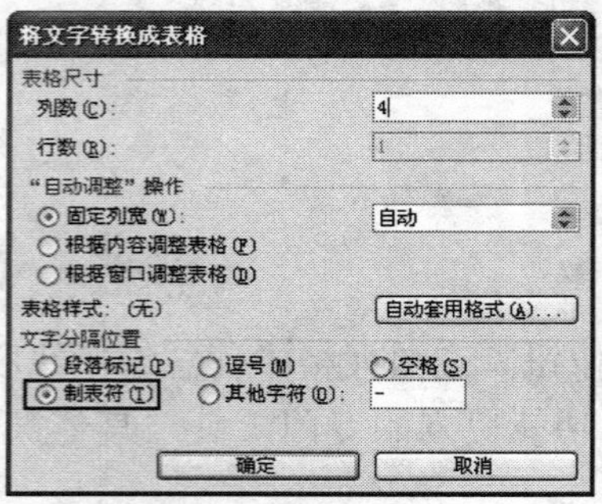

图 4-63 【文字转换成表格】对话框

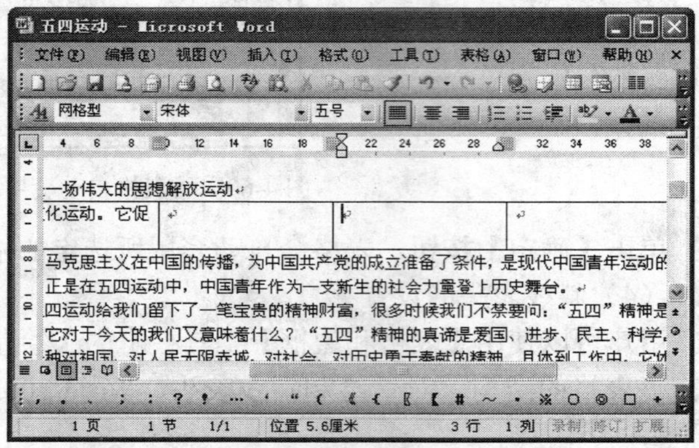

图 4-64 转换成功

（2）把表格转换成文字

把光标定位在表格中，选择【表格】|【转换】|【表格转换成文本】命令，打开【表格转换成文本】对话框，如图 4-65 所示。

在该对话框中，选择【制表符】为文字分隔符，单击【确定】按钮，就把该表格转换成了文字，如图 4-66 所示。

图 4-65 【表格转换成文本】对话框

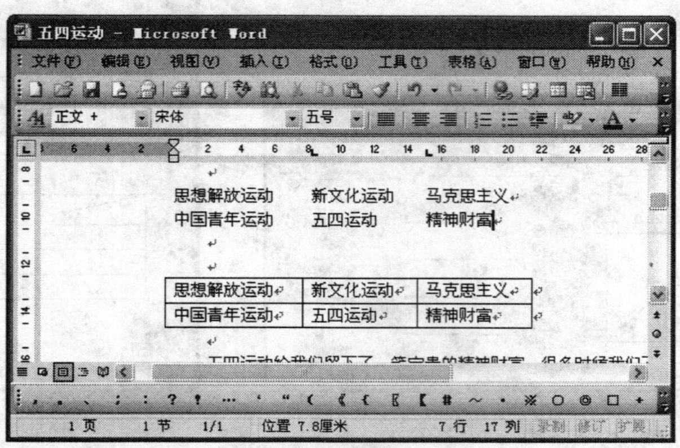

图 4-66 转换成功

4. 表格的图文绕排

用 Word 排版时，有时需要将文字环绕在表格的周围，具体操作如下。

在表格中单击鼠标右键，选择快捷菜单中的【表格属性】命令，打开【表格属性】对话框，如图 4-67 所示。

在当前的【表格】选项卡中【文字环绕】选项组中，选中【环绕】，单击【确定】按钮，返回编辑状态，拖动表格到文字的中间，文字就在表格的周围形成了环绕，如图 4-68 所示。

图 4-67　表格的图文绕排

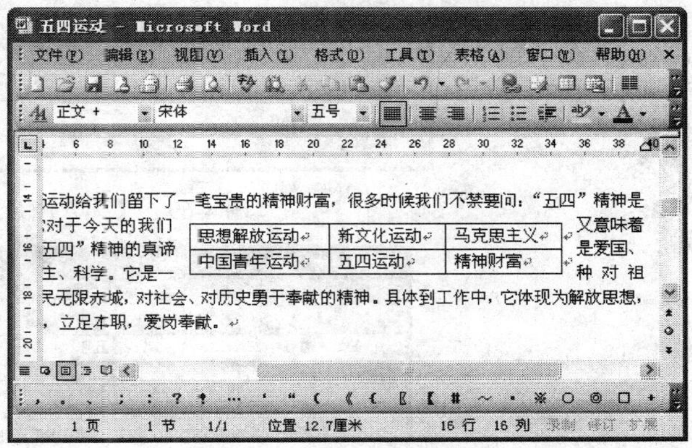

图 4-68　文字环绕

4.5　使用图形对象

在 Word 2003 中，用户可以在文档中插入图片、剪贴画等图像文件，也可以插入文本框、艺术字、图表、声音和视频等图形对象，实现图文混排的效果，下面将作具体介绍。

4.5.1　插入图片

人们在制作 Word 文档时，有时需要插入各种各样的图片，以增强文档的可视性和可读性，下面来介绍如何插入图片。

1. 图片的插入

选择【插入】|【图片】|【来自文件】命令，即可打开【插入图片】对话框，如图 4-69 所示。再选择要插入的图片文件的路径，选定要插入的图片，单击【插入】按钮，图片就插入到文档中了，如图 4-70 所示。

2. 插入剪贴画

先将光标定位在需要插入剪贴画的位置，选择菜单栏中的【插入】|【图片】|【剪贴画】命令，系统会打开如图 4-71 所示的【剪贴画】任务窗格。

在该任务窗格中，用户可以输入“搜索文字”，在系统中查找自己所需要的图片，也可以在【搜索范围】下拉列表中指定搜索位置或者在【结果类型】下拉列表中选择一种图片的类型，单击【搜索】按钮后，系统会将查找到的图片显示在列表中，用户可以拖动滚动条进行查看，选中某图片后该图片会自动插入文档中，如图 4-72 所示。

图 4-69　【插入图片】对话框

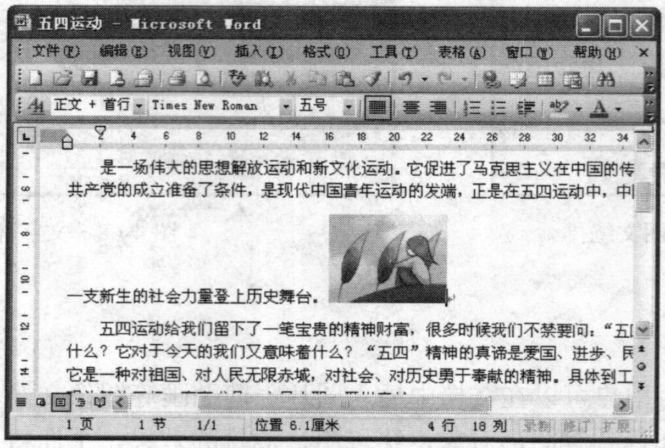

图 4-70　插入图片

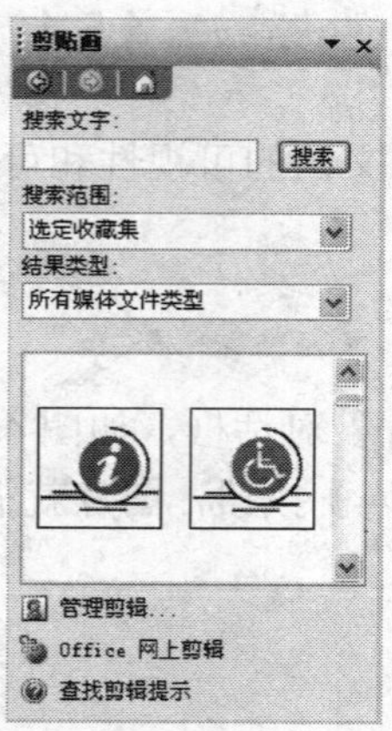

图 4-71　【剪贴画】任务窗格

图 4-72　插入剪贴画

提示：

可能有些剪贴画放置在 Office 2003 的安装盘中，若要使用这些剪贴画就必须将 Office 2003 安装盘放到计算机光驱中，直到安装完毕以后才能调用那些剪贴画。

3．图片的大小和位置

单击选中图片后，其周围会出现一些黑色的小正方形，叫做尺寸句柄。将光标放到其上，光标就变成了双箭头的形状，按下鼠标左键并拖动，就可以改变图片的大小。拖动图片四个角的小正方形（即句柄），可以等比例缩放图片。

单击【视图】|【工具栏】|【图片】命令，打开如图 4-73 所示的【图片】工具栏。

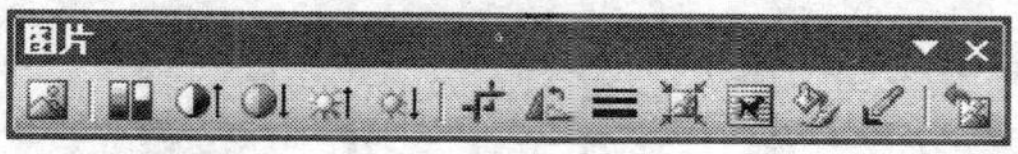

图 4-73　【图片】工具栏

在【图片】工具栏上排列着插入图片、颜色、增加/降低对比度、增加/降低亮度、裁剪、旋转、线型、压缩图片、文字环绕、设置图片格式、设置透明度、重设图片等按钮，用户可以通过单击后对图片进行操作。

例如：对图片进行裁剪，操作如下。

单击【图片】工具栏中的【裁剪】按钮，光标就会变成类似剪刀的形状，此时在图片的尺寸句柄上按下鼠标左键，等光标变成移动光标的形状后拖动鼠标，则图片就被裁剪到虚线框的位置了，如图 4-74 所示。

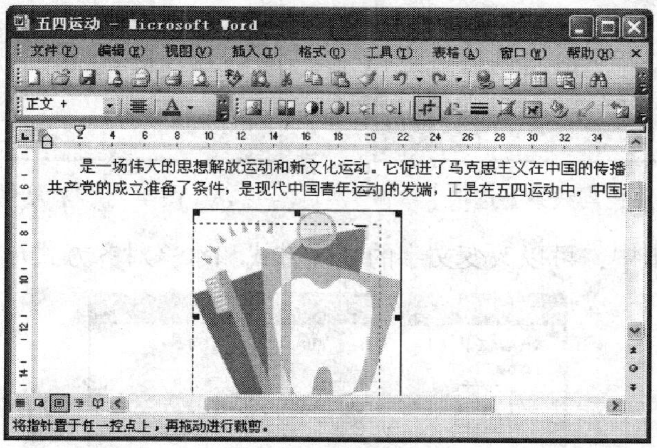

图 4-74　裁剪图片

4．设置图片格式

双击图片即可打开【设置图片格式】对话框，该对话框包含了【颜色与线条】、【大小】、【版式】、【图片】、【文本框】、【网站】6 个选项卡，如图 4-75 所示。在【图片】选项卡中，可以对图片进行裁剪，对图像的颜色、亮度、对比度进行控制。

提示：

单击【压缩】按钮后，还可以进行图像压缩处理、更改图像的分辨率等操作，如图 4-76 所示。

在【颜色与线条】选项卡中可以设置图片的颜色、透明度、线条箭头等，如图 4-77 所示。

在【大小】选项卡中，可以设置图片的尺寸和旋转角度、缩放的比例，选中【锁定纵横比】复选框后，改变图片大小时，图片的高度和宽度的比例保持不变，如图 4-78 所示。

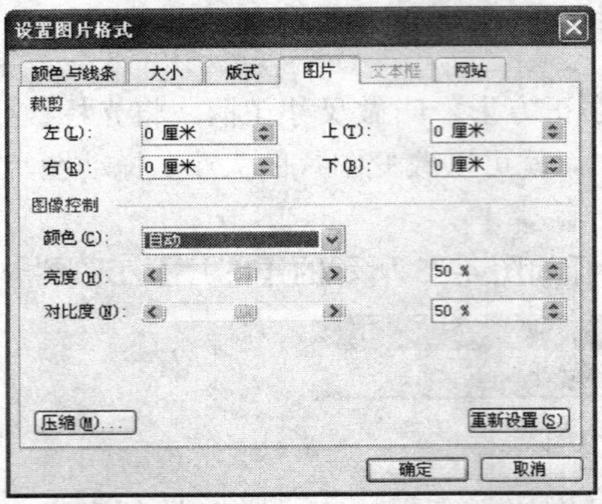

图 4-75 【设置图片格式】对话框

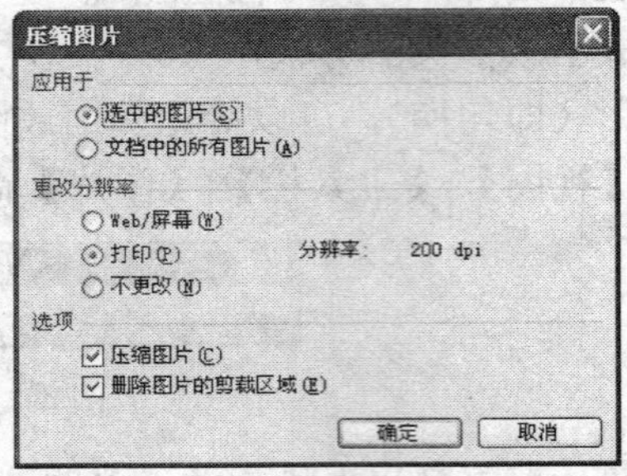

图 4-76 压缩图片

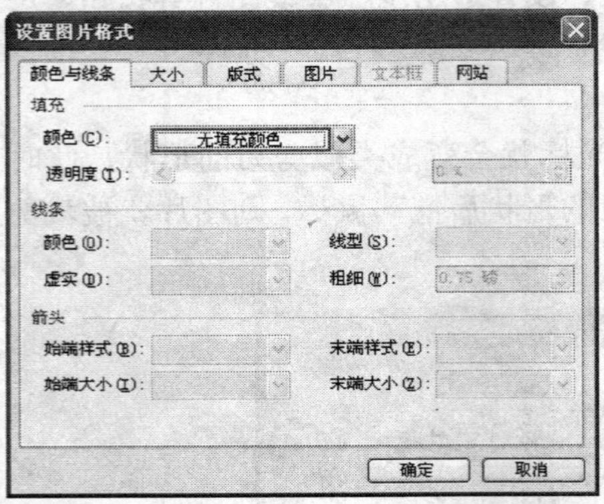

图 4-77 【颜色与线条】选项卡

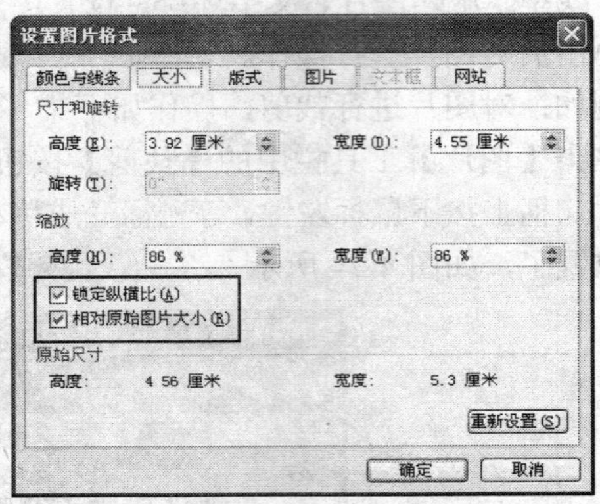

图 4-78 【大小】选项卡

在【版式】选项卡中，可以改变文字的环绕方式和水平对齐方式，如图 4-79 所示。

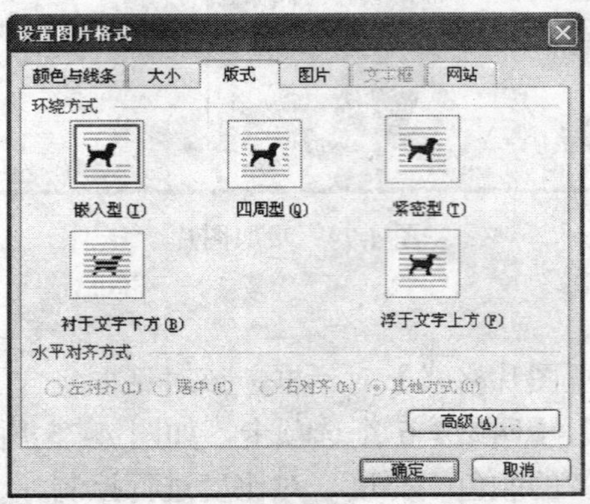

图 4-79 【版式】选项卡

Word 2003 文字的环绕方式包括以下几种：

☑ 四周型环绕：选择该选项，文字将环绕在图片的四周。

☑ 紧密型环绕：选择该选项，文字将密布在图片四周。四周型环绕使图片四周空出一个四方形的空间，而紧密型环绕则紧紧围绕图片布置。

☑ 衬于文字下方：文字将出现在图片的上方。

☑ 浮于文字上方：图片在文字的上方，覆盖文字。
☑ 上下型环绕：文字围绕在图片的上、下方。
☑ 穿越型环绕：效果和紧密型环绕相似，文字将紧密围绕在图片的四周。
☑ 编辑环绕顶点：选择此选项，图片周围将会出现一些黑色的小方块，用鼠标拖动这些小方块可以调节文字的环绕。

"文本框"和"网站"选项卡可以采用系统默认的设置，在此不再介绍。

4.5.2 其他图形对象

用户还可以插入文本框、艺术字、图表、声音和视频等图形对象，具体内容如下。

1. 绘制图形

Word 2003 提供了直接在文档中作图的工具，例如文档中需要一些简单的图形如直线、圆形、椭圆等，那么就可以利用 Word 2003 的绘图工具来绘制。

（1）【绘图】工具栏

选择【视图】|【工具栏】|【绘图】命令即可打开【绘图】工具栏，如图 4-80 所示。

图 4-80 【绘图】工具栏

单击【绘图】工具栏中的【自选图形】按钮，会发现里面有很多 Word 2003 自带的图形按钮，如【直线】、【箭头】、【椭圆】等，同时还有一些特殊的图形，如"星形"、"流程图"、"标注"等。在绘制图形时，按住 Shift 键，然后拖动鼠标，可以绘制出效果不同的各种图形。

绘制出来的图形和 Word 文档一样，也可以编辑它们的线型、填充颜色和式样，这些都可以通过【绘图】工具栏来设置。

（2）绘制图形

用户可以利用【绘图】工具栏绘制出一系列基本的图形，如画一条曲线，操作如下。

1）选择【插入】|【图片】|【自选图形】命令或单击【绘图】工具栏上的【自选图形】按钮，选择【线条】选项，从弹出的面板中选择【曲线】，如图 4-81 所示。

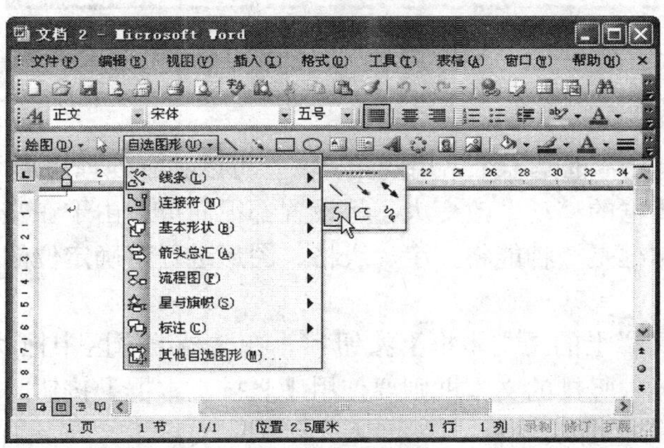

图 4-81 自选图形

2）当鼠标指针变成十字状时，在文档中单击鼠标左键可以确定曲线开始的位置，在预计曲线的第二个顶点处单击，拖动鼠标到预计的第三个顶点处并单击，直到在最后一个顶点处双击鼠标，这时曲线绘制完毕，如图 4-82 所示。

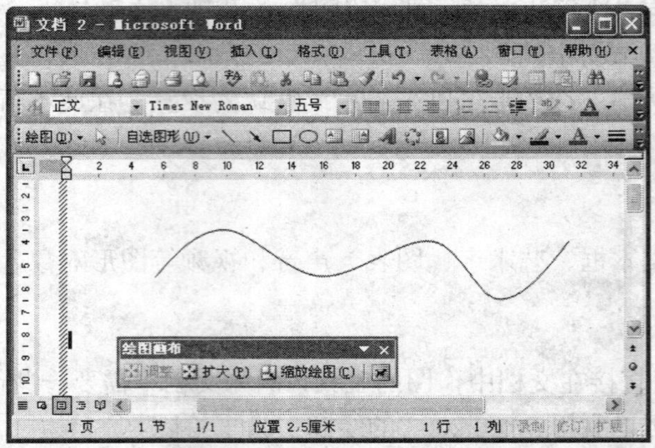

图 4-82 绘制曲线

单击【绘图】工具栏中的【线型】按钮，可以给曲线设置线型；单击【虚线型】按钮，可以给曲线设置虚线线型；而使用【箭头样式】按钮则可以给非封闭曲线设置各种样式的箭头，如图 4-83 所示。

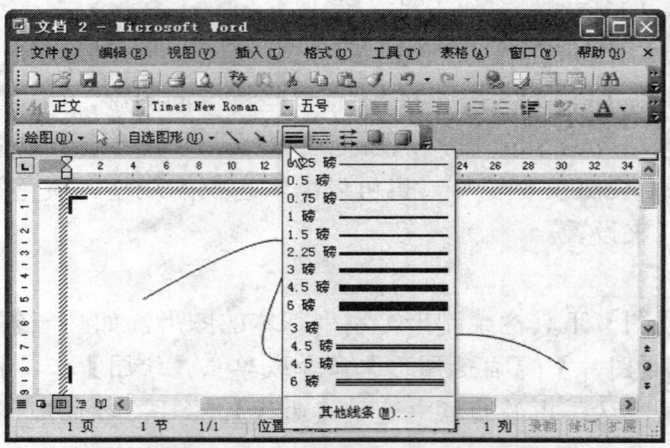

图 4-83 线型

2. 插入文本框

在 Word 2003 中，文本框是一个常用的工具，它可以独立处理矩形区域，也可以把它看成是一个图形对象。文本框的移动、改变大小等设置都很简单。由于在文本框中可以放置文字、图片、表格，因此文本框是一种能将文字、表格、图形进行精确定位的工具。

（1）文本框的插入

单击【绘图】工具栏上的【文本框】按钮，在文档编辑区中拖动鼠标，可以插入一个空的横排文本框，若插入竖排的文本框则要使用【竖排文本框】按钮。

（2）给已有的文字添加文本框

选中要添加文本框的文本，单击【绘图】工具栏中的【文本框】按钮，就可以给这些文本添加文本框。文本框中既可以输入文字，也可以插入图形。

3．插入艺术字

选择【插入】|【图片】|【艺术字】命令或者单击【绘图】工具栏上的【插入艺术字】按钮，打开【艺术字库】对话框，如图 4-84 所示。

从中选择一个艺术字样式，单击【确定】按钮，系统自动弹出【编辑“艺术字”文字】对话框，如图 4-85 所示。

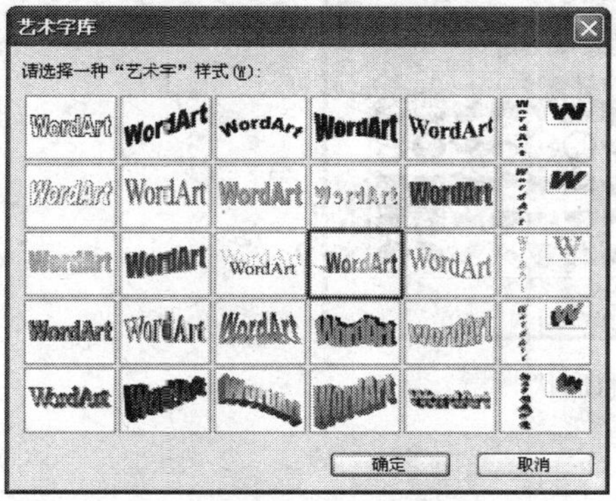

图 4-84　【艺术字库】对话框

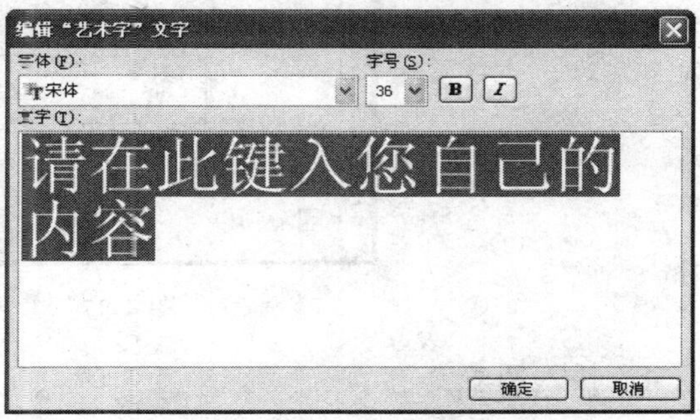

图 4-85　【编辑“艺术字”文字】对话框

在对话框中输入艺术字的内容，在【字体】下拉列表中，选择需要的字体和字号，单击【确定】按钮，艺术字就插入到了文档中，如图 4-86 所示，同时 Word 会自动显示出【艺术字】工具栏。

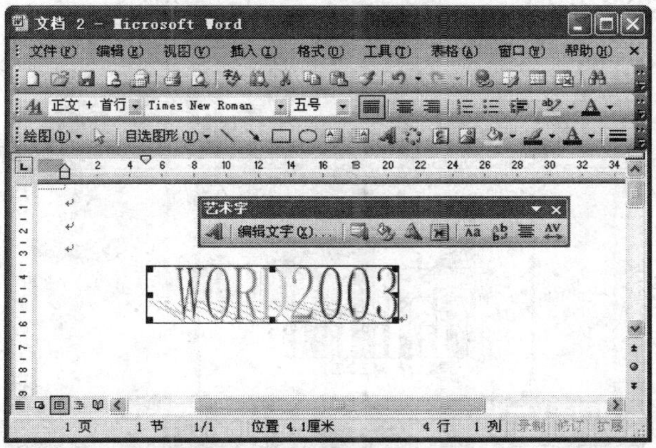

图 4-86　【艺术字】工具栏

单击艺术字后，其周围就会出现 8 个四方形控制点。此时拖动空白的四方形控制点，就可以改变艺术字的大小。

要改变艺术字的形状，可以单击【艺术字】工具栏中的【艺术字形状】按钮，从打开的面板中选择一种样式，艺术字的形状将会有相应的变化，如图 4-87 所示。

利用【艺术字】工具栏，还可以对艺术字进行进一步的设置。单击【艺术字】工具栏上的【艺术字字母高度相同】按钮，所有字母的高度就会一样；单击【艺术字竖排文字】按钮，字母就会变成竖排的样式；单击【艺术字字符间距】按钮AV，从弹出的菜单中选择一种合适的字符间距，艺术字间距就会进行相应的变化。此外，艺术字也可以同剪贴画一样设置填充颜色、对齐、环绕等格式。

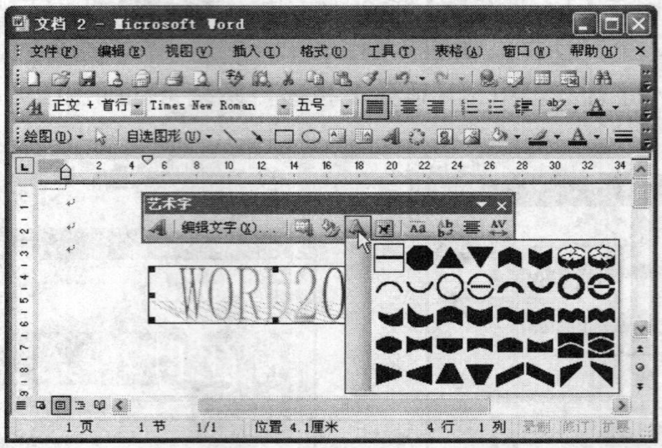

图 4-87 “艺术字”的形状

4. 插入图表

在图表中，数据以各种统计图的形式表现出来，使得数据更加直观、生动、易于理解。用户可以使用图表方便地查看数据的差异，并快速地预测数据趋势。在 Word 2003 中可以在文档中插入图表。

选择【插入】|【图片】|【图表】命令，即可在文档中插入一个图表，同时 Word 的界面也发生了变化，如图 4-88 所示。

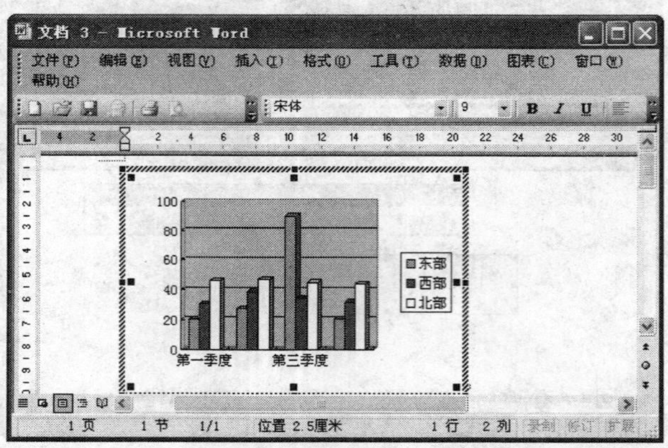

图 4-88 插入图表

该图表只是一个示例，在应用中应当根据实际的内容修改一下数据。单击选中图表，选择【图表】|【图表选项】命令，打开【图表选项】对话框，如图 4-89 所示。

该对话框包含了【标题】、【坐标轴】、【网格线】、【图例】、【数据标签】和【数据表】6 个选项卡。打开【标题】选项卡，在【图表标题】文本框中输入标题“数量统计表”；在【分类（X）轴】文本框中输入“数据”，单击【确定】按钮，图表中就增加了一个标题，如图 4-90 所示。

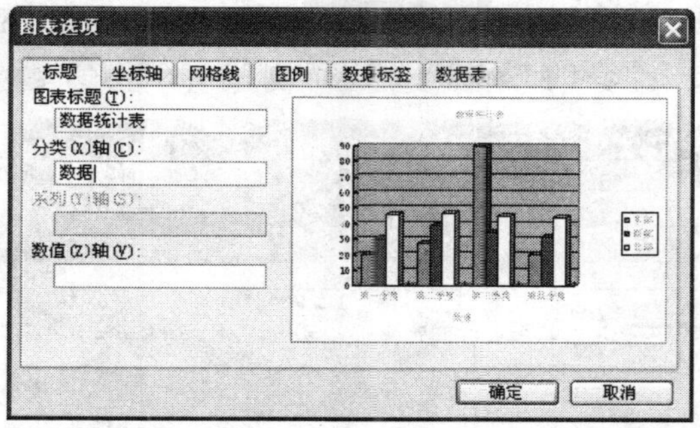

图 4-89　【图表选项】对话框

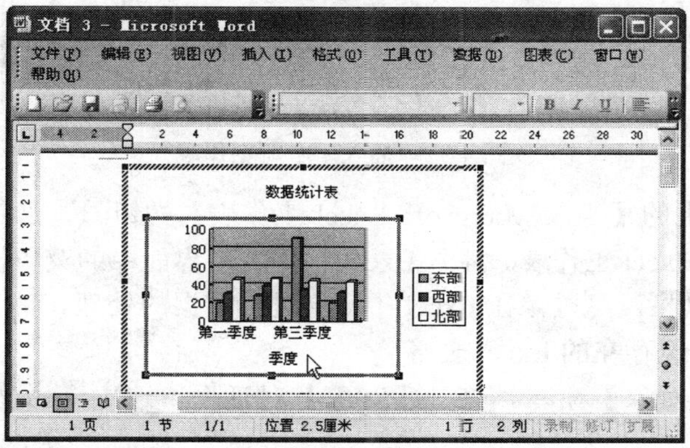

图 4-90　添加标题

其他选项卡的操作在后面学习 Excel 时将作详细介绍。

5. 插入 Excel 工作表

在 Word 2003 中可以直接打开 Excel 建立的工作表，也可以在 Word 2003 中直接插入一个新的 Excel 工作表。

（1）插入一个新的工作表

选择【插入】|【对象】命令，打开【对象】对话框，选中【新建】选项卡，如图 4-91 所示。

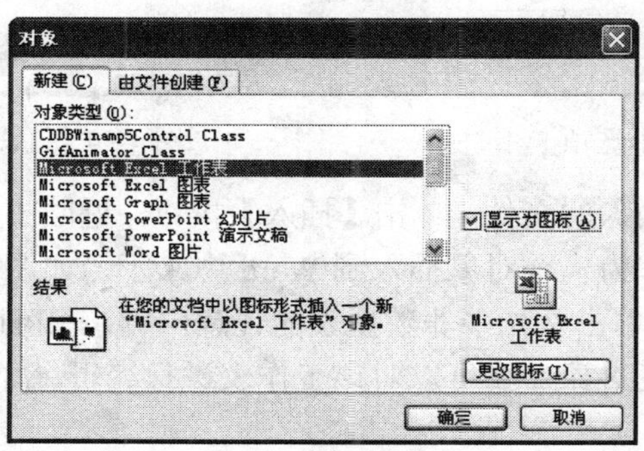

图 4-91　【新建】选项卡

在【新建】选项卡中，在【对象类型】下拉列表中选定【Microsoft Excel 工作表】，单击【确定】按钮，即可插入一个新的 Excel 工作表，如图 4-92 所示。

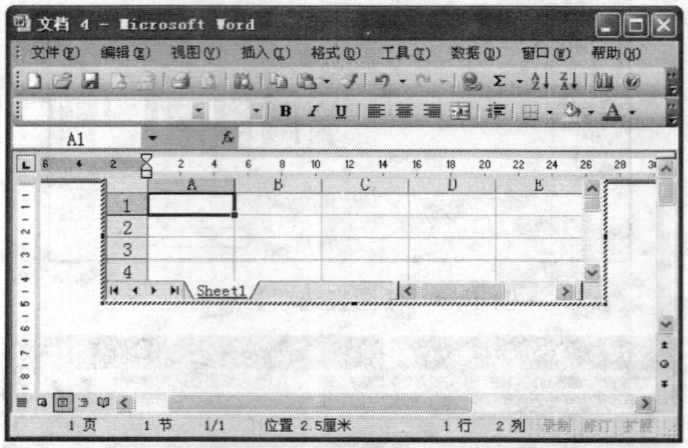

图 4-92　插入一个新工作表

单击常用工具栏上的【插入 Microsoft Excel 工作表】按钮，选择插入工作表的数目，也可以插入一个新的 Excel 工作表。插入 Excel 工作表后界面中的菜单栏和工具栏就变成了标准的 Excel 菜单和工具栏，可以像在 Excel 中一样进行数据的处理。

（2）插入一个已经存在的 Excel 表格

选择【插入】|【对象】命令，打开【对象】对话框，选中【由文件创建】选项卡，如图 4-93 所示。

单击【浏览】按钮，打开【浏览】对话框，如图 4-94 所示。

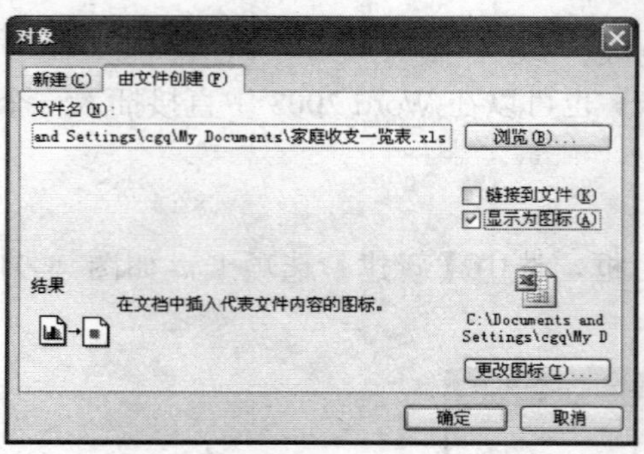

图 4-93　【由文件创建】选项卡

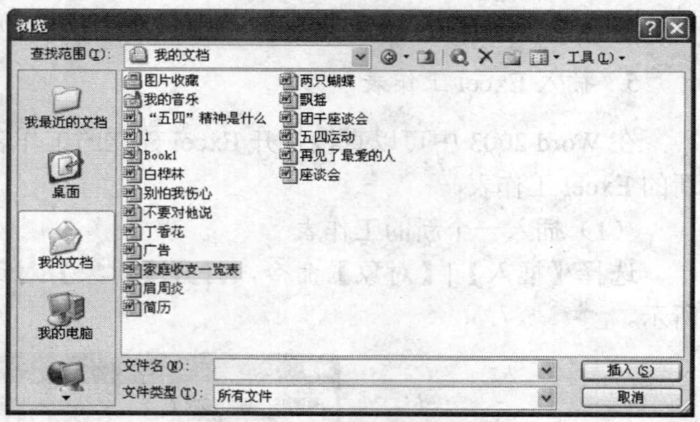

图 4-94　【浏览】对话框

在文件列表中选择要插入的文件，单击【插入】按钮，返回【从文件创建】选项卡，再单击【确定】按钮，文件就作为一个对象插入到 Word 中来了，如图 4-95 所示。

插入 Excel 表格以后，单击文档中非数据表的任意位置，就可以将数据表作为一个图形对象来调整，双击这个工作表对象，就可以对该工作表进行编辑，如图 4-96 所示。

6. 插入声音和视频

在 Word 文档中，还可以插入声音和视频。具体操作方法如下：

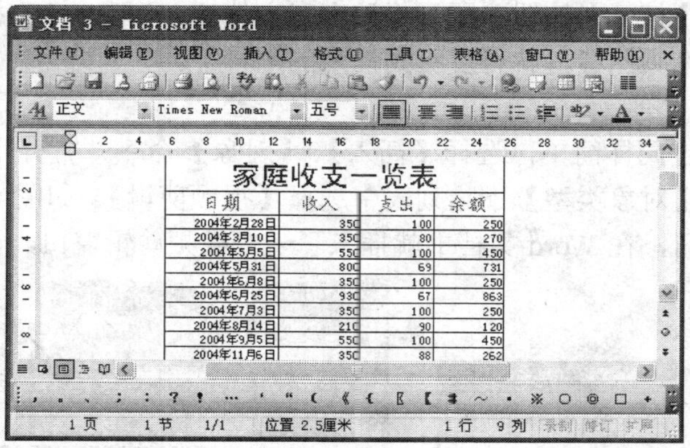

图 4-95　插入 Excel 表格

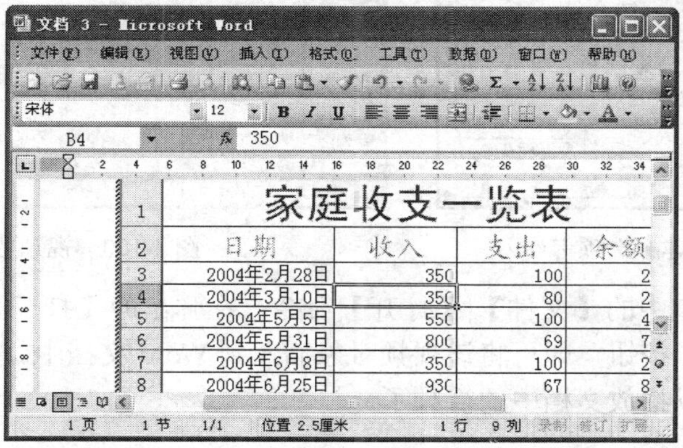

图 4-96　编辑工作表

（1）插入声音

选择【插入】|【对象】命令，打开【对象】对话框，选中【新建】选项卡，在【对象类型】下拉列表中选择【音效】，如图 4-97 所示。

单击【确定】按钮，在 Word 文档中就插入了一个录音机窗口，如图 4-98 所示。

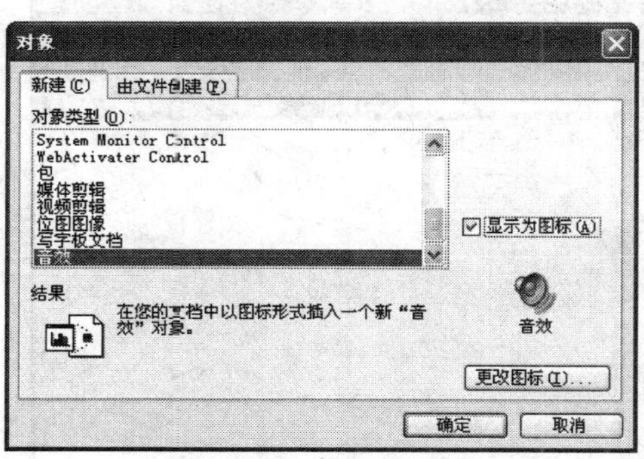

图 4-97　【对象】对话框

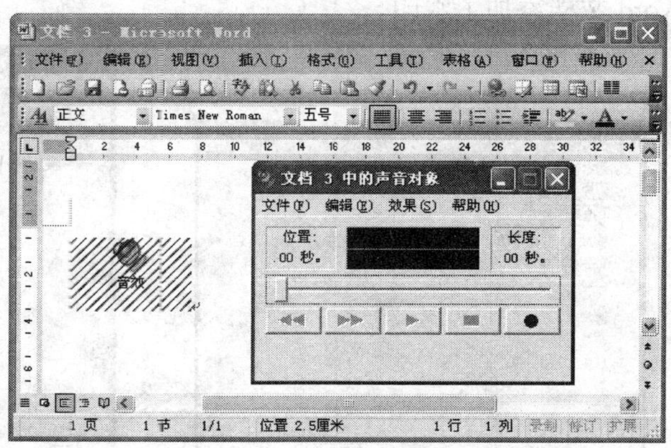

图 4-98　插入声音

选择录音机窗口中的【编辑】|【插入文件】命令，在弹出的【插入文件】对话框中选择

要插入的文件，单击【打开】按钮，即可将该声音文件插入到 Word 文档中。

双击文档中的小喇叭图标，就可以听到插入的声音了。

（2）插入视频

插入视频的方法也同样简单，选择【插入】|【对象】命令，打开【对象】对话框，选中【新建】选项卡，在【对象类型】下拉列表中选择【视频剪辑】，如图 4-99 所示。

单击【确定】按钮，在 Word 文档中就插入了一个视频剪辑窗口，如图 4-100 所示。

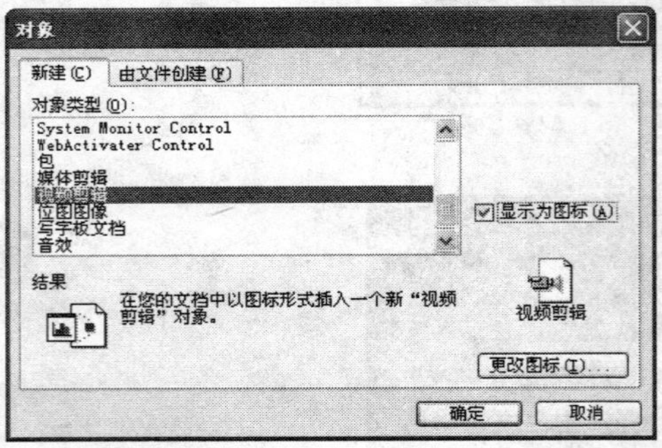

图 4-99　【新建】选项卡

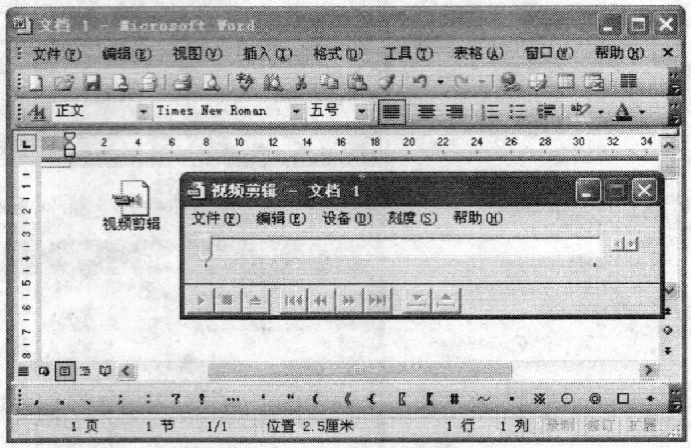

图 4-100　视频剪辑窗口

选择视频剪辑窗口中的【文件】|【打开】命令，在弹出的【打开】对话框中选择要插入的文件，单击【打开】按钮，即可将该视频对象插入到 Word 文档中。

同样，双击就可以播放文档中的视频了。

7. 添加水印

在制作 Word 文档时，为了使文档更加美观，可以在其中加上水印。

选择【格式】|【背景】|【水印】命令，打开【水印】对话框。如果要以图片作为水印，则可以选中【图片水印】单选按钮，然后单击【选择图片】按钮，如图 4-101 所示。从打开的对话框中选择相应的图片，再单击【插入】按钮即可。如图 4-102 所示，是以图片为背景为 Word 文档添加了水印。

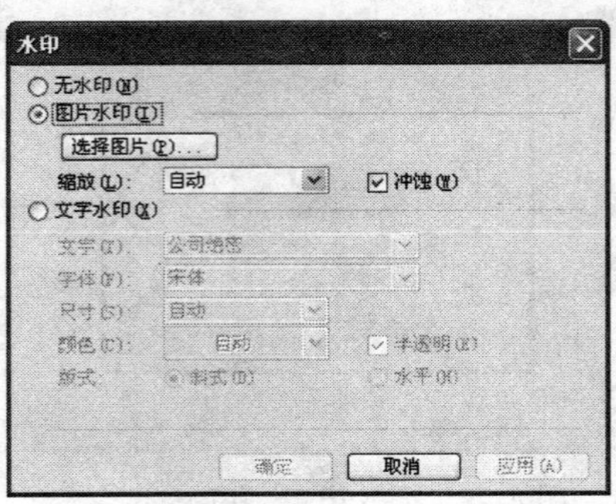

图 4-101　图片水印

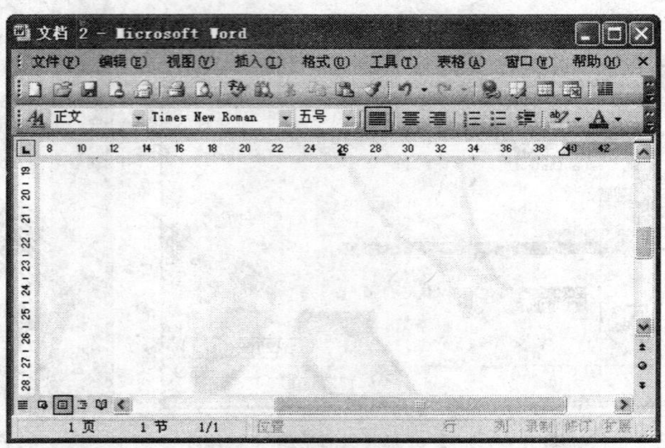

图 4-102　添加图片水印

如果要以文本作为水印，选中【文字水印】单选按钮，在【文字】右边的下拉列表中选择相应的文字，用户也可以自己输入需要的文字，并设置文字的字体、大小、颜色及透明度等参数，如图 4-103 所示。

最后，单击【确定】按钮即可设置文字水印，如图 4-104 所示。

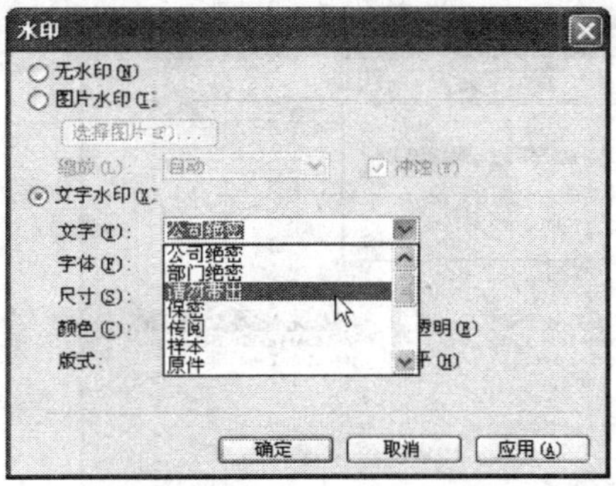

图 4-103　文字水印

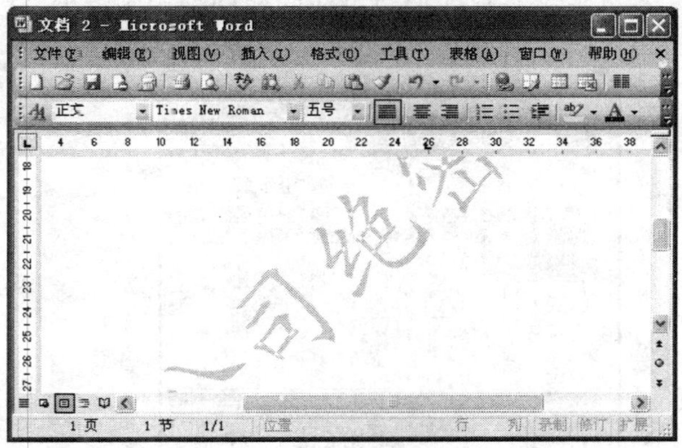

图 4-104　添加文字水印

4.6　页面设置和打印

页面设置主要是指对整个页面以及页眉、页脚等的设置。恰当调整文档的版面并且对页面进行设置，不仅可以使页面更加美观，同时也能够更好地满足出版要求。在页面设置完成之后，用户可以根据自己的需要将文档打印输出。

4.6.1　页面设置

选择【文件】|【页面设置】命令或双击标尺的边距位置，系统会自动弹出【页面设置】对话框。在【页面设置】对话框中包含了 4 个选项卡，它们分别是【页边距】、【纸张】、【版式】和【文档网络】。

1.【页边距】选项卡

该选项卡主要是用来设定页面四周空白边距的宽度以及页眉、页脚的位置。打开【页边距】选项卡后，在【上】、【下】、【内侧】、【外侧】文本框中分别输入需要的数值，就可以完成对页边距的调整，如图 4-105 所示。

一般性文档建议采用默认页边距数值，自己设定时页边距数值要合理，通常来说上边距不能超过下边距。

如果文稿需要装订，就要设置装订线的位置。【装订线】文本框中的数值表示的是装订线到页边的距离，而现在的页边距表示的就是装订线到正文边框的距离。在【装订线位置】中，可以选择装订线是在【顶端】还是在【左侧】。如果是正反两面打印文档，则可以在【页码范围】选项组中的下拉列表中选定【对称页边距】，如图 4-105 所示。

在【方向】选项组中，单击【纵向】或【横向】选项，确定文档在纸张上是纵向打印还是横向打印。

用户可以通过【预览】选项组查看设置后的结果。

2.【纸张】选项卡

在实际工作中，要将完成的文档打印到纸上，首先要选择纸张。在【页面设置】对话框中打开【纸张】选项卡，如图 4-106 所示。

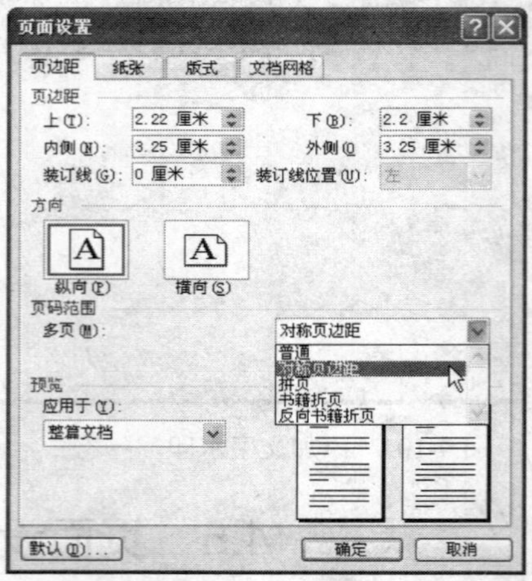

图 4-105 【页面设置】对话框

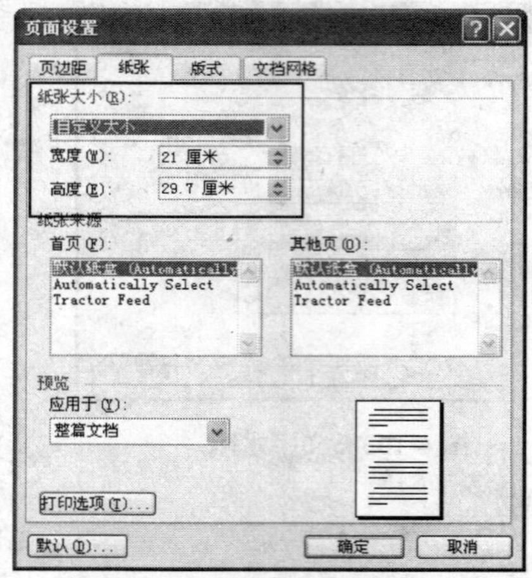

图 4-106 【纸张】选项卡

该选项卡的设置主要是为了和打印机配合，将完成的文档按照用户的需要打印出来。

在【纸张大小】选项组中，可以根据自己的需要将纸张设置为 A4、16K、32K 等大小，用户还可以设置【自定义大小】，只需在纸张【高度】和【宽度】文本框中输入相应数值即可。

在【纸张来源】选项组中，纸张来源一般有 3 种类型，即默认纸盒、手工送纸和输纸器。在【首页】列表框内选择【默认纸盒】，在【其他页】列表框内也选中【默认纸盒】。

3.【版式】选项卡

【版式】选项卡用于设置页眉、页脚、分节符、垂直对齐方式以及行号，如图 4-107 所示。

在建立新文档时，Word 将整篇文档视为一节。为了便于对文档进行格式化，可以将文档分割成任意数量的节，然后即可根据需要分别为每节设置不同的格式。

在【节】选项组中，单击右边的下拉按钮，可以选择【节的起始位置】。

页眉和页脚一般分别出现在每页文档的顶部和底部，在其中可以插入页码、文件名或章节名称等内容。当一篇文档创建了页眉和页脚后，版面就会更加新颖，版式就会更具风格。在整个文档中，页眉和页脚可以完全相同，也可以奇偶页不同、首页不同，只需选中相应的复选框即可。

在【页眉和页脚】选项组中，单击【距边界】右边的微调箭头，也可以设置页眉、页脚与边界的距离。

在【页面】选项组中，单击右边的下拉按钮，可以设置文档的【垂直对齐方式】，包括【顶端对齐】、【居中】、【两端对齐】、【底端对齐】4 种。

单击【行号】按钮可以给文档添加行号，单击【边框】按钮可以给段落或文字加上边框。

4.【文档网络】选项卡

该选项卡的主要作用是通过调整行数和字符数以及文字的排列情况，来满足用户的特殊需要。用户可以改变文字的排列方式，自由选择采用“横排”或“竖排”，以及增加或减少每行中的字符数以适应自己的需要，一般采用默认值即可，如图 4-108 所示。

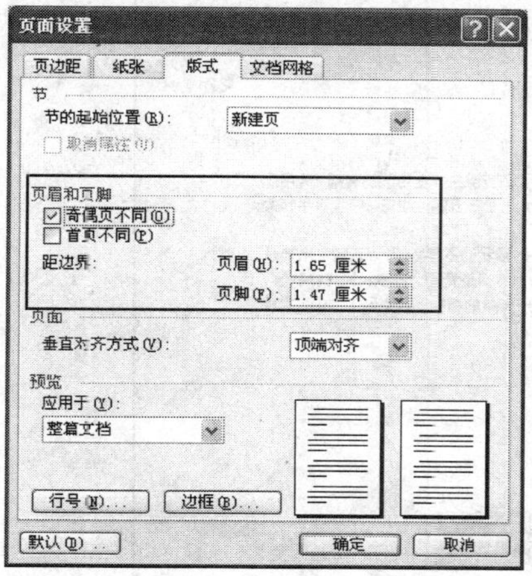

图 4-107　【版式】选项卡

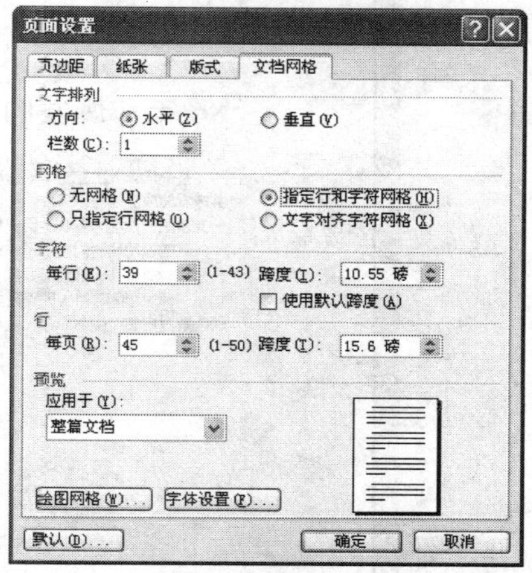

图 4-108　【文档网络】选项卡

4.6.2　打印预览

人们一般在打印文档之前都会先预览一下，查看文档的打印效果，这样可以防止打印出来的文档不符合要求。选择【文件】|【打印预览】命令或单击工具栏上的按钮，就可以切换到打印预览窗口中，如图 4-109 所示。

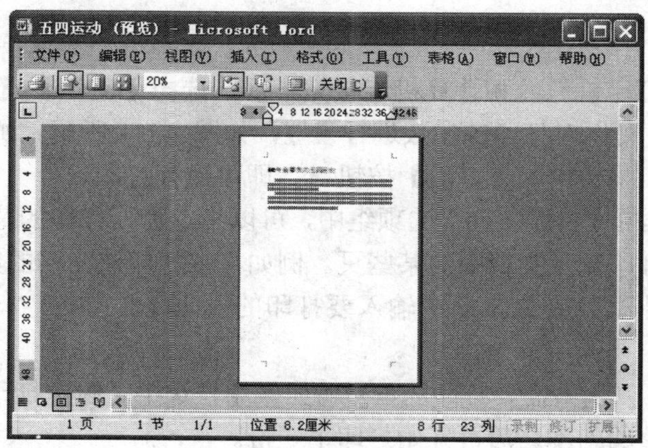

图 4-109　打印预览

预览有多页同时显示，也有单页显示。单击【单页】按钮，在预览窗口中的文档就按照单页来显示；单击【多页】按钮，则呈现多页显示的状态。

同“页面视图”一样，打印预览可以设置显示的比例，还可以设置标尺的显示和隐藏。单击【查看标尺】按钮，取消按下状态，可以将标尺隐藏起来；单击【放大镜】按钮可放大文字，这时鼠标指针会由放大镜变成 I 型，就可以在预览框里直接编辑文档了。

单击【缩小字体填充】按钮，Word 可以通过缩减字体来将文档压缩到一页上。

单击【全屏】按钮可以全屏幕显示文档，如图 4-110 所示。

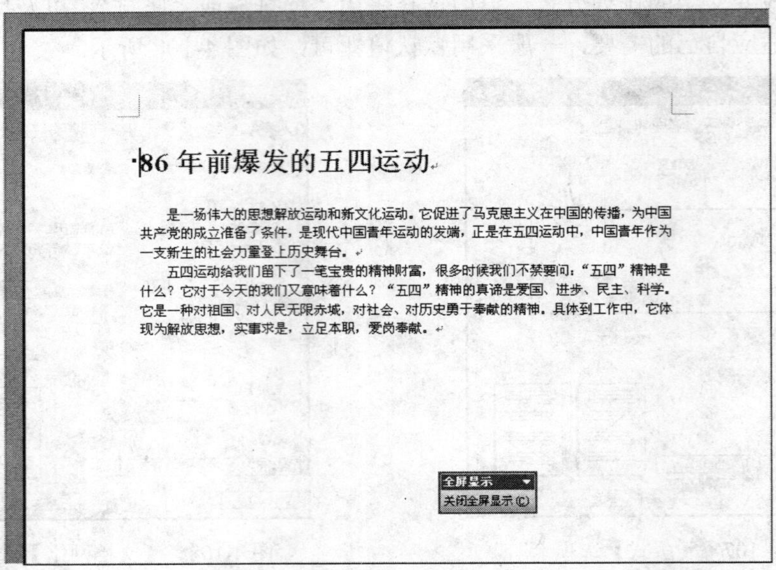

图 4-110　全屏显示

单击【关闭】按钮，即可返回编辑状态。

注意：

在切换到打印预览时，Word 会将文档重新分页，以保证页码的正确。

4.6.3　打印选项

用户确保自己的打印机已经和计算机连接完毕后，选择【文件】|【打印】命令，系统会弹出【打印】对话框，可以对打印的参数进行设置，如图 4-111 所示。如果采用系统默认的参数设置，则直接单击工具栏中的【打印】按钮，即可进行打印。

在【打印】对话框的【页面范围】选项组中，可以指定需要打印的范围，其中包括了整篇文档的打印、当前页打印以及文档中的某些页。例如，要打印该文档的第 1、3、5、7、9 页，则在选定【页码范围】后，在文本框中输入要打印的页码 1、3、5、7、9 即可，如图 4-111 所示。

在【份数】框中可以调整需要打印的份数。如果用户选中【逐份打印】复选框，那么打印机将在打印完一份完整的副本之后再开始打印下一份。

单击对话框左下角的【选项】按钮后，系统会自动弹出下一个【打印】对话框，用户可以在此对打印作进一步设置。例如，要将文档以草稿的方式打印输出，则可以在此对话框中选中【草稿输出】复选框，如图 4-112 所示。

同时在该选项卡中，还可以根据用户需要打印文档的附加信息。比如，文档的批注、文档的属性等。还可以选中【双面打印选项】，就可以在打印时得到纸张双面打印的效果。

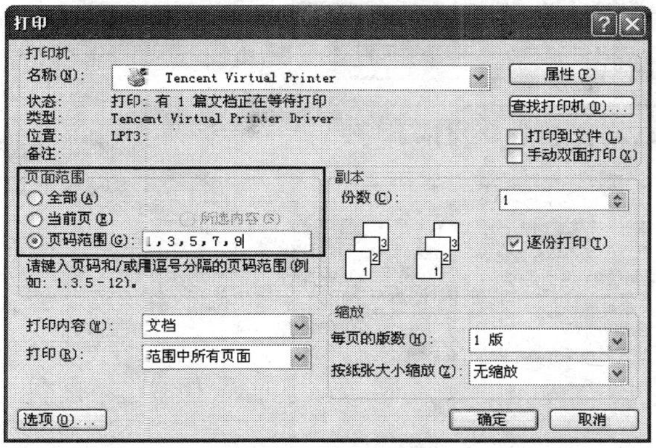

图 4-111　【打印】对话框

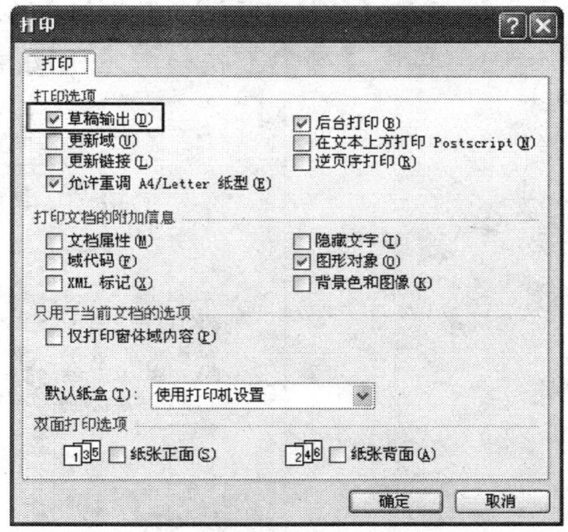

图 4-112　草稿输出

4.7　上机实训

4.7.1　文档排版操作

实训内容一：将章名套用“标题 1”样式。

（1）将光标定位到章名处（要套用样式的文本）。

（2）在【样式和格式】窗格中单击相应的样式【标题 1】，如图 4-113 所示。

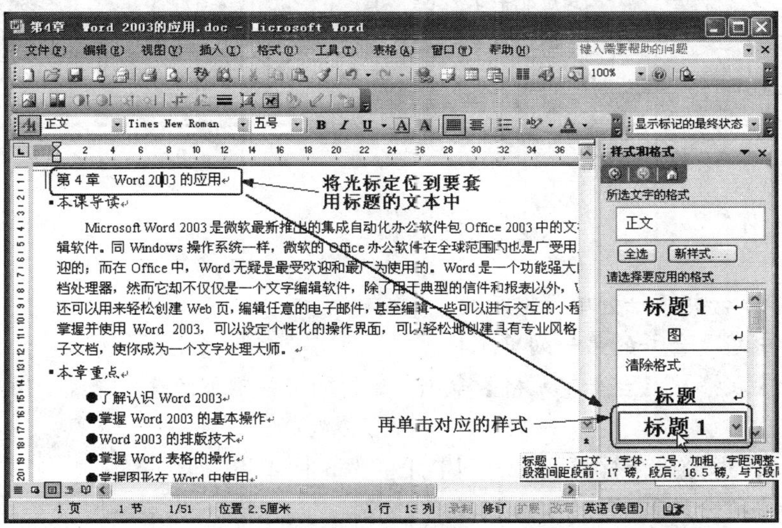

图 4-113　套用“标题 1”样式

（3）这样所选文本就被套用了“标题 1”的样式，如图 4-114 所示。

实训内容二：将选择的文本段落分栏显示。

（1）选择要进行分栏的段落文本内容。

（2）选择【格式】|【分栏】命令，在【分栏】对话框的【栏数】文本框中输入 4，将【应

用于】设置为【所选文字】，如图 4-115 所示。

（3）单击【确定】按钮，完成设置，如图 4-116 所示。

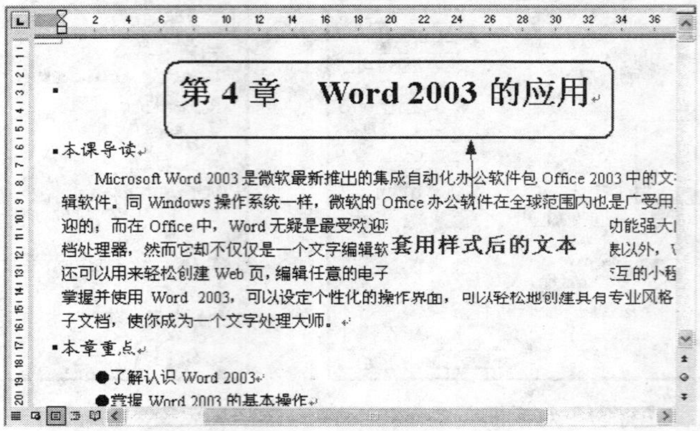

图 4-114　套用后的文本格式

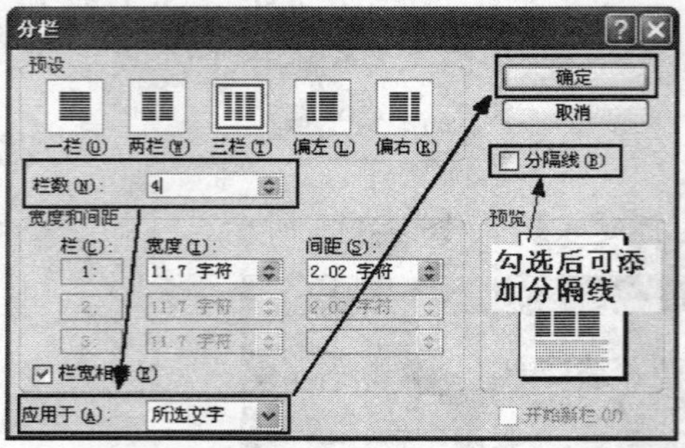

图 4-115　“分栏”对话框

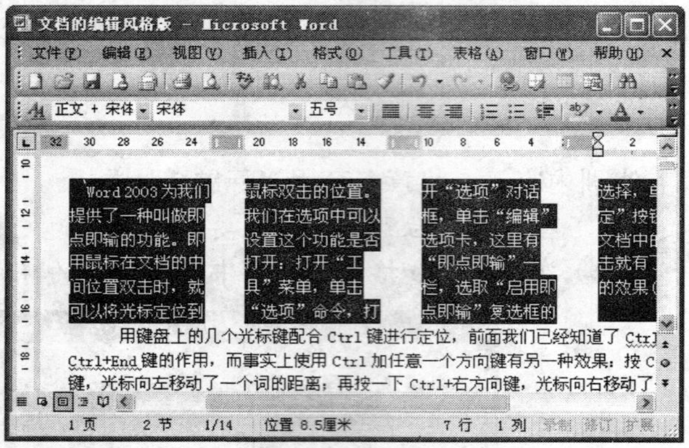

图 4-116　分为 4 栏

4.7.2　表格编辑操作

实训内容一：合并第一列单元格。

（1）先选中想要合并的第一列单元格。

（2）选择【表格】|【合并单元格】命令，选中的这些单元格就合并成一列了，如图 4-117 所示。

实训内容二：拆分第一行第二、三列单元格为 3 行 4 列的单元格。

（1）选择要拆分的第一行第二、三列单元格。

（2）选择【表格】|【拆分单元格】命令。

（3）在【拆分单元格】对话框中，设置拆分的列和行的数值，单击【确定】按钮，单元格即被拆分，如图 4-118 所示。

提示：

可以在单元格中单击鼠标右键，在快捷菜单中选择【拆分单元格】命令，或者单击【表格和边框】工具栏上的【拆分单元格】按钮，打开【拆分单元格】对话框，如图 4-119 所示。

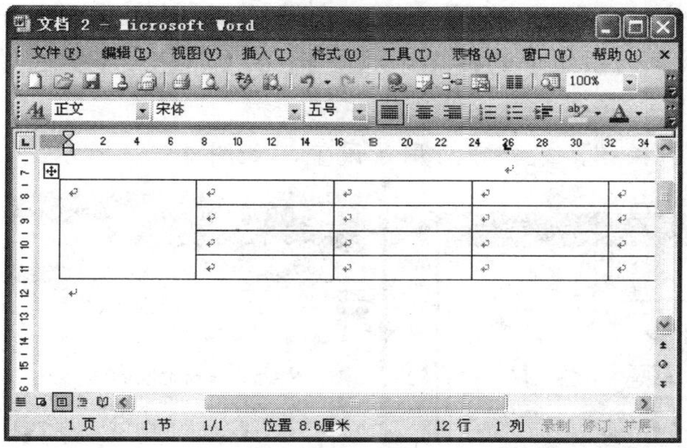

图 4-117　合并单元格后的效果

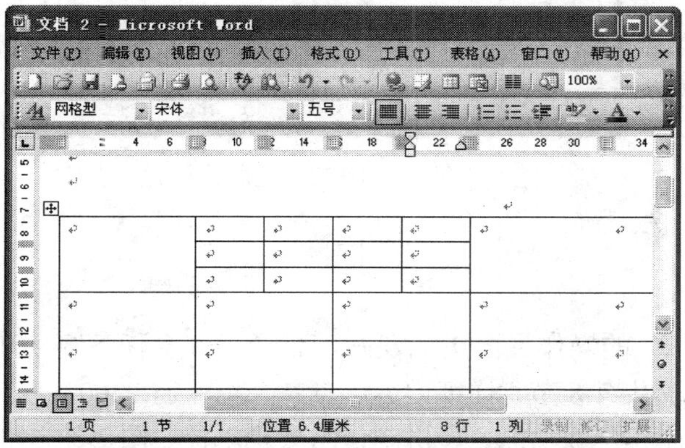

图 4-118　拆分后的单元格

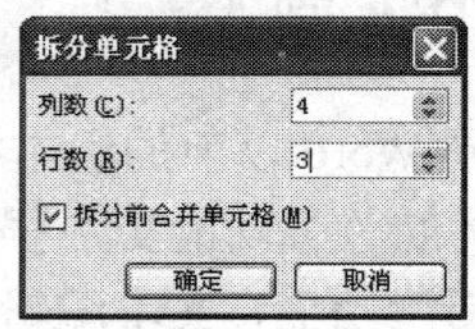

图 4-119　【拆分单元格】对话框

4.7.3　使用图形对象操作

实训内容：将文字环绕方式设定为穿越型。

（1）选定相应图片，右击图片打开【设置图片格式】对话框，再选择【版式】选项卡，如图 4-120 所示。

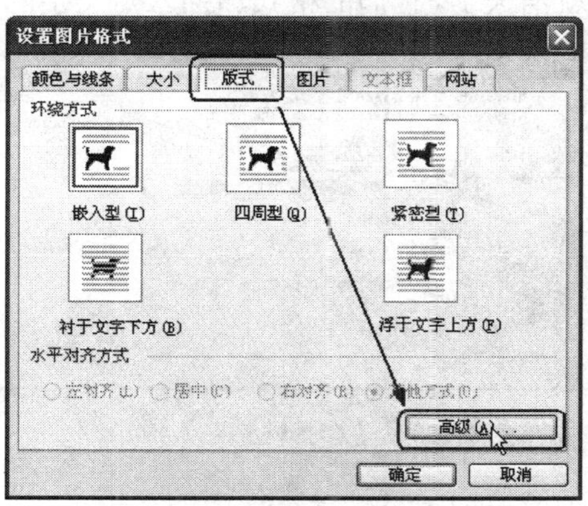

图 4-120　【版式】选项卡

（2）单击对话框右下角的【高级】按钮，打开【高级版式】对话框，选择【文字环绕】选项卡，在【环绕方式】选项组中选择【穿越型】，在【环绕文字】选项组中选定【两边】，如图 4-121 所示。

（3）单击【确定】按钮，文档即应用了设置，如图 4-122 所示。

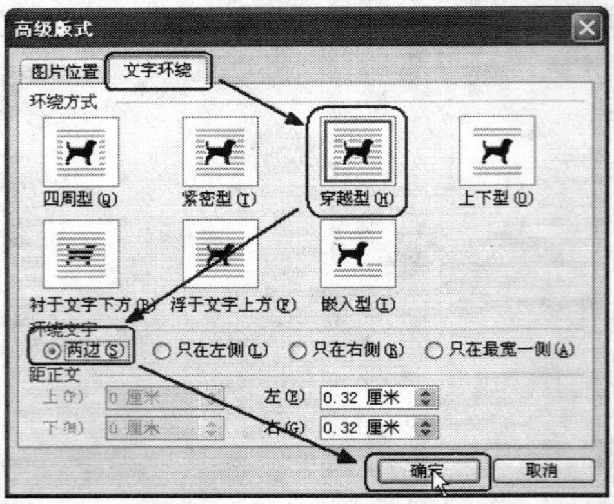

图 4-121　【文字环绕】选项卡

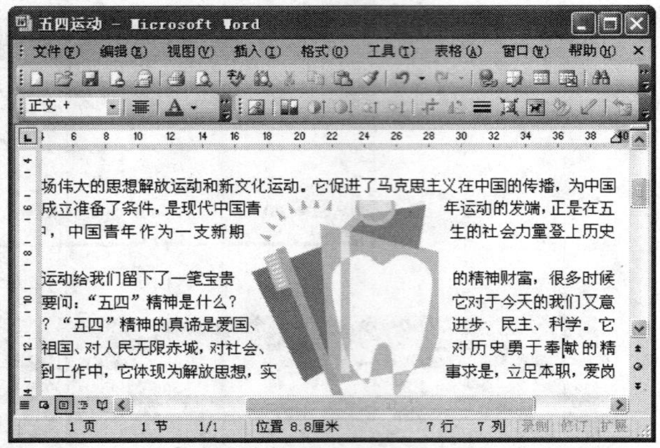

图 4-122　完成设置

4.8　总结提高

同 Word 以前的版本相比，Word 2003 的操作界面更加友好，新增了许多任务窗格和阅读版式等特性，功能更加强大和完善。本章共有 8 节，详细内容包括：介绍 Word 2003 的入门知识和新增功能、文本编辑功能、页面设计和排版功能、表格制作与处理功能、图形绘制和图像处理功能、文档保护功能等，并配有大量生动典型的实例。这些内容包括了 Word 2003 最核心和最强大的功能。通过学习，读者能够轻松地应用 Word 2003 创建、编辑和处理自己的文档。

Word 2003 还有许多实用的技巧，下面作一简单介绍。

☑　选择性粘贴。步骤如下：（1）将选定文字复制到系统的剪贴板上；（2）把光标定位到文字复制的目标位置，选择【编辑】|【选择性粘贴】命令，打开【选择性粘贴】对话框；（3）在【形式】下拉列表中选择【无格式文本】选项，单击【确定】按钮，所复制文字的原格式就消失了，它们的格式和插入点文字的格式相同，如图 4-123 所示。

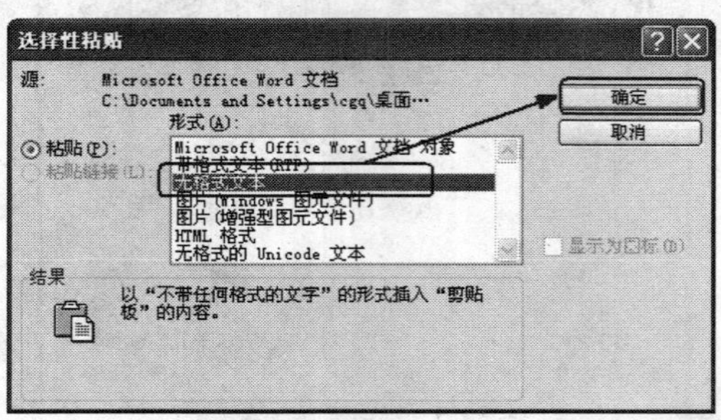

图 4-123　【选择性粘贴】对话框

☑　在实际工作中会遇到类似信函这种经常使用的文档，它们在格式的设置上大同小异，

在这种情况下把文档保存为一个模板可以使工作更加方便。具体操作如下：（1）选择【文件】|【另存为】命令，打开【另存为】对话框，选择文件类型为【文档模板（*.doc）】，Word 就自动转到了模板的保存文件夹，输入模板的名字，单击【保存】按钮，如图 4-124 所示，即可将当前文档保存为模板；（2）基于模板可以建立新的文档，选择【文件】|【新建】命令，系统会弹出【新建文档】任务窗格，如图 4-125 所示，从中单击【本机上的模板】按钮，就打开了【模板】对话框，选择【常用】选项卡，在列表中就出现了刚才建立的模板，选中它，单击【确定】按钮，如图 4-126 所示，建立的新文档就包含了原来模板中的内容，只需进行少许的改动就可以出稿了。

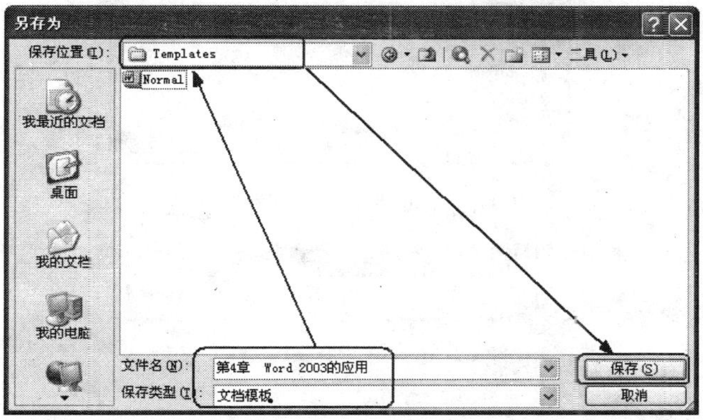

图 4-124　另存为模板

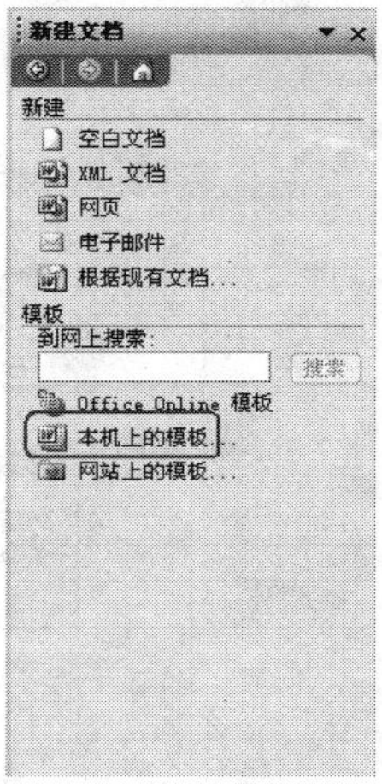

图 4-125　【新建文档】任务窗格

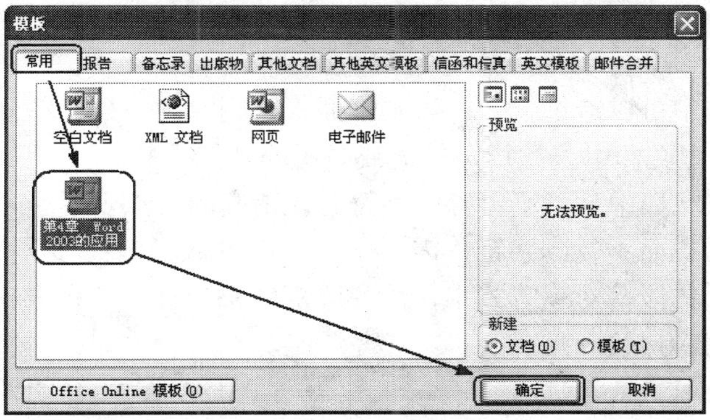

图 4-126　【模板】对话框

☑　制作工具栏。人们经常会使用符号，但有时这些符号在符号栏上难以找到，那么就可以自己定义一个工具栏存放这些符号。具体操作如下：（1）选择【插入】|【符号】命令，将所需要的符号插到一个空白文档中，例如※、§、№、→等；（2）选定一个字符，选择【插入】|【自动图文集】|【新建】命令或按下 Alt+F3 快捷键，打开【创建“自动图文集”】对话框，单击【确定】按钮，即可将字符加入到自动图文集中，如图 4-127 所示；（3）选择【工具】|【自定义】命令，在【自定义】对话框中打开【工具栏】选项卡，单击【新建】按钮，新建一个工具栏，如图 4-128 所示；（4）输

入新建的工具栏的名称，单击【确定】按钮，在 Word 窗口中就会出现一个空的工具栏，如图 4-129 所示；（5）在【自定义】对话框中打开【命令】选项卡，在左侧的【类别】列表框中选择【自动图文集】选项，在右侧的【命令】列表框中找到加入的符号，依次将它们拖动到新建的工具栏上，关闭对话框后，【常用符号】工具栏就创建完成了，如图 4-130 所示。

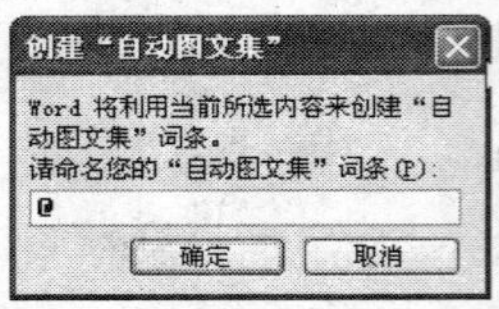

图 4-127　创建自动图文集

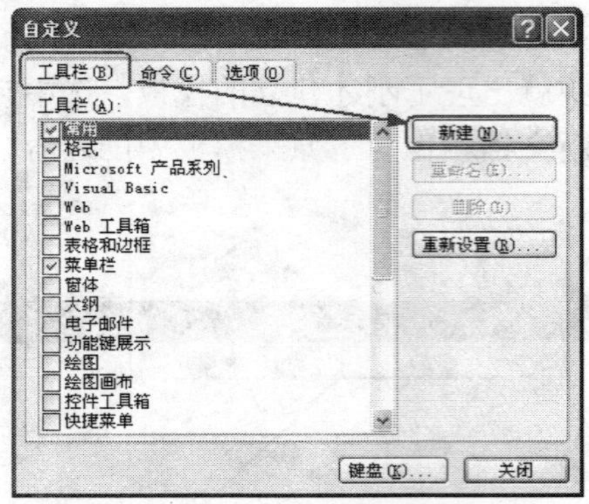

图 4-128　【自定义】对话框

图 4-129　空的工具栏

图 4-130　【常用符号】工具栏

4.9　习题

一、填空题

1．在 Word 2003 中可以通过______菜单来插入或删除行、列和单元格。

2．Word 2003 中在文档中查找指定单词或短语的功能是______。

3．在 Word 2003 文档中显示不可打印字符时，抬高的小点表示______。

4．要复制字符格式而不复制字符，需用______按钮。

5．在 Word 2003 的段落对齐方式中，能使段落中每一行（包括未输满的行）都能保持首尾对齐的是______对齐方式。

二、选择题

1．在 Word 2003 编辑状态下，操作的对象经常是被选择的内容，若光标在某行行首的左边，下列______操作可以仅选择光标所在的行。

A．双击鼠标左键　　B．单击鼠标右键
C．将鼠标左键单击三下　　D．单击鼠标左键

2．在 Word 2003 中，可以双击状态栏中的______指示器，通过扩展选取文本的方法来选择任意大小的文本。

A．插入　　B．录制宏　　C．扩展　　D．改写

3．要使 Word 2003 能自动更正经常输错的单词，应使用______功能。

A．拼写检查　　B．同义词库　　C．自动拼写　　D．自动更正

4．在 Word 2003 编辑中，模式匹配查找中能使用的通配符是______。

A．+和-　　B．*和，　　C．*和?　　D．/和*

5．当一页已满，而文档仍然继续被输入，Word 2003 将插入______。

A．硬分页符　　B．硬分节符　　C．软分页符　　D．软分节符

6．在 Word 2003 中可以在文档的每页或一页上打印一个图形作为页面背景，这种特殊的文本效果被称为______。

A．图形　　B．艺术字　　C．插入艺术字　　D．水印

三、操作题

生物技术

生物技术是近二十年发展起来的一门新学科，其核心部分就是基因工程。基因工程主要是通过体外 DNA 重组技术将外源基因转移到受体物种中去，使受体生物产生新的遗传特性。植物基因工程是以植物为受体材料，自从 1983 年人们首次将细菌的基因转移到烟草细胞中，并获得了表现细菌基因的转化植株以后，植物基因工程的迅猛发展迎来了农业第二次绿色革命的曙光。

在国际上，抗虫、抗病、抗除草剂的转基因棉花、玉米、大豆、马铃薯等已进入商业化应用阶段，并有较大面积的推广。美国 1997 年种植了 100 万公顷转苏云杆菌毒蛋白基因的抗棉铃虫棉花，基本上不使用或仅使用少量化学杀虫剂，总共可减少杀虫剂用量近 40 万加仑，并可使皮棉产量净增 7%。两项合计每公顷抗虫棉可增加净收益 83 美元，总经济效益近九千万美元。除此之外，抗虫玉米、抗除草剂大豆和油菜的推广面积也均在百万公顷以上。

对上面的文字进行如下操作：

1．字符格式化：将标题文字“生物技术”设置为二号、黑体、蓝色，将段落文字设置为仿宋、三号、黑色。

2．页面格式化：页面上边距：2.5 厘米；页面下边距：2.2 厘米；页面左边距：2.8 厘米；页面右边距：2 厘米。

3．段落格式化：对第一段文字进行如下操作：左缩进量 0.5 厘米（或两个字符）、右缩进量 0.5 厘米（或两个字符），段前间距 6 磅（或两行），段后间距 6 磅（或两行）。

4．分栏：将第二段文字分为两栏，设栏宽相等，有分隔线。

5．边框和底纹：给第一段加上段落边框：双线、红色、3 磅。

【读书笔记】
DUSHU BIJI

第 5 章　电子表格 Excel 2003

本章导读

Excel 2003 是 Microsoft Office 2003 系列办公软件中的一员，是目前最常用的电子表格系统，它的主要功能包括数据处理、统计图表绘制、简单的数据库管理、制作电子表格、完成复杂的数据运算，以及进行数据的分析和预测。

在 Excel 2003 中，用户能够通过功能强大的工具将杂乱的数据组织成有用的信息，然后进行分析、交流并共享所得到的结果。此外，用户还可以使用符合行业标准的扩展标记语言（XML），更方便地兼容其他的程序软件。

本章将从认识 Excel 2003、Excel 2003 操作基础、工作表操作、公式和函数的使用、数据管理与分析、图表处理等方面一一进行介绍。

重点与难点

- ☑ 了解认识 Excel 2003
- ☑ 掌握 Excel 2003 的基本操作
- ☑ Excel 2003 中公式和函数的使用
- ☑ 运用 Excel 2003 进行数据管理与分析
- ☑ Excel 2003 的图表处理

5.1　认识 Excel 2003

和以前的版本相比，Excel 2003 提供了更为友好的界面，具有更强大的数据处理能力和表格功能，并突出了对 Internet 的支持，Web 特征也得到了很大的加强。

下面就来认识一下 Excel 2003。

5.1.1　Excel 2003 的启动与退出

使用 Excel 2003 进行工作，首先必须启动 Excel 2003。启动和退出 Excel 的方法与启动和退出 Word 的方法是一样的，在此不再赘述。

5.1.2　Excel 2003 的窗口

Excel 2003 的工作窗口和 Word 2003 类似，但是在编辑区中，Excel 以单元格的形式出现，并且每一单元格都有行标和列标。由于 Excel 的所有操作都以单元格为基本操作单位，所以用户在进行操作之前必须先选择相关的单元格。

启动 Excel 2003 后，其工作界面如图 5-1 所示。

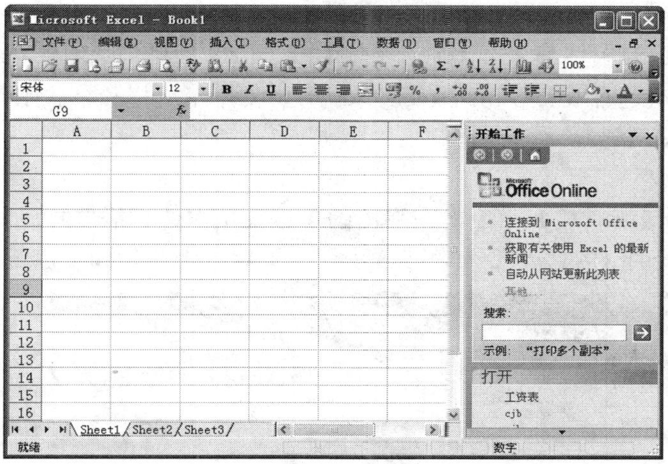

图 5-1　Microsoft Excel 的工作界面

Excel 2003 的工作界面主要由标题栏、菜单栏、工具栏、滚动条、数据编辑栏、工作表区和状态栏所构成，各组成部分的功能和作用如下。

1. 标题栏

与所有 Windows 的应用程序一样，标题栏中显示窗口的名字，并有控制按钮可以让用户对窗口进行移动、关闭、缩小、放大、最大化、最小化等操作。

2. 菜单栏

菜单栏中给出了若干菜单项，单击某菜单项就会出现相应的下拉菜单。例如，单击【编辑】命令，就会打开相应菜单，如图 5-2 所示。

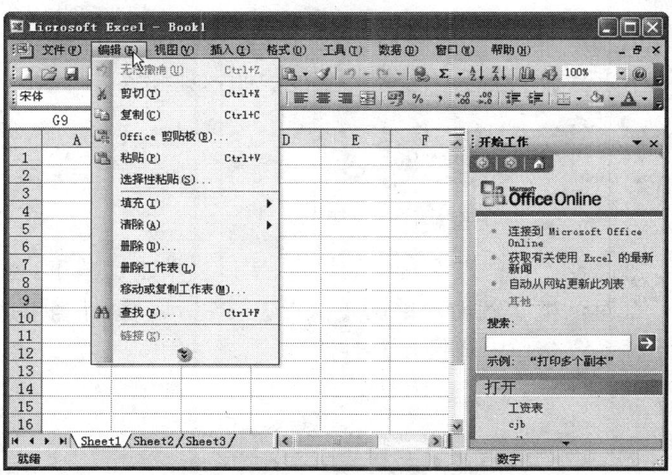

图 5-2　【编辑】菜单

3. 工具栏

在 Microsoft Excel 2003 中包含了常用工具栏、格式工具栏、绘图工具栏、Web 工具栏、任务窗格等 15 个常用的工具栏，打开这些工具栏可以帮助用户更快速、更方便地工作。

这些工具栏可以设置成显示或隐藏，系统的默认设置是显示常用工具栏和格式工具栏。也就是说，用户第一次运行 Microsoft Excel 2003 时，常用工具栏和格式工具栏就会直接显示在菜单栏的下面。

（1）打开工具栏

选择【视图】|【工具栏】命令，在弹出的下级菜单中选择需要打开的相关工具栏，在工具栏名称前会出现一个对勾符号，如图 5-3 所示，选定的工具栏即可出现在 Excel 窗口中。

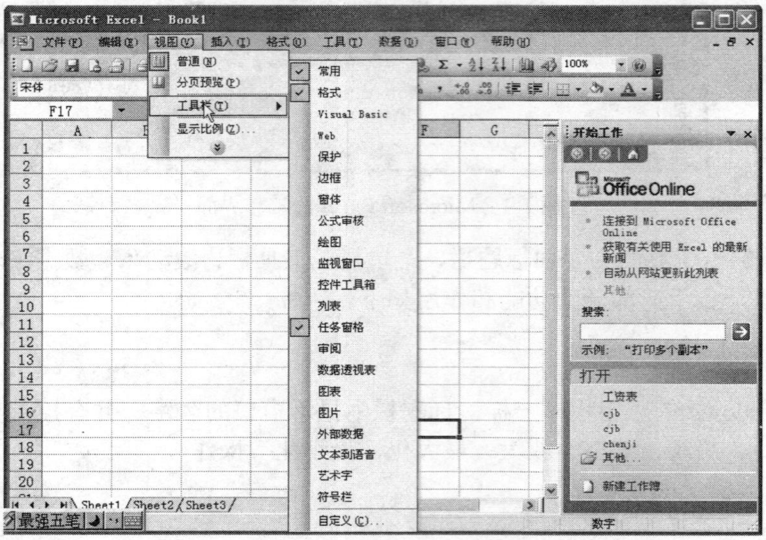

图 5-3　工具栏

（2）使用工具栏

工具栏的使用方法非常简单，用户只需在工具栏上单击相关按钮即可。当鼠标指针停留在某个按钮上时，按钮下方会自动显示该按钮的功能说明，如图 5-4 所示。

图 5-4　使用工具栏

由于某些工具按钮代表了一些操作命令的组合，所以当单击这些工具按钮时系统会执行一个动作，或者弹出一个对话框。例如，单击【保存】按钮，这相当于选择【文件】菜单中的【保存】命令，此时系统会弹出【保存】对话框。

注意：

在 Microsoft Excel 2003 的工具栏中，若某些按钮的颜色变成灰色，则表示目前不能使用该工具按钮（即目前该按钮未被激活）。

（3）隐藏工具栏

如果设定了较多的工具栏按钮，就会使工作窗口显得杂乱，此时可将暂时不需要使用的工具栏隐藏起来，以扩大工作空间。

隐藏工具栏的方法是选择【视图】|【工具栏】命令，在出现的下级子菜单中单击需要隐藏的工具栏的名称，使其前面的对勾符号消失，该工具栏即从屏幕上消失。

（4）移动工具栏

为了操作方便，用户也可以将工具栏移动到应用窗口中的任意位置。在移动工具栏时，用户只需用鼠标指向工具栏的标题栏，然后按住鼠标左键，待指针变成✥符号时，拖动工具栏到指定位置，松开鼠标左键即可。

4. 数据编辑栏

在工具栏的下面是 Excel 2003 比较特殊的工具栏——数据编辑栏，如图 5-5 所示。

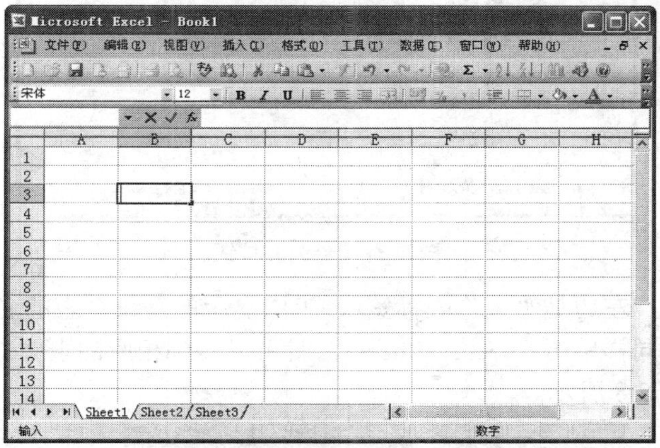

图 5-5　数据编辑栏

数据编辑栏的左边是“名称框”，用户可以在“名称框”中给一个或一组单元格定义一个名称，也可以从“名称框”中直接选择定义过的名称来达到选中相应单元格的目的。

数据编辑栏的右边是“编辑栏”，选中单元格后可以在编辑栏中输入单元格的内容，如公式、文字及数据等。当准备输入内容时，单击“编辑栏”，“名称框”和“编辑栏”的中间就会出现 3 个按钮，如图 5-6 所示。

图 5-6　数据编辑栏

☑　【取消】按钮✕，它的作用是恢复到单元格输入以前的状态。

☑　【输入】按钮✓，就是确定输入栏中的内容为当前选定单元格的内容。

☑　【插入函数】按钮fx，单击后表示要在单元格中插入函数。

“名称框”下面的灰色小方块是【全选】按钮，单击【全选】按钮可以选中当前工作表的全部单元格，如图 5-7 所示。【全选】按钮右边的 A、B、C…是列标，单击列标可以选中相应的列；下面的 1、2、3…是行标，单击行标可以选中相应的行。

5. Excel 2003 工作区

工作界面中间最大的区域是 Excel 的工作表区，它是放置表格内容的地方。

在 Excel 工作区中显示的是 Excel 工作簿窗口（即文档窗口），其中可以有一个或多个工作簿窗口，也可以没有。工作簿窗口由标题栏、工作表标签栏、列号标志、行号标志、水平和垂直滚动条以及工作表区域组成。当Excel工作簿窗口最大化时，工作簿窗口和Excel应用程序窗口共用一个标题栏，而工作簿窗口的控制按钮则在Excel应用程序窗口相应控制按钮的正下方。

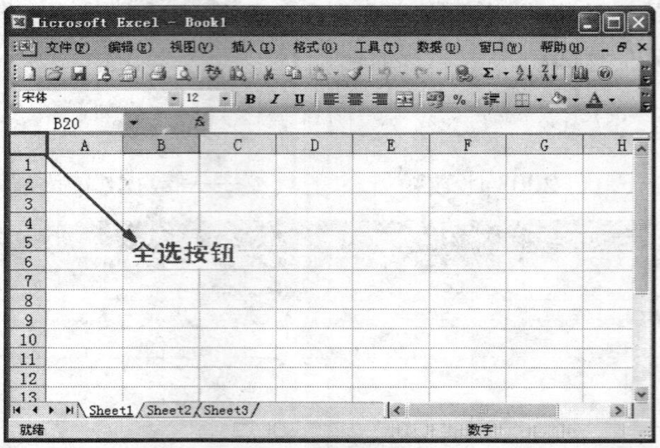

图5-7 【全选】按钮

在工作表区下方，左边是“工作表标签”，上面显示的是每个表的名字。单击Sheet1，就可以打开表Sheet1，同样单击Sheet2、Sheet3，就可以转到相应的表中。4个带箭头的按钮是标签滚动按钮，如图5-8所示。

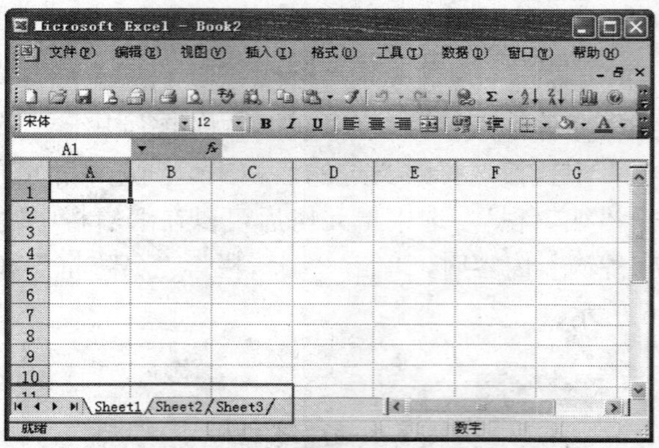

图5-8 工作表标签

6. 任务窗格

任务窗格是Excel 2003界面的新特性之一，它的许多特性和功能在整个Office 2003中是共用的，有效地使用任务窗格可以提高操作效率。启动Excel 2003时，任务窗格会自动出现在窗口的右部，单击窗格右上角的☒按钮，可以关闭任务窗格。

选择菜单【文件】|【新建】或【视图】|【任务窗格】命令，则可以显示任务窗格。

Excel 2003的任务窗格共有4个：新建工作簿、剪贴板、搜索和插入剪贴画，单击任务窗格上的下拉列表按钮，并选择想要的窗格，即可切换到相应的窗格。Excel 2003中最常用的是【新建工作簿】任务窗格，用户在该窗格中可以方便地新建和打开文件，如图5-9所示。

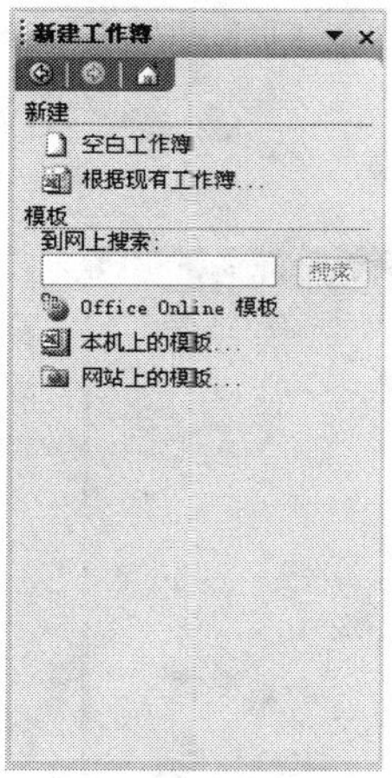

图 5-9　任务窗格

7．状态栏

状态栏位于屏幕的底部，用于显示各种状态信息以及其他有用的信息，特别对 Excel 的新用户来说，经常关注状态栏的信息可以加深认识。

例如，状态栏经常显示信息“就绪”，它表明 Excel 已为新的操作准备就绪；当 Excel 正在执行某一操作，如保存工作簿，状态栏上就会有一个相应的状态指示器；有时状态栏还会显示下一步要做什么的说明。在状态栏的右边有几个显示键盘方式 On/Off 状态的框，如 CAPS（大写锁定）、NUM（数字锁定）、SCRL（滚动锁定）、OVR（改写）等。

5.2　Excel 2003 基础操作

通过前面的学习，已经对 Excel 2003 有了基本的认识，下面来深入了解它的具体操作方法。

5.2.1　工作簿

启动 Excel 后，可以看到 Excel 电子表格是由一个个的长方格组成的表格。了解工作表的组成和结构是学习 Excel 的基础，下面介绍基本的概念。

工作簿是指在 Excel 环境中用来储存并处理工作数据的文件，用户可以把一个 Excel 文档称为一个工作簿。它一般包含有一个或多个工作表，因此可在单个文件中管理各种类型的相关信息。可在 Excel 的【文件】菜单中使用各种命令（新建、打开、保存、关闭等）来对工作簿进行操作。一个工作簿以一个文件的形式存放在磁盘上，扩展名为.xls。

1．新建工作簿

要创建一个新的工作簿，可单击常用工具栏上的按钮，也可单击【新建工作簿】任务窗格中的【空白工作簿】。

要根据模板来创建新工作簿，可以在【新建工作簿】任务窗格中，选择【根据现有工作簿新建】或【本机上的模板】选项，然后在弹出的对话框中进行选择，如图 5-10 所示。

2．打开工作簿

要打开工作簿文件，可单击常用工具栏上的按钮，然后在弹出的对话框中选择要打开的文件名即可，如图 5-11 所示。

在 Excel 2003 中除了可以打开工作簿文件（.xls）外，还可以打开纯文本文件（.txt）、网页文件（.htm）、XML 文件、dBase 数据库文件（.dbf）、Access 数据库文件（.mdb）等。

3．保存工作簿

在 Excel 2003 窗口中，选择【文件】|【另存为】命令或者在工具栏上单击按钮，即可打开【另存为】对话框，输入文件名后，单击【保存】按钮即可将编辑的文件保存，如图 5-12

所示。

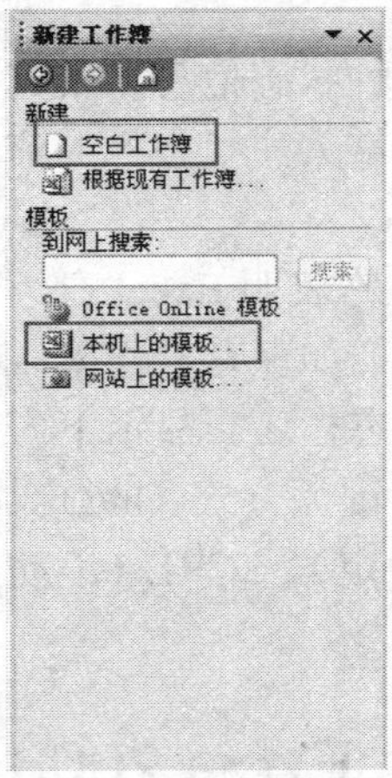

图 5-10 【新建工作簿】任务窗格

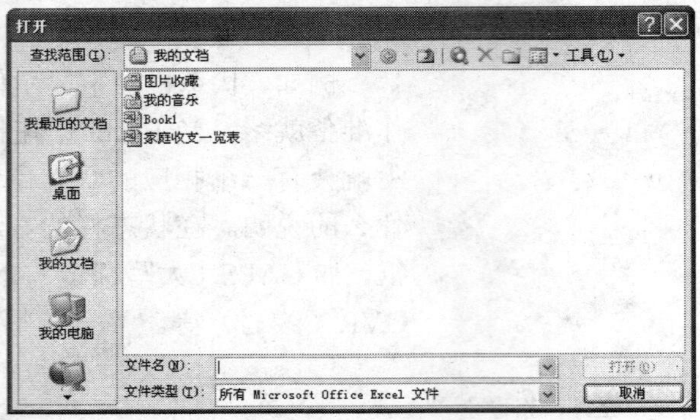

图 5-11 【打开】对话框

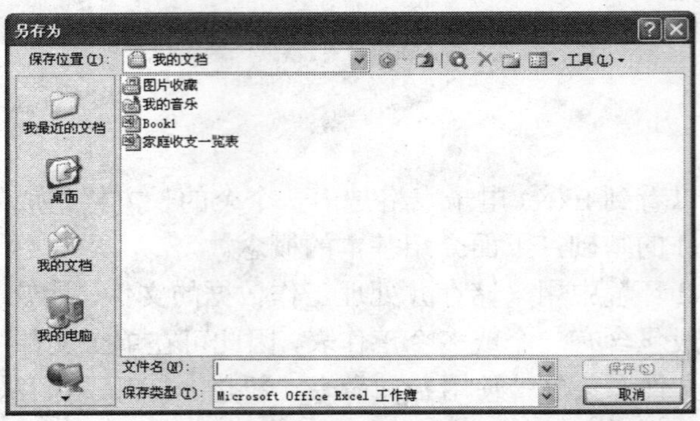

图 5-12 【另存为】对话框

同样，在 Excel 2003 中除了可以将编辑的文档保存为工作簿文件（.xls）外，还可以保存为以前版本（Excel 95、97、2000 等）的工作簿文件（.xls）、纯文本文件（.txt）、网页文件（.htm）、模板文件（.xls）、dBase 数据库文件（.dbf）等。

5.2.2 工作表

众多的排成行和列的单元格汇集在一起就构成了工作表，也称做电子表格。它能存储字符串、数字、公式、图表、声音等丰富的信息或数据。人们能够对这些信息或数据进行各种处理，同时能将工作表打印出来作为一个实实在在的文件。

在一个工作簿中可以包含多个工作表，系统默认的是 Sheet1、Sheet2、Sheet3 三张工作表，这就好像是一个账本，每一页都是一张工作表，一个账本就是一个工作簿。用户也可以根据需要，增加或减少工作表的数量。当打开某一工作簿时，其中包含的所有工作表也同时被打开，工作表名均出现在 Excel 2003 工作簿窗口下面的工作表标签栏中，如图 5-13 所示。

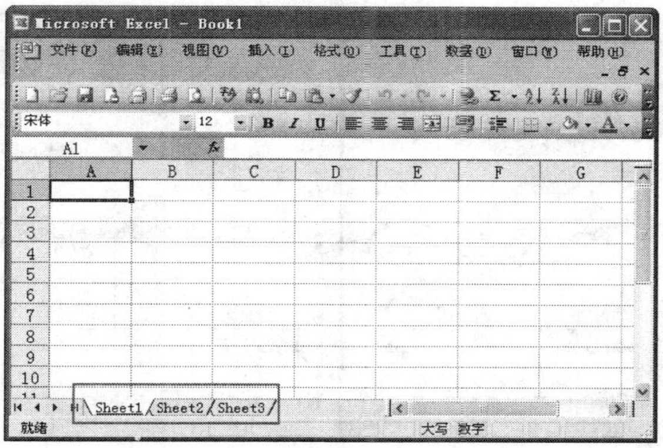

图 5-13　默认的 3 个工作表

下面介绍一下对工作表的操作。

1. 选定工作表

无论用户对工作表进行何种操作，首先必须要选定操作对象——工作表。工作表的选定方法有以下几种：

（1）选定单个工作表：只需单击该工作表标签。

（2）选定多个连续的工作表：先单击要选定的第一个工作表标签，然后按住 Shift 键，再单击最后一个工作表标签。

（3）选定多个不连续的工作表：按住 Ctrl 键，逐个单击要选定的工作表标签。

（4）选定一个工作簿文件中的全部工作表：鼠标指针在某一工作表标签上右击，在弹出的快捷菜单中选择【选定全部工作表】命令。

（5）取消多张工作表的选定：用鼠标右键单击任意一张工作表的标签，在弹出的快捷菜单中选择【取消成组工作表】命令。

2. 工作表的重命名

Excel 在建立一个新的工作簿时，所有的工作表都以 Sheet1、Sheet2…来命名，用户可以通过改变这些工作表的名称来进行有效的管理。具体操作方法如下：选定一个工作表，选择【格式】|【工作表】|【重命名】命令或右击工作表标签，在弹出的快捷菜单里选择【重命名】命令，这时工作表的名称会呈反色显示，输入新的工作表名称后，按 Enter 键即可。

例如，要将工作表 sheet1 重命名为“员工工资表”，可以这样操作。

（1）右击 Sheet1 标签，在弹出的快捷菜单中选择【重命名】命令，如图 5-14 所示。

（2）这时 Sheet1 的名称会呈反色显示，输入“员工工资表”，然后按 Enter 键，即可完成重命名的操作，如图 5-15 所示。

3. 设置工作表标签颜色

除了给工作表起一个有意义的名称外，用户还可以改变工作表标签的颜色，使得工作表容易识别，提高工作效率。

例如，要将学生成绩表工作薄中不同班级的成绩表指定不同的颜色，可以这样操作。

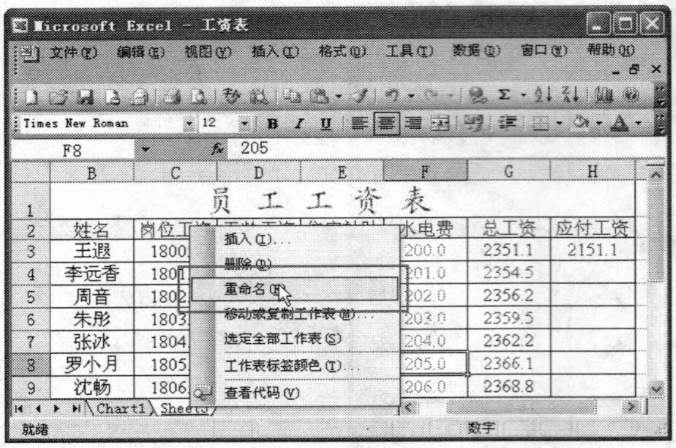

图 5-14　重命名命令

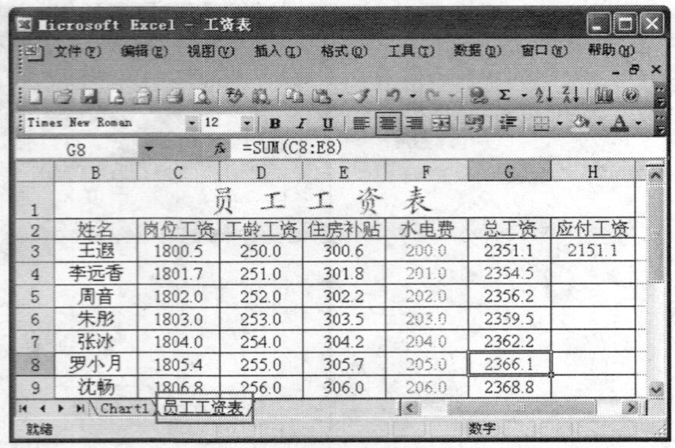

图 5-15　重命名工作表

（1）在学生成绩表工作薄中，先选定一个工作表，然后选择【格式】|【工作表】|【工作表标签颜色】命令或右击某工作表标签，从快捷菜单中选择【工作表标签颜色】命令，即可打开【设置工作表标签颜色】对话框，如图 5-16 所示。

（2）在【设置工作表标签颜色】对话框中，从调色板中选择一种颜色，单击【确定】按钮即可改变工作表标签颜色，如图 5-17 所示。

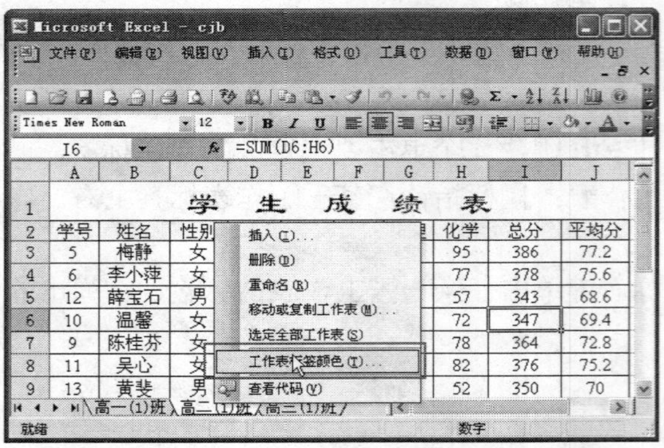

图 5-16　选择【工作表标签颜色】命令

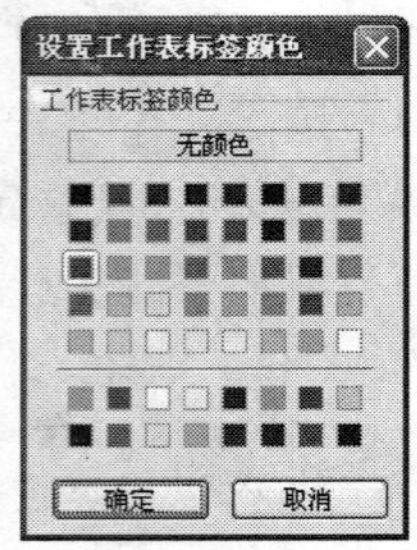

图 5-17　对话框

本例中，为了方便使用，将 3 个工作表设置为不同的颜色，如图 5-18 所示。

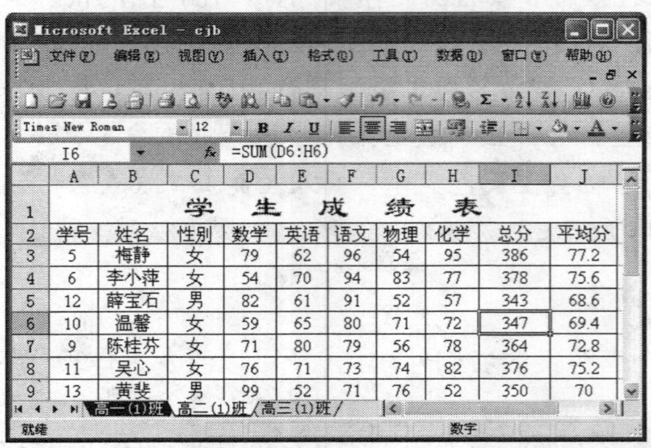

图 5-18　改变工作表标签颜色

4. 插入或删除工作表

在一个新打开的工作薄中含有默认的 3 个工作表，分别以 Sheet1、Sheet2、Sheet3 命名，用户也可以插入新的工作表。

例如，要插入一个新的工作表 Sheet4，就可以这样操作：选择【插入】|【工作表】命令，系统就会自动插入一个名称为 Sheet4 的工作表，如图 5-19 所示。

也可以这样操作：右击工作表标签，在弹出的快捷菜单中选择【插入】命令，在打开的对话框里选中【常用】选项卡，单击“工作表”图标，再单击【确定】按钮，就插入了一个默认名称的工作表，如图 5-20 所示。

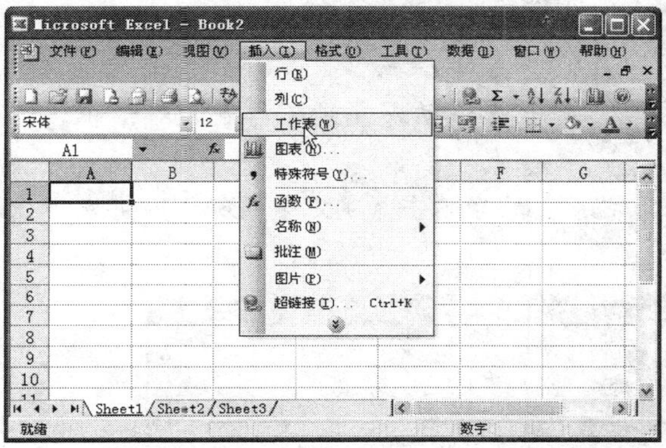

图 5-19　插入工作表方法 1

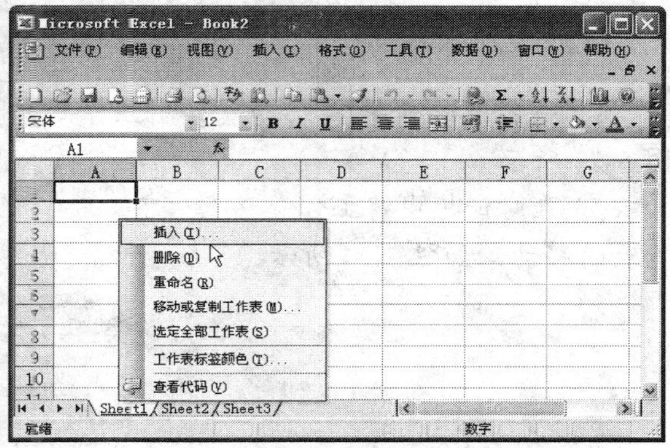

图 5-20　插入工作表方法 2

用户也可以删除那些不需要的工作表，例如要删除 Sheet4 工作表，可以这样操作：右击工作表标签，在弹出的快捷菜单中选择【删除】命令即可。

如果当前的工作表已经编辑了内容，系统就会弹出一个提示框，询问是否要删除，单击【确定】按钮后，即会删除所选定工作表，如图 5-21 所示。

图 5-21　删除工作表提示

5. 移动或复制工作表

在一个工作簿中用户可以任意调整工作表的次序，也可以将工作表移动或复制到另一个工作簿中。具体操作方法如下：

（1）同一个工作簿中的移动或复制

选定要移动或复制的工作表标签，选择【编辑】|【移动或复制工作表】命令（也可使用右键快捷菜单），在打开的【移动或复制工作表】对话框中选择存放工作表的位置，即可完成工作表的移动或复制。

例如，将图 5-22 中的“高三（1）班”移动至“高一（1）班”、“高二（1）班”之间。

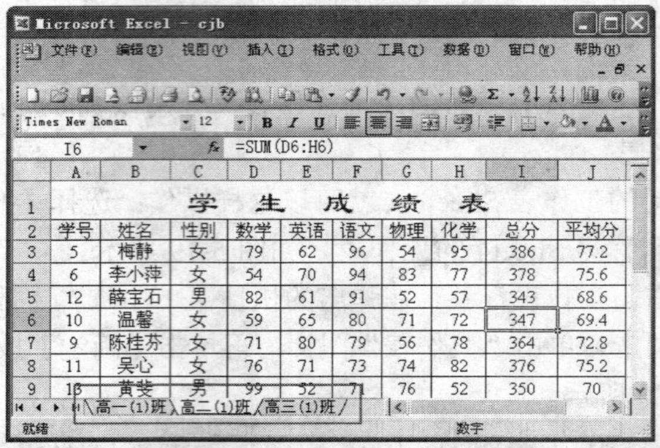

图 5-22　学生成绩表

1）选择【编辑】|【移动或复制工作表】命令，打开【移动或复制工作表】对话框，如图 5-23 所示。

2）在对话框中将工作表移至“高二（1）班”之前，然后单击【确定】按钮，即可实现工作表的移动，如图 5-24 所示。

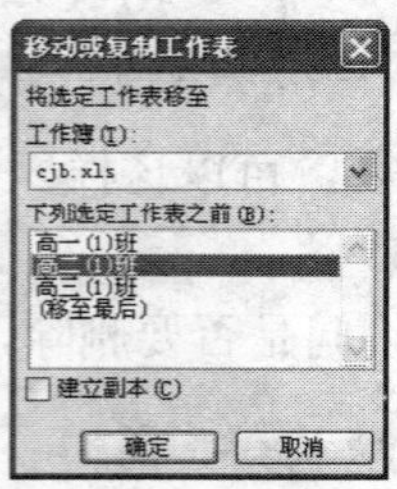

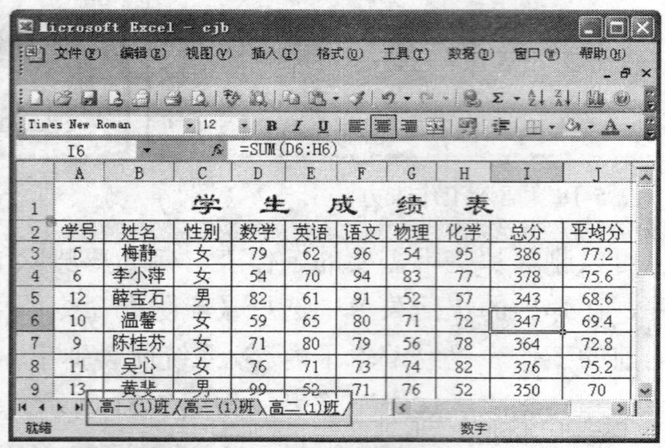

图 5-23　【移动或复制工作表】对话框　　　　图 5-24　移动工作表

在【移动或复制工作表】对话框中，如果用户选中【建立副本】复选框，即可实现选定工作表的复制，如图 5-25 所示。

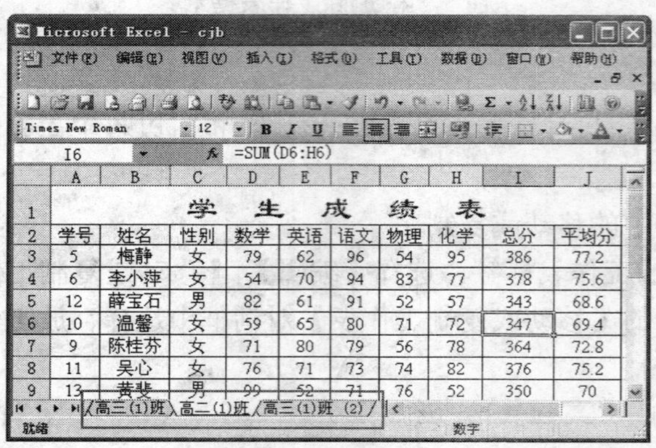

图 5-25　复制工作表

也可以直接使用鼠标来调整工作表的次序：单击选中的工作表标签，按住鼠标左键拖动至新的位置，松开鼠标后即可将工作表移至新的位置。在拖动的过程中，屏幕上会出现一个黑色的三角形来指示工作表要插入的位置。

按住 Ctrl 键，拖动选中的工作表标签到达新的位置，也可以完成工作表的复制。

（2）将工作表移动或复制到另一个工作簿中

上面介绍的是将工作表在同一个工作薄中移动或复制，如果要将工作表移动或复制到另一个工作簿中，可以这样操作：选定要移动或复制的工作表标签，选择菜单栏中的【编辑】|【移动或复制工作表】命令（也可使用右键快捷菜单），在弹出的【移动或复制工作表】对话框中，选择目标工作簿文件名，然后单击【确定】按钮，即可实现在不同工作簿中移动或复制工作表。

例如，要将“cjb 工作簿”中的“高二（1）班”复制到“工资表”中，就可以这样操作。

1）同时打开两个工作薄，先选定“高二（1）班”工作表，然后选择【编辑】|【移动或复制工作表】命令，在打开的【移动或复制工作表】对话框中，在【工作簿】下拉列表中选择【工资表】，并选中【建立副本】复选框，如图 5-26 所示。

2）单击【确定】按钮，即可实现工作表的复制，如图 5-27 所示。

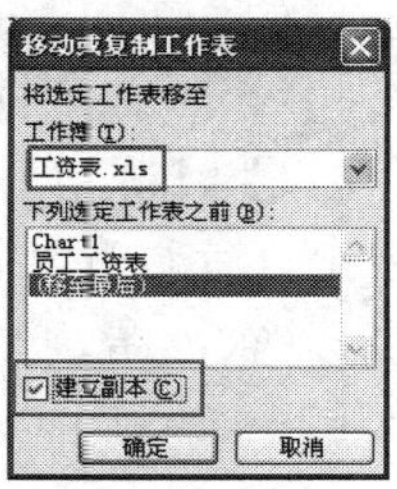

图 5-26　设置【移动或复制工作表】对话框

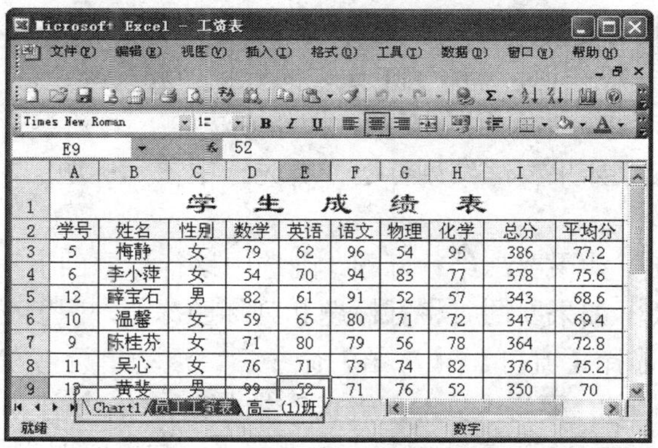

图 5-27　复制工作表

6. 拆分或冻结工作表窗口

Excel 提供了拆分和冻结工作表的功能，用户可以将一张工作表按“横向”或者“纵向”进行分割或冻结，以便同时观察或编辑同一张表格的不同部分。

（1）拆分工作表窗口

在查看工作表时，如果工作表规模比较大，用户就很难比较表中不同部分的数据。这时，就可以使用工作表的“拆分”功能来分割窗口。具体操作如下。

选择【窗口】|【拆分】命令，在工作表当前选中单元格的上面和左边就出现了两条拆分线，整个窗口被分成了 4 个部分，出现了一个垂直滚动条和一个水平滚动条，如图 5-28 所示。

拖动右上角的垂直滚动条，可以同时改变两个窗口中的显示数据；拖动左下角的水平滚动条，则可以同时改变左边两个窗口显示的数据，这样就可以通过这 4 个窗口分别观看不同位置的数据了。

把光标放在这些分隔线上，光标会变成┿形状，按住鼠标左键并拖动，可以任意改变分隔线的位置。

要取消这些分隔线，只需将光标移到分割线处，光标变成形状时双击即可取消拆分。

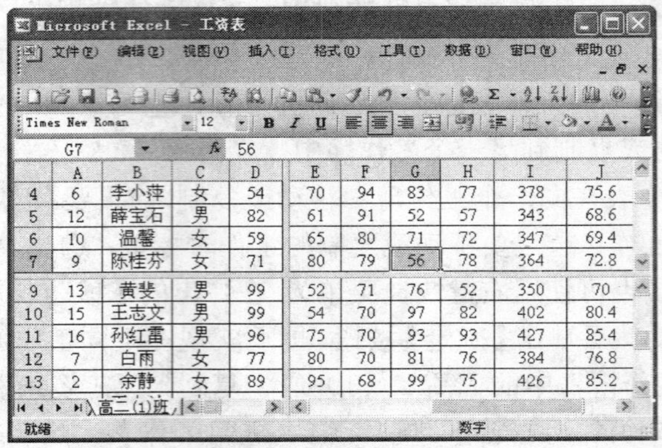

图 5-28　拆分工作表窗口

（2）冻结工作表窗口

用户可以通过使用【冻结】命令将工作表的某几行或某几列数据冻结起来，这样如果滚动窗口时，这几行或几列数据就会固定，不会随着其他的单元格移动。

一般来说，冻结了工作表的行标题和列标题，可以将屏幕外的单元格与行标题、列标题相对应起来，方便用户查看。操作方法如下：

① 如果要冻结列标题，首先选中该列标题的右边一列，然后选择【窗口】|【冻结】命令即可。

② 如果要冻结行标题，则选中该行标题的下一行，然后选择【窗口】|【冻结】命令即可。

③ 如果要同时将行标题和列标题冻结，只要选中合适的单元格作为活动单元格即可，因为在选择【窗口】|【冻结】命令后，活动单元格左边的列和上方的行均被冻结。

例如，要将“员工工资表”中的第 1、2、3 行和 A、B、C 三列冻结起来，就可以这样操作。

选中 D4 为活动单元格，选择【窗口】|【冻结】命令。此时 C 列和 D 列之间会出现一条黑竖线，拖动滚动条，“员工工资表”的第 1、2、3 行和 A、B、C 三列的数据就不会随之滚动，如图 5-29 所示。

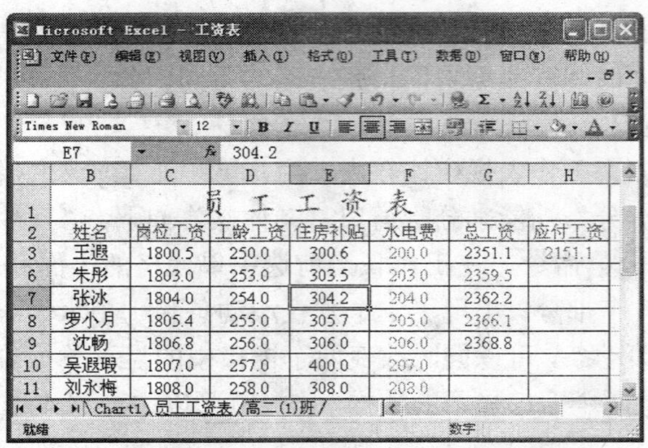

图 5-29　冻结工作表窗口

如果要对行和列“解冻”的话，只要选择【窗口】|【撤销窗口冻结】命令即可。

5.2.3　单元格和单元格区域

1. 单元格

Excel 工作表的基本元素是单元格，单元格内可以包含文字、数字或公式，可以任意输入字符串、数据或日期等信息。工作表中行、列的交点组成单元格，在 Excel 2003 中，一个工作表最多可以有 256 列和 65 536 行，列名用字母及字母组合 A~Z，AA~AZ，BA~BZ…IA~IV 表示，行名用自然数 1~65 536 表示。所以，一个工作表中最多可以有 256×65 536 个单元格。

用户也可以任意改变它的大小。只要将鼠标指针移动到行号区或列号区，在两个行号（列号）相邻的分隔线上，指针就会变成双箭头 ✢，这时拖动鼠标，就可以改变相应单元格的大小。

单元格在工作表中的位置用地址标识，即由它所在列的列名和所在行的行名组成该单元格的地址，其中列名在前，行名在后。例如，第 C 列和第 4 行交点的那个单元格的地址就是 C4。一个单元格的地址，如 C4，也称为该单元格的引用。

单元格地址的表示方法有以下 3 种。

☑　相对地址：直接用列号和行号组成，如 A1、IV25 等。

☑　绝对地址：在列号和行号前都加上$符号，如$B$2、$BB$8 等。

☑　混合地址：在列号或行号前加上$符号，如$B2、E$8 等。

一个完整的单元格地址除了列号、行号外，还要加上工作簿名和工作表名。其中工作簿名用方括号[ ]括起来，工作表名与列号、行号之间用！号隔开。例如，[gzb.xls] Sheet1!C5 表示工作簿 gzb.xls 中 Sheet1 工作表的“C5 单元格”。而 Sheet2!B10 则表示工作表 Sheet2 的“单元格 B10”。这种加上工作表和工作簿名的单元格地址的表示方法，是为了方便用户在不同工作簿的多个工作表之间进行数据处理。

2. 单元格区域

单元格区域是指由工作表中一个或多个单元格组成的矩形区域。区域的地址由矩形对角的两个单元格的地址组成，中间用冒号“:”相连。例如，B2:E8 表示从左上角是 B2 的单元格到右下角是 E8 的单元格的一个连续区域。区域地址前也同样可以加上工作表名和工作簿名以进行多工作表之间的操作，如 Sheet2!A1:C8。

3. 选定单元格或区域

在 Excel 中，许多操作都是和区域直接相关的。一般来说，在进行操作（如输入数据、设置格式、复制等）之前，应先选定单元格或区域。被选中的单元格或区域，称为当前单元格或当前区域。

（1）选定单元格

单元格的选定非常简单，用鼠标单击某单元格即选中该单元格。要选中某行或列，则用鼠标单击该行名或列名即可。

（2）选定单元格区域

选定单元格区域的方法有以下 3 种。

① 在所要选择的区域的任意一个角单击鼠标左键并拖动至区域的对角，释放鼠标左键即可。例如，在 A1 单元格单击鼠标左键后，拖动至 H10 单元格，则选择了单元格区域“A1:H10”。

② 在所要选择的区域的任意一个角单击鼠标左键后，释放鼠标，然后按住 Shift 键，同时在区域的对角单击鼠标左键即可。例如，在 A1 单元格单击鼠标左键后，释放鼠标，然后按住 Shift 键，用鼠标左键单击 H10 单元格，即可选定单元格区域“A1:H10”。

③ 如果要选择多个不连续的单元格、行、列或区域，可以在选定一个单元格区域后，按住 Ctrl 键的同时，再选取下一个区域。

5.3 工作表操作

通过前面的学习读者已经了解了 Excel 2003 的操作基础，下面将介绍在工作表中如何输入数据并进行相应的处理。

5.3.1 工作表中数据的输入

向单元格中输入数据时，先选中要输入数据的单元格，然后输入数字、文字或其他符号即可。但是在特殊的情况下需要输入不同类型的数据，主要包括以下几种。

1. 文本输入

在 Excel 单元格中，任何的输入，只要系统认为它不是数值（包括日期和时间）和逻辑值，那么它就是文本型数据。如果要将任意一串字符（数字、逻辑值、公式等）作为文本型数据输入时，只需在第一个字母前加单引号即可。例如，在单元格中输入“’ TRUE”，则系统会认为 TRUE 是一个文本，而不是一个逻辑值。

需要注意的是，如果在单元格中没有输入任何内容，则称该单元格是空的，而如果输入了一个空格后，该单元格就不能为空了，它的值就是一个空格（虽然看不见）。所以，在输入数据的时候，不要多加空格，否则会产生错误，并且不容易查找和改正。

2. 日期、时间格式输入

日期与时间是两种特殊的“数字”格式，日期以 1900 年 1 月 1 日代表 1，每隔一天则增加 1。而时间则以日期数字后面的小数位来表示，将其平均分配于 0~1 之间，其中每隔 0.1 则增加 2:24，0.5 代表 12:00。

（1）日期的输入

在 Excel 中，日期和时间是作为数字进行处理的，Excel 能够识别出大部分用普通表示方法输入的日期和时间格式。用户可以用多种格式来输入一个日期，可以用斜杠“ / ”或者“-”来分隔日期中的年、月、日部分。例如，要输入“2001 年 12 月 1 日”，可以在单元格中输入“2001/12/1”或者“2001-12-1”。如果要在单元格中插入当前日期，可以按“Ctrl+; ”组合键。

（2）时间的输入

在 Excel 中输入时间时，用户可以按 24 小时制输入，也可以按 12 小时制输入。这两种输入的表示方法是不同的，例如要输入下午 2 时 30 分 38 秒，用 24 小时制输入格式为“14:30:38”，而用 12 小时制输入时间格式为："2:30:38　PM"。如果要在单元格中插入当前时间，则按"Shift+Ctrl+;"组合键即可（格式为"时：分"，没有秒）。

例如，在单元格 C2 和 D2 中分别插入当前的日期和时间，如图 5-30 所示。

3．输入批注

选择【插入】|【批注】命令可以为单元格加上批注，单元格有了批注，其右上角就出现一个红色的小方块，表示该单元格有批注信息。当光标移动到单元格时就会在单元格的旁边显示批注的内容，如图 5-31 所示。

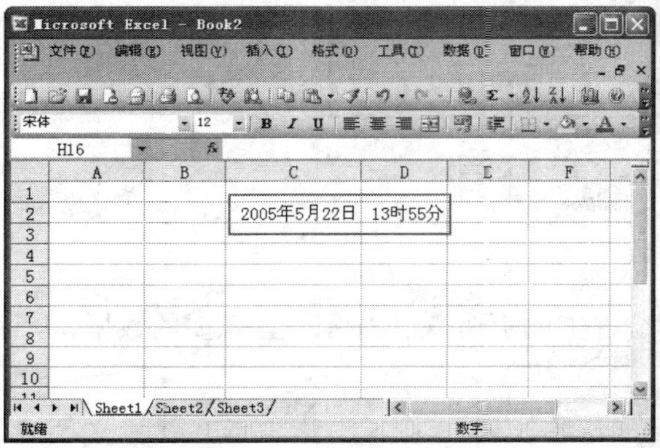

图 5-30　插入当前日期和时间

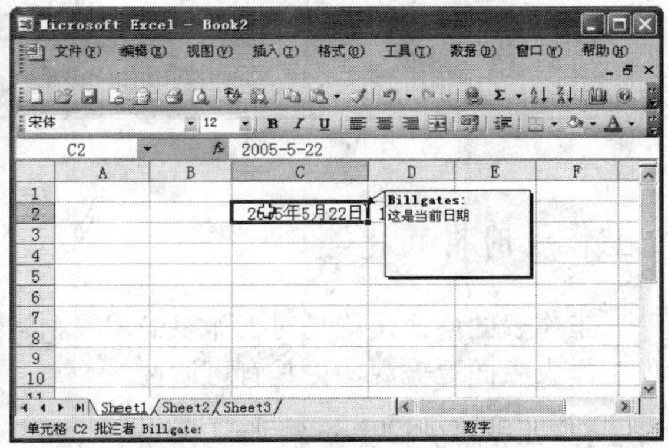

图 5-31　输入批注

4．自动填充有规则的数据

在填写数据时，经常要输入大量重复的、有规律的数据，使用 Excel 的自动填充功能，会大大减少工作量，提高工作效率。例如，数字 2、4、6、8…，时间 1 月 1 日、2 月 1 日……，就可以使用自动填充功能来快速填充。

首先要进行如下设置：选择【工具】|【选项】命令，打开【选项】对话框，选择【编辑】选项卡。该选项卡中有很多复选框，在此选中【单元格拖放功能】复选框，如图 5-32 所示。

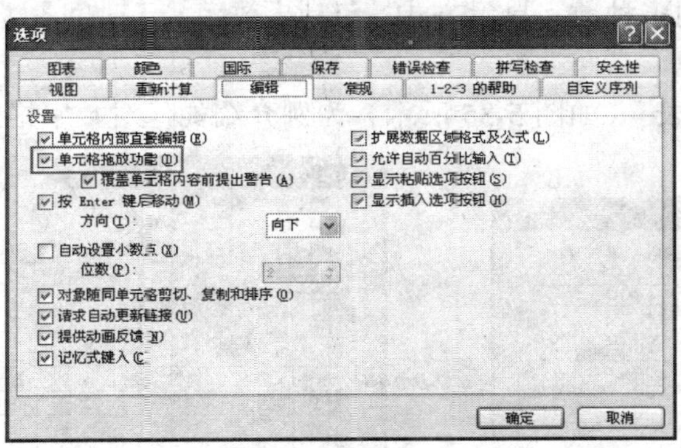

图 5-32　【选项】对话框

下面使用自动填充功能：首先在 B1、B2 单元格中分别输入 1、2，然后选定 B1、B2 单元格，在选定区域的右下角会出现一个黑色的小方块，称为填充句柄。将光标指向填充句柄，光标就变成了一个黑色加号"+"，这时按住鼠标左键，向下拖动鼠标到 B5 单元格，然后释放鼠标，则 B1:B5 单元格就自动填好了，如图 5-33 所示。

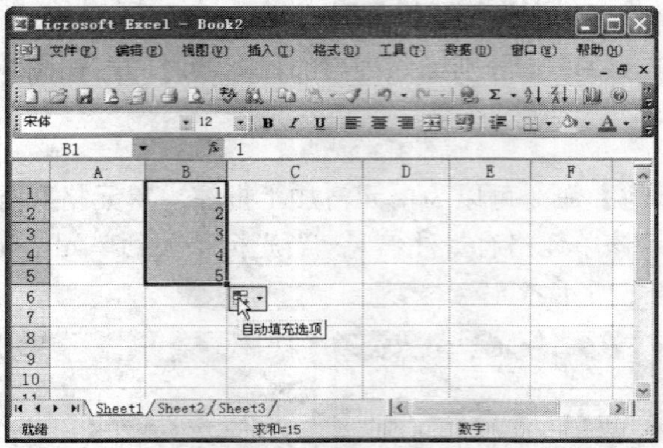

图 5-33　自动填充

5.3.2　工作表的格式化

工作表的格式化就是对工作表的编辑、美化，它的作用是突出显示一些重要的数据，从而使工作表版面更美观，更具有可读性。

1．单元格的格式设置

单元格的格式设置，是格式化表格的重要方法，也是美化表格的重要手段。

对单元格区域进行格式设置，可以先选定需要格式化的单元格区域，然后选择【格式】|【单元格】命令，或单击鼠标右键，在快捷菜单中选择【设置单元格格式】命令，系统就会自动弹出【单元格格式】对话框，其中包含了【数字】、【对齐】、【字体】、【边框】、【图案】和【保护】6 个选项卡，如图 5-34 所示。

（1）【数字】选项卡

在【数字】选项卡中，用户可以对各种类型的数字（包括日期和时间）进行相应的显示格式设置。Excel 可以使用多种数字显示方式，包括【数字】、【时间】、【分数】、【货币】、【会计】和【科学记数】等格式。

下面以“员工工资表”（如图 5-35 所示）为例介绍如何对数字格式进行设置。

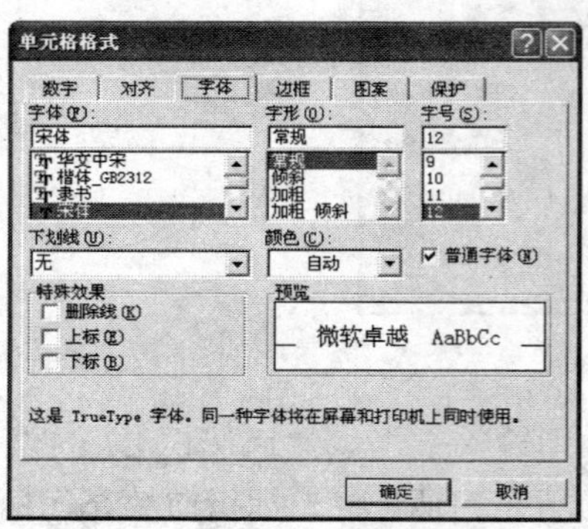

图 5-34　【单元格格式】对话框

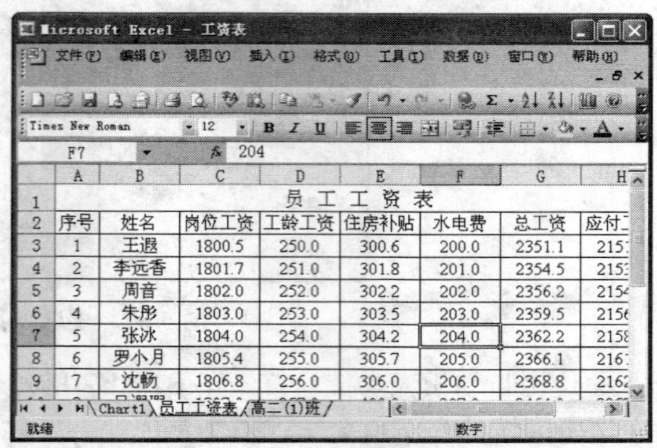

图 5-35　员工工资表

如果用户要改变工作表中数值的小数位，可以这样操作。

1）选定要改变的单元格区域（本例中选择单元格 E3：E14），选择【格式】|【单元格】命令，打开【单元格格式】对话框，选择【数字】选项卡，如图 5-36 所示。

2）在左边【分类】下拉列表中选择【数值】，在右边的【小数位数】文本框中输入相应的数值（本例中输入 2），单击【确定】按钮即可应用设置，如图 5-37 所示。

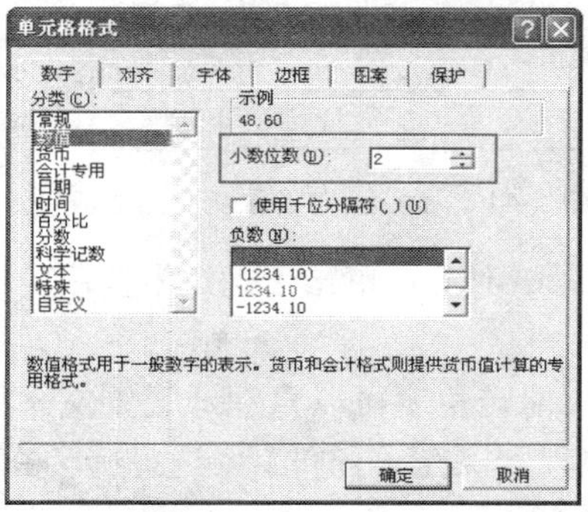

图 5-36　【数字】选项卡

图 5-37　设置完成后的员工工资表

还可以给数值加上货币符号，具体操作为：选定相应单元格区域（本例中选择单元格 F3:F14），打开【数字】选项卡，在左边【分类】下拉列表中选择【货币】，在右边的【货币符号】下拉列表中选择相应的货币符号（本例中输入￥），如图 5-38 所示。

单击【确定】按钮后即可应用设置，如图 5-39 所示。

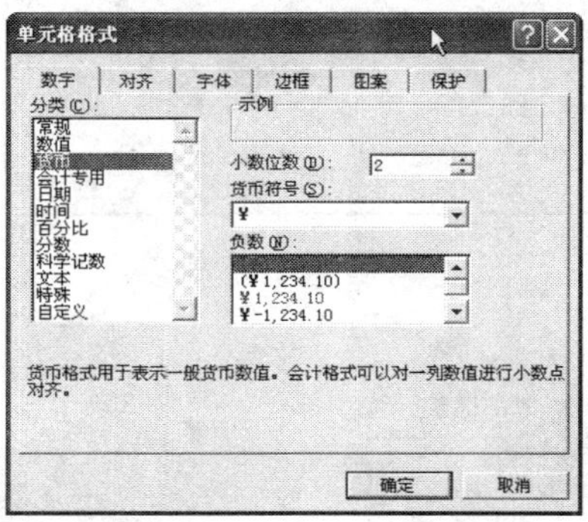

图 5-38　【数字】选项卡

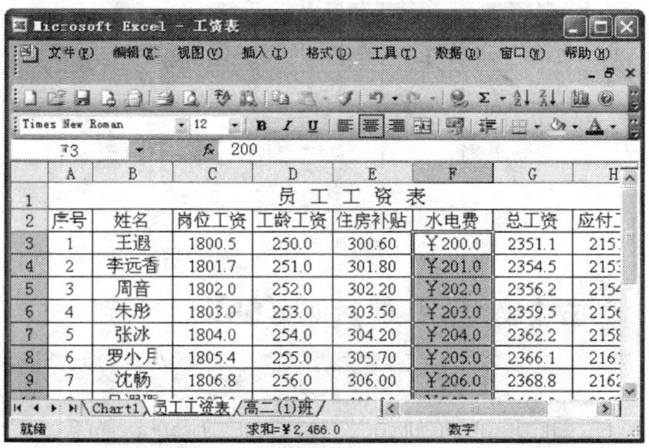

图 5-39　添加货币符号

（2）【对齐】选项卡

在【对齐】选项卡中可以设置单元格区域内的数据的对齐方式。默认情况下，文本为左对齐，而数字则为右对齐。

打开【对齐】选项卡，在【文本对齐】选项组中可以设置【水平对齐】方式，包括【常规】、【靠左】、【居中】、【靠右】、【填充】、【两端对齐】、【分散对齐】和【跨列居中】，如图 5-40 所示。

【垂直对齐】方式包括【靠上】、【居中】、【靠下】、【两端对齐】和【分散对齐】，如图 5-41 所示。

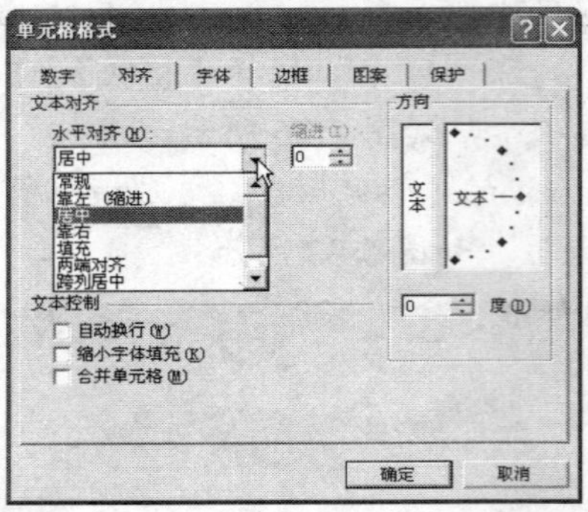

图 5-40 【水平对齐】方式

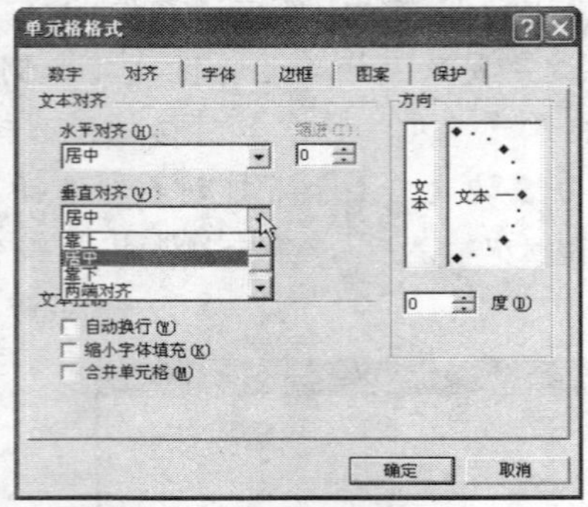

图 5-41 【垂直对齐】方式

例如，设置所有单元格区域中的数据水平靠右、垂直居中对齐，单击【确定】按钮应用设置后如图 5-42 所示。

在【方向】选项组中拖动红色指针或者在文本框中输入偏转角度可以直观地设置文本按某一角度方向显示。例如，选定 C2 单元格，打开【对齐】选项卡，在【方向】中选择旋转 90°，如图 5-43 所示。

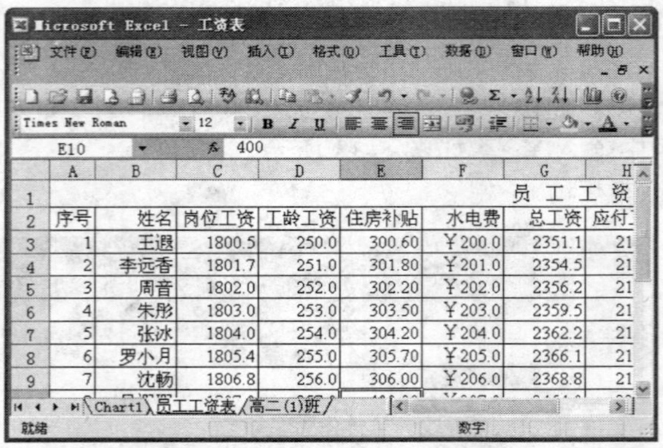

图 5-42 员工工资表对齐示例

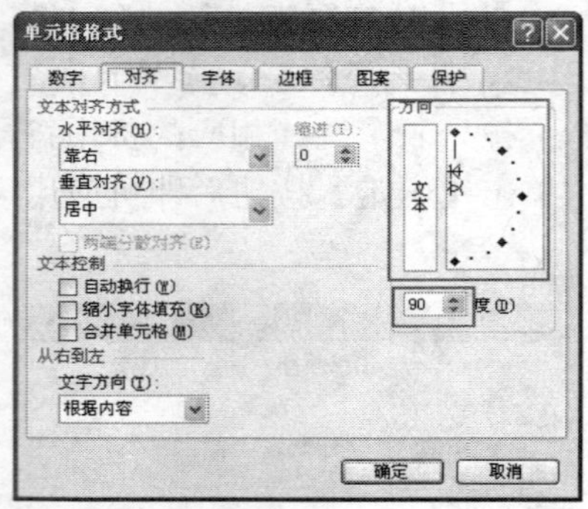

图 5-43 显示方向

单击【确定】按钮后即可应用设置，如图 5-44 所示。

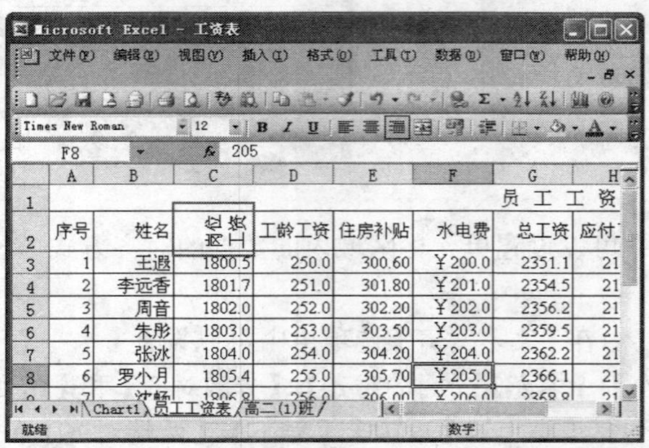

图 5-44 旋转 90°

【文本控制】选项组用于解决单元格内文字较长时可能出现的“截断显示”问题，包括【自动换行】、【缩小字体填充】和【合并单元格】3 个复选框，如图 5-45 所示。

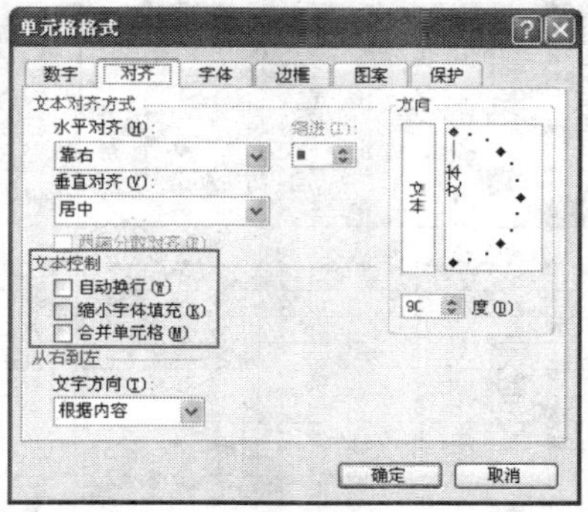

图 5-45　【文本控制】复选框

☑　选中【自动换行】复选框将允许文本根据单元格的宽度自动换行。

☑　选择【缩小字体填充】复选框，系统将会在某个单元格中输入的数据超过了单元格的宽度时，自动缩小字符的大小将数据调整到与所设列宽一致，使数据能全部显示在单元格中。即使以后更改了这些单元格的列宽，其中的字符也会自动地增大或缩小字号，以适应新的单元格列宽。

☑　选中【合并单元格】复选框后可以将多个单元格合并为一个单元格，并将原左上角单元格的地址作为合并后的单元格地址。

（3）【字体】选项卡

在【字体】选项卡中，用户可以对字体（宋体、黑体等）、字形（加粗、倾斜等）、字号（大小）、颜色、下划线、特殊效果（上标、下标等）等格式进行定义。Excel 默认的字体是宋体、常规字形、12 号。

例如，将学生成绩表（如图 5-46 所示）中的表头字体设置为楷体、16 号、蓝色，可以进行如下操作。

1）选定表头所在单元格，选择【格式】|【单元格】命令，打开【单元格格式】对话框，选择【字体】选项卡，如图 5-47 所示。

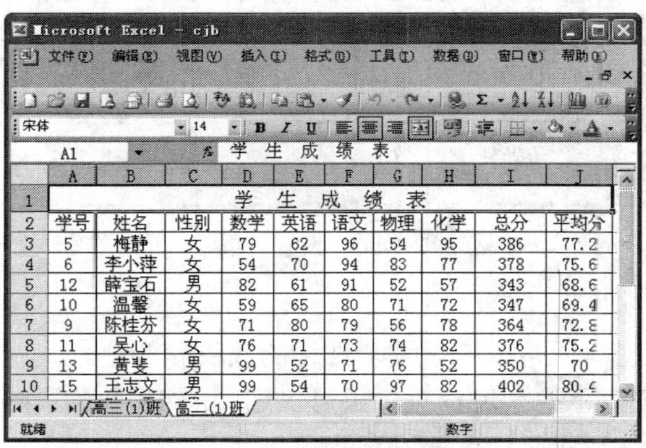

图 5-46　学生成绩表

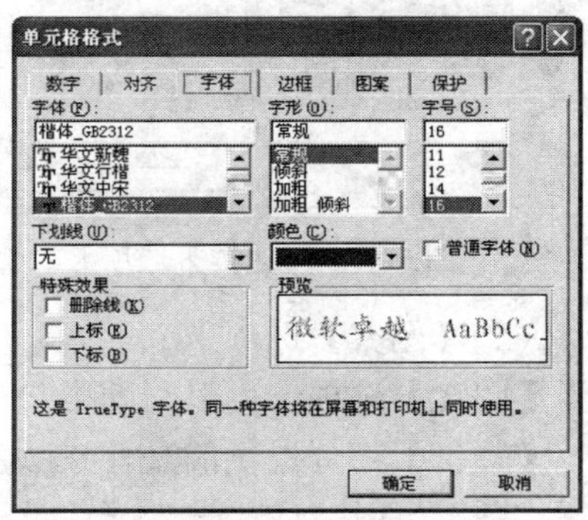

图 5-47　【字体】选项卡

2）在【字体】选项卡中，设置字体为楷体、16 号、蓝色，单击【确定】按钮后即可应用设置，如图 5-48 所示。

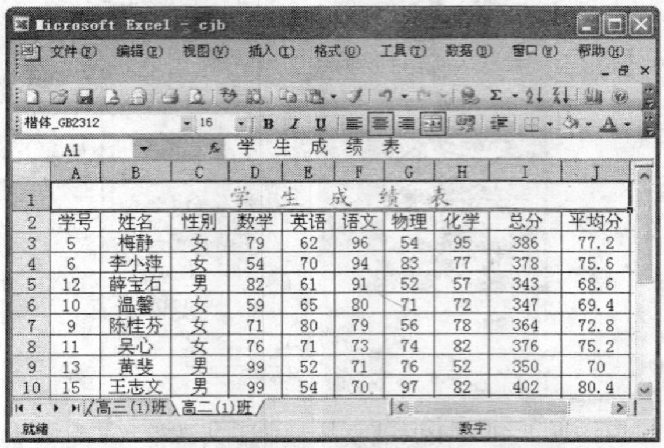

图 5-48　学生成绩表应用设置后的效果

（4）【边框】选项卡

Excel 工作表默认的边框为淡虚线，打印时将不显示。用户可以根据需要和喜好为单元格或工作区域设置特色边框，具体操作如下。

选定所有单元格区域，打开“边框”选项卡，如图 5-49 所示。

在选项卡中，在【预置】选项组中可以选择边框样式。在【线条】选项组中，【样式】列表框用来选择边框的虚实、粗细或双线，【颜色】下拉列表框提供了线条的颜色设置。但是要注意的是应先选线条的【样式】和【颜色】，再单击相应边框，才能将设置的线条和颜色应用到边框上。

例如，设置边框为黑色双线，网格为黑色细线，应用后表格如图 5-50 所示。

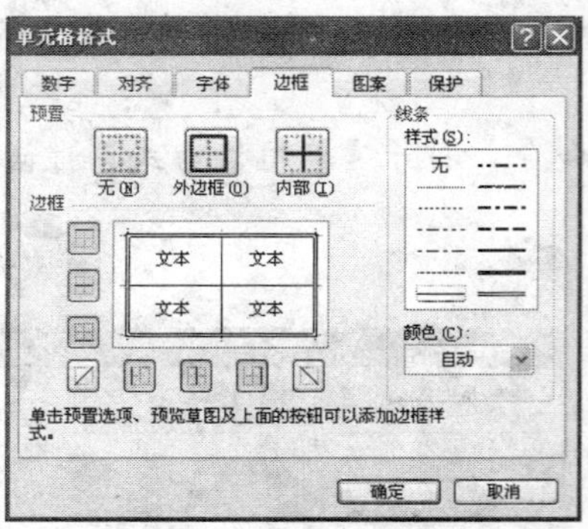

图 5-49　【边框】选项卡

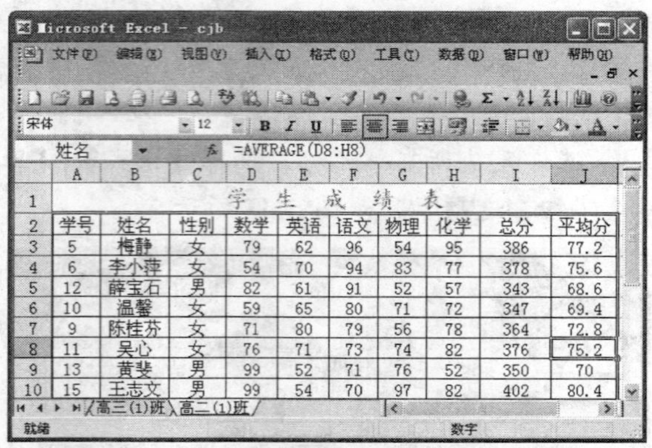

图 5-50　设置边框

（5）【图案】选项卡

【图案】选项卡可以帮助用户为单元格或单元格区域设置个性化的底纹和颜色。

【颜色】部分提供的是背景颜色，【图案】下拉列表框提供了可供选择的 18 种背景图案。设置“图案”时，应先选定颜色再选择图案。

例如，设置背景颜色为“黄色”，无图案，如图 5-51 所示。

单击【确定】按钮后即可应用设置，如图 5-52 所示。

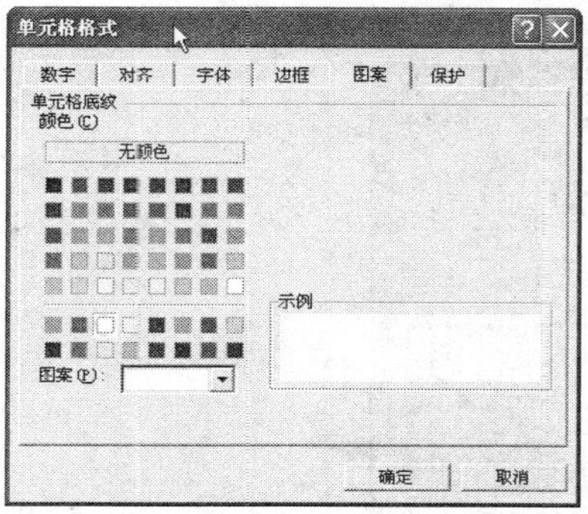

图 5-51　【图案】选项卡

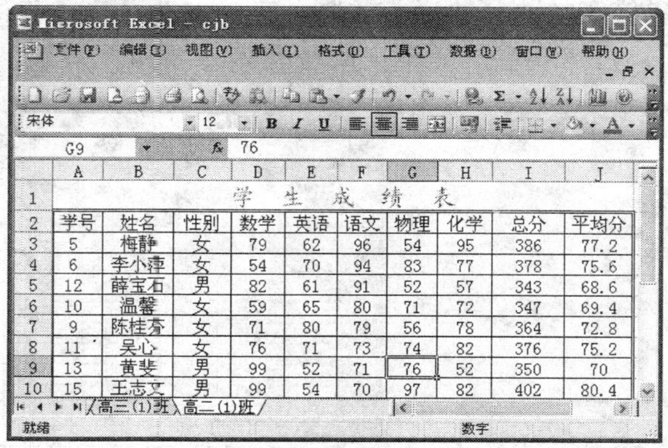

图 5-52　设置背景

（6）【保护】选项卡

在【保护】选项卡中可以对单元格进行保护，主要是【锁定】和【隐藏】。“锁定”的功能是防止单元格被移动、改动、更改大小或删除；“隐藏”的功能是指隐藏公式，当选中被隐藏公式的单元格时，单元格中的计算公式不会显示在编辑栏中，可以达到所谓的“算法隐蔽”目的，即只知道计算结果，却无法得知结果是怎样计算出来的。

注意：

只有在工作表被保护的情况下，保护单元格设置才有效。

2. 运用条件格式

条件格式是 Excel 的突出特性之一，运用条件格式，可以使工作表中不同的数据以不同的格式来显示，使得用户在使用工作表时，可以更快、更方便地获取重要信息。

例如，在学生成绩表中，运用条件格式可以将所有不及格的分数用红色、加粗字体来显示，所有 90 分以上的用蓝色、加粗字体来显示，并且当输入或修改数据时，新的数据会自动根据规则用不同的格式来显示。具体操作方法如下：

（1）选定数据区域（D3：H18），选择【格式】|【条件格式】命令，打开【条件格式】对话框，如图 5-53 所示。

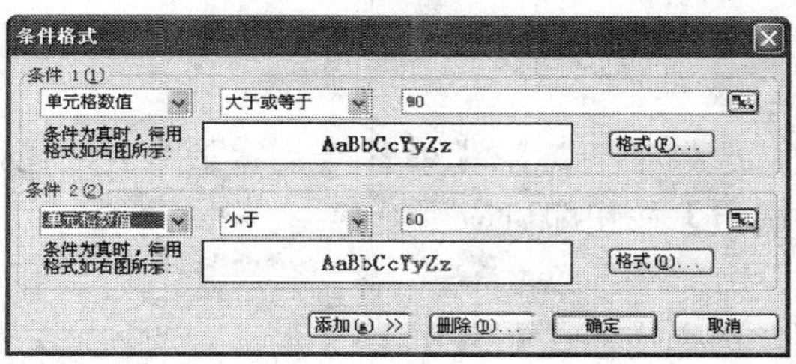

图 5-53　【条件格式】对话框

在该对话框中，用户可选择条件运算符和条件值进行条件格式的设置，如果条件多于一个，可以单击【添加】按钮，添加新的条件（【条件格式】最多可提供 3 个条件表达式）。本例中，单击【添加】按钮，在【条件 1】中设置【条件运算符】为【大于或等于 90】，在【条件 2】

中设置【条件运算符】为【小于 60】。

（2）单击【格式】按钮，可以打开【单元格格式】对话框来设置醒目的字体、边框和图案等，应用设置后的学生成绩表如图 5-54 所示。

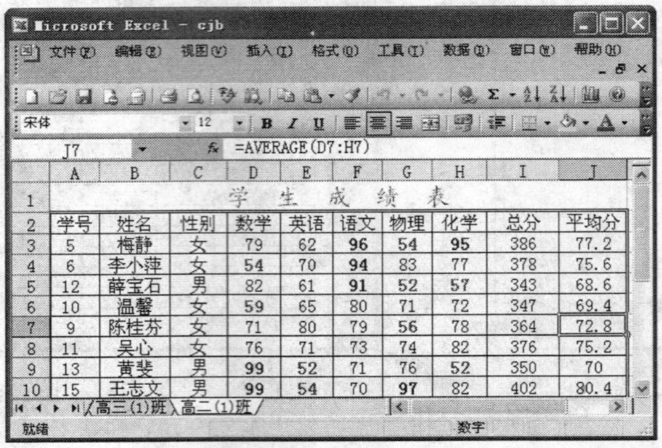

图 5-54　运用条件格式设置学生成绩表

3. 格式的复制

Excel 提供了非常简单的方法来复制单元格格式，如果想把已格式化的数据区域（单元格）的格式用于其他区域（单元格），可通过格式复制来快速完成。格式复制一般使用常用工具栏中的【格式刷】按钮来完成，具体操作方法如下。

选定被复制格式的单元格，单击工具栏中的按钮，待光标变成形状，单击目标单元格即可。如果要将格式连续复制到多个单元格或区域中，则先选中被复制格式的单元格，双击工具栏中的按钮，然后依次选定目标单元格，复制结束后再单击按钮即可。

4. 行高和列宽的调整

在新建的工作簿中，工作表的行和列都使用系统默认值，也就是标准行高和标准列宽。如果输入或生成的数据比较大，超出了标准的高度和宽度，超长的部分将会被截去，数字则用“#######”表示。当然，完整的数据还在单元格中，只不过没有显示出来而已。只有适当地调整单元格的行高、列宽，才能将数据完整地显示出来。

（1）使用菜单命令调整

用户可以使用菜单命令对行高和列宽进行精确调整，具体方法如下。

① 设置列宽

选定要调整宽度的列，选择【格式】|【列】|【列宽】命令，在弹出的【列宽】对话框中输入所需列宽值，单击【确定】按钮即可应用设置。

② 自动匹配列宽

选定要调整宽度的列，选择【格式】|【列】|【最适合的列宽】命令，可以把列宽调整到该列所有单元格中宽度最大的那个单元格的宽度。

③ 设置标准列宽

选择【格式】|【列】|【标准列宽】命令，在弹出的【标准列宽】对话框中输入所要设置的标准列宽值，单击【确定】按钮即可。

注意：

此设置值就成为它的标准列宽，也就是它的默认值。

同理，也可以对行高进行设置，此处不再赘述。

（2）用鼠标直接操作

利用鼠标可以方便、快速地调整行高和列宽。具体方法是：将光标指向行号下边（列号右边）的分隔线上，当光标变成双向箭头形状时，在光标旁边将显示所在行（列）的高（宽）度，按住并拖动鼠标至适当行高、列宽位置。

双击鼠标左键，Excel 将自动设置该行（列）的高（宽）度为该行（列）中数据的最高（宽）值。

（3）行、列的隐藏

【隐藏】命令是将所选的行（列）隐藏起来不予显示。具体方法如下：选定要隐藏的行（列），选择【格式】|【行（列）】|【隐藏】命令，就可以将选中的行（列）隐藏起来。隐藏的行（列）既不显示也不打印。

【取消隐藏】是将隐藏的行（列）重新显示。如果要取消隐藏，可以先选定包含了隐藏行（列）的区域，然后选择【格式】|【列】|【取消隐藏】命令。例如，已经隐藏了 B:D 列，现在要取消隐藏，可以先选中 A:E 列，然后选择【格式】|【列】|【取消隐藏】命令即可。

5. 自动套用格式

使用 Excel 提供的“自动套用格式”功能，可以方便地为工作表设置格式，既可以提高工作效率，又具有较好的美化效果。具体操作方法如下：

选定要格式化的单元格区域，选择【格式】|【自动套用格式】命令，打开【自动套用格式】对话框，如图 5-55 所示。

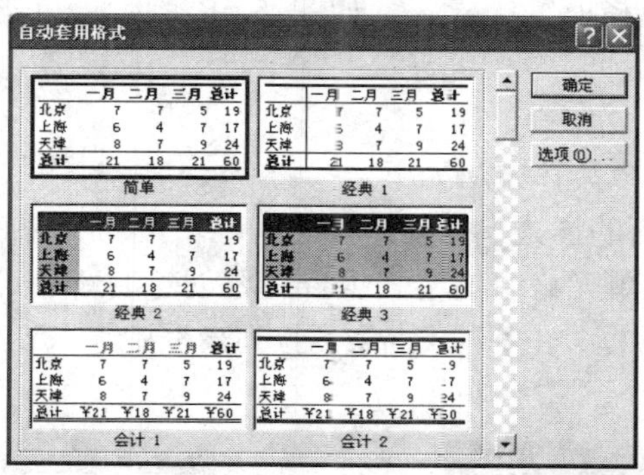

图 5-55　【自动套用格式】对话框

在对话框的格式示例中选中其中一个，单击【确定】按钮即可。

自动套用格式时，既可以套用全部格式，也可以套用部分格式。单击对话框中的【选项】按钮，在对话框的底部就列出了应用格式种类，包括【数字】、【字体】、【对齐】、【边框】、【图案】、【列宽/行高】6 个复选框，用户可以根据需要进行选择设置，如图 5-56 所示。

如果要删除某一单元格区域的自动套用格式，则先选定要删除格式的单元格区域，选择【格式】|【自动套用格式】命令，在弹出对话框中的格式列表中选择【无】（在最下面），单

击【确定】按钮即可，如图 5-57 所示。

图 5-56　应用格式种类

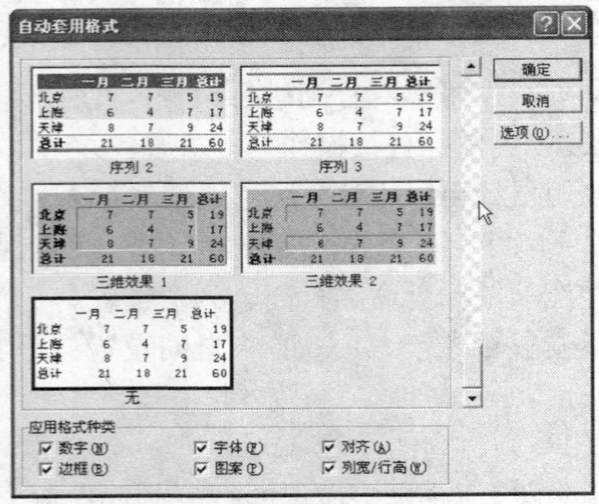

图 5-57　删除格式

6. 样式

所谓样式是指可以定义并成组保存的格式设置集合，如字体大小、图案、对齐方式等。样式可以简化工作表的格式设置和以后的修改工作。用户定义一个样式后，可以将它应用到其他单元格和区域，这些单元格和区域就具有相同的格式，如果样式改变，则所有使用该样式的单元格都自动跟着改变。

（1）应用现有样式

Excel 中有很多预先设置好的格式，基本上平时使用的格式都可以从这里找到。具体操作方法如下：

选定要格式化的单元格或区域，选择【格式】|【样式】命令，打开【样式】对话框。在【样式名】下拉列表框中选择所需的样式，如图 5-58 所示，单击【确定】按钮即可应用该样式。

（2）创建新样式

还可以自己创建新样式，具体方法如下。

① 将已有格式设置为新的样式

先选定一个单元格，该单元格中的格式组合是要创建的新样式，然后选择【格式】|【样式】命令，打开【样式】对话框，在【样式名】下拉列表框中输入新样式的名称，例如输入“货币样式”，如图 5-59 所示。

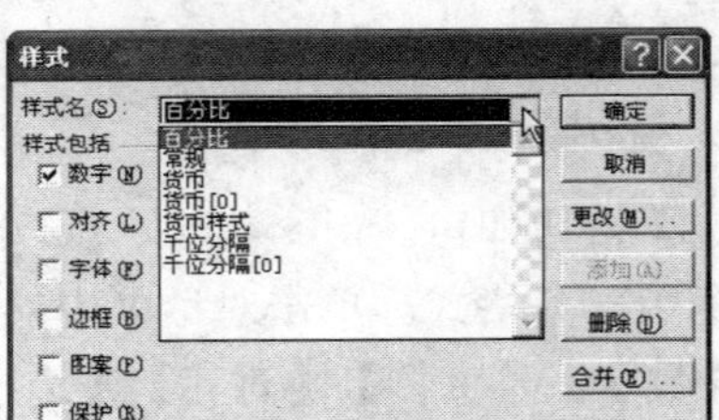

图 5-58　【样式】对话框 1

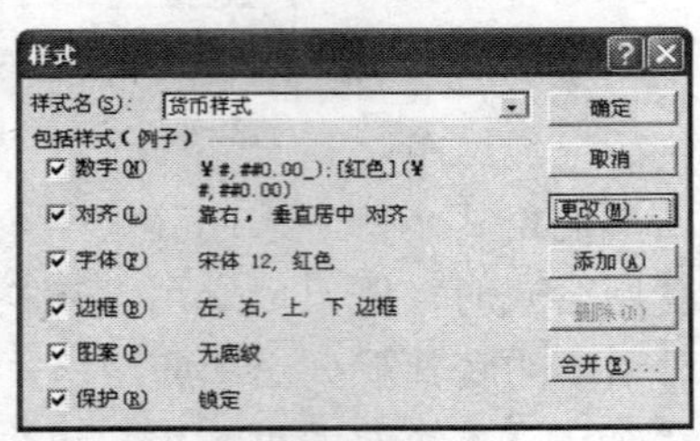

图 5-59　【样式】对话框 2

如果用户要定义样式并同时将它应用于选定的单元格，则单击【确定】按钮；若只定义而并不立即应用于当前单元格或区域，则单击【添加】按钮，将样式添加到系统中，然后单击【关闭】按钮即可退出对话框。

② 设置新样式

选择【格式】|【样式】命令，打开【样式】对话框。在【样式名】下拉列表框中输入新样式的名称。如果要更改已有样式的格式，则在下拉列表框中单击选中要修改的样式名，如图 5-60 所示。

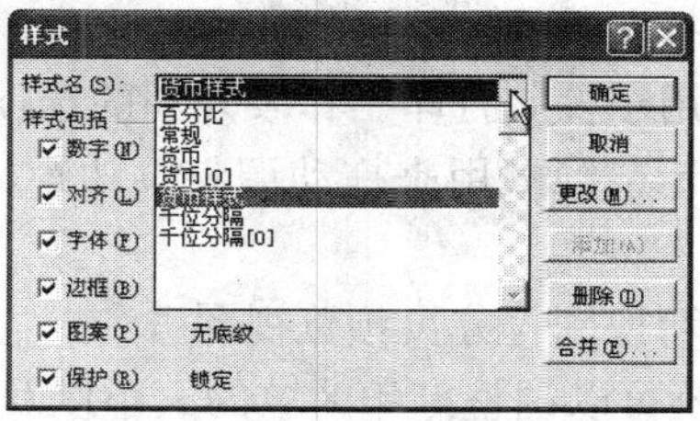

图 5-60　【样式】对话框 3

单击【更改】按钮，系统会自动弹出【单元格格式】对话框，用户可以对单元格格式进行修改。单击【确定】按钮，即可应用当前设置。

（3）删除样式

要删除不需要的样式可以这样操作：选择【格式】|【样式】命令，在【样式】对话框的【样式名】下拉列表框中选择相应的样式，单击【删除】按钮即可。但是，【常规】样式是不能删除的。

5.3.3　打印工作表

完成工作表的编辑、排版后，用户就可以打印输出了。

1. 打印预览

一般在打印工作表之前都会先预览一下，查看工作表的打印效果，这样可以防止打印出来的工作表不符合要求。选择【文件】|【打印预览】命令或单击工具栏上的按钮，就可以切换到【打印预览】窗口中，如图 5-61 所示。

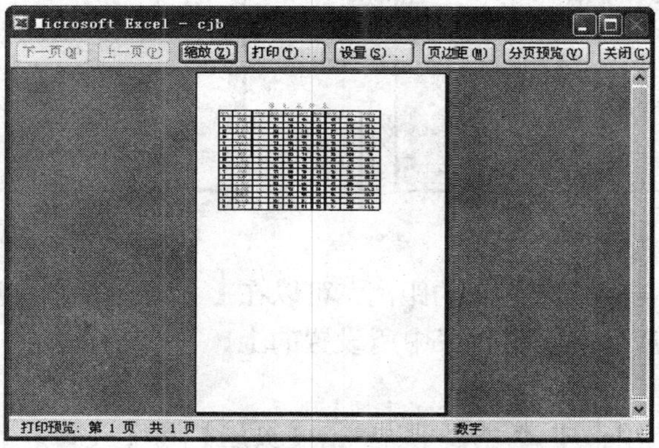

图 5-61　打印预览

在【打印预览】窗口上方排列着 9 个打印预览命令，其功能如下。

☑ 【下一页】按钮：显示要打印的下一页。

☑ 【上一页】按钮：显示要打印的上一页。

☑ 【缩放】按钮：在全页视图和放大视图之间切换，“缩放”功能并不影响实际打印时的大小。也可以单击预览屏幕中工作表上的任何区域，使工作表在全页视图和放大视图之间切换。

☑ 【打印】按钮：设置打印选项，然后打印所选工作表。

☑ 【设置】按钮：设置用于控制打印工作表外观的选项。

☑ 【页边距】按钮：显示或隐藏用来拖动调整页边距、页眉和页脚边距以及列宽的操作柄。

☑ 【分页预览】按钮：切换到“分页预览视图”，在“分页预览视图”中可以调整当前工作表的分页，用户还可以调整打印区域的大小以及编辑工作表。在分页预览中单击【打印预览】时，按钮名会由【分页预览】变为【普通视图】。

☑ 【关闭】按钮：关闭打印预览窗口，并返回活动工作表的显示状态。

☑ 【帮助】按钮：单击该按钮可以进入帮助页面，获得帮助信息。

2. 页面设置

选择【文件】|【页面设置】命令可以打开【页面设置】对话框，对打印工作表的外观进行设置。在【页面】选项卡中，用户可以对打印方向、打印缩放比例、纸张大小、打印质量等进行调整，使其能够以比正常比例略大或略小的方式打印。此外，用户还可以按指定页数进行打印，如图 5-62 所示。

在【页边距】选项卡中用户可以对工作表的页边距进行设置，只需在【上】、【下】、【左】、【右】微调编辑框中输入所需的页边距数值即可。用户还可以设置【水平居中】或【垂直居中】打印工作表中的数据，如图 5-63 所示。

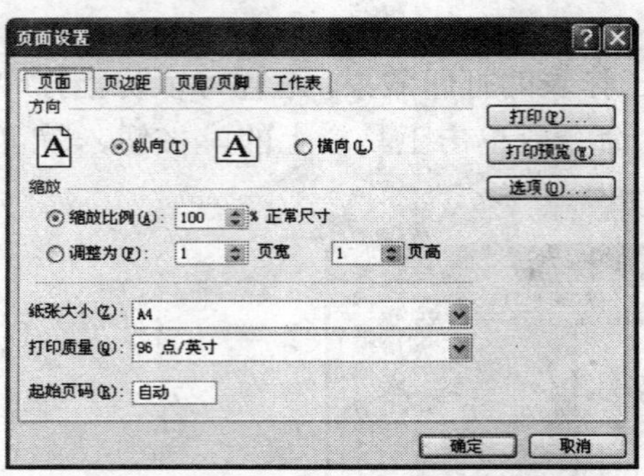

图 5-62 页面设置

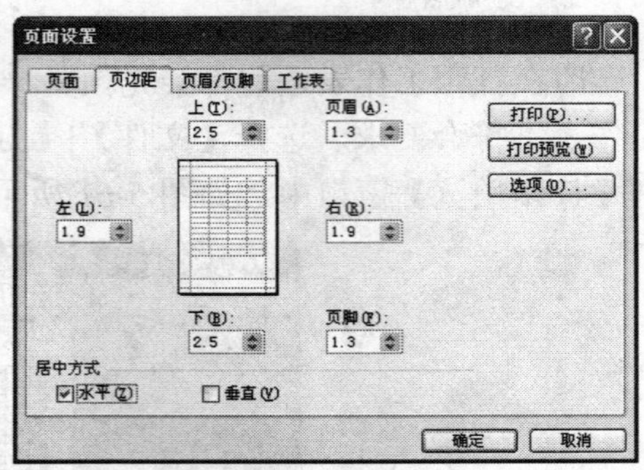

图 5-63 【页边距】选项卡

要更改页眉、页脚与页顶端之间的距离，可以在【页眉】、【页脚】编辑框中输入新的边距数值，但是这些设置值应该小于工作表中所设置的上、下页边距值，并且大于或等于最小打印边距值。

在【页眉/页脚】选项卡中，用户可以单击【页眉】和【页脚】下拉列表框对页眉或页脚进行设置，如图 5-64 所示。

如果要根据已有的内置页眉或页脚来创建自定义页眉或页脚，可单击【自定义页眉】或【自定义页脚】，打开设置对话框，在【左】、【中】或【右】编辑框中输入文字，然后单击相应的按钮，在所需的位置插入页眉或页脚内容，如页码等，如图 5-65 所示。

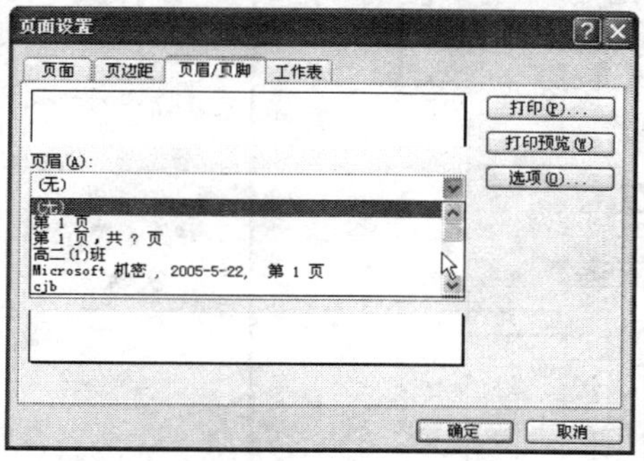

图 5-64　【页眉/页脚】选项卡

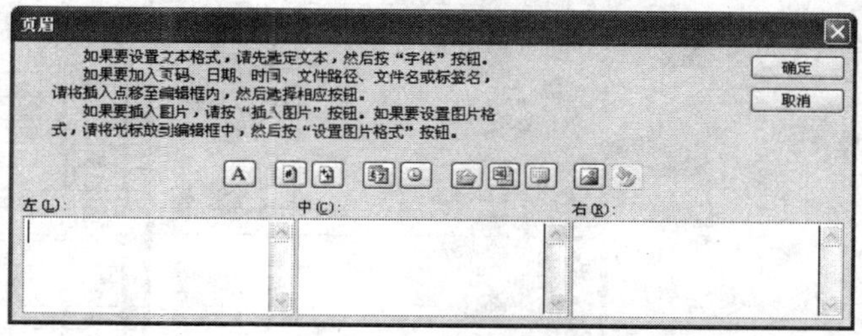

图 5-65　自定义页眉

需要注意的是，用户要先确认页眉或页脚边界设置允许有足够的空间放置自定义页眉或页脚。

在输入页眉或页脚内容时，按 Enter 键可以另起一行；如果要删除某一部分的页眉或页脚，则选中该内容，然后按 BackSpace 键。

在【工作表】选项卡中，用户可以对打印区域、打印标题、打印方式、打印顺序进行设置，如图 5-66 所示。

在【页面设置】对话框的右边还有一个【选项】按钮，单击该按钮打开对话框后可以对文档布局和纸张/质量进行设置，如图 5-67 所示。

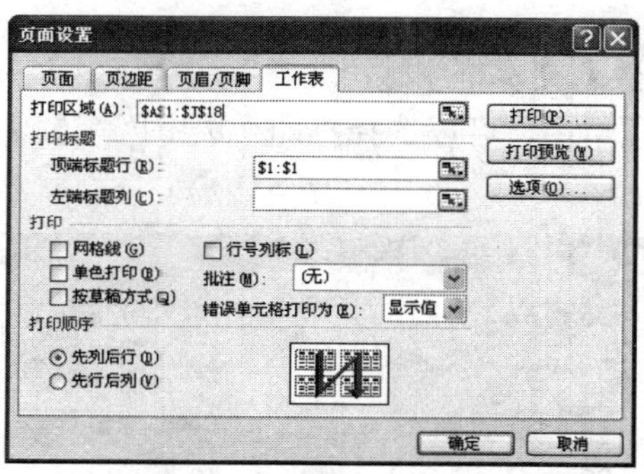

图 5-66　【工作表】选项卡

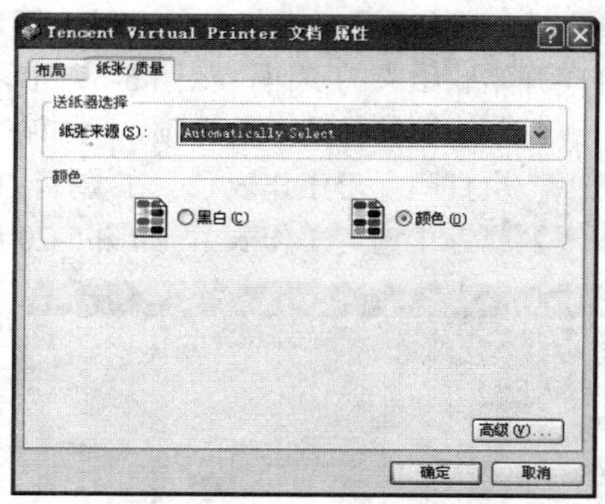

图 5-67　【文档 属性】对话框设置

所有设置完成后，单击【确定】按钮，即可将设置应用到当前工作表；也可单击【打印】按钮，直接打印该工作表。

3. 设置打印区域

在计算数据时经常会用到一些辅助单元格，这些单元格只是作为一个转接点，但是在打印时又不能删除它们，非常不方便。此时，可以设置一个打印区域，只打印自己需要的那一部分数据。具体操作如下：选定要打印的单元格，选择【文件】|【打印区域】命令，从下级子菜

单中选择【设置打印区域】命令，如图 5-68 所示。这样，在打印时就只打印所选定的区域了。

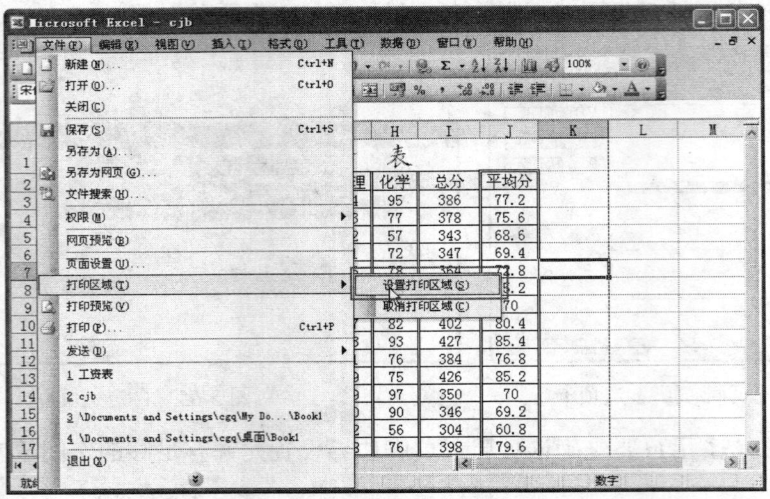

图 5-68　设置打印区域

如果对选定的打印区域不满意，还可以选择【文件】|【打印区域】|【取消打印区域】命令将设置的打印区域取消。

4. 打印选项

选择【文件】|【打印】命令，系统会弹出【打印内容】对话框。

在【打印范围】选项组中，可以选择是否打印全部工作表，也可以在【页】单选按钮后填写打印开始和结束的页码，如图 5-69 所示。

还可以设置其他的一些选项，例如在【打印份数】文本框中输入 1，单击【确定】按钮，就可以一次打印一份工作表了。在【打印内容】选项组中，可以选择打印【选定区域】、【整个工作簿】或者【选定工作表】，如图 5-70 所示。

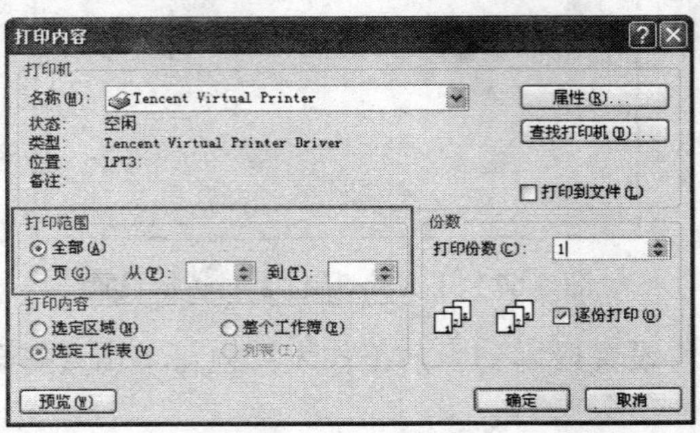

图 5-69　打印范围

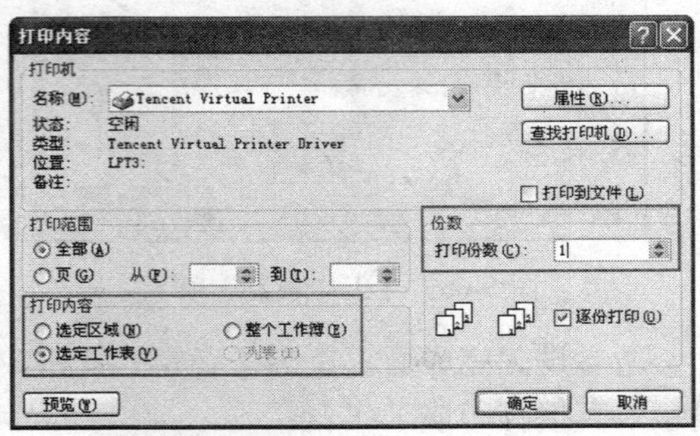

图 5-70　打印设置

单击对话框下方的【预览】按钮，可以查看当前所有的设置。单击【确定】按钮即可应用当前设置，并退出【打印内容】对话框。

5.4　公式和函数的使用

作为电子表格处理软件，Excel 2003 最重要的功能之一就是用户可以在单元格中输入公式或者使用系统提供的函数来完成对工作表的计算。

如果没有公式和函数来帮助处理表格中的一些数据，电子表格软件在很大程度上就失去了它本身的意义。公式的存在，使在表格某项数据更新之后，不用花费很多的工作量去重新修改与之相关的数据，Excel 2003 会自动完成这一修改工作。而且在遇到比较复杂的数据处理时，可以用 Excel 2003 中的函数，快速完成繁琐的运算。总之，公式和函数的使用，将会大大降低表格中数据的处理难度，提高处理的速度和准确率。

5.4.1　公式

利用公式进行计算是 Excel 2003 重要的应用，无论输入的是纯粹的数字运算，还是引用其他单元格计算，只要在单元格中输入公式，就能得到结果。下面就来介绍一下 Excel 2003 中公式的运用。

1. 输入公式

一个公式是由运算对象和运算符组成的一个序列。Excel 中的公式主要是由等号（=）、操作符、运算符组成。输入一个公式时应以一个“=”开始，后面是需要进行计算的元素（操作数），各操作数之间应以算术运算符分隔。一个 Excel 公式最多可以包含 1024 个字符。下面以输入公式“=C6+D6+E6−F6”为例说明公式的输入方法。

操作方法如下：首先选中 G6 单元格，然后单击编辑栏，在空白处输入公式：“=C6+D6+E6−F6”，如图 5-71 所示。

公式输入完毕，按 Enter 键或者单击编辑栏中的☑按钮，G6 单元格中就得到了“C6+D6+E6−F6”的结果：2156.5，如图 5-72 所示。

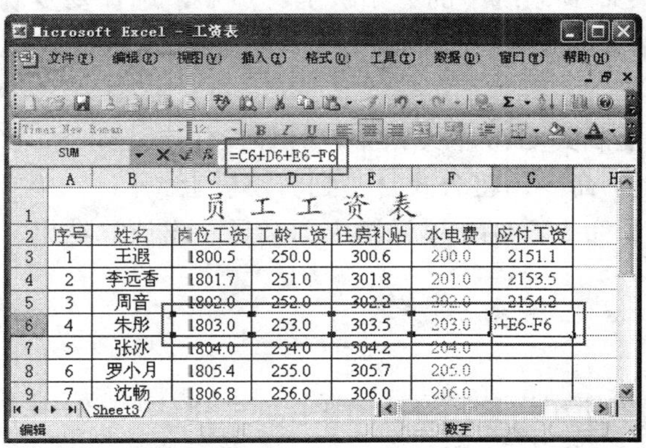

图 5-71　输入公式

图 5-72　得到结果

2. 编辑公式

编辑公式与编辑数据相同，可以在编辑栏中，也可以在单元格中。用户可以像编辑普通数据那样，对公式进行修改、复制和粘贴。具体操作方法如下：

☑ 修改公式：双击要修改的公式所在的单元格，该公式就会显示在单元格中，此时光标会变成一条竖线，用户可以对该公式进行删除、增加和修改等操作。

如果想要同时看到工作表中的所有公式，可按“`”键（位于键盘上“感叹号”左边），可以在工作表上交替显示公式和数值。

注意：

当编辑一个含有单元格引用（特别是区域引用）的公式时，在编辑没有完成之前就移动光标，可能会产生意想不到的错误结果。

下面将“员工工资表”G6 单元格中的公式修改为“=C6+D6+E6+F6”，具体操作方法如下。

首先双击 G6 单元格，光标变成一条竖线，如图 5-73 所示。

将公式改为“=C6+D6+E6+F6”，按 Enter 键后，新的计算结果出现在 G6 单元格内，如图 5-74 所示。

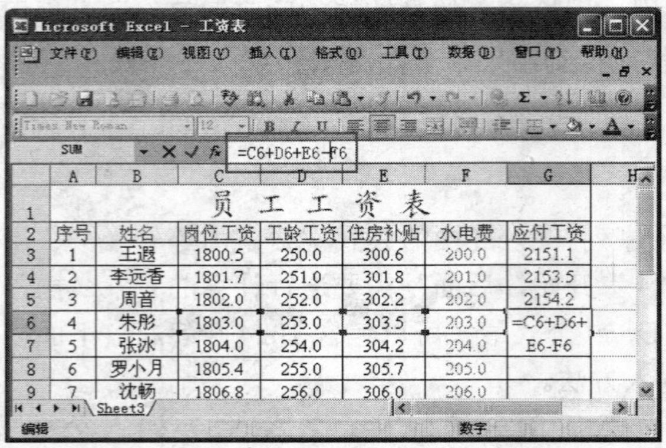

图 5-73 修改公式

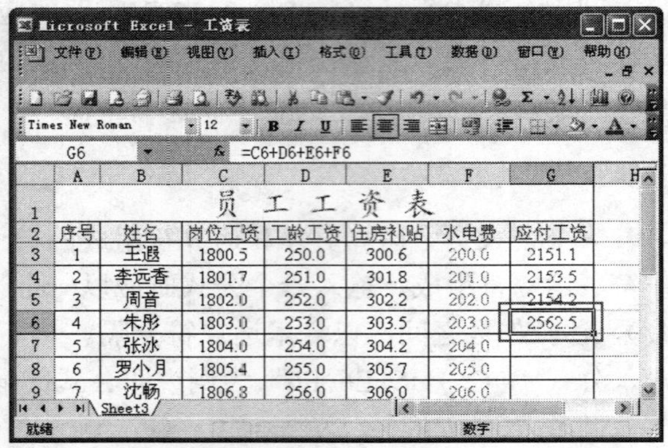

图 5-74 新的计算结果

☑ 复制公式：首先，选定要复制的单元格（如 G6），选择【编辑】|【复制】命令或者单击常用工具栏上的按钮，将公式复制到系统中的剪贴板上。然后，选择要复制的目标单元格，再选择【编辑】|【粘贴】命令或者单击常用工具栏上的按钮，就可以将公式复制到目标单元格中。

下面将“员工工资表”G6 单元格中的公式复制到 G10 单元格中，具体操作方法如下。

首先选定 G6 单元格，选择【编辑】|【复制】命令，将公式复制到剪贴板上。

再选择 G10 单元格，选择【编辑】|【粘贴】命令，G10 单元格中即会显示出计算结果，公式显示在编辑栏中，如图 5-75 所示。

3. 单元格引用

在公式中引用单元格或区域，公式的值会随着所引用单元格值的变化而变化。在上例中求出了 G10 单元格的结果，如果修改了单元格 C10、D10 和 E10 中任何一个单元格的值，G10 单元格中的值也将随之改变。例如，将 E10 单元格中的数据改为 400，则 G10 单元格中的数据也会随之发生变化，如图 5-76 所示。

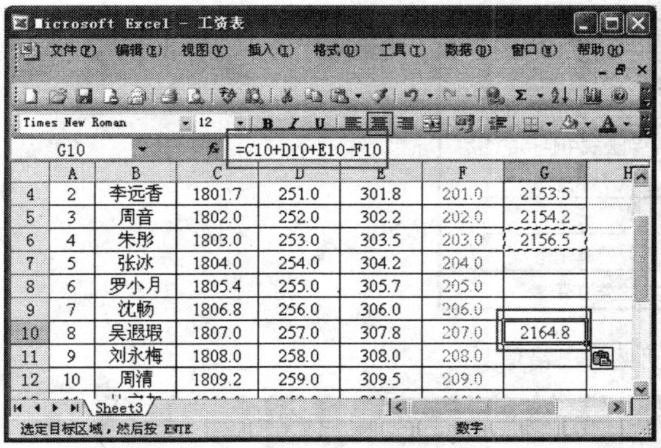

图 5-75　复制公式结果

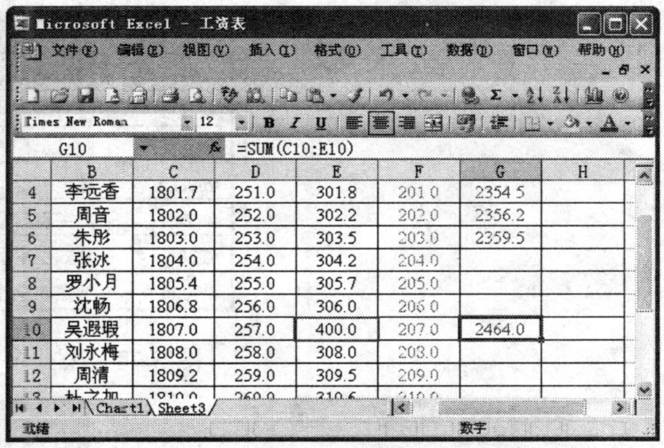

图 5-76　引用单元格

在公式中也可以引用另一个工作表的单元格和区域，甚至可以引用另一个工作簿中的单元格和区域。例如，在 Sheet1 工作表的单元格 A1 中输入 Michael，单击 Sheet2 标签，在工作表 Sheet2 的 B2 单元格中输入公式"=Sheet1!A1"，则工作表 Sheet2 的 B2 单元格中的值也会自动变成 Michael，如图 5-77 所示。

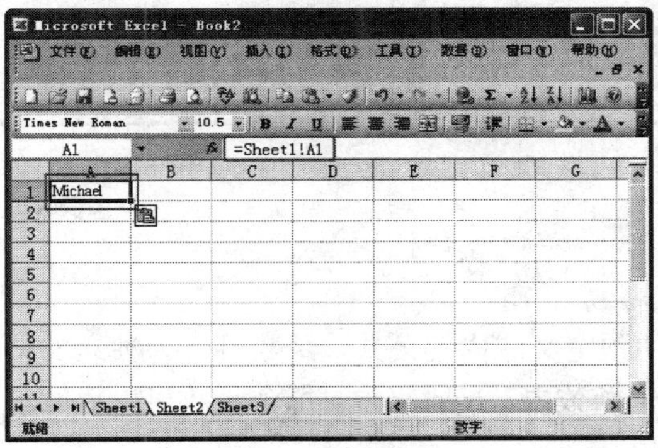

图 5-77　单元格引用

如果要引用另一工作簿的单元格或区域，只需在引用单元格或区域的地址前冠以工作簿名称即可。

4. 移动公式

当公式被移动时，引用地址还是原来的地址。例如，C1 单元格中有公式"=A1+B1"，如果将 C1 单元格移动到 D8，则 D8 单元格中的公式仍然是"=A1+B1"。

5. 公式中的出错信息

当公式有错误时，系统会给出错误信息。常见的出错信息如图 5-78 所示。

公式出现错误，或者公式中的参数不恰当，则在包含该问题公式的单元格的左上角就会出现一个绿色小三角，如图 5-79 所示。选中包含该问题公式的单元格，则在该单元格的左边出现图标，单击该图标，就可打开下拉菜单，从而获得有关该公式错误的详细信息以及改正方法，如图 5-80 所示。

出错信息	可能的原因
#DIV/0!	公式被零除
#N/A	没有可用的数值
#NAME?	Excel 不能识别公式中使用的名字
#NULL!	指定的两个区域不相交
#NUM!	数字有问题
#REF!	公式引用了无效的单元格
#VALUE!	参数或操作数的类型有错

图 5-78　公式中常见的出错信息

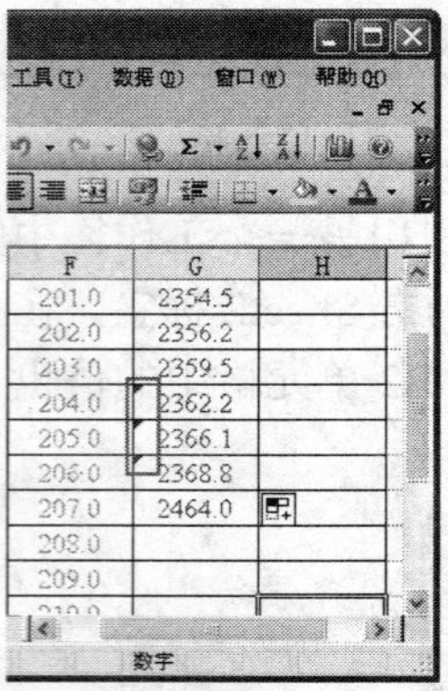

图 5-79　公式出现错误

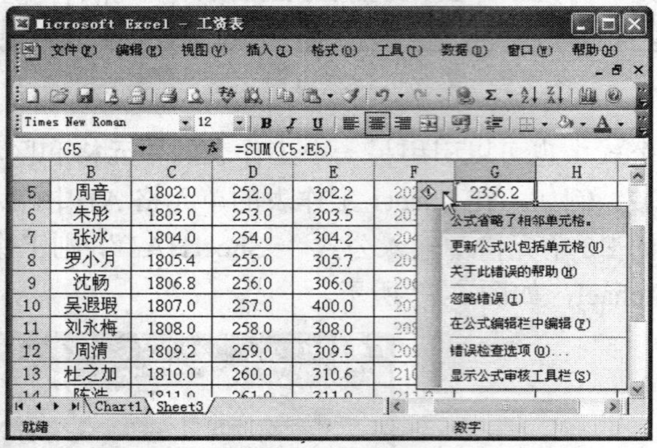

图 5-80　下拉菜单

5.4.2　函数

函数是随 Excel 附带的预定义或内置公式。函数可作为独立的公式而单独使用，也可以用于另一个公式中甚至另一个函数内。一般来说，每个函数可以返回一个计算得到的结果值，而数组函数则可以返回多个值。

Excel 共提供了 9 大类，三百多个函数。包括数学与三角函数、统计函数、数据库函数、逻辑函数、查询和引用函数、工程函数、文本函数等。函数由函数名和参数组成，格式如下。

函数名（参数 1，参数 2…）

函数的参数可以是具体的数值、字符、逻辑值，也可以是表达式、单元地址、区域、区域名称等，函数本身也可以作为参数。如果一个函数没有参数，必须加上括号。

下面就来学习 Excel 2003 电子表格中函数的使用方法。

1. 自动求和

Excel 中最常用的函数功能就是求和，求和功能有很多方法，最简单的就是使用自动求和按钮。具体操作方法如下：

首先选定要求和的单元格，然后单击常用工具栏上的 Σ 按钮，便可求出选定单元格的总和，并将结果显示在下一单元格中。

下面以图 5-81 所示的“员工工资表”为例来求出 C8:E8 的和，并将结果显示在 G8 单元格中。具体操作方法如下：

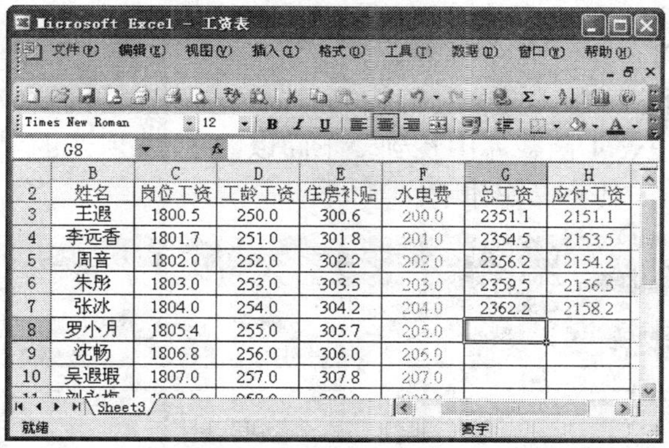

图 5-81　员工工资表

（1）首先选定 G8 单元格，然后单击工具栏上的Σ按钮，如图 5-82 所示。

（2）单击工具栏上的✓按钮或按 Enter 键，便可求出 C8:E8 的和，结果会自动显示在 G8 单元格中，如图 5-83 所示。

图 5-82　选定单元格

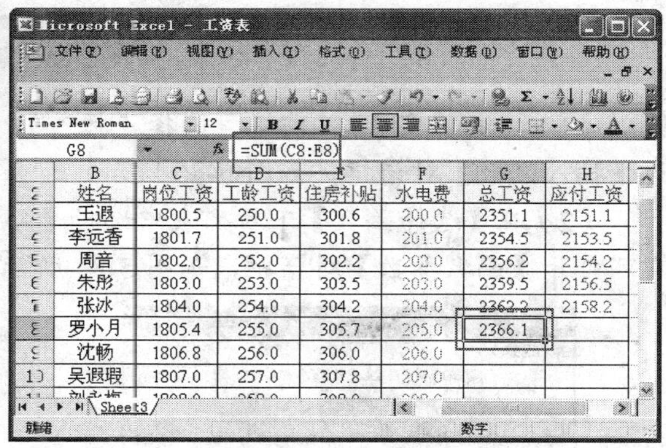

图 5-83　求和结果

双击 G8 单元格，Excel 将标出求和的地址，也就是用户需要求和的区域，如图 5-84 所示。

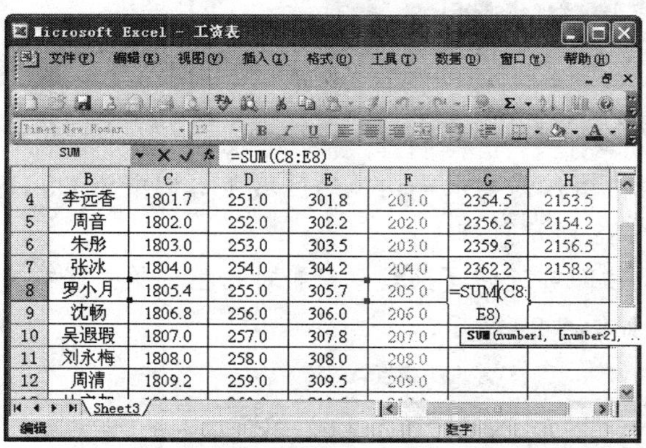

图 5-84　求和地址

2. 使用【插入函数】

Excel 提供了近二百个函数，并将它们按功能分类，列在【函数参数】对话框中。一般的常见函数几乎都可以在 Excel 函数库中找到，下面以图 5-85 所示的“学生成绩表”为例来介绍如何使用“插入函数”，具体操作如下。

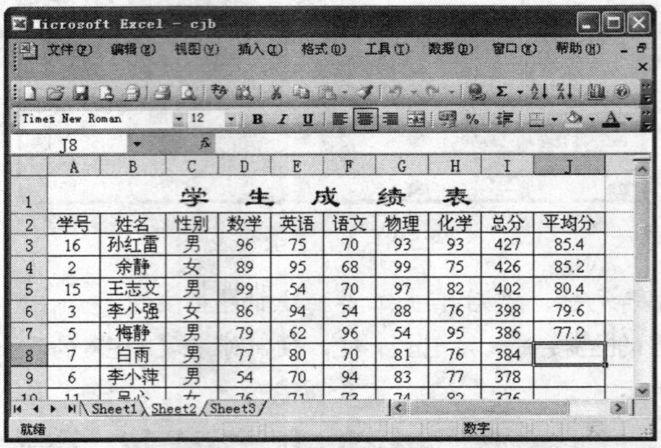

图 5-85　学生成绩表

（1）首先选定 J8 单元格，选择【插入】|【函数】命令或者单击编辑栏上的 fx 按钮，打开【插入函数】对话框，如图 5-86 所示。

（2）在【选择函数】下拉列表中选择【AVERAGE（平均值）】函数，单击【确定】按钮，即可打开【函数参数】对话框，如图 5-87 所示。

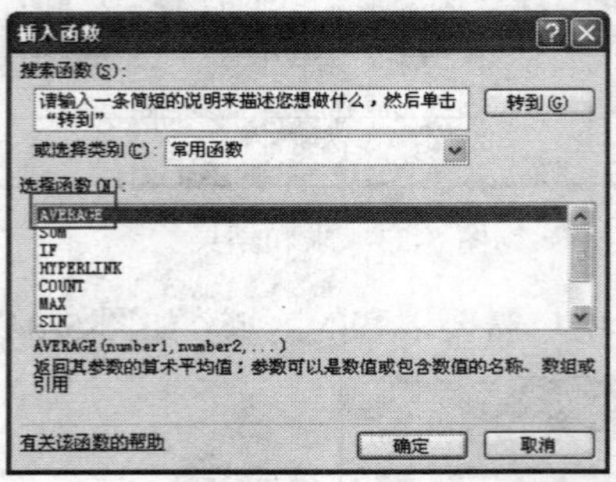

图 5-86　【插入函数】　　　　图 5-87　【函数参数】对话框

（3）在 Number1 框中输入需要求平均值的区域（本例中为 D8:H8），也可单击按钮重新设置求值区域，如图 5-88 所示。

（4）再次单击按钮即可返回【函数参数】对话框，单击【确定】按钮，计算结果会自动显示在 J8 单元格中，如图 5-89 所示。

提示：

与【自动求和】类似，也可以直接单击常用工具栏上的 Σ 按钮，在下拉菜单中选择【平均值】选项，如图 5-90 所示。选定相应求值区域后，单击工具栏上的 ✓ 按钮或按 Enter 键，即可直接求出相应的结果。

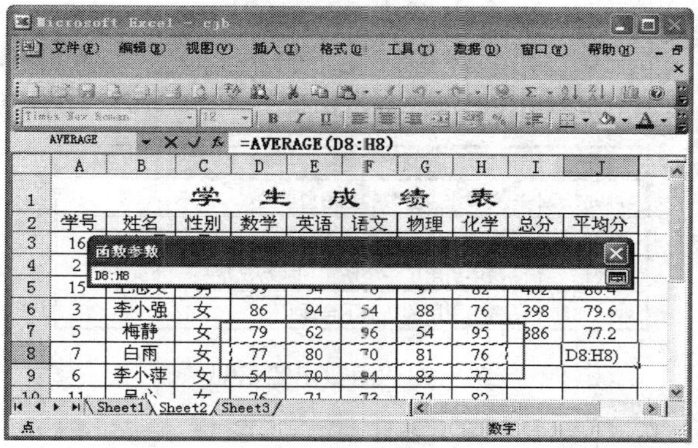

图 5-88　重新选择区域

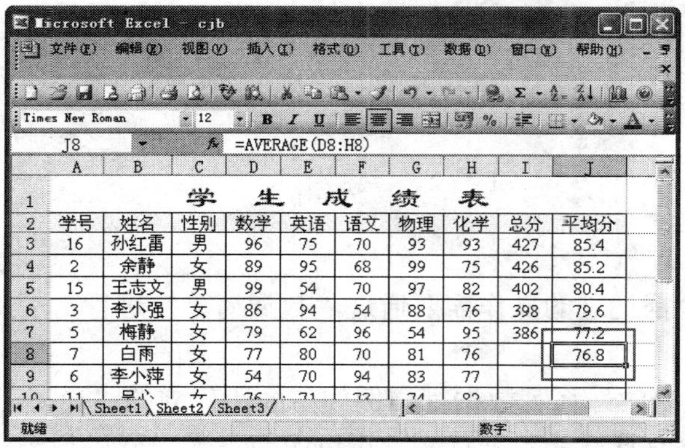

图 5-89　计算结果

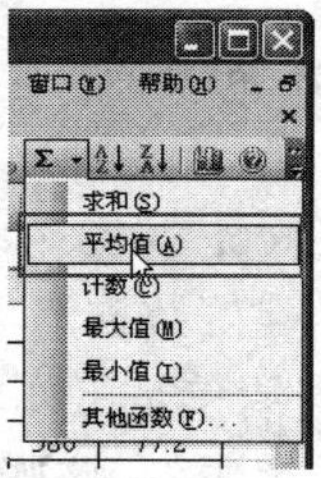

图 5-90　求平均值

3. 直接输入函数

如果能记住函数的参数，直接从键盘输入函数是最快的方法。与输入公式和数值的方法相同，用户可以在编辑栏和单元格中直接输入任何函数。

例如，要在 G9 单元格中求出 C9:E9 的和，就可以这样操作：双击 G9 单元格，在单元格内或编辑栏中输入“=SUM（C9:E9）”，然后单击✓按钮或者按 Enter 键，即可得到计算结果，如图 5-91 所示。

图 5-91　直接输入函数

4. 函数出错信息

当输入的函数有错误时，Excel 会提示出错信息，如图 5-92 所示。

出错信息	可 能 的 原 因
#NAME?	把文本作为函数的数值型参数
#NUM?	函数中出现非法数值参数
#REF?	函数中引用了一个所在列或行已被删除的单元格
#VALUE?	函数中引用的参数不合适

图 5-92　函数出错信息

5.5 数据管理与分析

Excel 作为一个优秀的表格处理软件，同时具有较强的数据库管理功能。它可以对大量的数据快速地进行排序、筛选、分类汇总以及查询与统计等操作，以方便用户。下面将介绍如何对数据进行管理和分析。

5.5.1 数据清单

在 Excel 2003 中，排序与筛选数据记录的操作需要通过“数据清单”进行，因此在操作前应先创建好数据清单。

数据清单是工作表中包含相关数据的一系列数据行，例如前面所建立的“员工工资表”、“学生成绩表”，这些电子报表就包含有这样的数据行，它可以像数据库一样进行浏览和编辑等操作。

在 Excel 中用户可以很容易地将数据清单用作数据库，而在执行数据库操作时(例如查询、排序或汇总数据)，也会自动将数据清单视作数据库。

数据清单中的每一行对应数据库中的一个记录，数据清单中的列是数据库中的字段，例如“学生成绩表”中的“语文”表明该列中的数据为“语文”课程的成绩。

1. 创建数据清单

下面介绍如何创建数据清单。

首先选取要定义数据清单的单元格区域，选择【插入】|【名称】|【定义】命令，系统会弹出【定义名称】对话框，如图 5-93 所示。

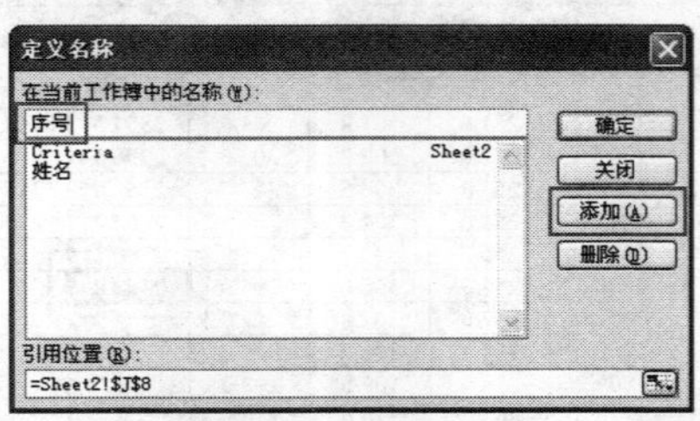

图 5-93　【定义名称】对话框

在【定义名称】对话框中输入数据清单名，然后单击【添加】按钮，将其添加到数据清单列表中。【引用位置】会根据用户选取的单元格区域给出数据清单的范围，单击右边的按钮也可修改数据清单的范围。

设置完成后，单击【确定】按钮，指定区域的数据清单就建好了。

注意：

通常，一张工作表上如果没有创建数据清单，则默认的数据清单就是工作表本身。

2. 注意事项

一旦建立好了数据清单，用户还可以继续在它所包含的单元格中输入数据，但应当注意遵循以下准则。

（1）每张工作表上只能建立并使用一份数据清单

用户应避免在一张工作表上建立多份数据清单，某些数据清单管理功能（如筛选等），一次也只能在一份数据清单中使用。

（2）将类型相同的数据项置于同一列中

在设计数据清单时，应当使同一列中的各行数据项具有相同的类型。

（3）使数据清单独立于其他数据

在工作表中，数据清单与其他数据间至少要留出一个空列和一个空行，以便在执行排序、筛选或插入自动汇总等操作时，有利于 Excel 检测和选定数据清单。

（4）将关键数据置于清单的顶部或底部

这样可避免将关键数据放置于数据清单的左、右两侧，因为这些数据在 Excel 筛选数据清单时可能会被隐藏。

（5）注意显示行和列

在修改数据清单之前，应确保隐藏的行或列也被显示。如果清单中的行和列没有显示，那么数据有可能会被删除。

（6）注意数据清单格式

数据清单的第一行中含有列的标记——每一列中内容的名称，表明该列中数据的实际意义。Excel 使用列标创建报告并查找和组织数据，因此数据清单应当含有列标。如果无法在清单的第一行中创建，列标可以使用与数据清单中数据不同的字体、对齐方式、格式、图案、边框或大小写类型等。在输入列标之前，应将单元格设置为文本格式。

（7）避免空行和空列

避免在数据清单中随便放置空行和空列，这有利于 Excel 检测和选定数据清单，因为单元格开头和末尾的多余空格会影响排序与搜索，所以不要在单元格内文本前面或后面输入空格，可采用缩进单元格内文本的方法来代替输入空格。

5.5.2 数据排序

在 Excel 中，用户可以对数据清单中的数据按照需要进行排序，以便于查找资料。

例如，要对“学生成绩表”中的“语文”成绩进行降序排序，可以这样操作。

（1）在需要排序的数据列中任意选择一个单元格（如 F6），然后选择【数据】|【排序】

命令，打开【排序】对话框，如图 5-94 所示。

（2）在【主要关键字】下拉列表框中，选择【语文】，然后选中【降序】单选按钮，即可设置对“语文”成绩降序排序。也可以选择排序的【次要关键字】和【第三关键字】，只需在下拉列表框中选中相应的字段即可。

（3）单击【确定】按钮，按“语文”成绩进行降序的排序就完成了，如图 5-95 所示。

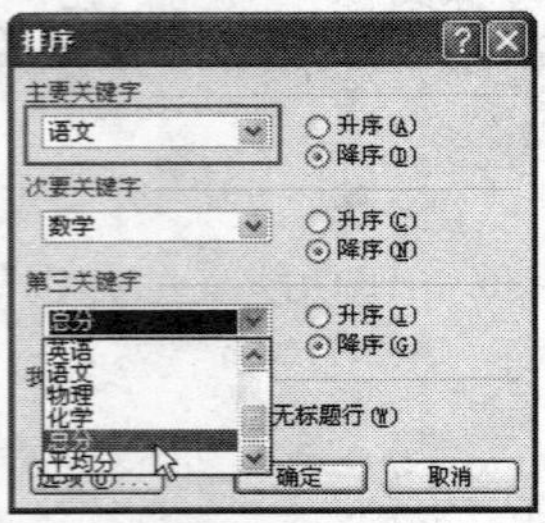

图 5-94 【排序】对话框

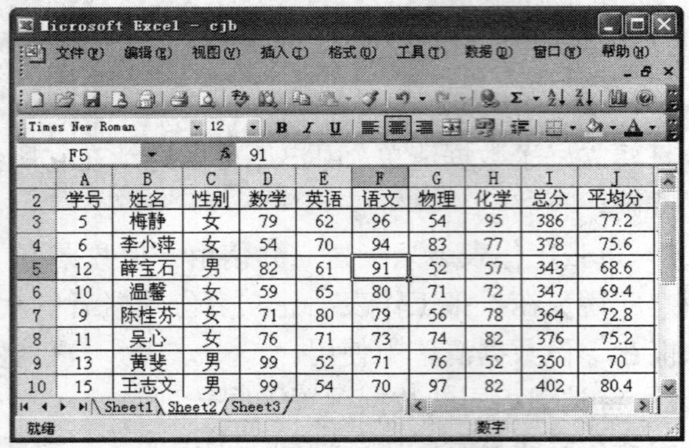

图 5-95 排序完成

也可以在选中排序单元格后，直接使用常用工具栏上的 (升序) 按钮和 (降序) 按钮来进行快速排序。

5.5.3 数据筛选

数据筛选就是使用筛选的方法将数据清单中符合某些条件的数据找出来。数据筛选并不重排数据清单，它只是为了方便用户查看而暂时隐藏不必显示的数据行。在 Excel 中一次只能对工作表中的一个数据清单使用筛选命令。

1. 自动筛选

“自动筛选”是最基本的筛选，一般用于简单的条件筛选，筛选时将不满足条件的数据暂时隐藏起来，只显示符合条件的数据。它只能在一个字段上设置条件进行筛选，每次也只能从工作表中筛选出一组符合条件的记录。

下面以“学生成绩表”为例，自动筛选出“英语”成绩为 75 的学生记录，具体方法如下。

（1）在需要筛选的“英语”数据列中任意选中一个单元格（如 E6），然后选择【数据】|【筛选】|【自动筛选】命令，这时 B2:G2 的各个单元格中出现了下拉列表框，如图 5-96 所示。

（2）单击“英语”下拉列表框，从中选择 75，则所有“英语”成绩为 75 的数据行就会显示出来，而其他数据行暂时都隐藏起来，如图 5-97 所示。

用户也可以选择【全部】来显示所有数据行，或者选择【前 10 个】来显示前 10 个数据行，如图 5-98 所示。

还可以单击【自定义】命令打开【自定义自动筛选方式】对话框，如图 5-99 所示。

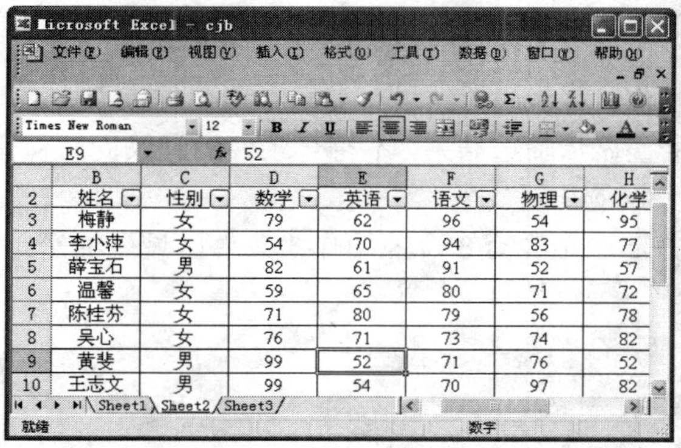

图 5-96　筛选下拉列表框

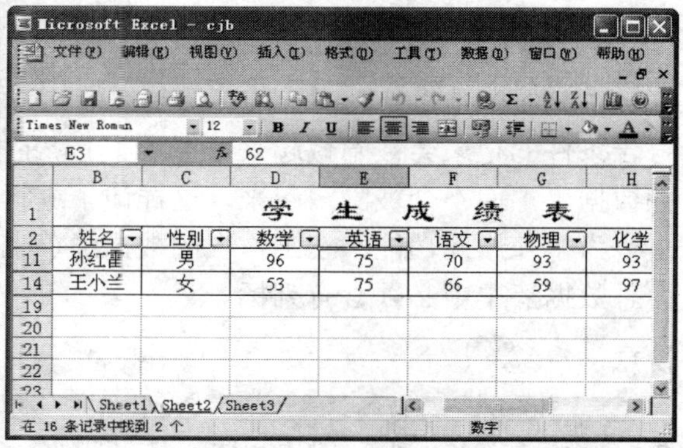

图 5-97　筛选成绩

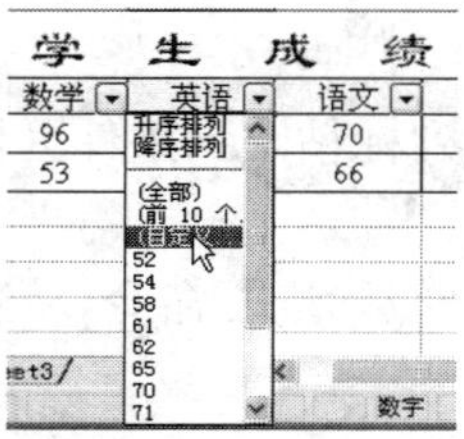

图 5-98　筛选条件

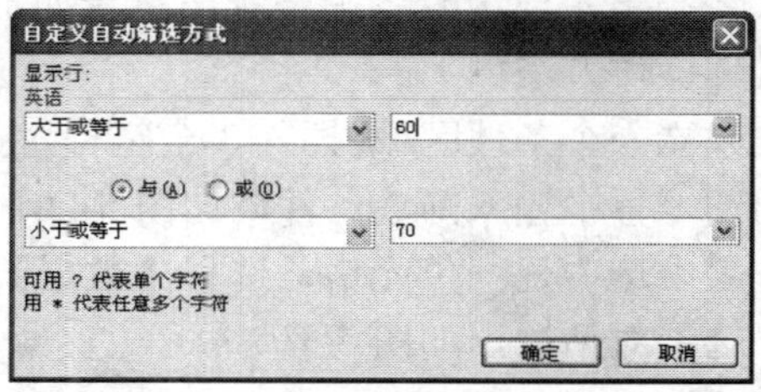

图 5-99　【自定义自动筛选方式】对话框

Excel 提供了至多两个条件的筛选，例如要筛选出“英语”成绩介于 60~70 的数据行，就可以这样操作。

单击▾按钮打开下拉列表框，选择【大于或等于】，并在右边的数值框中输入 60，然后选中【与】选项，同样在下面的下拉列表框中选中【小于或等于】，并在右边的数值框中输入 70，即可完成筛选条件的设置，如图 5-99 所示。

单击【确定】按钮，所有“英语”成绩介于 60~70 的数据行就显示出来了，如图 5-100 所示。

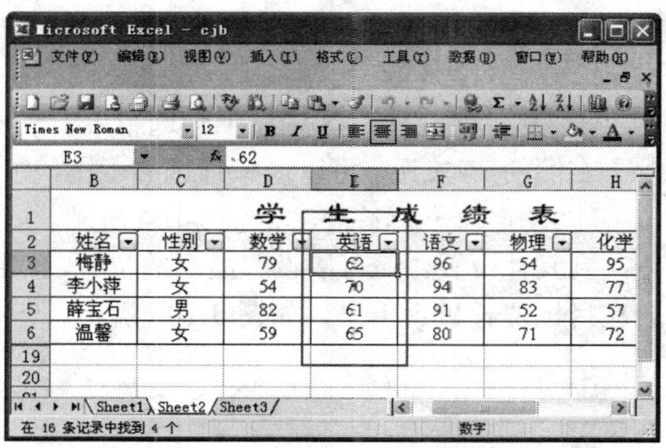

图 5-100　筛选结果

自动筛选功能只能进行较简单的筛选，高级筛选则为用户提供了更为灵活的筛选手段。

2. 高级筛选

“高级筛选”一般用于条件较复杂的筛选操作，其筛选的结果可显示在原数据表格中，不符合条件的记录会被隐藏起来；也可以在新的位置显示筛选结果，不符合条件的记录同时保留在数据表中而不会被隐藏起来，这样便于进行数据的比对。

为了使用此功能，在工作表的数据清单上方，应至少有3个能用作“条件区域”的空行，而且数据清单中必须含有列标。

注意：

“条件区域”是指包含了一组搜索条件的单元格区域，用户可以用它来筛选数据清单中的数据。它包含有一个条件标志行，同时至少有一行用来定义搜索条件。

例如，在“学生成绩表”中筛选出符合如下条件（性别=女、数学>80、总分>300）的学生记录，具体操作方法如下。

首先要建立一个条件区域，插入3个空行，将数据清单中的列标粘贴到条件区域的空行中，然后在下面的一行中输入筛选条件，如图5-101所示。

在工作表中选中任一单元格，选择【数据】|【筛选】|【高级筛选】命令，这时系统会弹出【高级筛选】对话框，如图5-102所示。

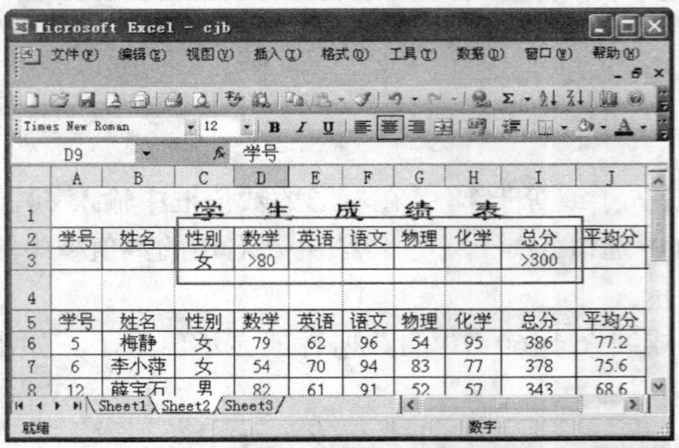

图5-101 输入筛选条件

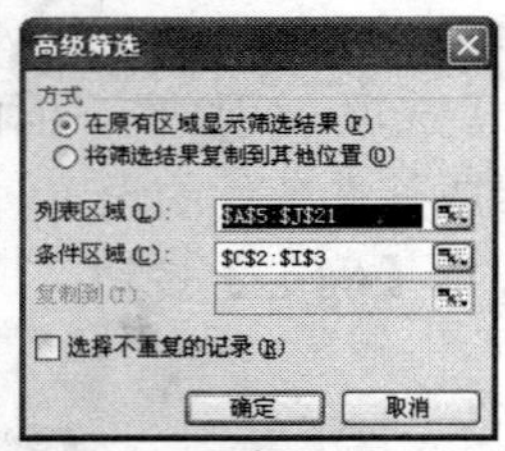

图5-102 【高级筛选】对话框

在【方式】选项组中，可以选择【在原有区域显示筛选结果】或者【将筛选结果复制到其他位置】。单击【列表区域】右侧的按钮，可以选择筛选的范围，如图5-103所示。单击【条件区域】右侧的按钮，可以设定筛选的条件，如图5-104所示。

如果要将筛选结果复制到其他位置，还可以设置显示的位置，如图5-105所示。单击【确定】按钮，筛选结果就会在目标位置显示出来，如图5-106所示。

5.5.4 分类汇总

在Excel 2003中使用分类汇总，可以对数据清单的某个字段提供诸如“求和”、“均值”之类的汇总函数，以实现对分类汇总值的计算，并且可以将结果分级显示出来。

分类汇总之前必须先对数据清单进行排序，以使数据清单中拥有同一主题的记录集中在一起，然后即可对记录进行分类汇总。下面介绍具体的操作方法。

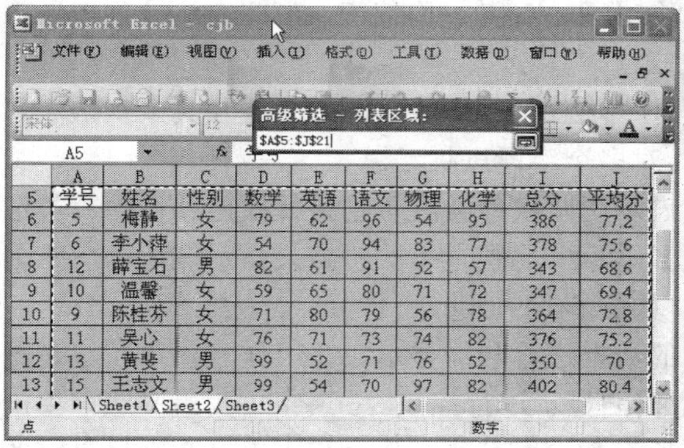

图 5-103　选择筛选范围

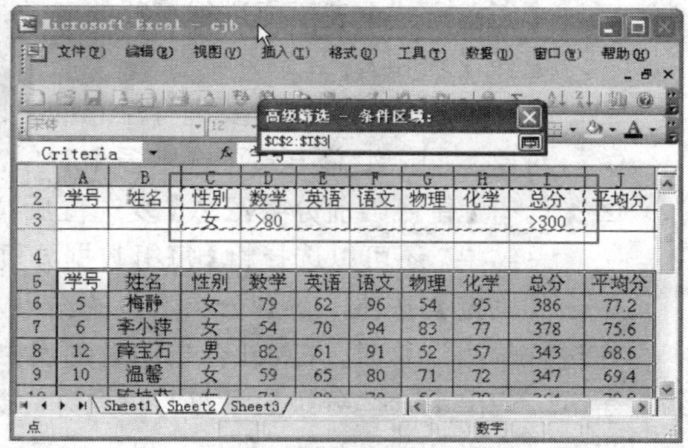

图 5-104　设定筛选条件

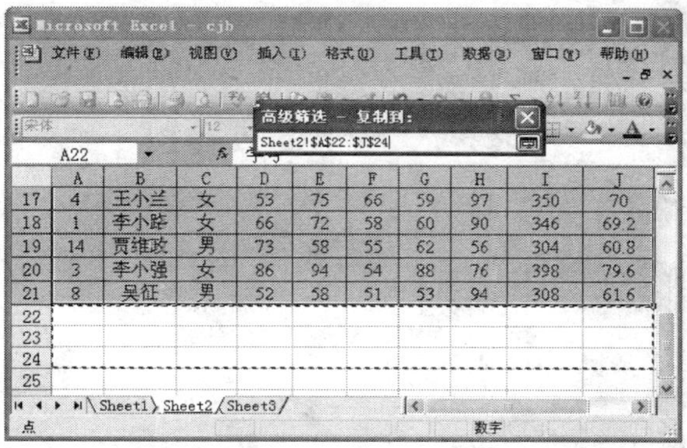

图 5-105　设置显示位置

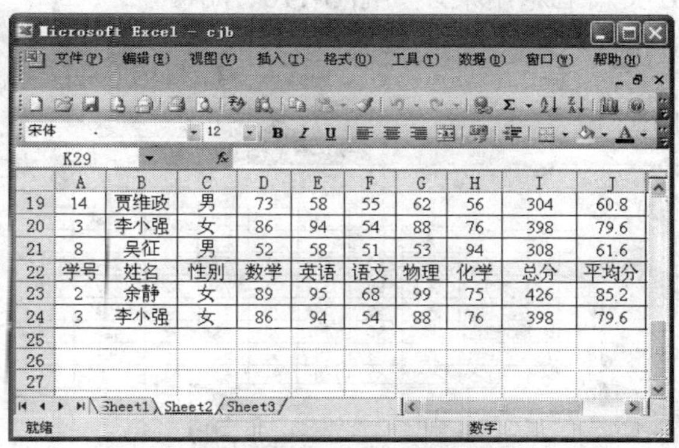

图 5-106　显示筛选结果

例如，要对“学生成绩表”中男、女学生“物理”成绩的总和进行分类汇总，就可以这样操作。

首先要对数据进行分类，将性别相同的记录放在一起，这可以通过“性别”字段排序来实现，排序后的工作表如图 5-107 所示。

选择【数据】|【分类汇总】命令，打开【分类汇总】对话框，如图 5-108 所示。

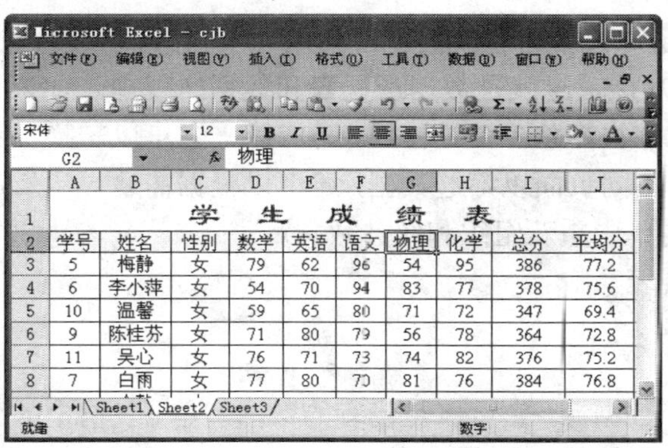

图 5-107　数据分类

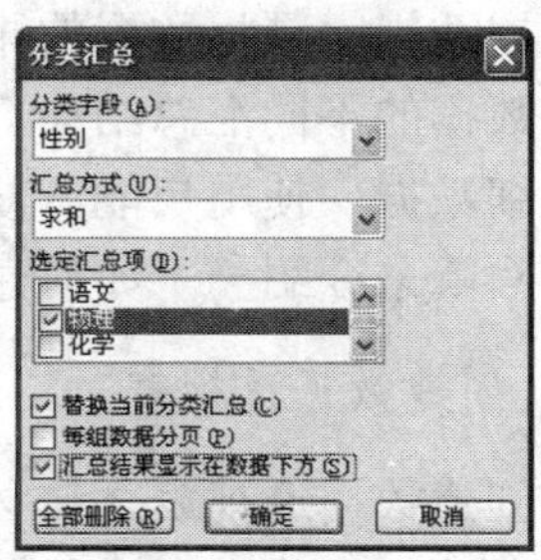

图 5-108　【分类汇总】对话框

☑　【分类字段】表示按所选字段进行分类，这里在下拉列表框中选择【性别】。

☑ 【汇总方式】表示要进行汇总的函数，如求和、计数、均值等，本例在下拉列表框中选择【求和】。

☑ 【选定汇总项】表示要进行汇总的字段，本例中选定【物理】，并清除其余默认汇总对象。同一汇总方式可选定多个对象，对多个字段进行汇总。

☑ 选中【替换当前分类汇总】复选框后，表示用此次分类汇总结果替换已存在的分类汇总结果。还可以选择将【每组数据分页】，也可以选择将【汇总结果显示在数据下方】。

单击【确定】按钮，得到分类汇总的结果，如图 5-109 所示。

在进行分类汇总时，Excel 会自动对列表中的数据进行分级显示。在工作表窗口左边是分级显示区，列出了一些分级显示符号，允许对数据的显示进行控制。其中，1 为最高级，单击后只显示总计平均值；3 为最低级，单击后显示所有数据和分类汇总结果；单击 2 则只显示各分类及汇总结果，如图 5-110 所示。

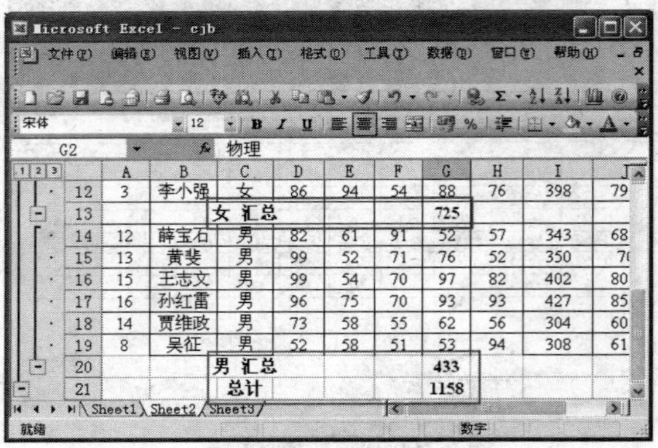

图 5-109　分类汇总结果

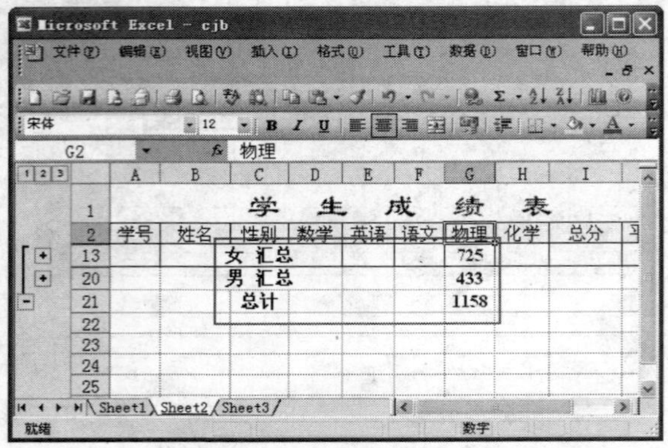

图 5-110　分级显示

如果用户要取消这次分类汇总，可以选择【数据】|【分类汇总】命令，在【分类汇总】对话框中单击【全部删除】按钮，即可回到原始数据清单。

5.5.5　数据透视表

Excel 表格侧重于数据的静态分析，用户很难通过数据字段的组合来动态查看数据。为此，Excel 提供了面向数据清单的汇总和图表功能，这就是数据透视表和数据透视图。

数据透视表是将数据的排序、筛选和分类汇总 3 个过程结合在一起，它可以转换行和列以查看源数据的不同汇总结果，也可以显示不同页面以筛选数据，还可以根据需要显示所选区域中的明细数据，使用户能方便地在一个清单中重新组织和统计数据。

下面就来介绍一下如何建立数据透视表。

1. 创建数据透视表

在创建数据透视表之前必须要有一个数据源，它可以是已有的数据清单、表格中的数据或外部数据源，当然也可以从其他透视表中直接导入数据。

创建数据透视表的方法是利用数据透视表和数据透视图向导对数据源进行交叉制表和汇总，然后重新布置并立刻计算出结果。下面以“学生成绩表”为例来介绍如何创建数据透视表。

首先将光标移入“学生成绩表”中，选择【数据】|【数据透视表和图表报告】命令，打开【数据透视表和数据透视图向导—3 步骤之 1】对话框，如图 5-111 所示。

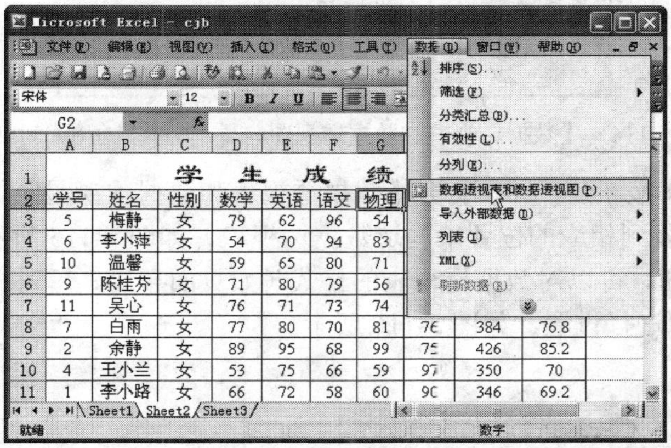

图 5-111　创建数据透视表

在该对话框中可以指定数据源类型，也可以选择所要创建的报表是数据透视表还是数据透视图，如图 5-112 所示。

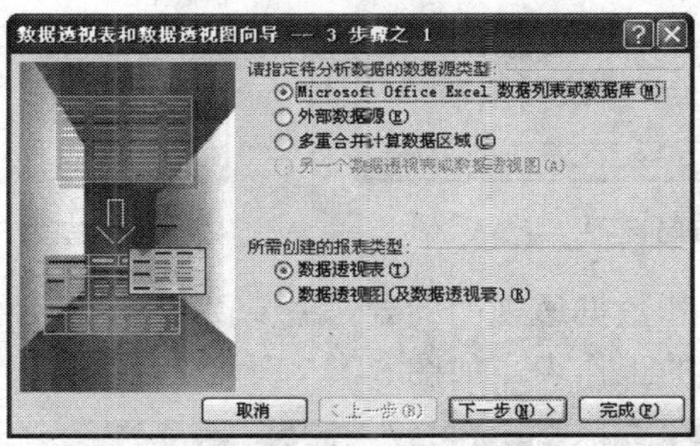

图 5-112　【数据透视表和数据透视图向导—3 步骤之 1】对话框

单击【下一步】按钮，系统会自动弹出【数据透视表和数据透视图向导—3 步骤之 2】对话框，提示用户输入或选定建立数据透视表的数据源区域，如图 5-113 所示。

图 5-113　【数据透视表和数据透视图向导—3 步骤之 2】对话框

在【选定区域】框中，系统已自动选定工作表的（整个）数据源区域，用户也可以单击按钮重新选择数据源区域。

单击【下一步】按钮，系统会弹出【数据透视表和数据透视图向导—3 步骤之 3】对话框，要求用户选择数据透视表显示的位置，可以是新建工作表或原工作表的选定区域，如图 5-114 所示。

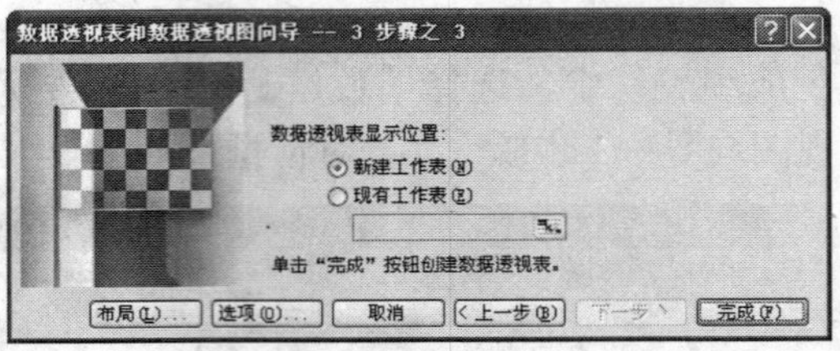

图 5-114　【数据透视表和数据透视图向导－3 步骤之 3】对话框

用户单击【布局】按钮后，即可打开【数据透视表和数据透视图向导－布局】对话框，在这里可以通过拖动字段到相应的位置来构造数据透视表，如图 5-115 所示。

单击【选项】按钮，可以对数据透视表的格式（如页面布局、每列字段数、是否自动套用格式等），以及数据源进行设置，如图 5-116 所示。

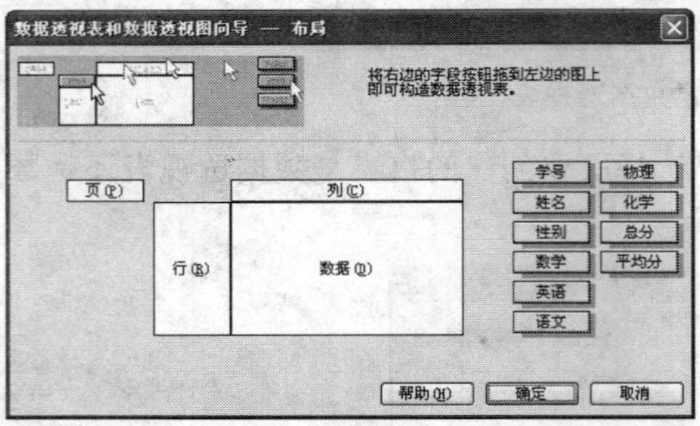

图 5-115　布局设置

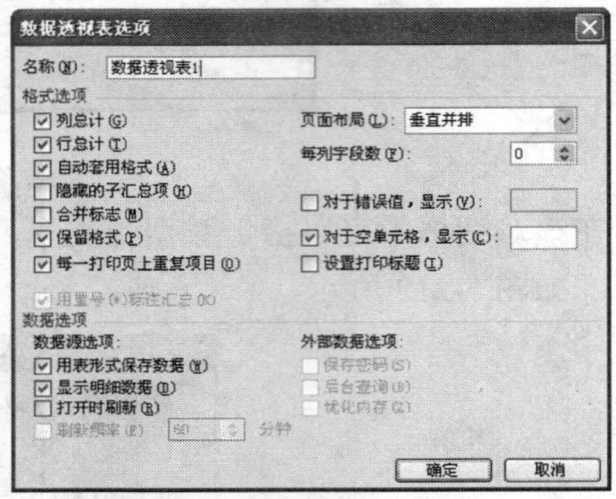

图 5-116　选项设置

最后，在【数据透视表和数据透视图向导－3 步骤之 3】对话框中单击【完成】按钮退出向导设置，便生成了一张新的工作表，如图 5-117 所示。

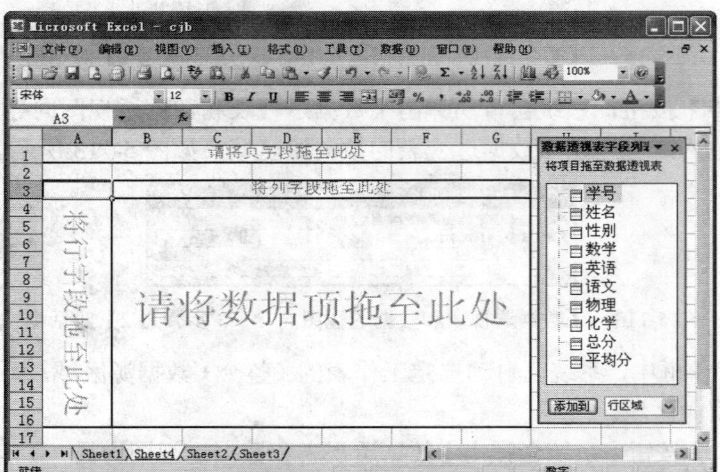

图 5-117　数据透视表

2. 设置数据透视表的布局

在数据表中，人们会发现数据源的 10 个列条目被向导模板制成了 10 个按钮，设置数据透视表的布局只要用鼠标将按钮拖至“行”、“列”、“数据”或“页”字段区域即可。

（1）“请将行字段拖至此处”（相当于“左端标题行”），即提示用户将作为横向分类依据的字段，从数据透视表工具栏上拖至此处。例如，将“学号”字段拖至此处。

（2）“请将列字段拖至此处”（相当于“顶端标题行”），即提示用户将作为纵向分类依据的字段，从数据透视表工具栏上拖至此处，这里的字段是计数的“依据”。例如，将“性别”字段拖至此处，计数的依据就是“男”和“女”两项。

（3）“请将页字段拖至此处”，即提示用户将作为分类显示（筛选）依据的字段，从数据透视表工具栏上拖至此处。可以将一个或多个字段从数据透视表工具栏上拖到这里，此区域中的字段是分类筛选的“首要”条件。例如，将“性别”和“英语”字段拖至此处，然后在其中选择“女”，则下方表格中，只统计“女学生”有关的情况。

（4）“请将数据项拖至此处”（相当于“普通数据区”），此区域中的字段将作为统计的依据。拖入该区域中的字段，Excel 将使用某种算法对其进行计算，然后将计算结果（汇总数值）显示出来，如图 5-118 所示。

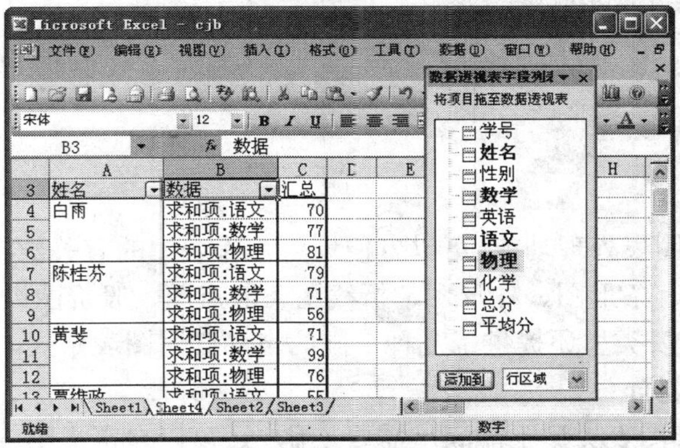

图 5-118　设置数据透视表布局

3. 透视表的更新

如果对原工作表中的数据（含标题行、字段名）进行修改，则透视表也作相应的更新。方法如下：

（1）在默认情况下，当重新打开工作簿时，透视表数据将自动更新。

（2）在不重新打开工作簿的情况下，用户更改了原工作表的数据后，只需单击数据透视表工具栏上的【更新数据】按钮即可完成更新。

注意：

普通数据更改后，单击【更新数据】按钮即可完成更新。如果用户更改了已经拖入数据透视表中的字段名，则该字段将从数据透视表中删除。

4. 删除数据透视表

要删除数据透视表，可以进行如下操作。

选定数据透视表，选择数据透视表工具栏上的【数据透视表】|【选定】|【整张表格】命令，再选择【编辑】|【清除】|【全部】命令，即可将数据透视表删除，如图 5-119 所示。

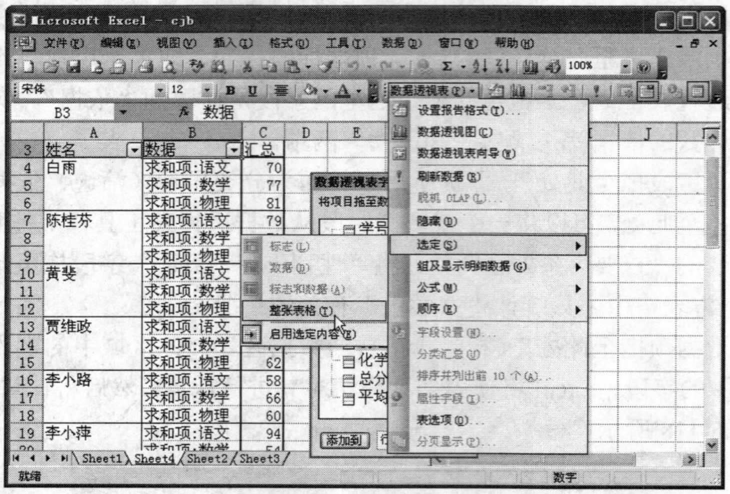

图 5-119 删除数据透视表

5.6 图表处理

Excel 具有很强的图表处理功能，可以方便地将工作表中的有关数据制作成专业化的图表。Excel 提供的图表类型有条形图、柱形图、折线图、散点图、股价图以及多种复合图表和三维图表等，且对每一种图表类型还提供了几种不同的自动套用图表格式，用户可以根据需要选择最有效的图表来展现数据。

如果所提供的标准图表类型不能满足需要，用户还可以自定义图表类型，并可以对图表的标题、数值、坐标以及图例等各项目分别进行编辑，从而获得最佳的外观效果。当用户增加或删除数据时，图表也会随着数据的变化而自动更新。

下面就来介绍一下图表的使用方法。

5.6.1 创建图表

Excel 2003 中的图表有柱形图、条形图、折线图、饼图、散点图、面积图、圆环图、雷达图、曲面图、气泡图、股价图等。各种图表有各自的表现形式和数据要求，不同的用户可以根据各自的需求选取不同类型的图表。

1. 图表的类型

图表可以用来表现数据间的某种相对关系，在常规状态下一般运用柱形图来比较数据间的多少关系；用折线图反映数据间的趋势关系；用饼图表现数据间的比例分配关系等。

面积图：用于显示绘制值的总和，也可显示部分相对于整体的关系。用来比较多个数据系列在幅度上连续的变化情况，可以直观地看到部分和整体的关系。

柱形图：用于显示一段时期内数据的变化或者各项之间的比较结果。柱形图通常用于强调数据随时间的变化而变化，堆积柱状图用来表示各项与整体的关系，具有透视效果的三维柱形图可以沿着两条坐标轴对数据点进行比较。

条形图：用来显示不连续且无关的对象的差别情况，这种图表类型的数值随时间的变化而变化，能突出数值的比较。纵轴表示分类，横轴表示值。

折线图：用来显示等间隔数据的变化趋势，如果分类数据点不在等分区间上，应使用 XY 散点图。折线图主要适用于显示产量、销售额或股票市场随时间的变化趋势。

饼图：用来显示构成数据系列的项目相对于项目总和的比例大小。饼图只显示一个数据序列，比如使用饼图显示第一季度中各个产品的产量在该季度中的比例或一种产品在 4 个季度中产量的比例。

圆环图：也显示了部分与整体的关系，但圆环图可以包含多个数据系列，圆环图的每一个环都代表一个数据系列。

曲面图：与条形图相似，可以使用不同的颜色和图案来显示同一取值范围内的区域。当需要寻找两组数据之间的最佳组合时，曲面图是非常有用的。

气泡图：是一种特殊的散点图，气泡的大小可以用来表示数组中第三变量的数值。

雷达图：在雷达图中，每个分类都拥有自己的数值坐标轴，这些坐标轴由中心点向外辐射，并由折线将同一系列中的值连接起来。使用雷达图，可以显示独立的数据系列之间以及某个特定系列与其他系列的整体之间的关系。由于雷达图难以读取和理解，用户在设计图表时应避免使用雷达图。

股市图：股市图可以用来描绘股票的价格走势和成交量。这种图也可以用来描绘科学数据，例如随温度变化的数据。生成股市图时，必须以正确的顺序组织数据。

圆柱图：圆柱图、圆锥图和棱椎图与柱形图、条形图之间并没有什么区别，但是可以使三维的柱形图和条形图产生更生动的效果。

2. 图表的创建

Excel 2003 中图表的创建有两种方式：创建嵌入式的图表和创建独立图表。嵌入式图表，是指创建图表的数据源和图表本身放置在同一张工作表中。独立图表，是指图表本身放在一张独立的工作表中，称为图表工作表。

不论使用哪种方式建立的图表，当工作表中的数据源发生变化时，图表都将作相应变动以保持数据的一致性。

下面就以“员工工资表”（如图 5-83 所示）为例来介绍如何在 Excel 2003 中创建柱形图。

（1）首先选定用于创建图表的原始数据区（在本例中选定“员工工资表”），然后选择【插入】|【图表】命令或单击常用工具栏上的按钮，打开【图表向导—4 步骤之 1—图表类型】对话框，如图 5-120 所示。

（2）用户可以选择建立标准的图表类型（如柱形图、条形图、折线图等），也可以自定义图表类型。在这里，选取柱形图中的第一种子图表类型作为创建对象，然后单击【下一步】按钮，打开【图表向导—4 步骤之 2—图表源数据】对话框。

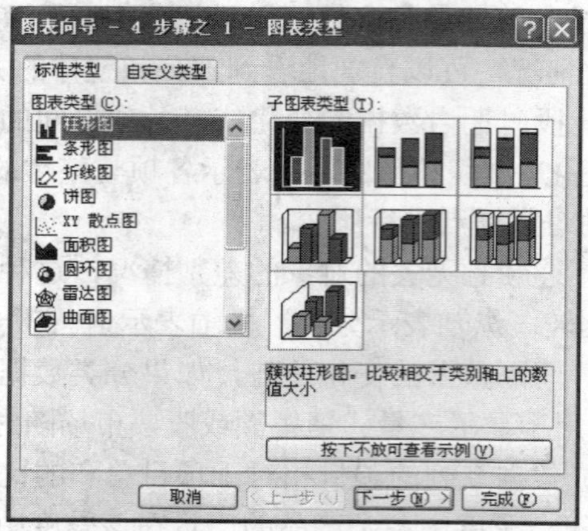

图 5-120 【图表向导—4 步骤之 1—图表类型】对话框

该对话框包含【数据区】和【系列】两个选项卡。

【数据区域】选项卡主要用于指明数据源所在的区域。系统会自动添加用户选取的区域，也可以单击按钮重新选择数据源区域。本例中选定 G2:H14 单元格为源数据区域。

用户还可以选择以行数据为 X 轴的数据系列（即图表的横坐标是数据源的第一行），还是以列数据为 X 轴的数据系列（即图表的横坐标是数据源的第一列），本例中选择【系列产生在列】，如图 5-121 所示。

【系列】选项卡用于确定数据系列的名称和 X 轴的刻度名，如果源数据的标题齐全，则采用默认值即可，如图 5-122 所示。

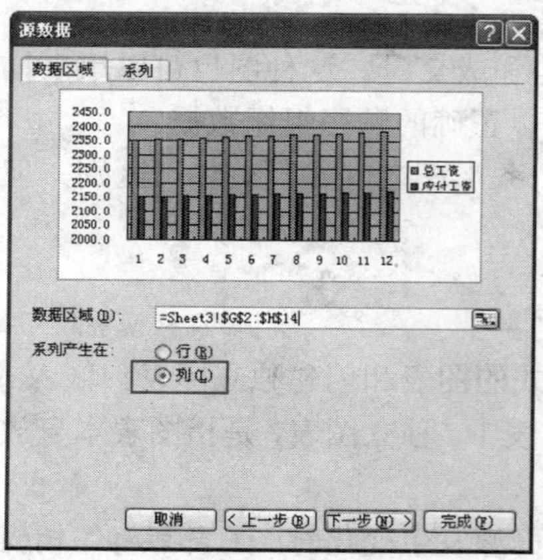

图 5-121 【数据区域】选项卡

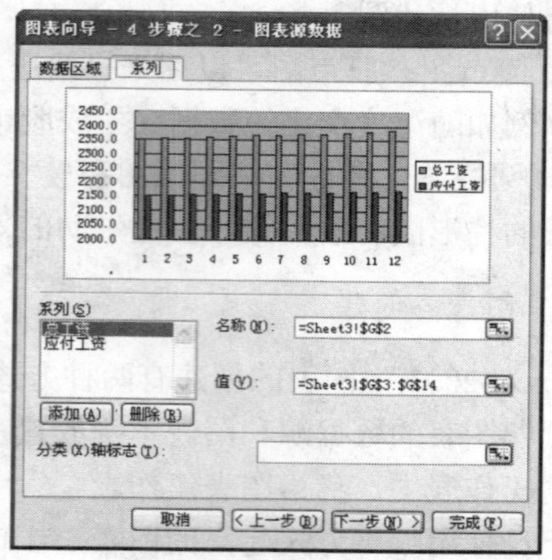

图 5-122 【系列】选项卡

（3）设置完成后，单击【下一步】按钮，则打开【图表向导—4 步骤之 3—图表选项】对话框。该对话框包含了【标题】、【坐标轴】、【网格线】、【图例】、【数据标志】和【数据表】6 个选项卡。其中【标题】选项卡主要用于输入图表、X 轴（即分类轴）和 Y 轴（即数值轴）的标题（相应的标题可在右侧的缩略图中看到），其他选项卡在一般情况下可采用默认值。

在本例中，图表标题默认为“工资表”，输入 X 轴为“序号”，Y 轴为“工资”，如图 5-123 所示。

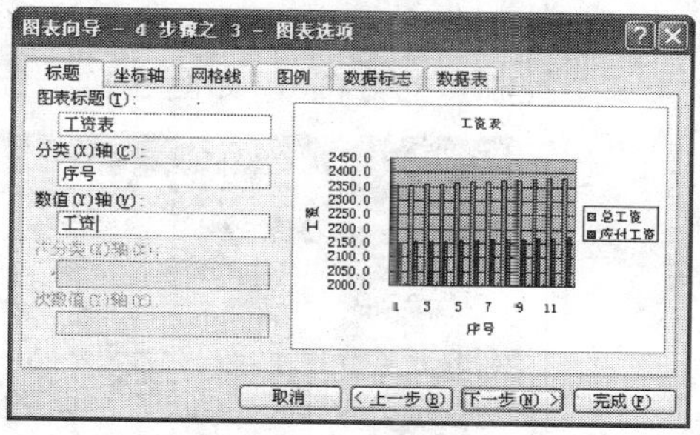

图 5-123　【图表向导—4 步骤之 3—图表选项】对话框

（4）单击【下一步】按钮，进入【图表向导—4 步骤之 4—图表位置】对话框。该对话框主要是用于确定图表插入的位置，如果用户选择【作为新工作表插入】，则需要输入新工作表的名称，系统会将图表放在一张独立的工作表中；如果用户选择【作为其中的对象插入】，则用户需要指出插入图表的工作表名称。

在本例中，选择【作为新工作表插入】，输入 Chart1，如图 5-124 所示。

最后单击【完成】按钮，即可完成图表的创建工作，如图 5-125 所示。

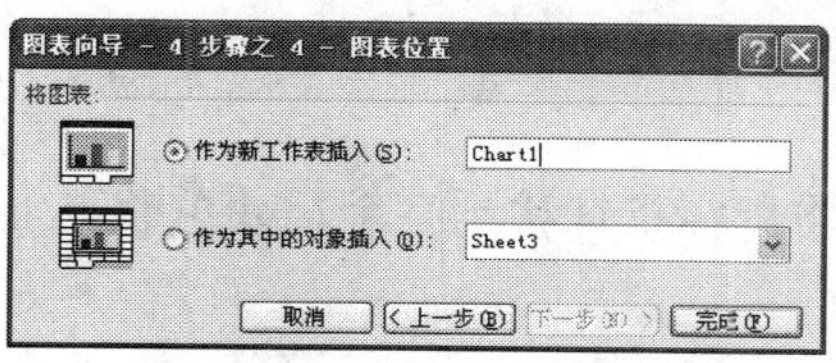

图 5-124　【图表向导—4 步骤之 4—图表位置】对话框

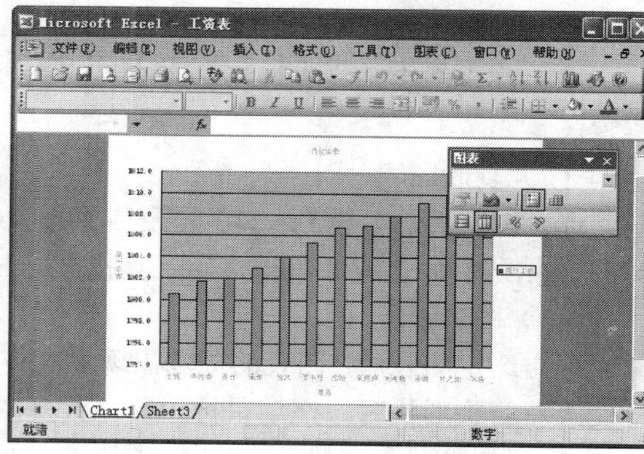

图 5-125　完成图表创建

5.6.2　编辑图表

上面的图表创建后，仔细观察会发现图表结构并不合理，不利于用户查看，因此要对其进行编辑。

图表编辑是指对图表以及其中的各个对象进行编辑，主要是指移动、复制、缩放和删除图表、数据的增删、图表类型的更改等。

1. 图表的选定

在 Excel 2003 中，一个图表是由众多图表对象（如分类轴、数值轴、图表区等）组成的。单击图表即可将其选中，然后对图表进行移动、复制和删除等操作。

如果要选定图表对象，则选择【视图】|【工具栏】|【图表】命令，打开【图表】工具栏，如图 5-126 所示。

在【图表】工具栏中单击【图表】下拉列表，从中选取一种图表对象，则该图表中的相应对象就被选中（出现一个带 8 个控制点的方框），如图 5-127 所示。

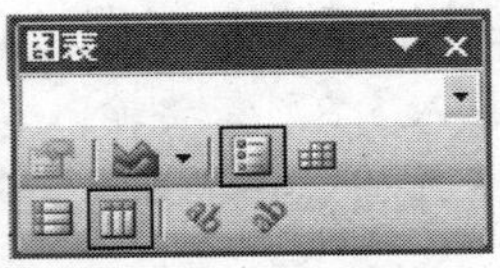

图 5-126 【图表】工具栏

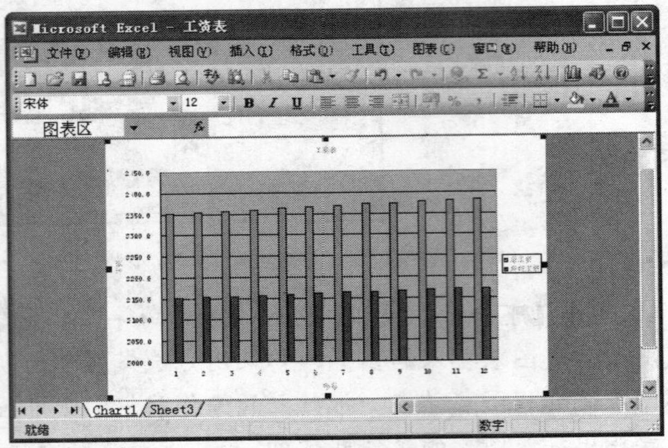

图 5-127 选定图表

2. 图表的移动、复制、缩放和删除

（1）移动图表

单击选定图表，将鼠标指针移到图表中，按下鼠标左键拖动鼠标，即可移动图表到新的位置。

（2）复制图表

选定图表后，选择【编辑】|【复制】命令或者单击常用工具栏上的按钮，然后选择【编辑】|【粘贴】命令或者单击常用工具栏上的按钮，即可完成操作。

（3）图表缩放

单击选定图表后，图表的周围出现 8 个控制点，将鼠标指针移到某个尺寸控制点上，待指针变成双箭头形状时，拖动鼠标，即可改变图表大小。

（4）删除图表

选定图表，选择【编辑】|【清除】命令或者按 Delete 键即可删除图表。

3. 更改图表类型

Excel 可以对已插入的图表类型进行修改，单击选定图表后，单击【图表】工具栏上的【图表类型】下拉按钮，选择要更改的图表类型。

例如，将已有的“工资表”柱形图更改为三维饼图，就可以进行如下操作。

单击选定图表，单击【图表】工具栏上的下拉按钮，再单击【三维饼图】按钮，“工资表”的柱形图即可更改为三维饼图，如图 5-128 所示。

4. 向图表中添加和更改数据

（1）修改用来生成图表的单元格区域

选定要修改的图表，选择【图表】|【数据源】命令，打开【数据区域】选项卡，单击【数据区域】编辑框右边的按钮重新选择单元格区域，最后单击【确定】按钮，即可完成操作。

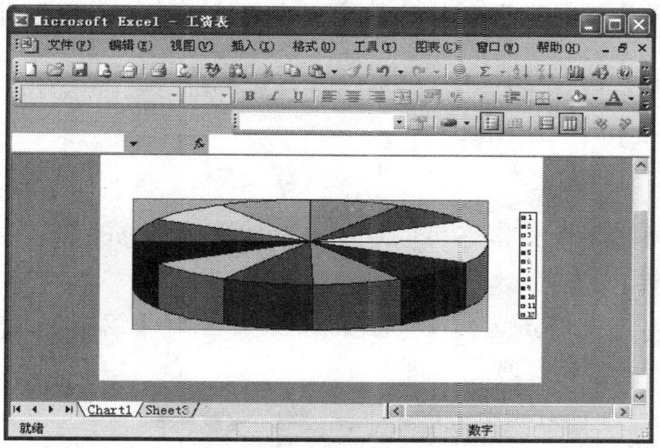

图 5-128　三维饼图

（2）通过复制和粘贴向图表中添加数据

先选定含有待添加数据的单元格，单击按钮，将单元格复制到系统的剪贴板上，然后单击目标图表区，单击按钮即可完成操作。

（3）更改图表中的数值

图表中的数值是链接在创建该图表的工作表上的，图表中的数据将随着工作表的变化而更新。用户只需打开数据源工作表，在需要更改数据的单元格中输入新值，按 Enter 键即可完成操作。

（4）删除数据系列

如果要同时删除工作表和图表中的数据，只需删除工作表中的数据，图表中的数据将会自动更新。使用下面的方法可以仅删除图表中的数据系列，而工作表中的数据完好无损。

例如，删除“工资表”柱形图（见图 5-127）中的“总工资”系列，只保留“应付工资”系列。

1）选择【图表】|【数据源】命令，打开【系列】选项卡，如图 5-129 所示。

2）在【系列】选项组中，选择【总工资】，然后单击【删除】按钮，在上方的缩略图中可以看到图表发生了相应的变化。

3）最后单击【确定】按钮，就完成了数据系列的删除，如图 5-130 所示。

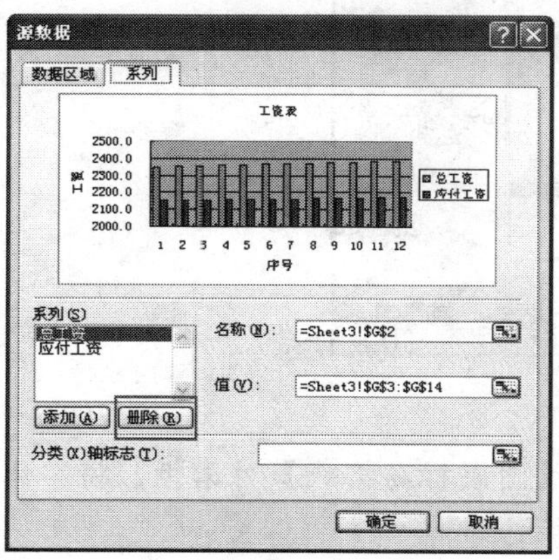

图 5-129　【系列】选项卡

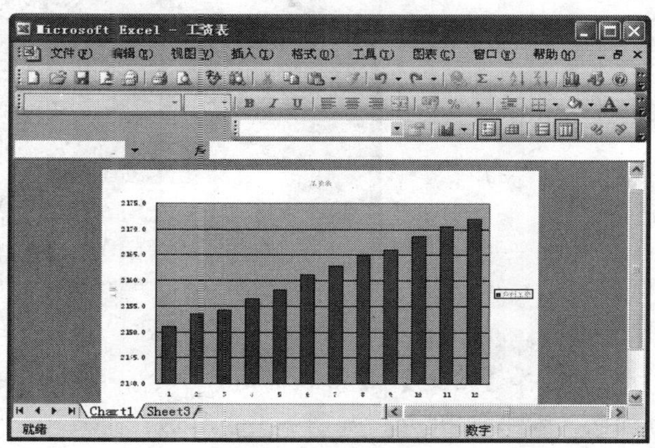

图 5-130　数据系列删除

也可以在图表上单击选定所要删除的数据系列，然后按 Delete 键即可完成删除。

5.6.3 图表格式化

1. 在图表中添加或更改文本

用户在工作表中插入图表后，还可以对图表添加文本或修改图表中已有的文本。

（1）向图表中添加文本

单击需要添加文本的图表，选择【视图】|【工具栏】|【绘图】命令，打开【绘图】工具栏，如图 5-131 所示。

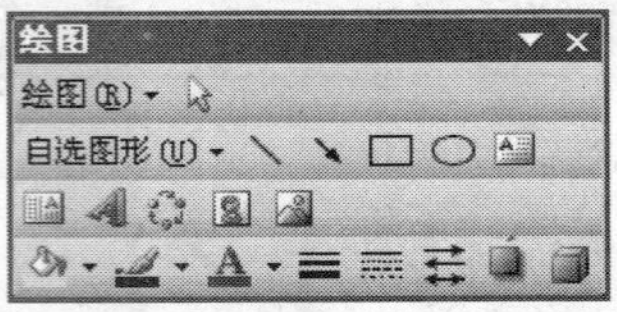

图 5-131 【绘图】工具栏

在【绘图】工具栏上，单击按钮，然后单击需添加文本的位置，图表上就会出现一个文本框，用户输入所需的文字后，按 Esc 键或单击文本框外任意位置，即可完成文本的输入。

（2）修改图表中的标题

图表生成后，如果用户要修改已有标题，可以使用【图表】下拉菜单或者单击选择已有的标题，进行修改。

例如，将现有的柱形图“工资表”的标题修改为“某公司员工工资表”，红色、隶书、28 号，可以进行如下操作。

1）单击【图表】下拉列表，选择【图表标题】，或者直接单击标题，“工资表”就会被选中，如图 5-132 所示，将其修改为“某公司员工工资表”。

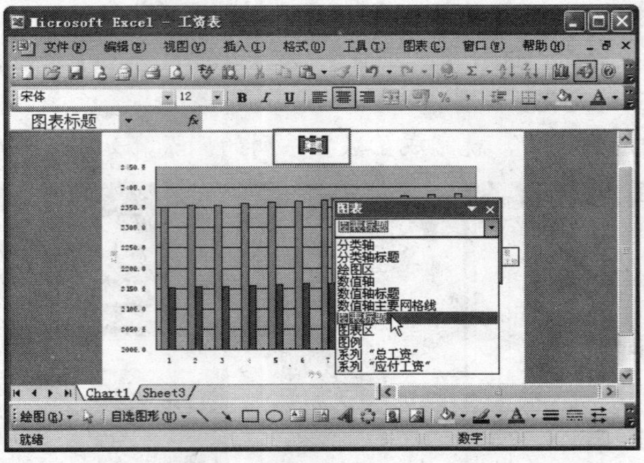

图 5-132 工资表修改

2）选择【格式】|【图表标题】命令，系统就会打开【图表标题格式】对话框，将字体设为红色、隶书、28 号，如图 5-133 所示。

3）单击【确定】按钮，标题便应用了设置，如图 5-134 所示。

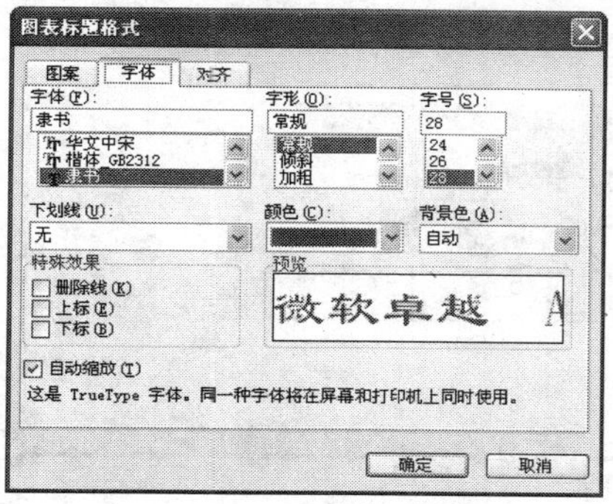

图 5-133　图表标题格式

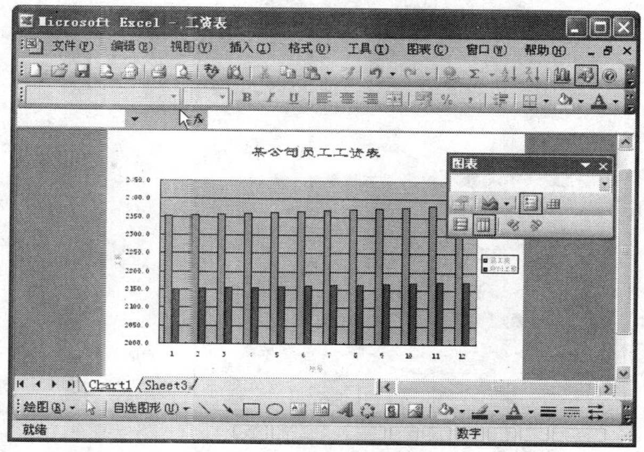

图 5-134　标题修改完成

2. 设置坐标轴格式

在图表中，右击坐标轴，在弹出的快捷菜单中选择【坐标轴格式】命令，即可打开【坐标轴格式】对话框，如图 5-135 所示。

该对话框中包含了【图案】、【刻度】、【字体】、【数字】、【对齐】5 个选项卡，可以设置坐标轴线条的颜色、粗细、刻度以及坐标刻度的字体、字号等。

本例中将坐标轴线条的颜色设置为红色，坐标刻度字体设置为绿色，18 号，完成后的效果如图 5-136 所示。

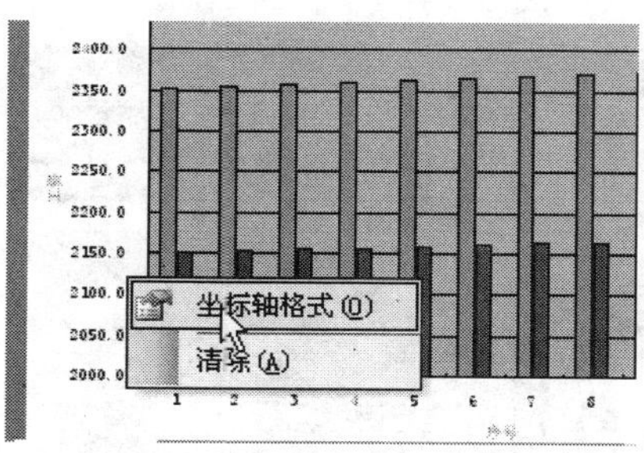

图 5-135　选择【坐标轴格式】命令

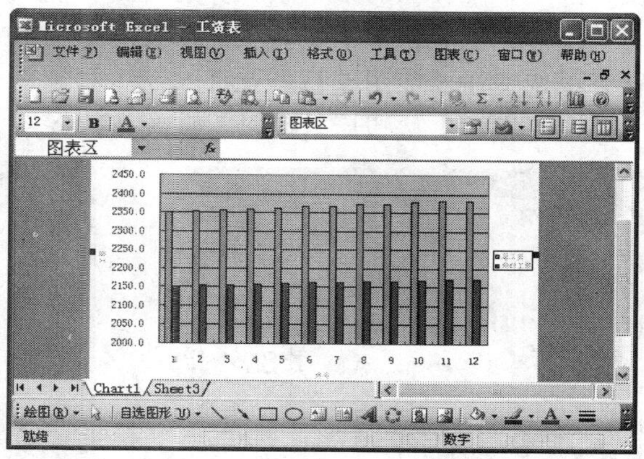

图 5-136　设置完成

3. 设置图表区格式

还可以设置图表的背景颜色、填充效果，操作方法如下。

右击背景，在弹出的快捷菜单中选择【图表区格式】命令，打开【图表区格式】对话框，其中包含【图案】、【字体】两个选项卡，用户可以设置背景颜色，也可以给图表加边框，还可以对图表区的字体进行设置等，如图 5-137 所示。

本例中，设置背景为黄色，单击【确定】按钮即可应用设置，如图 5-138 所示。

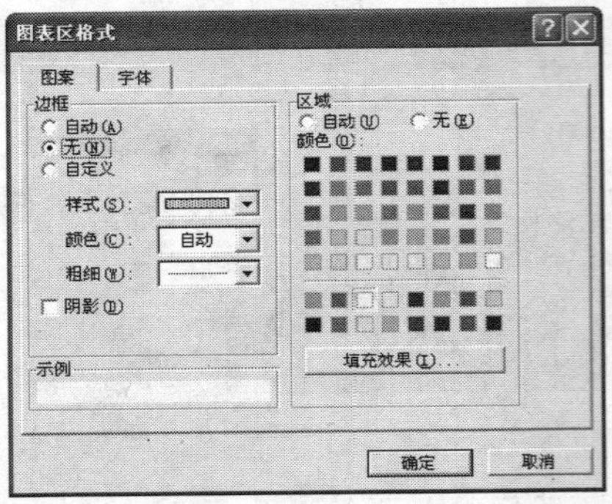

图 5-137　图表区格式

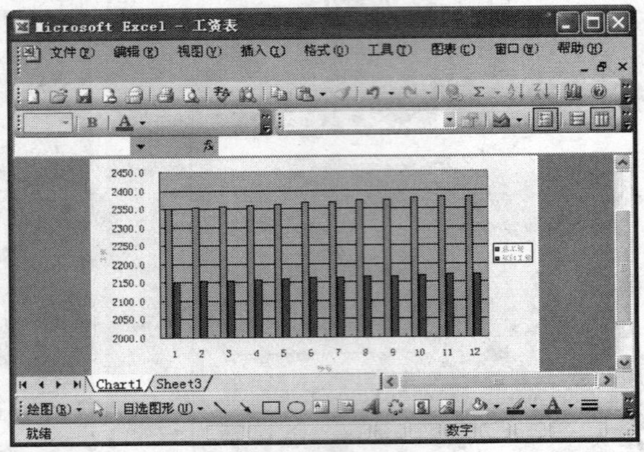

图 5-138　添加背景

4. 改变数据的绘制方式

在 Excel 中有两种修改图表数据绘制方式的方法：可以修改数据系列在工作表行或者列中的绘制，还可以用相反的次序来绘制图表。

（1）在行或者列中绘制的数据系列

在图表中，可以通过使用“图表向导”来改变数据的方向。在工作表中，改变数据的序列，就意味着会产生不同类别的图表。例如，对于本例中的“某公司员工工资表”来说，当选定【系列产生在“列”】时，反映的是员工的各项工资情况比较。而当选择【系列产生在“行”】时，则反映的是不同员工的某一项工资的情况比较。具体操作方法如下：

单击选定图表，单击工具栏上的按钮，在【源数据】对话框的【系列产生在】中选中【行】单选按钮，如图 5-139 所示。

单击【完成】按钮后就可以看到改变数据系列的图表，如图 5-140 所示。

图 5-139　图表源数据

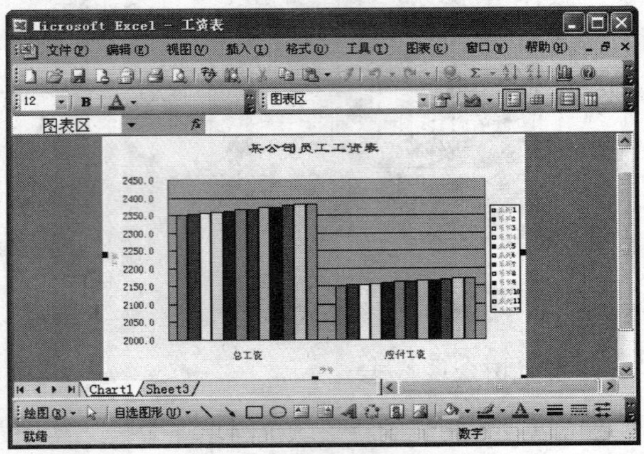

图 5-140　改变数据系列

（2）用相反的次序绘制

还可以用相反的次序来绘制图表，也就是说，可以沿着坐标轴，用相反的次序显示数据。具体方法如下：

激活图表，双击坐标轴，打开【坐标轴格式】对话框，选择其中的【刻度】选项卡，如

图 5-141 所示。

选中【数值次序反转】复选框，并单击【确定】按钮即可完成设置，效果如图 5-142 所示。

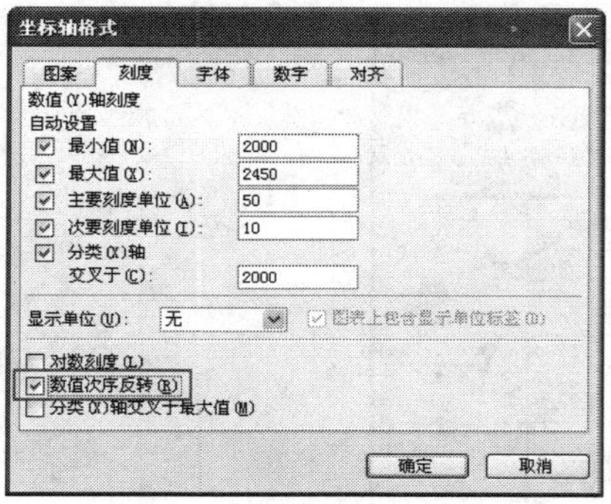

图 5-141　【刻度】选项卡

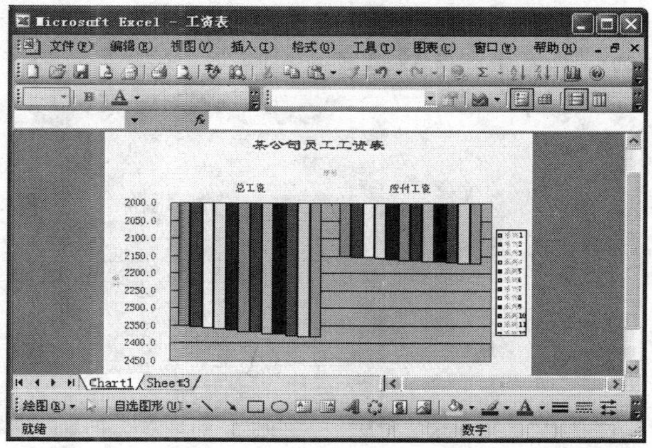

图 5-142　数值次序反转

注意：

对于采用“雷达图”的图表，不能使用该方法来改变数据绘制的次序。

5.7　上机实训

5.7.1　运用公式和函数

实训内容一：运用公式计算“学员成绩表”中各科的平均分。

（1）首先选中 D19 单元格。

（2）单击编辑栏，在空白处输入公式：“=（D3+D4+D5+D6+…+D17+D18）/16”，按 Enter 键或者单击编辑栏中的☑按钮，D19 单元格中就计算出了结果：75.688，如图 5-143 所示。

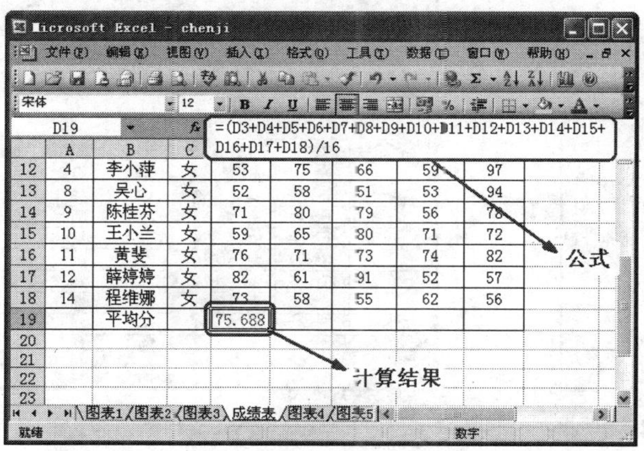

图 5-143　计算结果

实训内容二：在“学员成绩表”中，用 COUNTIF 函数来统计“语文”成绩在 70~79 分的学生人数。

（1）首先选中 F20 单元格。

（2）直接输入函数“=COUNTIF（F3：F18,">=70"）-COUNTIF（F3：F18,">=80"）”，按 Enter 键或者单击编辑栏中的✓按钮，F20 单元格中就统计出了结果：6，如图 5-144 所示。

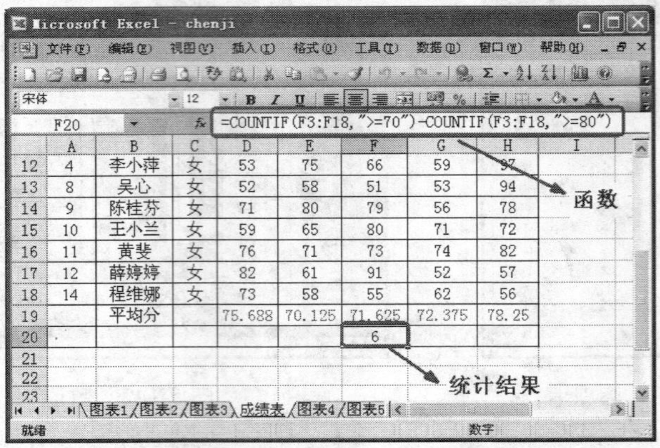

图 5-144　统计结果

5.7.2　数据管理与分析

实训内容一：对“学员成绩表”中的“数学”成绩进行升序排序。

（1）首先在“数学”列中任意选择一个单元格（如 D6），然后选择【数据】|【排序】命令，打开【排序】对话框。

（2）在【主要关键字】下拉列表框中，选择【数学】，然后选中【升序】单选按钮，如图 5-145 所示，单击【确定】按钮，按“数学”进行升序的排序就完成了，如图 5-146 所示。

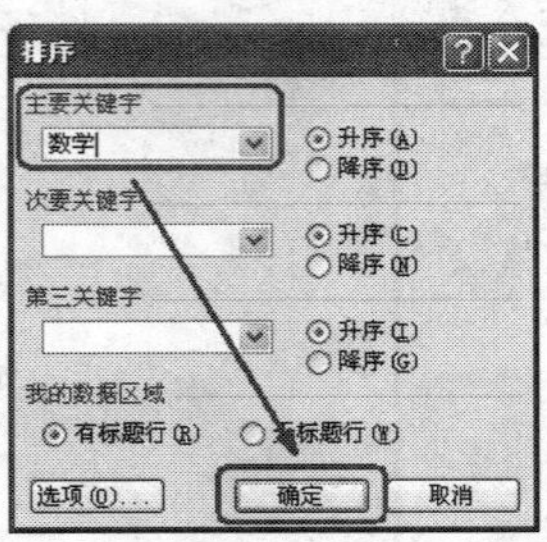

图 5-145　【排序】对话框

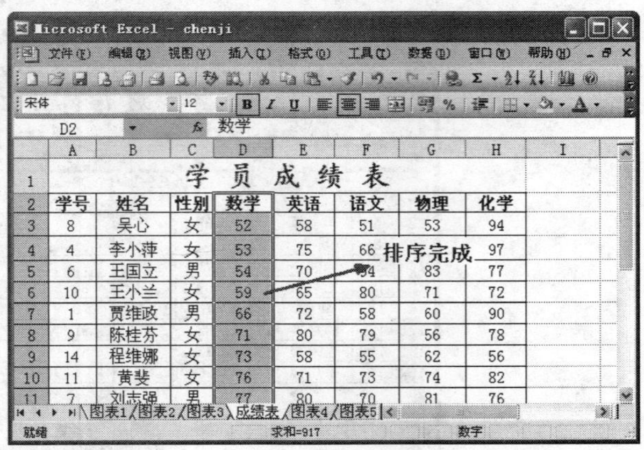

图 5-146　排序完成

实训内容二：在“学员成绩表”中，筛选出“化学”成绩大于 90 的学生记录。

（1）在“化学”列中任意选中一个单元格（如 H6），选择【数据】|【筛选】|【自动筛选】

命令，待 A2: J2 的各个单元格中出现了下拉列表框后，单击 H 列中的▼按钮，在下拉列表框中选择【自定义】，如图 5-147 所示。

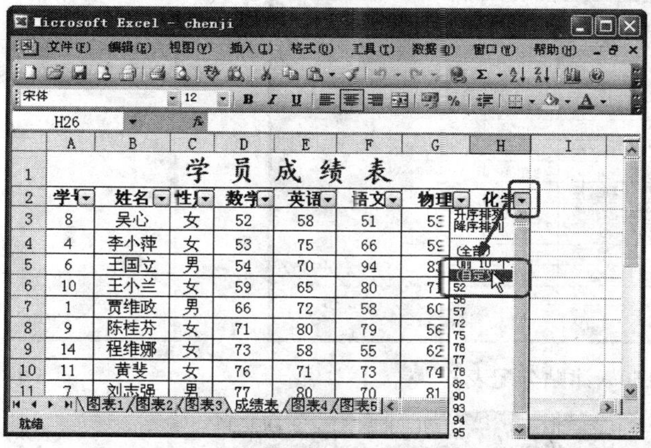

图 5-147　选择【自定义】

（2）在【自定义自动筛选方式】对话框中，输入筛选条件：在左边下拉列表框中，选中【大于】，在右边的文本框中输入 90，如图 5-148 所示。

（3）单击【确定】按钮，所有“化学”成绩大于 90 的学生记录就显示出来了，如图 5-149 所示。

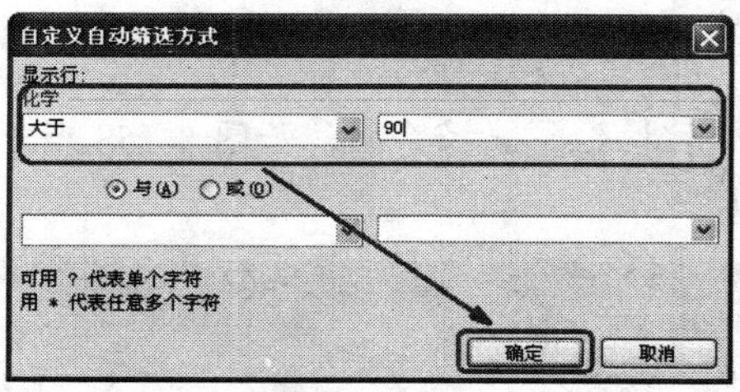

图 5-148　自定义自动筛选方式

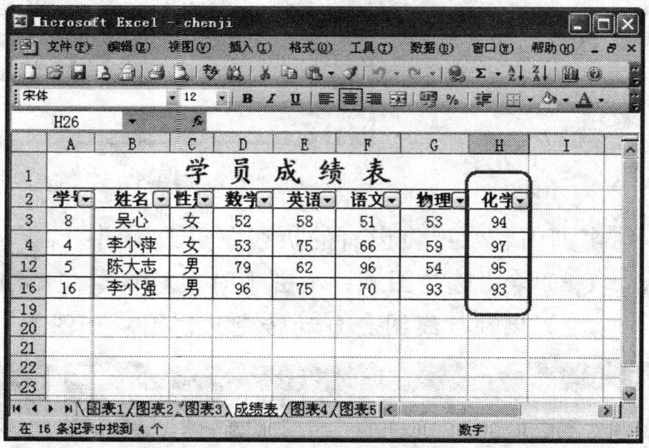

图 5-149　筛选完成

5.7.3　图表操作

实训内容一：为“津贴分配表”（如图 5-150 所示）创建一个折线图。

（1）首先选定用于创建图表的单元格区域 D3: E10。

（2）选择【插入】|【图表】命令或单击常用工具栏上的图表按钮，打开【图表向导—4 步骤之 1—图表类型】对话框，从中选择折线图的第一子图，如图 5-151 所示。

（3）单击【完成】按钮，系统会自动在工作表中插入一个折线图，如图 5-152 所示。

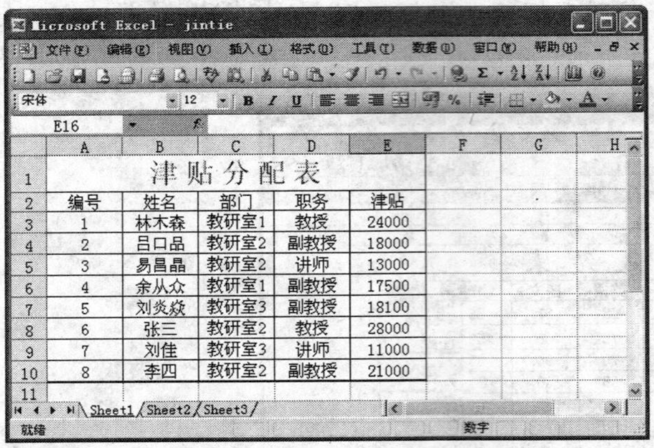

图 5-150　津贴分配表

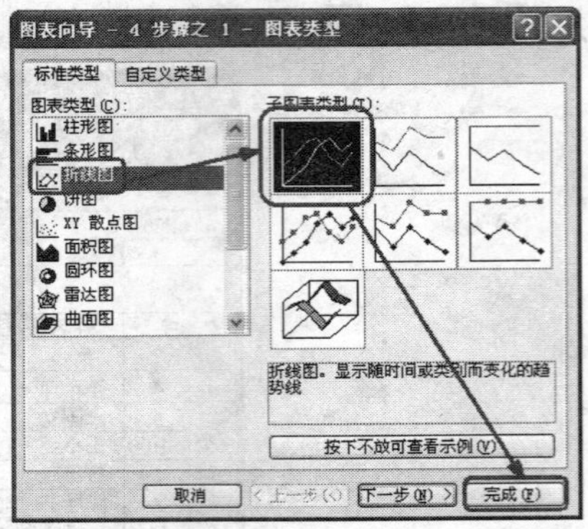

图 5-151　图表类型

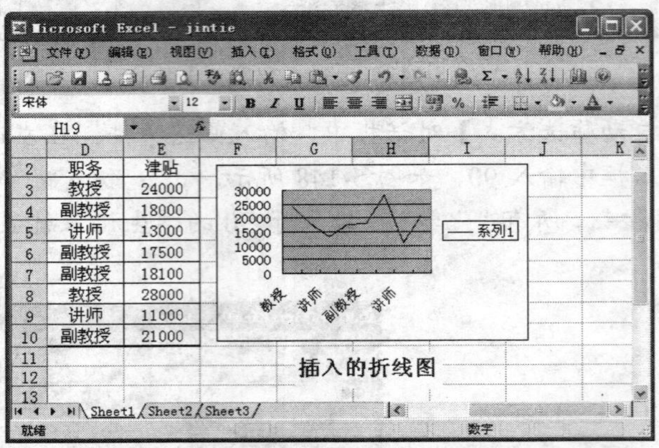

图 5-152　插入折线图

实训内容二：将已有的折线图更改为饼图。

（1）单击选定图表，单击【图表】工具栏上的[icon]下拉按钮，选择饼图，如图 5-153 所示。

（2）此时折线图会自动转变为饼图，如图 5-154 所示。

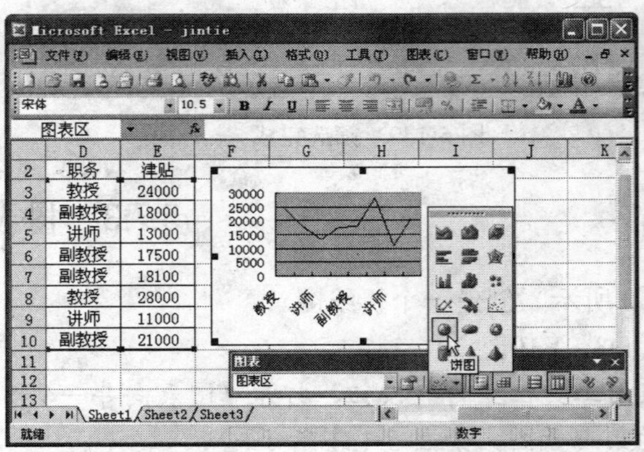

图 5-153　更改类型

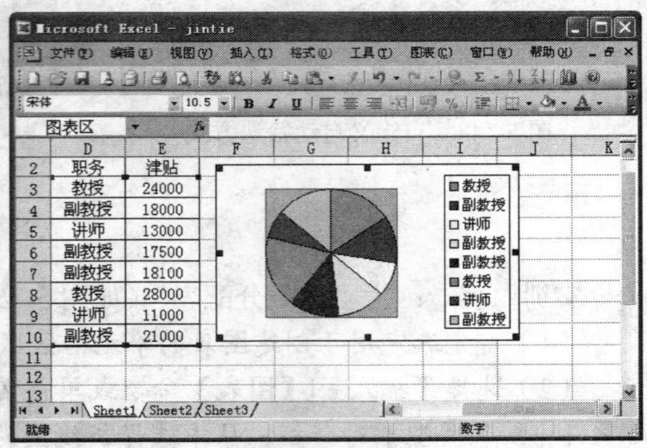

图 5-154　更改为饼图

5.8　总结提高

本章深入地介绍了 Excel 在数据统计、处理、分析等方面的应用，并运用大量生动典型的具体实例，讲述了 Excel 的数据管理、图表、数据分析和统计等功能，有助于提高用户使用 Excel 的实际操作能力。本章主要内容包括 Excel 2003 工作薄、工作表、单元格的高级操作；Excel 中图表的格式化和美化；Excel 中数据的保护；公式和各种函数的使用；数据排序、数据筛选等 Excel 精粹。

Excel 2003 的功能简单易学，下面来介绍几个常用技巧。

☑ 定义字典：用户可以通过定义数据字典对所有 Excel 文件进行纠错。例如，要定义几个常用词的代码，可以进行如下操作：（1）选择【工具】|【自动更正】命令，弹出【自动更正】对话框，如图 5-155 所示；（2）在该对话框的中间有【替换】和【替换为】两个文本框，可以在其中添加自定义数据，例如在【替换】文本框中输入 zljdj，在【替换为】文本框中输入“质量监督局”，就可以将“质量监督局”定义为 zljdj，单击【添加】按钮，它就被添加到字典中；（3）新建一个工作表，在任一单元格中输入 zljdj，按 Enter 键后会自动更正为“质量监督局”。

☑ 设置自动更正：建立数据字典后，可以通过设置条件来完成“自动更正”。在【自动更正】对话框中包含 5 个条件复选框：【更正前两个字母连续大写】、【句首字母大写】、【英文日期第一个字母大写】、【更正因误按大写锁定键（Caps Lock）产生的大小写错误】以及【键入时自动替换】。可以根据自己的需要决定是否选中这些复选框。例如，要完成 zljdj 到“质量监督局”的替换，必须选中【键入时自动替换】复选框，如图 5-156 所示。

☑ 隐藏工作表：对于工作表来说，最简单的保护方法就是将其隐藏起来。可以这样操作：（1）在工作表窗口中，选择【窗口】|【隐藏】命令，当前工作表就会自动隐藏起来；（2）如果要取消隐藏，只需选择【窗口】|【取消隐藏】命令，系统会自动弹出一个对话框，选定要显示的工作表，单击【确定】按钮，工作表会自动显现出来。

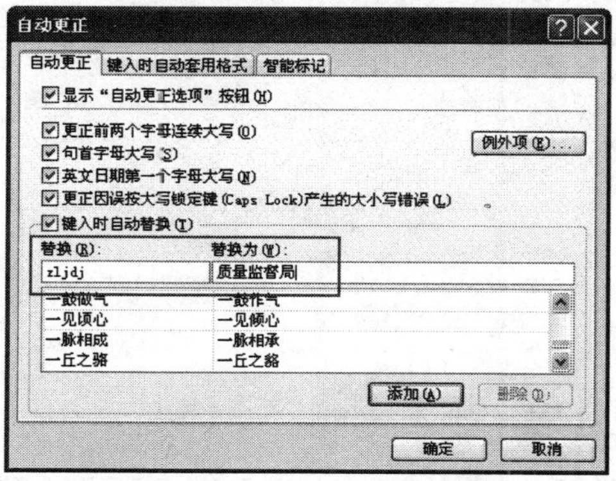

图 5-155　【自动更正】对话框

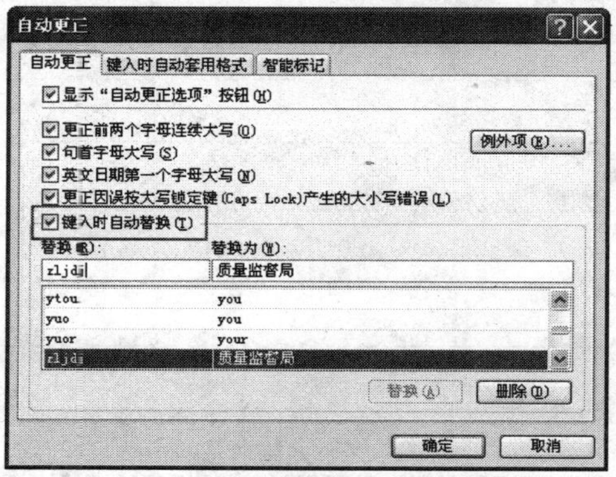

图 5-156　设置自动更正

5.9 习题

一、填空题

1．单元格中若未设置特定格式，数值数据会______对齐，文本数据会______对齐。

2．从 Excel 将图表复制是以______对象粘贴到 Word 软件中的。

3．在 Excel 工作表中，可以使用【工具】菜单中的______命令建立自定义填充序列。

4．在对数据进行分类汇总前，必须对数据进行______操作。

5．Excel 工作表的第三行第四列的单元格地址是______。

二、选择题

1．如果在工作表中的第 4 行和第 5 行之间插入 2 个空行，首先选取的行号是______。

A．4　B．5　C．4，5　D．5，6

2．在工作表中的某个单元格内直接输入“6-20”，Excel 认为这是一个______。

A．数值　B．字符串　C．时间　D．日期

3．在工作表中单元格区域 D8:B6 包括的单元格个数是______个。

A．3　B．6　C．9　D．18

4．在单元格中输入“=32470+2216”以后，默认该单元格显示______。

A．=32470+2216　B．=34686　C．34686　D．324702216

5．当复制工作表中的一个单元格区域 B4:G5 时，下列目标区域______不能完成复制。

A．E2　B．E2:F3　C．E2:G4　D．E2:H5

三、操作题

1．建立一个工作簿，在工作簿中建立一张工资表，表中包括姓名、基本工资、岗位津贴、奖金、医疗保险、储蓄、其他扣款、实发工资等项目，表中数据自定。

2．在建立的工作簿中进行各种操作，如求工资平均值、总值的计算、实发工资的排序等。

3．再为实发工资制作一个图表。

【读书笔记】
DUSHU BIJI

第 6 章　认识 Office 2003 的其他工具

本章导读

Microsoft 公司继推出 Office XP 之后，又推出了最新版本 Office 2003。它功能强大、操作简单明了，是目前办公人员的首选。

新推出的 Office 2003 中文版具有以下特点：(1) 它在完善原有的任务窗格和剪辑管理器、支持多种文档加密方式的基础上，增强了抵抗宏病毒和文档安全恢复的能力；(2) 启动速度更快；(3) 界面更加温馨；(4) 设计更加人性化；(5) 操作更加方便和稳定。

本章主要围绕 Office 2003 其他工具的使用方法进行讲解，力求将 Office 2003 中一些很实用但又不为多数人所熟知的工具介绍给读者。

重点与难点

☑　掌握 PowerPoint 2003 的基本操作

☑　了解 Access 2003 的应用

☑　掌握 Outlook 2003 的使用

☑　掌握 Picture Manager 的使用

6.1　PowerPoint 2003 的基础操作

PowerPoint 是 Microsoft 公司 Office 系列办公组件中的幻灯片制作软件，由于它和其他 Office 软件一样，操作简单，界面友好，因此在设计和制作多媒体课件中，它的应用最为广泛。

PowerPoint 允许用户把文字和图片放在同一张幻灯片上，并能通过赋予某种动作使其以动态的形式显示出来；另外可以在课件中加入各种声音和超链接，而且在 PowerPoint 中编辑的效果和期望结果往往是一样的，实现了真正的“所见即所得”。

下面详细介绍如何通过 PowerPoint 2003 来制作一个图文并茂的课件。

1. 新建空演示文稿

首先用户需要新建一个空的演示文稿，然后才可以往其中添加内容。新建空演示文稿的操作步骤如下：

（1）启动 PowerPoint 2003。

（2）选择【文件】|【新建】命令。

（3）在弹出的【新建演示文稿】面板中选择【空演示文稿】选项，如图 6-1 所示。

（4）在弹出的【幻灯片版式】面板中选择空的演示文稿版式，如图 6-2 所示。

2. 输入文本

在刚才新建的演示文稿中输入相关的文本内容。输入文本的步骤如下：

（1）选择【插入】|【文本框】|【水平】命令。

（2）在编辑区拖动鼠标，绘制出一个水平文本框。

（3）输入相关的文字内容。

（4）文本输入完成之后可以修改文本的相关格式。与其他文字处理软件一样，只需选中相应的操作对象，然后通过格式工具栏中的相关按钮即可修改文本大小、颜色和字体等。

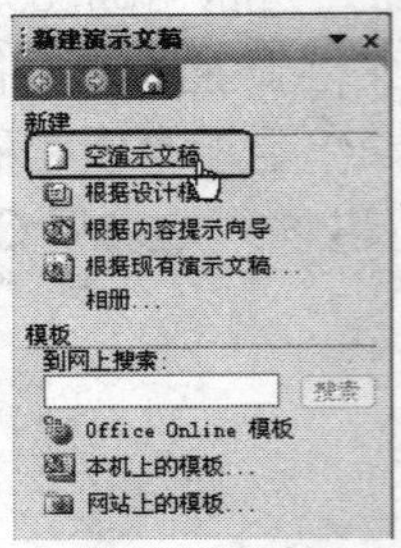

图 6-1 【新建演示文稿】面板

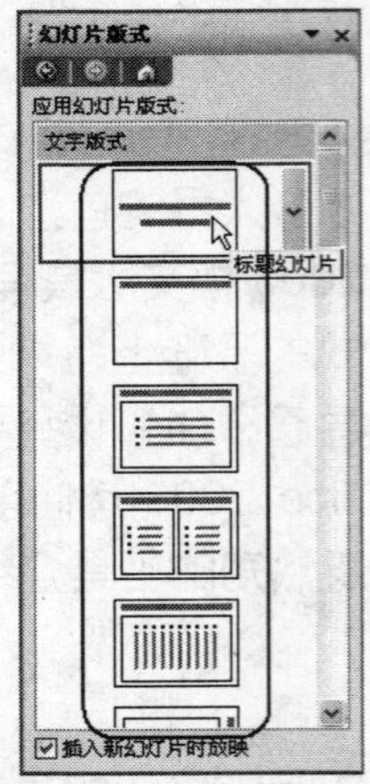

图 6-2 【幻灯片版式】面板

3. 调整文本框的大小

通过调整文本框的控制点还可以调整文本框的大小。操作方法如下：

先选中要调整的文本框，使其边框上出现 8 个控制点，然后根据需要拖动控制点，文本框随之改变大小。

4. 移动文本框

除了可以调整文本框的大小之外，还可以调整文本框的位置。方法如下：

当鼠标指针放在文本框边上的任何非控制点的位置时，鼠标指针会变成十字形箭头，这时拖动鼠标即可调整文本框的位置，如图 6-3 所示。

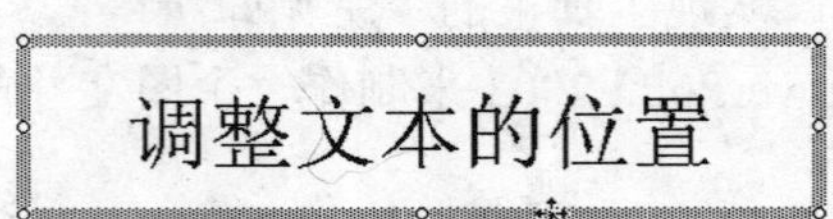

图 6-3 调整文本框的位置

5. 演示文稿的放映

PowerPoint 幻灯片的放映有两种操作方法。

（1）幻灯片放映视图

通过幻灯片放映视图可以播放当前正在编辑的幻灯片，如果该幻灯片后面还有其他的幻灯片，只需在放映时单击鼠标即可连续向后播放。

（2）【观看放映】命令

选择【幻灯片放映】菜单中的【观看放映】命令，PowerPoint 就开始放映该演示文稿。

6. 编辑与修改演示文稿的版面

剪贴画是一种矢量图形。在课件中适当地使用各种剪贴画，可以为课件增色不少。插入剪贴画的步骤如下：

（1）选择菜单栏中的【插入】|【图片】|【剪贴画】命令。

（2）在弹出的【插入剪贴画】对话框中选取合适的剪贴画。

（3）单击【插入】按钮，如图 6-4 所示。

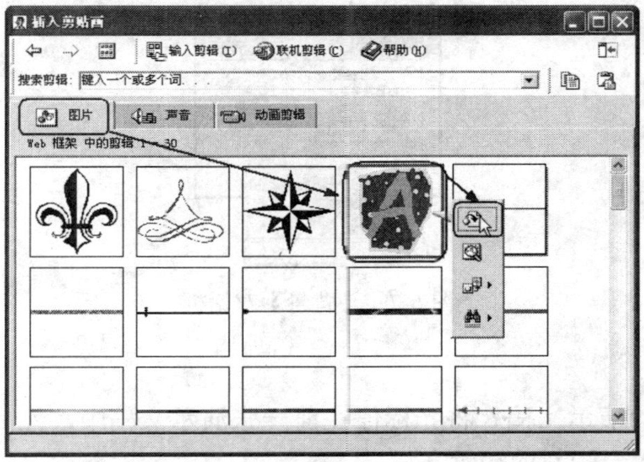

图 6-4　【插入剪贴画】对话框

7. 应用模板

通过应用模板，用户可以更快地赋予演示文稿某种样式。应用模板的方法如下：

（1）选择【格式】|【应用设计】命令打开【幻灯片设计】面板。

（2）在【幻灯片设计】面板中的合适模板图标上单击鼠标将其应用到演示文稿中，如图 6-5 所示。

通过在幻灯片上单击鼠标右键，选择快捷菜单中的【幻灯片设计】命令，也可以快速地打开【幻灯片设计】面板，如图 6-6 所示。

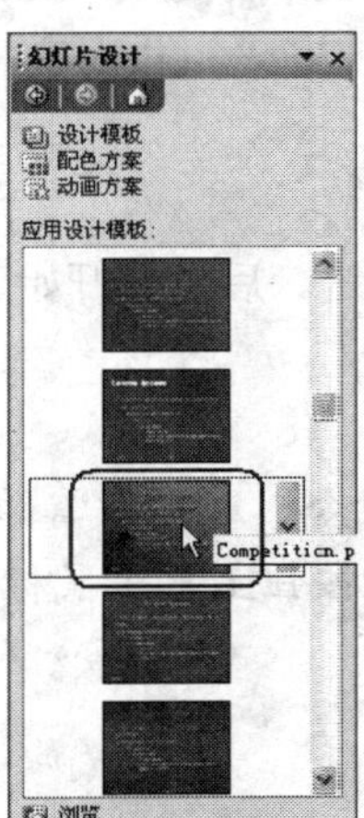

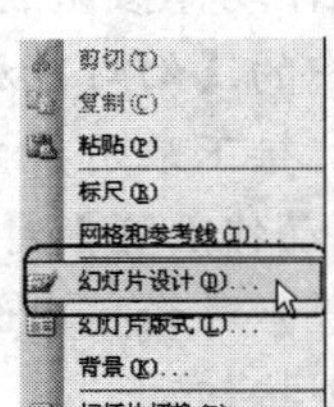

图 6-5　【幻灯片设计】面板　　　图 6-6　快捷菜单中【幻灯片设计】命令

8. 应用背景

如果用户不想对演示文稿添加某个模板，而只是希望为其添加一种背景颜色，可以按照以下步骤进行操作。

（1）选择【格式】|【背景】命令。

（2）在弹出的【背景】对话框中，打开下拉列表框，选择合适的颜色，也可以单击【填充效果】按钮，从弹出的对话框中选择一种填充效果，如图 6-7 所示。

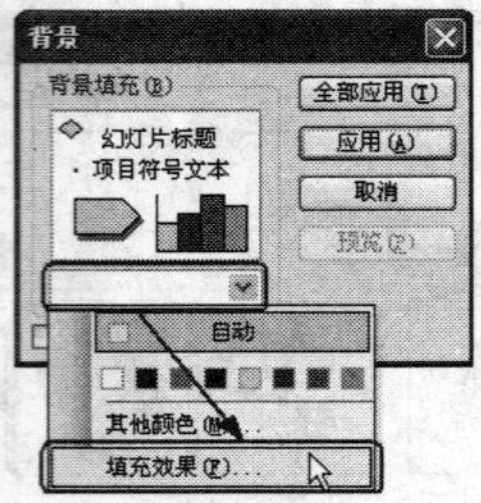

图 6-7 【背景】对话框

9. 增删演示文稿

如何增添一张新的演示文稿？将光标停在前一张演示文稿中，然后选择【插入】|【新幻灯片】命令，即可插入一张新的演示文稿。

删除演示文稿的方法也非常简单，选中要删除的演示文稿，然后按 Delete 键即可完成删除操作。

10. 调整演示文稿的次序

在“大纲视图”或“幻灯片浏览视图”中，拖动演示文稿到目的位置，即可完成演示文稿顺序的调整。

11. 创建交互

放映 PowerPoint 课件时的默认顺序是按照演示文稿的次序进行播放。通过对演示文稿中的对象设置动作即超链接，用户即可改变课件的线性放映方式，从而提高课件的交互性。

创建交互的方法有以下几种：

（1）动作按钮链接

PowerPoint 包含 12 个内置的三维按钮，可以进行前进、后退、开始、结束、帮助、信息、声音和影片等动作，如图 6-8 所示。

在演示文稿上制作动作按钮的操作如下：

1）选择菜单栏中的【幻灯片放映】|【动作按钮】命令，选择所需的动作按钮。

2）添加完按钮，接下来用户要为按钮定义动作，在按钮上单击鼠标右键，选择【动作设置】命令即可打开【动作设置】对话框，如图 6-9 所示。

3）在【动作设置】对话框中选择链接的对象。

4）单击【确定】按钮。

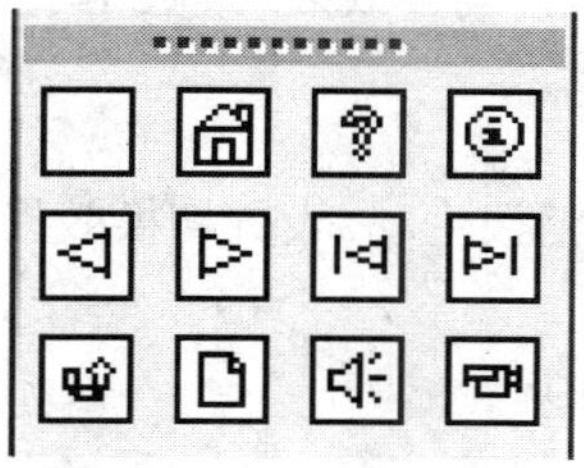

图 6-8　PowerPoint 包含 12 个内置的三维按钮

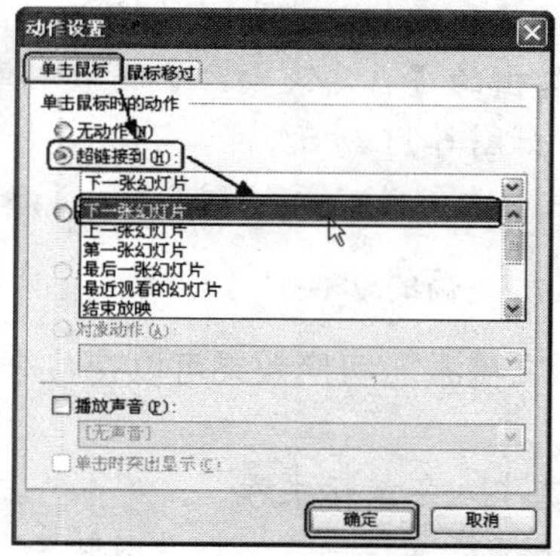

图 6-9　【动作设置】对话框

（2）图形对象链接

前面介绍的是如何为按钮设置链接，除此之外，用户还可以为其他对象设置动作链接，下面介绍如何为图形对象设置链接。

在要设置动作的图形对象上单击鼠标右键，在弹出的快捷菜单中选择【动作设置】命令，如图 6-10 所示，然后在弹出的对话框中可以选择超链接的对象，如图 6-9 所示。

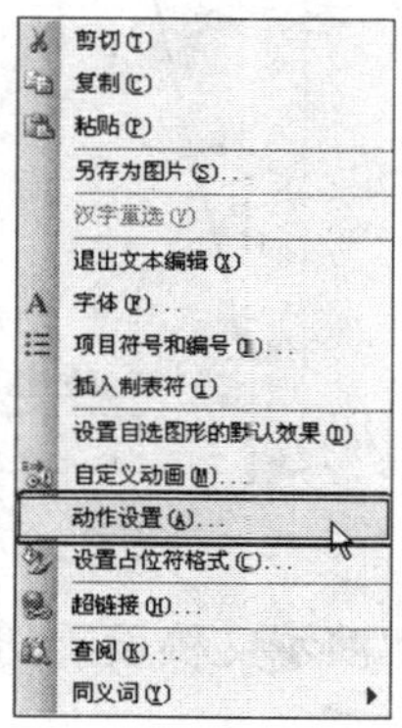

图 6-10　快捷菜单中的【动作设置】命令

（3）文字链接

为文字添加链接的方法类似前面的操作，用户只需选中链接对象——相关的文本，然后单击鼠标右键，在弹出的快捷菜单中选择【动作设置】命令，剩余的设置方法与上文相同。

12. 添加动画

（1）PowerPoint 动画基本特点

PowerPoint 动画功能的基本特点是：动画对象多样化，包括文字、图形和图像等都可产生动画效果；动画动作模式化，无论动画对象是什么，其动作模式（或称动画方式）都被限制在 PowerPoint 所规定的五十余种内。并且，PowerPoint 动画制作的方法极其简单。

（2）自定义动画的方法

自定义动画的方法如下：

1）在“幻灯片视图”下，单击幻灯片中要设置动画效果的对象。

2）选择【幻灯片放映】|【自定义动画】命令。

3）在弹出的【自定义动画】面板中单击【添加效果】按钮，在其下级菜单中选择合适的动画效果，如图 6-11 所示。

4）单击【自定义动画】面板中的【播放】按钮即可看到其动画效果，如图 6-12 所示。

13. 演示文稿的切换

为演示文稿添加切换效果可以使整个作品看起来更加活泼生动。设置切换效果的操作步骤如下：

（1）选中一张演示文稿。

（2）选择菜单栏中【幻灯片放映】|【幻灯片切换】命令。

（3）在【幻灯片切换】对话框中选择切换的效果，如图 6-13 所示。

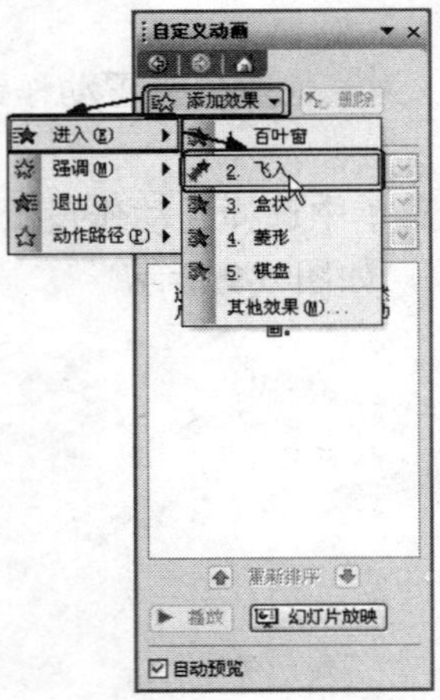

图 6-11 【自定义动画】面板

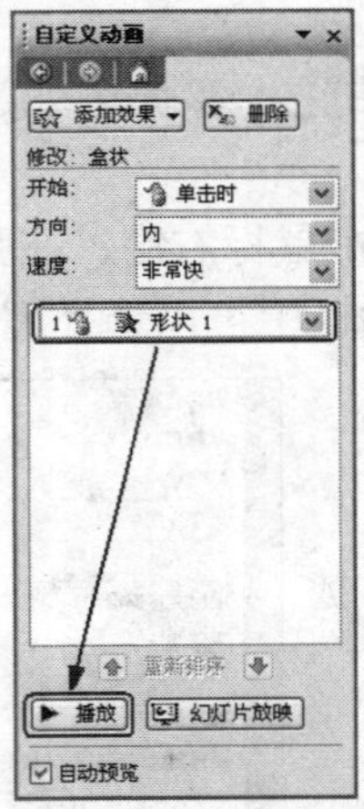

图 6-12 单击【播放】按钮

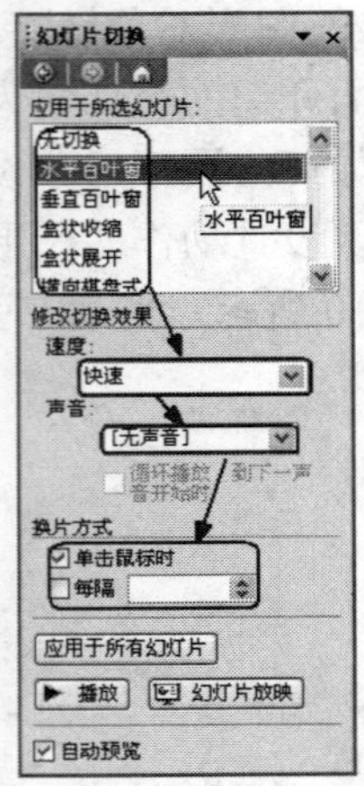

图 6-13 【幻灯片切换】面板

同样，用户可以利用此方法为其他演示文稿设置切换效果。

6.2 认识 Access 2003

使用 Access 2003 可以将数据分开放在表中，也就是数据表的容器中，然后使用联机窗体让网络用户查看、添加并更新表中的数据、查询并检索数据、使用报表按特定的布局分析或打印数据。下面介绍 Access 2003 的一些基础功能。

6.2.1 认识 Access 2003 的工作窗口

通常 Access 的工作窗口分成五大部分：标题栏、菜单栏、工具栏、状态区和数据库窗口，如图 6-14 所示。

标题栏在屏幕的最上方，菜单栏在标题栏的下面，菜单栏的下面是工具栏，状态区在屏幕的最下方，而夹在工具栏和状态区之间的空间则是数据库窗口。

为了使用户能够更好地应用该软件，下面详细介绍这五大部分的功能。

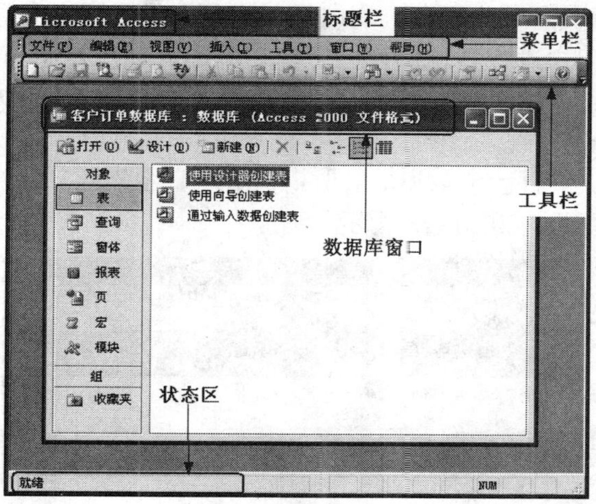

图 6-14　Access 的工作窗口

1. 标题栏

顾名思义，标题栏就是用来显示软件标题名称的地方，Access 的标题栏中写的就是 Microsoft Access。

在标题栏靠右的位置上有窗口控制按钮，利用这些按钮，用户可以很方便地对整个窗口进行放大、缩小和关闭操作。当用户单击窗口上的【最小化】按钮后，整个 Access 窗口将缩到 Windows 的任务栏上去。

2. 菜单栏

在菜单栏上有文件、编辑、视图、插入、工具、窗口、帮助 7 个菜单项。

用鼠标单击任意一个菜单项，就可以打开相应的下拉菜单，在每个菜单中都有一些数据库操作命令，通过单击这些菜单中的命令，用户就能够实现 Access 提供的某个功能。

3. 工具栏

工具栏可分为常用工具栏和格式工具栏，用户可以根据需要打开或关闭相关的工具栏。

4. 状态区

状态区可以显示正在进行的操作信息，帮助用户了解所进行操作的状态。

5. 数据库窗口

数据库窗口是 Access 中非常重要的部分，帮助用户方便、快捷地对数据库进行各种操作，而它本身又包括“窗口菜单”、“数据库组件选项卡”、“创建方法和已有对象列表”3 个部分。

6.2.2 用表向导建立表

表就是数据库中用来存放数据的场所。建立一个表很容易，在 Access 中就提供了几种简单、实用的建表方法。其中最简单的就是使用“表向导”来建立表。

在 Access 中不仅有表向导，还有查询向导、窗体向导、报表向导和页向导等。这些向导可在不同的工作中帮助用户进行各种操作。下面介绍如何利用表向导来建立一个表。

1. 准备工作——新建一个数据库

要建立表，首先必须要有一个数据库。所以，用户必须先建立一个空数据库，这里新建的是一个“客户订单数据库”，如图 6-15 所示。

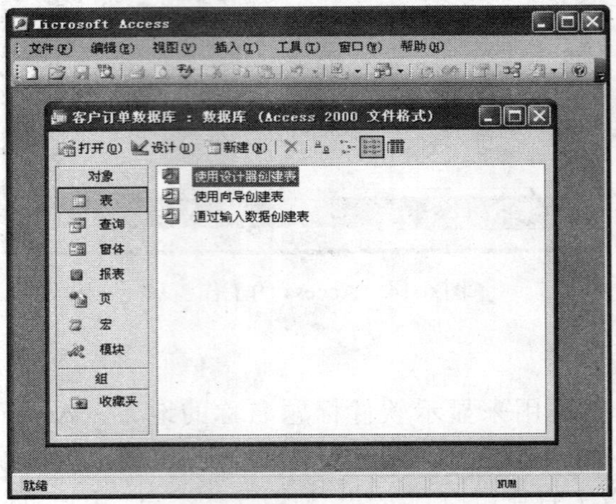

图 6-15　客户订单数据库

2. 将数据库的操作对象切换到表

空数据库建好之后就可以开始创建表。首先要在数据库窗口的【对象】列表中单击【表】选项，将数据库的操作对象切换到表上，这样所做的工作才是针对表的操作，也才能在数据库中创建一个表。

如图 6-15 所示，【表】选项显示橙色，表示它已经被选中了，这时就可以启动表向导了。

3. 启动表向导

将光标移动到数据库窗口右边的创建方法和已有对象列表中，双击【使用向导创建表】即可启动向导创建表。启动表向导后，在屏幕中自动弹出【表向导】对话框，如图 6-16 所示。

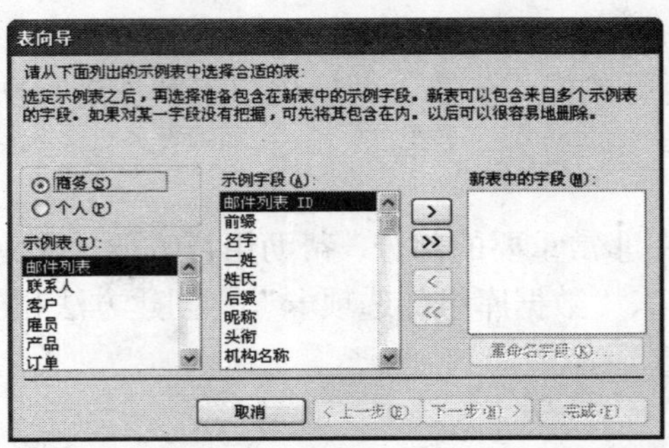

图 6-16　【表向导】对话框

在【表向导】对话框中，用户可以在【示例表】下拉列表框中选择表名，还可以在【示例字段】下拉列表框中选择相应的字段，再将这些选中的字段组成一个新表。

4. 实例讲解

下面以一个客户记录表为例来进行讲解。

（1）准备工作

通过分析可以知道，客户记录表是用来记录一个公司有哪些客户及他们的地址、联系电话、负责人等信息的商务表。

（2）实际操作

实际操作步骤如下：

1）在【表向导】对话框中设置表的类型。

在对话框中需要选择要创建的表是个人类型还是商务类型，这里选择【商务】单选按钮。

2）在【表向导】对话框中添加表的相关字段。

在选择【商务】类型后，在【示例表】和【示例字段】这两个下拉列表框中其选项都会有相应的变化，因为不同类型的表，它所包含的字段内容也是不一样的。

可以在【示例表】下拉列表框中查找与所建表相类似的表，上下拖动【示例表】下拉列表框右侧的滚动条，可以看到其中的全部内容。把光标移动到【示例表】下拉列表框中，单击【客户】选项，将该表对应的【示例字段】下拉列表框中所需要的字段选到【新表中的字段】列表框中。此外，【公司名称】、【联系人】、【记账地址】、【城市】这些选项都是需要的。

首先将光标移动到【示例字段】选项上并单击，再单击【示例字段】下拉列表框和【新表中的字段】列表框中间的“>”按钮，选中的示例字段就添加到【新表中的字段】列表框中了，重复该操作可以把所需的所有字段都添加进来，如图 6-17 所示。

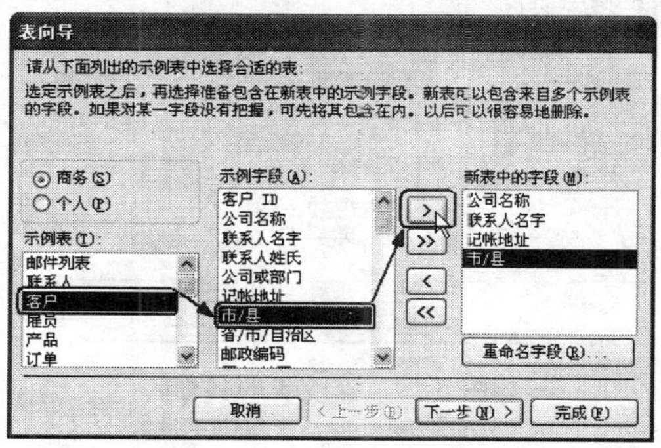

图 6-17　添加字段

如果不再需要【新表中的字段】列表框中的某个字段，可以在该列表框中选中它，单击“<”按钮，即可将其从新字段中删除。

单击“>>”按钮可以将【示例字段】下拉列表框中的所有字段值都添加到【新表中的字段】列表框中，而单击“<<”按钮则可以将【新表中的字段】列表框中的所有字段值都取消。

3）修改字段的名称。

如果认为示例字段的名称不合适，用户也可以进行修改。利用【新表中的字段】列表框下的【重命名字段】按钮，即可修改字段名。

例如：把字段【联系人名字】改成【联系人姓名】，操作如下。

在【新表中的字段】列表框中单击【联系人名字】字段，然后单击【重命名字段】按钮，弹出【重命名字段】对话框，将光标移动到【联系人名字】上，单击鼠标左键，这时文本框中会出现一个闪动的光标，将【联系人名字】删除，并在文本框中输入“联系人姓名”，最后单击【确定】按钮，就可以将字段名从【联系人名字】改为【联系人姓名】了，如图 6-18 所示。

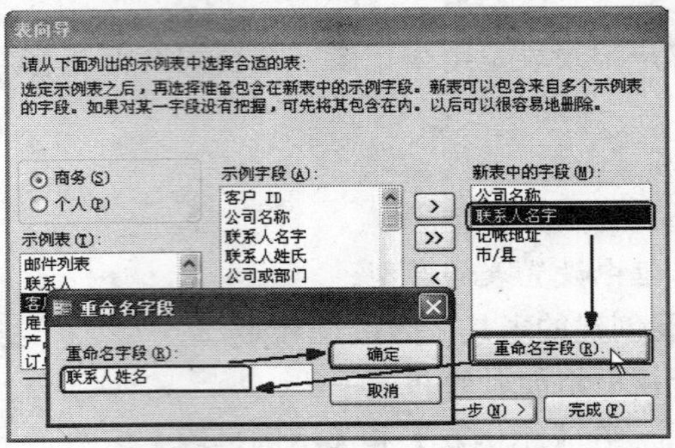

图 6-18　修改字段的名称

用同样的方法把【记账地址】改成【开户行】，把【客户 ID】改成【序号】，这个表需要的字段就都有了，单击【下一步】按钮。

4）修改表的名称。

在弹出的对话框中修改表的名称，把表的名称改成“公司客户资料表”，选择【是，帮我设置一个主键】，然后再单击【下一步】按钮，如图 6-19 所示。

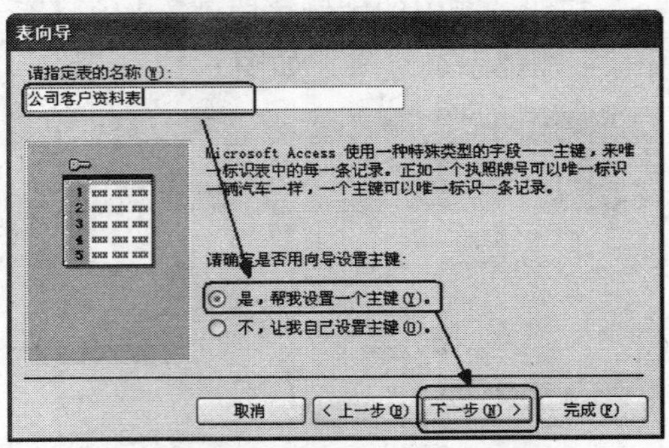

图 6-19　修改表的名称

提示：

什么是主键？主键有什么作用？

在数据库中，常常不只是一个表，这些表之间也不是相互独立的。不同的表之间需要建立一种关系，才能将它们的数据相互沟通。而在这个沟通过程中，就需要表中有一个字段作为标志，而且不同的记录对应的字段取值不能相同，也不能是空白的。通过这个字段中不同的值可以区别各条记录。就像用户区别不同的人，每个人都有名字，但它却不能作为“主键”，因为人名很容易出现重复，而身份证号是每个人都不同的，所以可以根据它来区别不同的人。数据库的表中作为主键的字段就要像人的身份证号一样，必须是每个记录的值都不同，这样才能根据主键的值来确定不同的记录。

5）完成建立表的工作。

在弹出的对话框中会提示用户“请选择向导创建完表之后的动作”。表建立完毕，如果想马上把数据输入到表中，就选择第二项【直接向表中输入数据】，之后单击【完成】按钮，结束用向导创建表的过程，如图 6-20 所示。

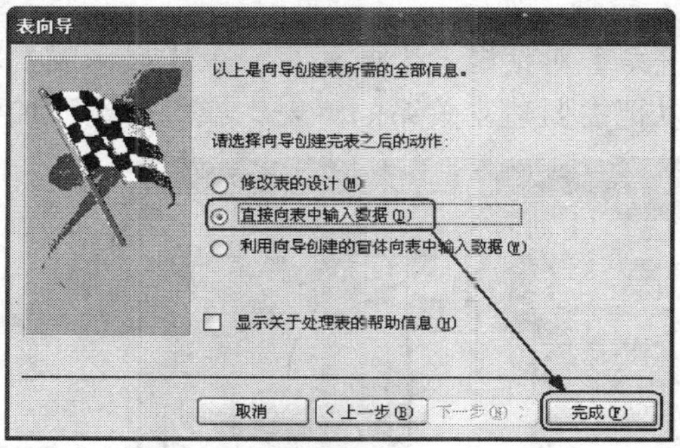

图 6-20　完成建立表的向导工作

这样，一个表就建好了，创建的新表“客户资料表”如图 6-21 所示。

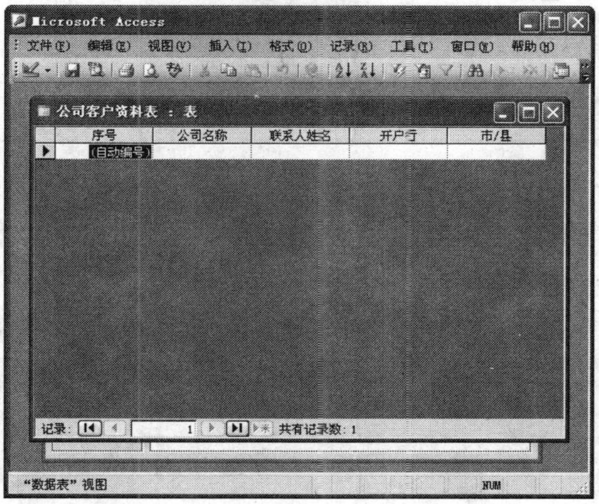

图 6-21　用表向导建成的表格

在这个表窗口中，最上面的标题栏显示了该表的名称，标题栏下面是表中各个字段的字段名，下面的空行中可以输入新的记录，用户可以将相关的数据都输入到该表。

6.2.3　定义表之间的关系

在 Access 数据库中，不同表中的数据之间都存在一种关系，这种关系将数据库中各张表中的每条数据记录都和数据库中惟一的主题相联系，使得对一个数据的操作都成为数据库的整体操作。

表之间的“关系”有 3 种类型：“一对一”、“一对多”和“多对多”。在 Access 中，可以在两个表之间直接建立“一对一”和“一对多”关系，而“多对多”关系则要通过“一对多”关系来实现。

下面介绍如何定义表之间的关系。

1. 打开【关系】对话框

选择【工具】|【关系】命令，如图 6-22 所示。

这时系统自动弹出【关系】对话框，上面还有一个【显示表】对话框，如图 6-23 所示，通过【显示表】对话框可以把需要建立关系的“表”或“查询”加到【关系】对话框中去。

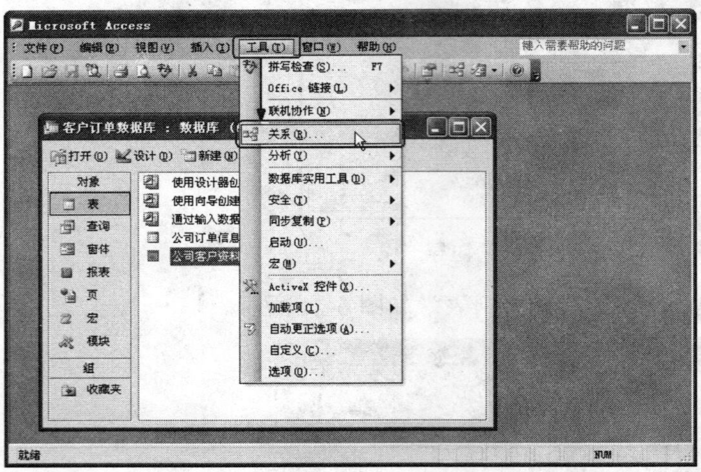

图 6-22　选中【关系】命令

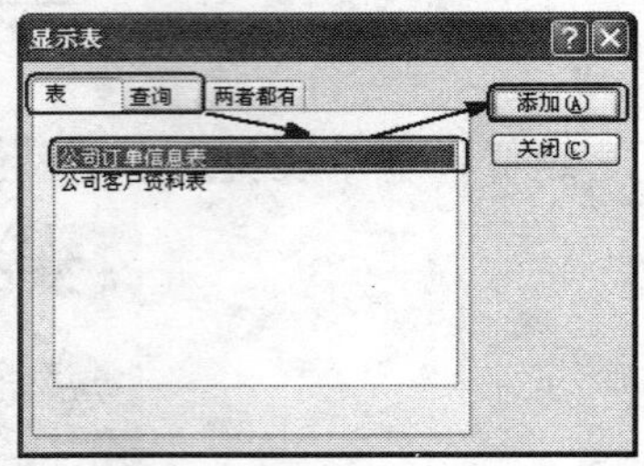

图 6-23　【显示表】对话框

分别选中【公司客户资料表】和【公司订单信息表】，然后单击【添加】按钮把它们都添加到【关系】对话框中。关闭【显示表】对话框，回到【关系】对话框中，如图 6-24 所示。以后再需要打开它时，只要在【关系】对话框上单击鼠标右键，选择【显示表】命令就可以了。

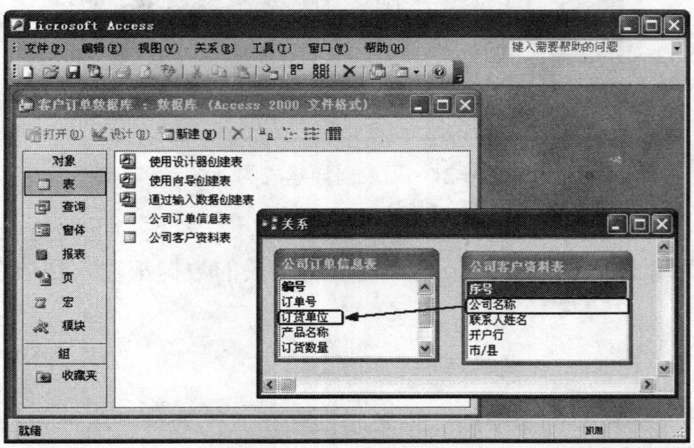

图 6-24　添加要建立关系的表格后的【关系】对话框

2. 建立关系

在【关系】对话框中只有【公司客户资料表】和【公司订单信息表】的字段列表，怎么建立关系呢？其实表都是由字段构成的，表之间的关系也由字段来联系。让不同表中的两个字段建立联系后，表中的其他字段自然也就可以通过这两个字段之间的关系而联系在一起了。

也就是说，在【公司客户资料表】中的【公司名称】和【公司订单信息表】中的【订货单位】两个字段之间建立关系就可以了。先在【公司客户资料表】字段列表中选中【公司名称】项，然后按住鼠标左键并拖动到【公司订单信息表】中的【订货单位】项上，松开鼠标左键，这时在屏幕上出现【编辑关系】对话框，如图 6-25 所示。

该对话框可以帮助用户编辑所建立的关系，通过左面的下拉列表框可以改变建立关系的两个字段的来源。用户也可以单击【创建】按钮创建新的关系，或者单击【联接类型】按钮为联接选择一种联接类型。这里单击【联接类型】按钮，在弹出的【联接属性】对话框中选择第三项，如图 6-26 所示。

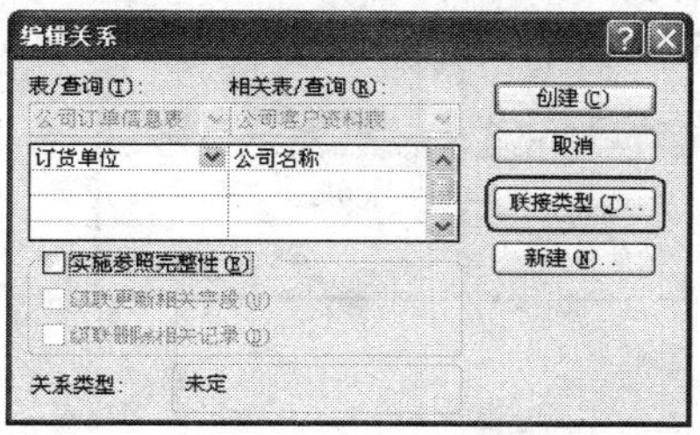

图 6-25　【编辑关系】对话框

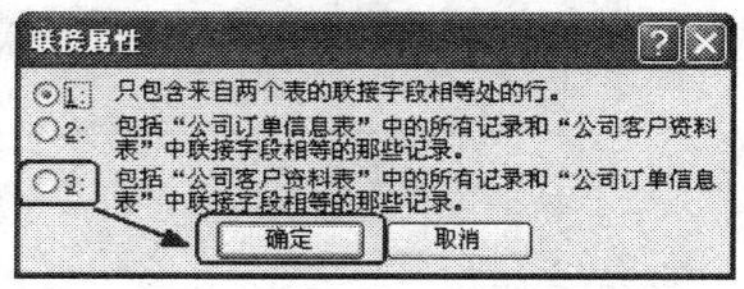

图 6-26　【联接属性】对话框

最后单击【确定】按钮，回到【编辑关系】对话框，这时再单击【创建】按钮就可以完成关系的创建工作。

这样，在两个列表框间就出现了一条"折线"，将【订货单位】和【公司名称】两个选项联接在一起，如图 6-27 所示。关闭【关系】对话框并保存对"关系"布局的修改。

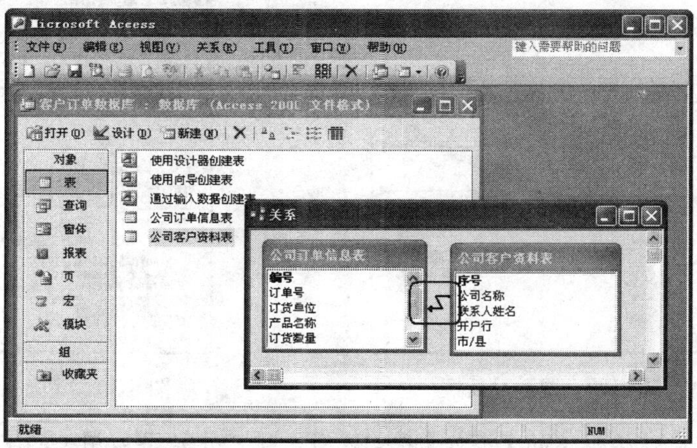

图 6-27　为表格添加关系后的【关系】对话框

6.3　Outlook 2003 的应用

Microsoft Office Outlook 2003 是一个电子邮件程序，用户可以使用它来收发电子邮件。下面将详细介绍如何利用 Outlook 2003 来收发邮件。

6.3.1 建立邮件账号

在使用 Outlook 2003 发送邮件之前，必须先建立一个邮件账号，建立账号需要先到相关网站申请一个电子邮箱，具体操作可以参照其他书籍或网站上相应的说明。

1. 通过系统设置邮件账号

（1）启动 Microsoft Office Outlook 2003

首先，启动 Microsoft Office Outlook 2003，直接双击图标即可进入 Outlook 2003。

第一次启动 Outlook 2003 时，它会给出一个提示对话框，如图 6-28 所示。

图 6-28 提示对话框

（2）设置账号

按提示的内容，先找到“控制面板”中的邮件图标。

1）双击邮件图标，可以打开【邮件设置】对话框，如图 6-29 所示。

2）单击此对话框中的【显示配置文件】按钮即可打开一个新的【邮件】对话框，如图 6-30 所示。

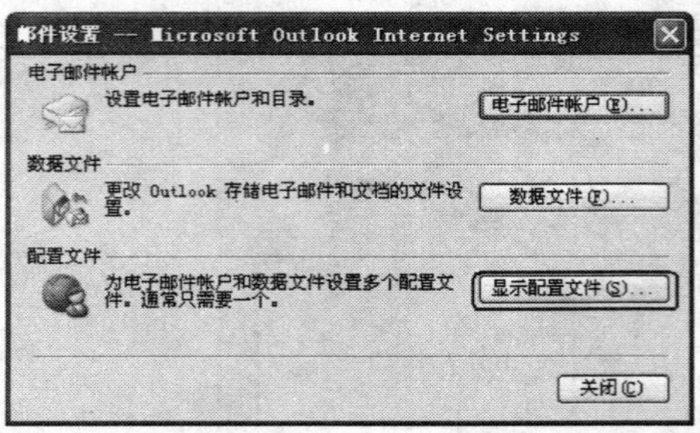

图 6-29 【邮件设置】对话框

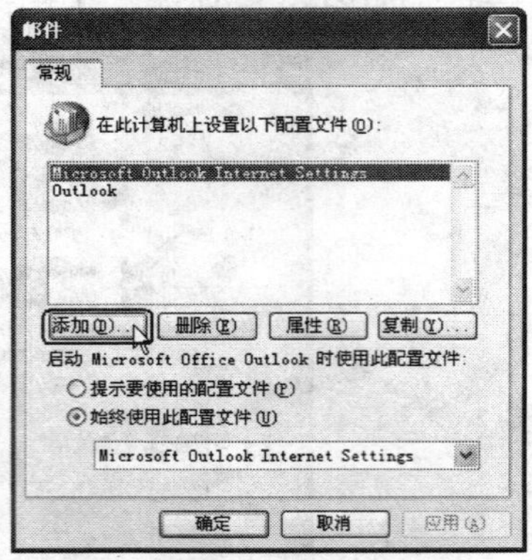

图 6-30 【邮件】对话框

3）单击【邮件】对话框中的【添加】按钮，用户即可开始添加相关的配置文件，如图 6-31 所示，先输入配置文件的名称，然后单击【确定】按钮。

4）在出现的【电子邮件账户】对话框中用户可以选择【添加新电子邮件账户】单选按钮，然后单击【下一步】按钮继续设置，如图 6-32 所示。

5）在弹出的对话框中用户需要选择服务器的类型，这里选择 POP3，如图 6-33 所示，单击【下一步】按钮，进入下一步的设置。

6）这时系统会弹出下一个对话框供用户详细输入相关的电子邮件设置，如图 6-34 所示。

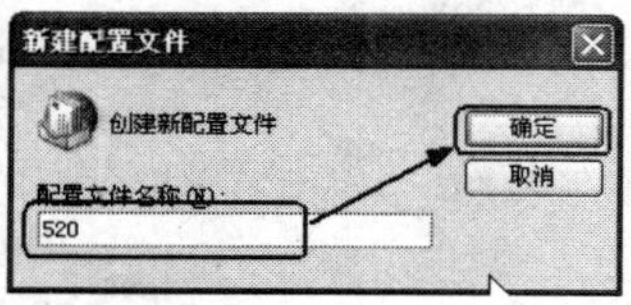

图 6-31　【新建配置文件】对话框

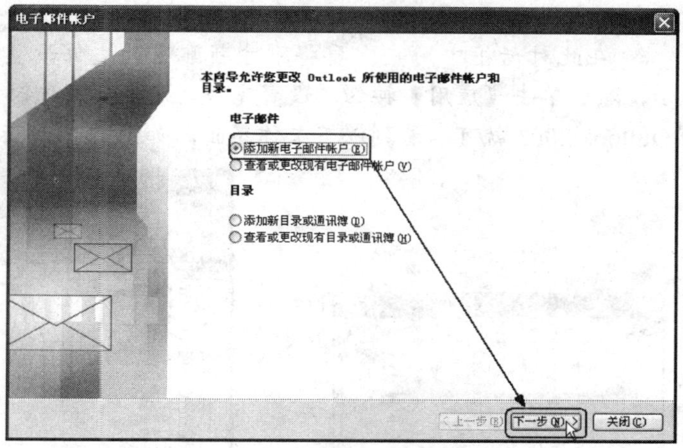

图 6-32　【电子邮件账户】对话框

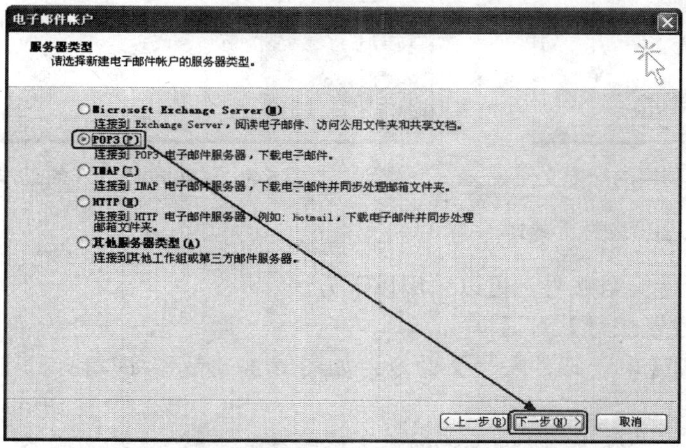

图 6-33　选择服务器的类型

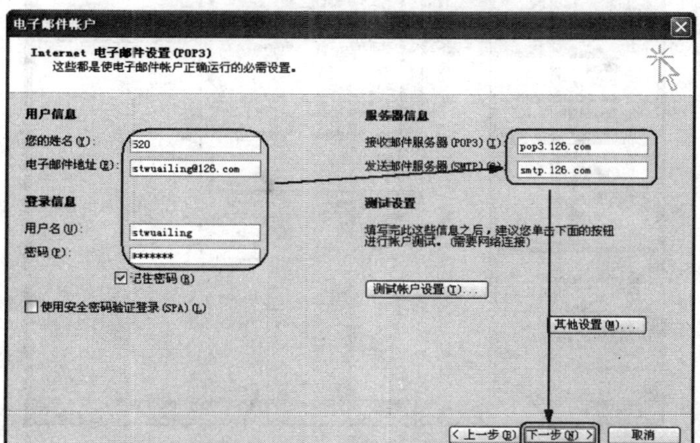

图 6-34　设置电子邮件账号的相关信息

7）输入完成之后单击【下一步】按钮即可完成所有的设置工作。单击【完成】按钮，用户即又回到【邮件】对话框，如图 6-35 所示。

8）在此对话框中用户需要将刚才新配置的文件设置为始终使用的配置文件，如图 6-35 所示，然后单击【应用】按钮，设置完成之后，无论何时用户再双击 Outlook 2003 图标来启动 Outlook 2003 就可以看到以下工作界面，如图 6-36 所示。

图 6-35　设置始终使用的配置文件

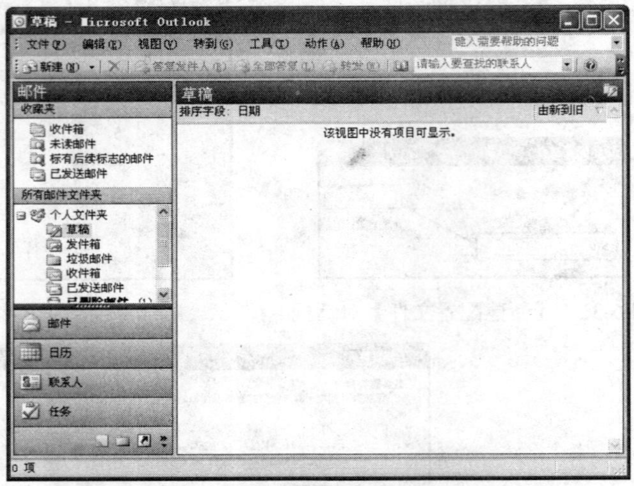

图 6-36　Outlook 2003 的工作界面

2. 在 Outlook 2003 中新建邮件账号

如果用户想新建一个账号，可以采用以下方法。

（1）打开【设置账号】对话框

选择【工具】|【电子邮件账号】命令，如图 6-37 所示，即可打开【电子邮件账号】对话框。

图 6-37　选择【电子邮件账号】命令

（2）设置新的邮件账号的参数值

1）打开【电子邮件账户】对话框后，选择【添加新电子邮件账号】单选按钮即可进入添加新账号的步骤（操作如前面所讲），这里选择【查看或更改现有电子邮件账号】单选按钮，如图 6-38 所示。

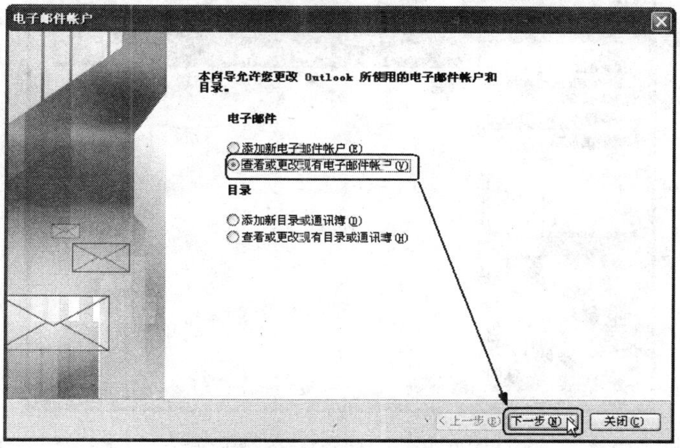

图 6-38　【电子邮件账号】设置对话框

2）在弹出的新的【电子邮件账户】对话框中单击【添加】按钮，如图 6-39 所示。

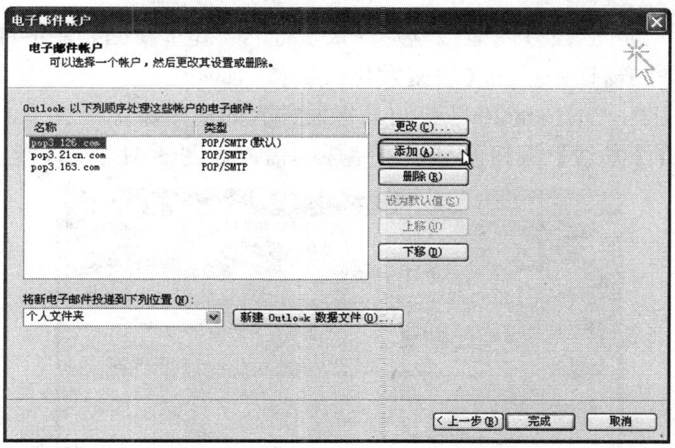

图 6-39　【电子邮件账户】对话框

3）在对话框中设置服务器的类型（操作与前面创建账户的操作类似）。

注意：

现在互联网上的邮箱供应商数不胜数，而其常用 E-mail 客户端配置都不同，所以在进行相关设置时，必须认真阅读邮箱供应商的邮箱设置帮助，以上是以 126 邮箱的设置为例。

6.3.2　接收邮件

默认状态时，用户每次打开 Outlook 2003 都会自动收取一次信件，如果需要自己控制，只需单击工具栏中的【发送/接收】按钮，如图 6-40 所示。

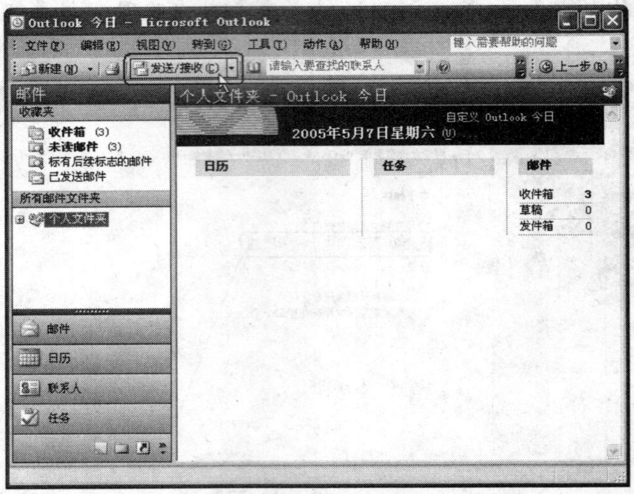

图 6-40　手动发送/接收邮件

6.3.3　回复邮件

利用直接答复，就可以很方便地回复发件人，而不需要重新回到主界面再创建新邮件。具体操作为在阅读邮件的窗口中单击【答复发件人】按钮即可。

【收件人】一栏中，Outlook 2003 已自动把发件人的名字添加上去了，只需在内容框中输入回复内容，再单击【发送】按钮便可轻松完成回信，如图 6-41 所示。

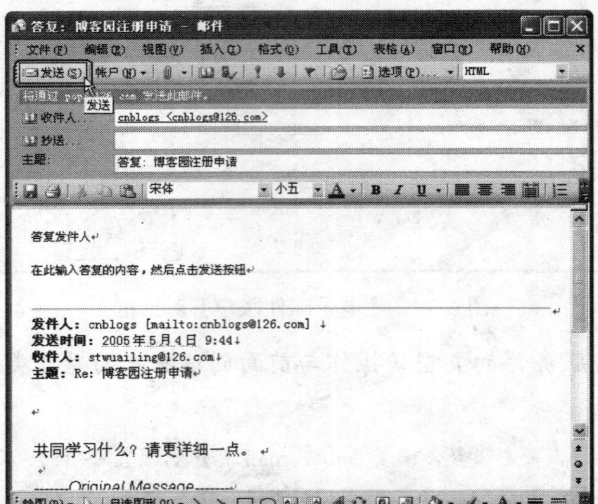

图 6-41　发送回信

6.4　Office Picture Manager 的使用

使用 Microsoft Office Picture Manager 可以更加灵活地处理、编辑和共享图片，还可以查看存储在任何位置的所有图片，“查找图片”功能可帮助用户查找图片。

Office Picture Manager 还具有自动校正图片的功能。如果需要调整一些更具体的内容，则可以选择一些单独的图片编辑工具。使用 Office Picture Manager 可更有效地共享图片，它允许用户通过电子邮件发送图片。利用超链接，用户还可以在 Internet 上浏览图片库。

6.4.1　Office Picture Manager 的功能

1. 管理图片

通过 Office Picture Manager 来管理图片，用户每次处理图片时不必在不同位置和文件夹列表中浏览，因为用户可以向包含经常处理图片的所有位置添加快捷方式。Office Picture Manager 会保持当前的文件夹层次结构，不会要求用户新建类别或导入图片。添加快捷方式后，用户就可像在文件系统的当前位置一样来处理图片。

2. 编辑图片

可通过调整以下设置来更改图片的显示方式：亮度和对比度、颜色、裁剪、旋转和翻转、“红眼”消除和调整尺寸。

通过 Office Picture Manager 来编辑图片，完成后，可将编辑保存到当前文件，也可通过将更改的图片导出到另一个文件名不同的文件或另一个位置来保留原来的文件。

3. 共享图片

编辑完成图片，用户可能希望与其他人共享它们。这时，可通过电子邮件发送图片，也可创建 SharePoint 图片库来达到共享的目的。共享图片时，可根据要使用图片的方式来将文件压缩到最适合的大小。较小的文件在网页上显示速度较快，占用的磁盘空间较小，在通过电子邮件发送图片进行共享时传递也更快。

6.4.2　使用 Office Picture Manager

Microsoft Office Picture Manager 使查找、查看和编辑图片更加容易，其工作界面如图 6-42 所示。

此窗口包含以下 3 个窗格：

☑　【图片快捷方式】窗格。在【图片快捷方式】窗格中，用户可添加指向包含要处理图片的文件夹的快捷方式。

☑　【预览】窗格。【预览】窗格用来显示图片的位置，用户可通过选择视图工具栏上的选项来更改显示图片的方式。

☑　【编辑图片】窗格。【编辑图片】窗格是编辑工具所在的位置，通过这些工具可对图片进行校正。

1. 查看图片

下面介绍如何利用 Office Picture Manager 来查看图片。

Office Picture Manager 中包含 3 个查看图片的选项：缩略图、幻灯片和单张图片。使用哪种视图最佳取决于需要一次查看多少张图片以及要查看每张图片的详细程度。

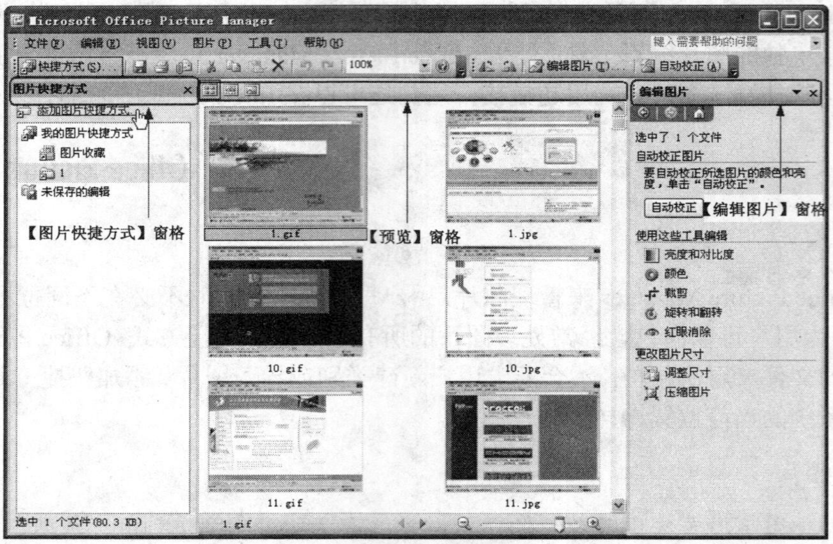

图 6-42　Office Picture Manager 的工作界面

（1）缩略图视图

该视图显示所选文件夹中图片的缩略图，因此可一次查看和处理多张图片，如图 6-43 所示。该视图最适于两种情况：（1）浏览一组图片以找到要处理的图片；（2）一次对多张图片应用相同的编辑。

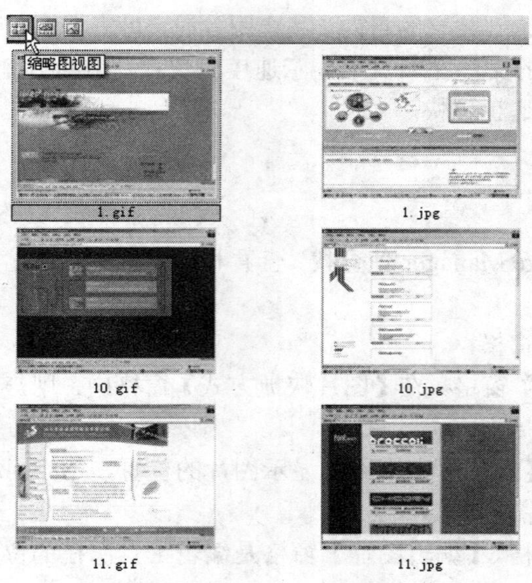

图 6-43　以“缩略图视图”的形式来查看图片

（2）幻灯片视图

它是“缩略图视图”和“单张图片视图”的组合，界面如图 6-44 所示。该视图最适于需要编辑多张图片，但仍需要查看所进行编辑的详细信息的情况。

（3）单张图片视图

该视图以较大的比例显示单张图片，界面如图 6-45 所示。它最适用于在编辑时需要查看较多详细信息的情况。

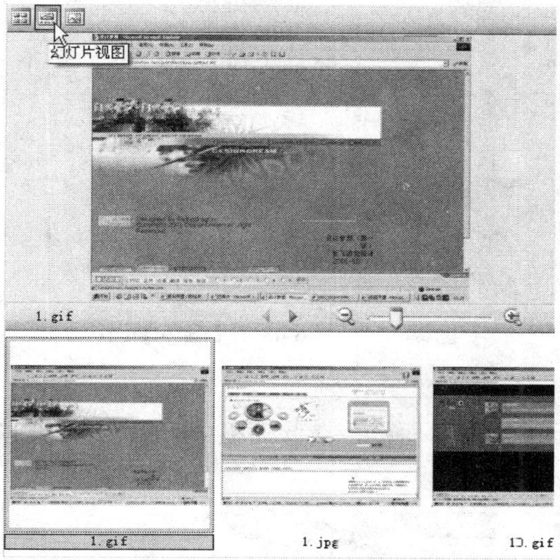

图 6-44　以“幻灯片视图”的形式来查看图片

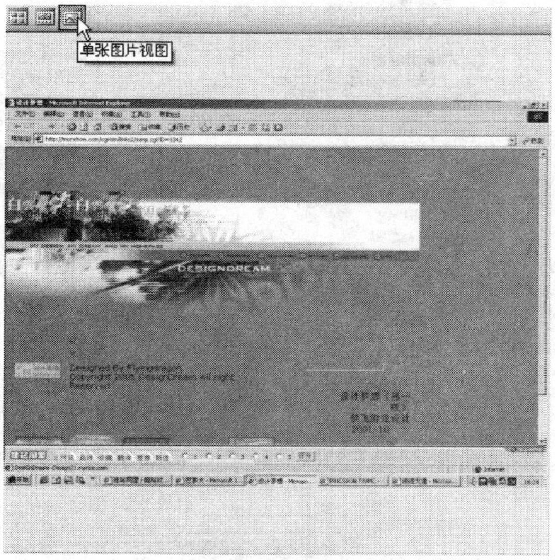

图 6-45　以“单张图片视图”的形式来查看图片

提示：

在上述每种视图中，都可使用缩放功能来放大图片或缩小尺寸以更详细地查看图片。

2. 编辑图片

使用 Microsoft Office Picture Manager 可以对图片进行各种校正，例如修复亮度、颜色或删除“红眼”。“编辑图片”面板如图 6-46 所示。若要节省时间，可一次选择所有要校正的图片，然后使用“自动校正”功能。

下面介绍 Office Picture Manager 中所用的编辑工具及其功能。

（1）亮度和对比度

单击【亮度和对比度】选项，即可打开【亮度与对比度】面板，如图 6-47 所示，在此面板中可以调整图片的亮色调与暗色调之间的差异。操作方法非常简单，只需拖动相应设置的滑块或直接在右边输入相关数值参数即可。

可使用此功能来校正太亮或太暗的图片。

（2）颜色

单击【颜色】选项，即可打开如图 6-48 所示【颜色】面板，在此面板中可以调整色调和饱和度。

可使用此功能校正颜色太浓或太淡的图片。

提示：

色调：可轻松区别一种颜色与其他颜色的颜色属性。一种颜色的色调也称为它的名称。饱和度：颜色纯度的度量标准，通过它与灰色的偏差来确定。颜色的灰度越高意味着饱和度越低；颜色的灰度越低意味着饱和度越高。

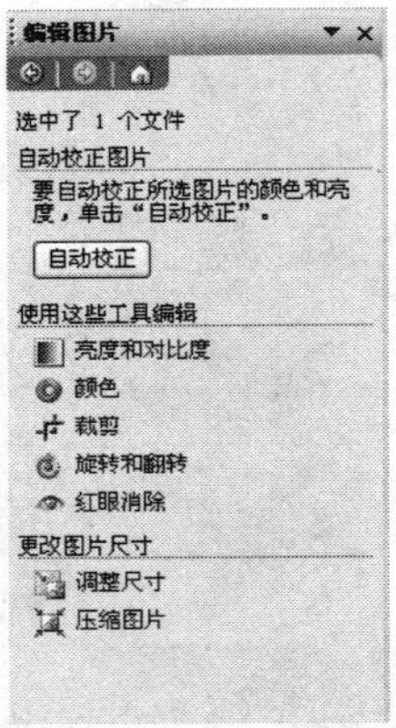

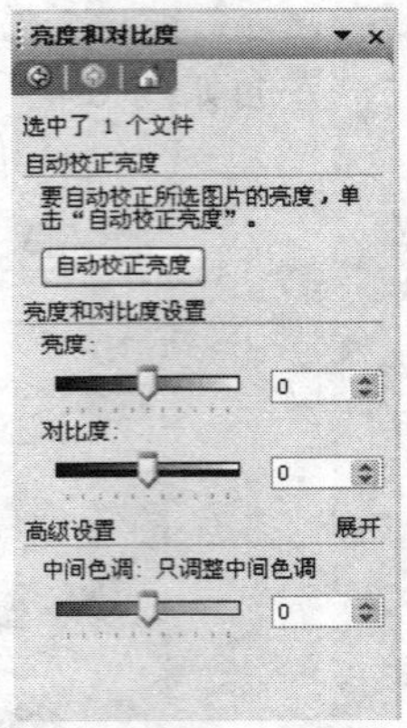

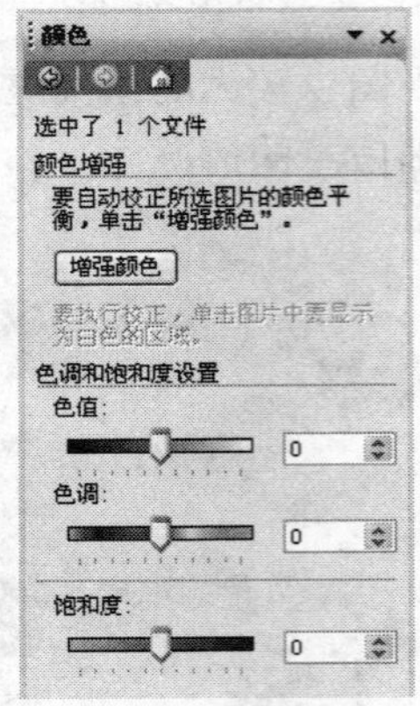

图 6-46 【编辑图片】面板　图 6-47 【亮度与对比度】面板　图 6-48 【颜色】面板

（3）裁剪

单击【裁剪】选项，即可打开如图 6-49 所示【裁剪】面板，在此面板中可以对图片进行裁剪从而去掉图片中不需要的部分。

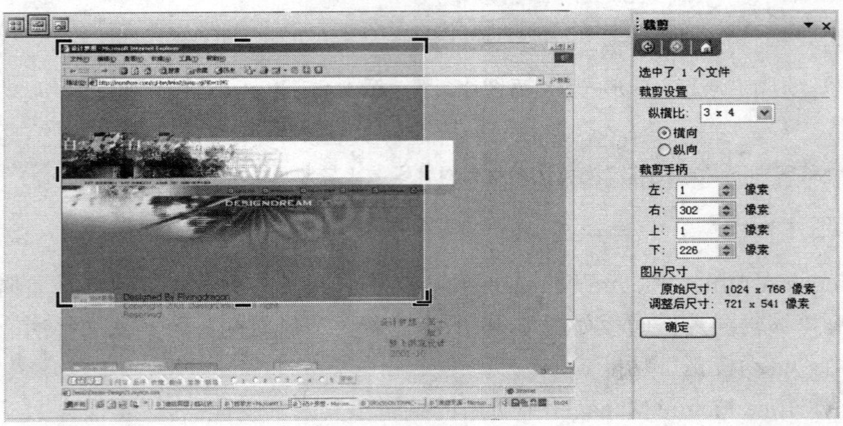

图 6-49 【裁剪】面板

可使用此功能校正含有干扰注意力的元素的图片。

（4）旋转和翻转

单击【旋转和翻转】选项，即可打开如图 6-50 所示【旋转和翻转】面板，在此面板中可以旋转图片或将图片沿其当前轴翻转。

可使用此功能校正侧向图片。

（5）“红眼”消除

单击【红眼消除】选项，即可打开如图 6-51 所示【红眼消除】面板，在此面板中可以删除图片主体的眼睛中由相机闪光导致的红色。

可使用此功能校正所有出现的“红眼”。

（6）调整尺寸

单击【调整尺寸】选项，即可打开如图 6-52 所示【调整尺寸】面板，在此面板中可以更改图片的尺寸。

可使用此功能放大图片以进行打印或缩小图片以通过电子邮件发送或在 Internet 上共享。

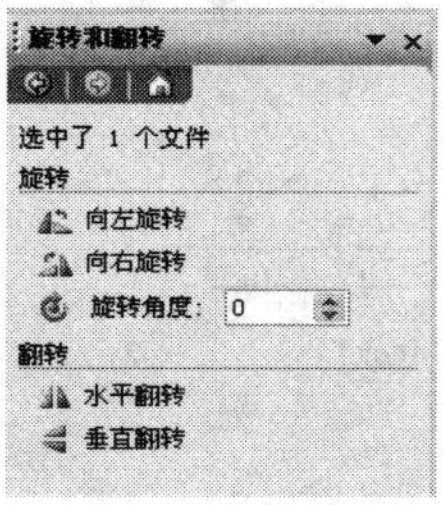

图 6-50　【旋转和翻转】面板

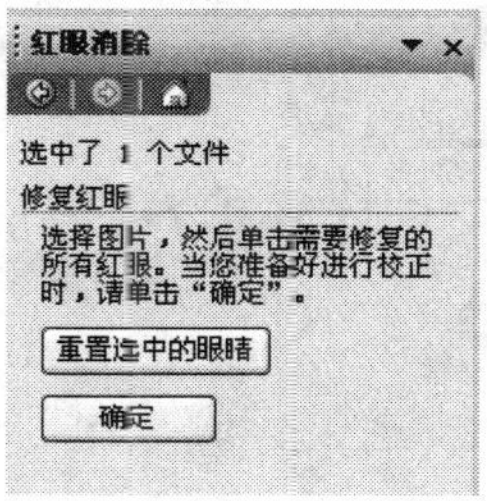

图 6-51　【红眼消除】面板

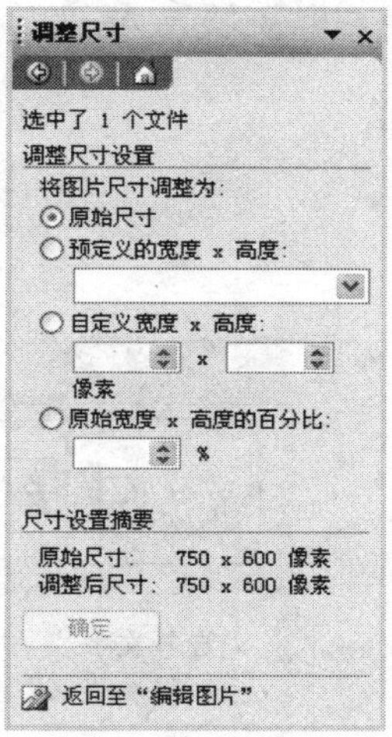

图 5-52　【调整尺寸】面板

6.5　上机实训

6.5.1　制作演示文稿操作

实训内容：制作一个简单的单页演示文稿，要求图片和文字说明都有动作。

（1）新建一个空的演示文档，在窗口中插入一张图片和相应的标题文字；标题文字还可以使用艺术字。

（2）右击图片，然后设置它的自定义动画，如图 6-53 所示。

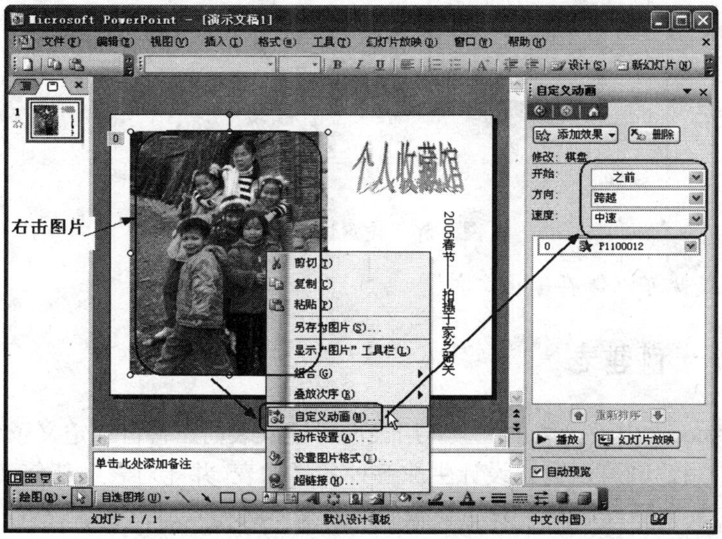

图 6-53　设置图片自定义动画效果

（3）设置图片完毕，再设置标题文字。先在【添加效果】下拉列表中选择一种标题文字进入的效果，如图 6-54 所示。之后，可以设置它的【飞入】属性，还可以设置它的【记时】属性，如图 6-55 所示。

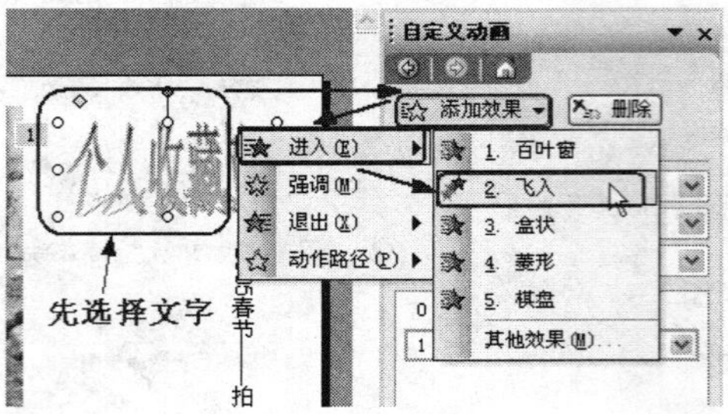

图 6-54　设置标题文字

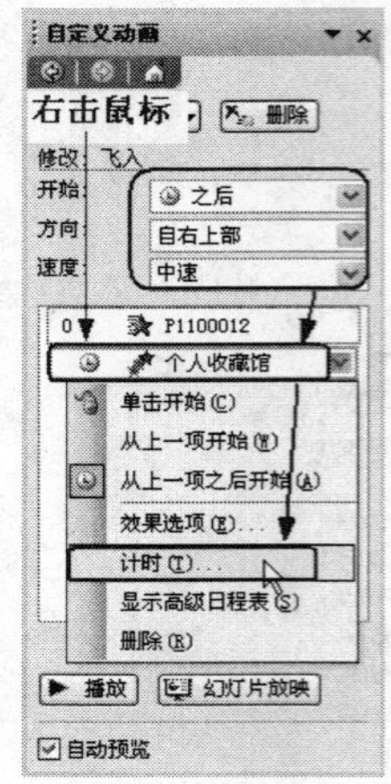

图 6-55　设置效果属性

（4）说明文字的设置方法与标题的设置类似。完成后，可以单击【播放】按钮测试其效果，如图 6-56 所示。

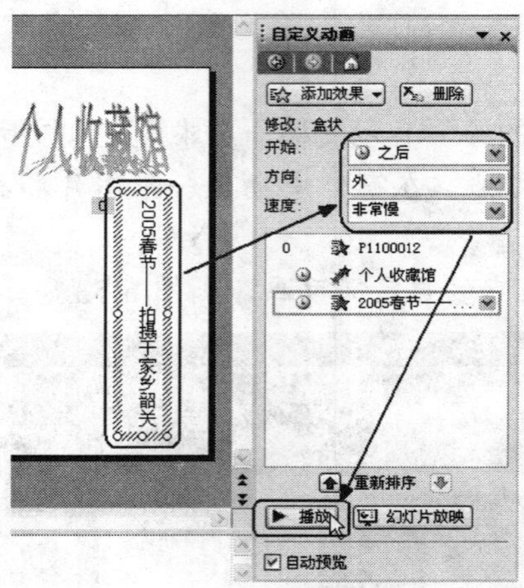

图 6-56　设置说明文字

（5）测试完成就可以保存输出文件。

6.5.2　使用表设计器来创建表

表设计器是 Access 中设计表的工具，用表向导建立表时，它自动定义了各种字段的属性，而在表的设计器中用户则可以自己设计生成各种各样的表，并能对表中任何字段的属性进行设置，比如将表中的某个字段定义为数字类型而不是文本类型，那么该字段就只能输入数字，而不能输入其他类型的数据。

实训内容：使用表设计器建立一个记录订单信息表。

1. 打开表设计器

要使用表设计器来创建一个表，首先要打开表设计器。在数据库窗口中，将鼠标移动到【创建方法和已有对象列表】上双击【使用设计器创建表】选项，弹出【表 1：表】对话框，如图 6-57 所示。

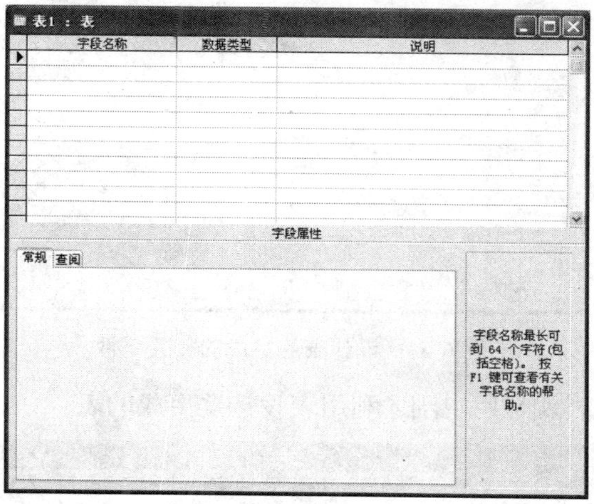

图 6-57　表设计器

对话框分为两个部分，上半部分是表设计器，下半部分用来定义表中字段的属性。表设计器其实就是一个数据表，只是在这个数据表中只有“字段名称”、“数据类型”和“说明”3 列，当用户要建立一个表时，只要在设计器“字段名称”列中输入表中需要字段的名称，并在“数据类型”列中定义那些字段的“数据类型”就可以了。设计器中的“说明”列中可以让表的制作人对那些字段进行说明，以便以后修改表时能知道当时为什么设计这些字段。

2. 准备工作——设计表的字段

下面介绍如何使用表设计器来建立一个记录订单信息的表。

首先确定在“订单”表中需要包括的信息，在这个表中一定要有“订单号”、“订货单位”、“产品名称”、“订货数量”、“经手人”、“订货日期”等信息，在表设计器的“字段名称”列中按顺序输入这些字段的名称，如图 6-58 所示，表就初步建成。

3. 保存表格和添加主键

切换到“数据表视图”查看用表设计器建立的表。

（1）单击工具栏上的【视图】按钮，这时在屏幕上会出现一个提示框，提示“必须先保存表”，并询问“是否立即保存表”，由于用户还没有保存过这个表，所以单击【是】按钮来保存该表。

（2）这时系统会自动弹出另一个【另存为】对话框，在【表名称】文本框中输入“公司订单信息表”，然后单击【确定】按钮，将这个表保存为“公司订单信息表”。

（3）此时系统又会弹出一个对话框提示“没有添加主键”，因为每个表中都至少应该有一个主键，而用户还没有设定把哪个字段作为这个表的主键。如果单击【是】按钮，Access 就会在刚才建立的表上添加一个字段，并把该字段作为表的主键；如果单击【否】按钮，Access则不添加主键。

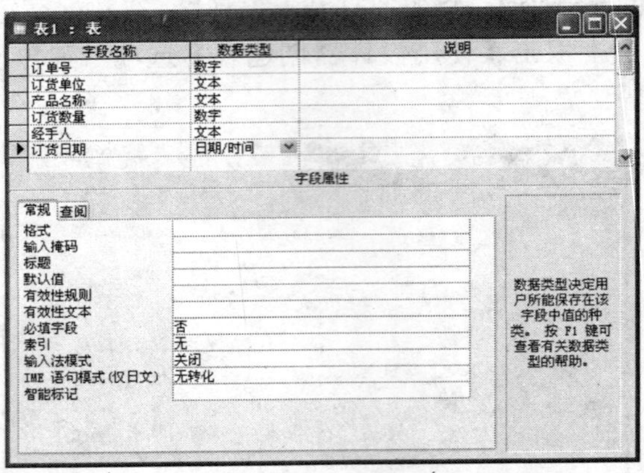

图 6-58　设计表的字段的相关属性

如图 6-59 所示，该表就是用户刚才利用表设计器生成的表。

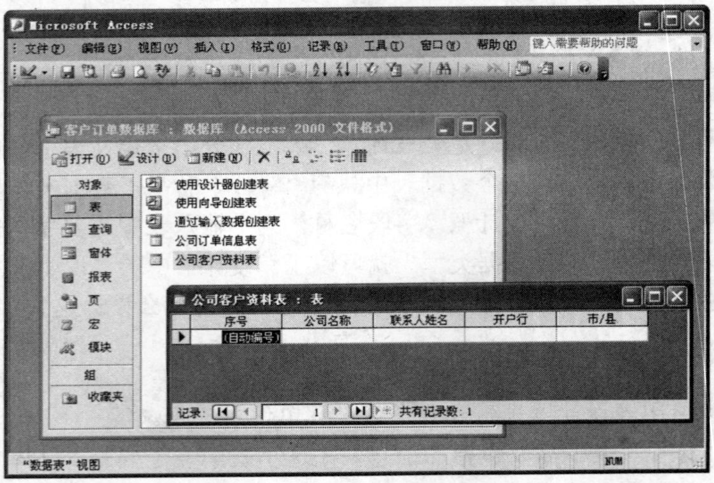

图 6-59　用表设计器生成的表

在表中，这种由表格构成的窗口叫做表的“数据表视图”，是表最直观的一种表现方法。不管用什么方法生成的表最终都要切换到该视图下才能进行数据的输入，而一个表建立得是否合理也会在该视图中反映出来。但要为表设置主键，为字段设置数据类型和属性，就必须切换回“设计视图”才能实现相应的操作。

6.5.3　使用 Outlook 2003 发送邮件

实训内容：发送邮件。

（1）单击 Outloot 2003 工作窗口左边的【新建】按钮，在弹出的下级菜单中单击【邮件】命令即可新建邮件，如图 6-60 所示。

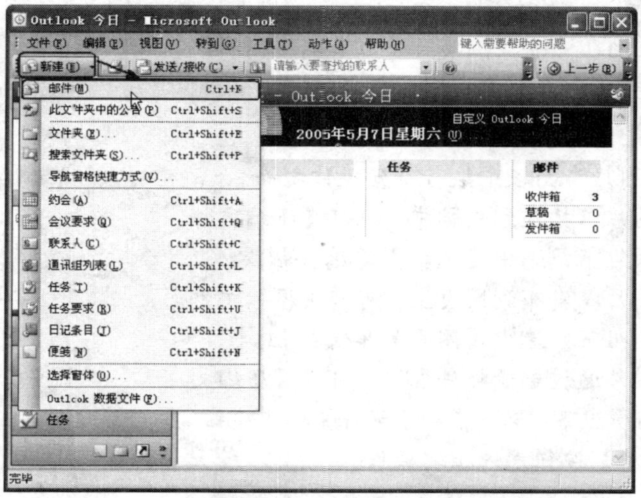

图 6-60　新建电子邮件

（2）在出现的【发送邮件—邮件】窗口中输入相应的收件人地址、主题、邮件内容等，如图 6-61 所示。

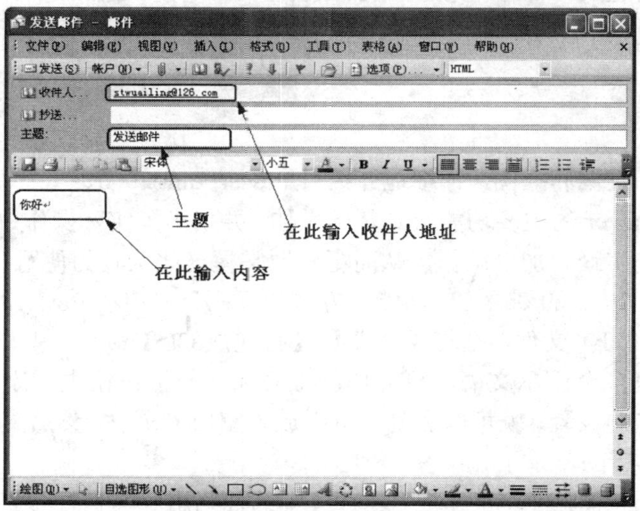

图 6-61　【发送邮件—邮件】窗口

（3）写邮件的过程中可以按快捷键 Ctrl+S 保存邮件，以免写的东西因意外出错而丢失，保存的邮件会出现在“草稿”文件夹中。写完单击【发送】按钮，即可把它发送出去。

注意：

Outlook 不是马上就发送邮件的，如果想马上发送，可单击工具栏上的【发送/接受】按钮。

6.5.4　Office Picture Manager 的使用操作

Microsoft Office Picture Manager 中的压缩选项会根据要使用图片的方式来缩小文件和图

片尺寸，【压缩图片】面板如图 6-62 所示。

实训内容：压缩图片，方法如下。

（1）选择要压缩的图片。

（2）单击【压缩图片】命令。

（3）在“压缩图片”面板中执行下列操作之一。

☑ 若要压缩图片以插入到文档中，可在【压缩文件用于】选项组下，选中【文档】单选按钮。

☑ 若要压缩图片以发布到网页上，可在【压缩文件用于】选项组下，选中【网页】单选按钮。

☑ 若要压缩图片通过电子邮件发送，可在【压缩文件用于】选项组下，选中【电子邮件】单选按钮。

（4）单击【确定】按钮完成压缩操作。

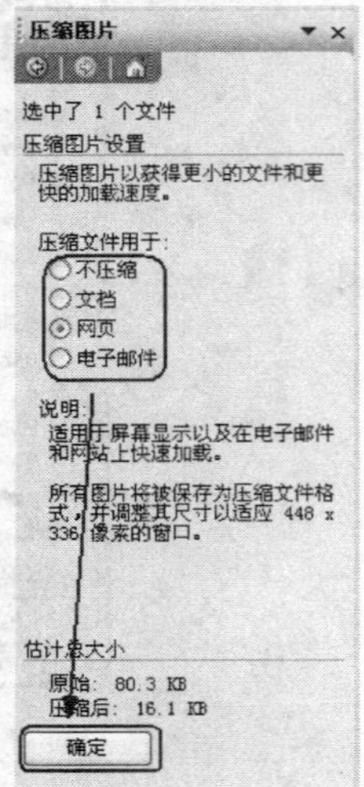

图 6-62　【压缩图片】面板

注意：

可通过选择【编辑】菜单中的【撤销压缩图片】命令来撤销压缩。压缩更改只有在用户执行保存操作后才会被保存。用户可在执行压缩更改后立即保存，也可在关闭 Office Picture Manager 之前随时进行保存。

6.6　总结提高

本章结合丰富的实例和插图，详细地介绍了 PowerPoint 2003、Access 2003、Outlook 2003 和 Office Picture Manager 的主要功能及其基础操作，并指出了实际操作中应该注意的问题。读者可以结合实例，在实践中加以操作，从而更好地掌握这些工具的使用。

☑ PowerPoint 2003 的刻录 CD 功能。方法如下：（1）启动 PowerPoint 2003，打开需要打包刻录的 PPT 文件。选择【文件】|【打包成 CD】命令，弹出【打包成 CD】对话框，如果有多个演示文稿，可以单击【添加文件】按钮进行添加；（2）这时如果没有其他特殊的设置，就可以在刻录机中放入空白刻录盘，然后直接单击【复制到 CD】按钮进行 CD 的刻录了。

☑ Excel 2003 中隔页打印工作表。本部分中的代码用于隔页打印工作簿中的工作表。它通过循环访问所有的工作表并用偶数表填充数组来做到这一点。

```
Sub PrintEvenSheets()

    Dim mySheetNames() As String
    Dim iCtr As Long
    Dim wCtr As Long

    iCtr = 0
    For wCtr = 1 To Sheets.Count
        If wCtr Mod 2 = 0 Then
```

```
            iCtr = iCtr + 1
            ReDim Preserve mySheetNames(1 To iCtr)
            mySheetNames(iCtr) = Sheets(wCtr).Name
        End If
    Next wCtr

    If iCtr = 0 Then
        'Only one sheet. Display message or do nothing.
    Else
        Sheets(mySheetNames).PrintOut preview:=True
    End If

End Sub
```

☑ 在 Outlook 2003 中为邮件加锁。当有一封很重要的电子邮件要发送，但是又怕它被转发或复制给其他人时，就需要为邮件加锁。方法如下：（1）新建一封邮件，选择【文件】|【权限】|【不要转发】命令，将会出现一个提示窗口，告诉用户需要下载最新版本的 IRM（信息权限管理）软件；（2）按照提示完成下载后进行安装，安装完毕，系统会提示用户进行注册，此功能需要有 .NET Passport（MSN 账号即可），如果没有申请一个即可；（3）随后就可以在邮件窗口中看到“加密”字样。这样，一封不能转发、复制的邮件就制作成功了。

6.7　习题

一、填空题

1．PowerPoint 2003 允许用户把文字和图片放在同一张幻灯片上，并能通过赋予某种动作使其以______显示出来。

2．用户除了可以调整文本框的大小之外，还可以调整文本框的______。

3．PowerPoint 2003 幻灯片的放映有两种操作方法：______和______。

4．数据库窗口是 Access 2003 中非常重要的部分，包括______、______、______3 个部分。

5．表之间的“关系”有 3 种类型：______、______和______。

6．在使用 Outlook 2003 发送邮件之前，必须先建立一个______；建立这个______需要先到相关网站申请一个______。

7．Office Picture Manager 中包含 3 个查看图片的选项：______、______和______。

二、选择题

1．以下四选项中______不是表之间的关系类型？

A．一对一　　B．一对多　　C．多对多　　D．多对一

2．以下______不是 Office Picture Manager 中包含的查看图片的选项？

A．多张图片　　B．缩略图　　C．幻灯片　　D．单张图片

3．数据库窗口是 Access 中非常重要的部分，下面______不属于其中的部分？

A．窗口菜单　　B．数据库组件选项卡

C．创建方法和已有对象列表　　D．工具栏

4．下面______是 PowerPoint 幻灯片的放映方法？

A．幻灯片放映视图和【观看放映】命令

B．幻灯片放映视图和幻灯片缩略视图

C．幻灯片缩略视图和【观看放映】命令

D．幻灯片预览视图和幻灯片放映视图

5．在 PowerPoint 中以下______项不是创建交互的方法。

A．动作按钮链接　　B．图形对象链接

C．文字链接　　D．声音链接

三、操作题

1．利用 PowerPoint 2003 制作个人简历的 PPT 文件。

2．用 Access 2003 创建一个表单，记录自己好友的姓名、电话、地址、邮箱等资料。

3．利用 Outlook 2003 邮件系统，发送一份邮件到 zsm25@163.com，内容自定。

4．使用 Office Picture Manager 来调整图片大小。

【读书笔记】DUSHU BIJI

第 7 章　计算机网络应用基础

本章导读

当今人们正处于一个信息爆炸的时代，各种信息从四面八方汇聚而来，不同领域相互渗透、迅速融合。其中，计算机网络起到了关键性的作用。计算机网络是计算机和通信相结合的产物。自 19 世纪以来，计算机网络经历了几个发展阶段，逐渐趋于完善。计算机网络的应用是多方面的，主要集中在 3 个方面——数据通信、资源共享和分布处理。无论在商业还是家庭方面，它都发挥着重要作用，未来计算机网络将向多元化、无线方向发展。

重点与难点

☑ 认识什么是计算机网络
☑ 掌握 Internet 的基本应用
☑ 掌握简单局域网的架设
☑ 认识什么是网络游戏
☑ 掌握网络资源的搜索
☑ 个人主页的简单制作

7.1　了解计算机网络

回顾前 3 个世纪，几乎每个世纪都有一种占主导地位的技术。18 世纪伴随着工业到来的是大型机械系统的时代，19 世纪是蒸气机的时代，而在 20 世纪的发展历程中，关键的技术是信息的搜集、处理和分发。技术快速发展的一个直接结果是，这些领域正在快速地融合，信息收集、传输、储存和处理之间的差别正在迅速地消失。而这必须归功于计算机与通信的结合，这种结合产生了计算机网络（Computer Network），它对计算机系统的组织方式产生了深刻的影响。

计算机网络是利用各种通信手段，例如电报、电话、微波通信等，把地理上分散的计算机有机地连接在一起，达到相互通信而且共享软件、硬件和数据等资源的目的。可以说，一个国家网络建设的规模和水平是衡量一个国家综合国力、科技水平和社会信息化的重要标志。经过五十多年的发展，计算机网络技术已经进入了一个崭新的时代，特别是在当今的信息社会，网络技术已日益深入到国民经济各部门和社会生活的各个方面，成为人们日常工作、生活中不可缺少的工具。本节将从网络的产生和发展开始，全面介绍计算机网络的功能、应用、分类和组成。

7.1.1　计算机网络的产生和发展

自 1946 年世界上第一台数字电子计算机问世后，有近十年，计算机和通信之间并没有产生什么关系。1954 年人们制造出了终端，并用这种终端将穿孔卡片上的数据从电话线路上发送到远地的计算机。此后，又有了电传打字机，用户可在远地的电传打字机上输入程序，而计算出来的结果又可以通过计算机传送到电传打字机打印出来。计算机与通信的结合就这样开始了。现代的计算机网络技术起始于20世纪60年代末，当时美国国防部要求计算机科学家为无限量的计算机通信找到某种途径，使任何一台计算机都无须充当“中枢”。防务战略家认为，一个中枢控制的网络遭到“核攻击”的后果是致命的，于是美国国防部于1969年出资研究开发ARPA网，该网络被设计成可在计算机间提供许多路线（在计算机术语中称为路由）的网络。

计算机网络的发展历史较短，但发展速度很快。在四十多年的时间里，其演变过程大致可概括为4个阶段：(1) 具有通信功能的单机系统阶段；(2) 具有通信功能的多机系统阶段；(3) 以共享资源为主的计算机网络阶段；(4) 以局域网及其互联为主要支撑环境的分布式计算机阶段。

1. 以单计算机为中心的联机系统

该系统又称终端—计算机网络，结构如图7-1所示（其中HOST是主机，T是客户端）。它是早期计算机网络的主要形式。它将一台中央主计算机与大量的地理上处于分散位置的终端相连接。20世纪50年代初，美国建立的半自动地面防空系统SAGE就是将远距离的雷达和其他测量控制设备的信息，通过通信线路汇集到一台中心计算机进行集中处理，从而首次实现了计算机技术与通信技术的结合。

2. 具有通信功能的多机系统

在上述简单的“终端—通信线路—计算机”系统中，中央主计算机负担较重，既要进行数据处理，又要承担通信控制。为了减轻主机负担，20世纪60年代研制出了通信控制处理机（CCP）或叫前端处理机（FEP）专门负责通信控制，此外在终端聚集处设置多路器或集中器（C），用低速线路将各终端汇集到集中器，再通过高速线路与计算机相连。60年代初，此网络在军事、银行、铁路、民航和教育等部门都有应用。

具有通信功能的多机系统主要有“多点通信线路”和“终端集中器前端处理机”两种，下面对此作一简单介绍。

(1) 多点通信线路

所谓多点通信线路就是在一条通信线路上串接多个终端，结构如图7-2所示。

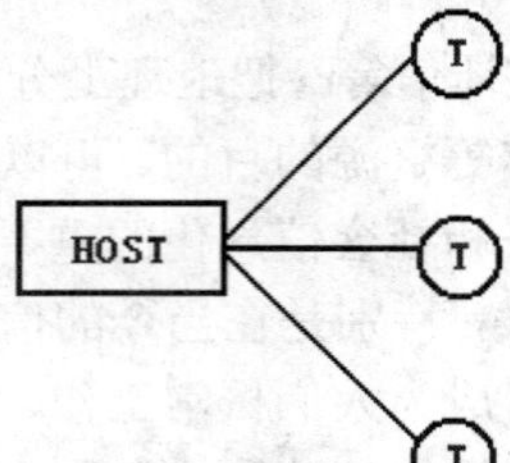

图7-1　以单计算机为中心的联机系统

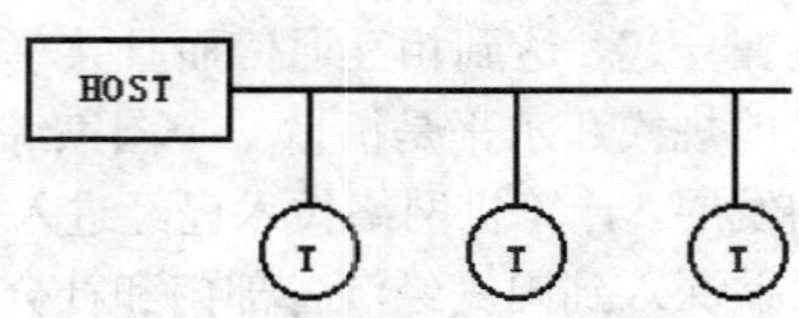

图7-2　多点通信线路结构图

(2) 终端集中器前端处理机

终端集中器前端处理机与多点通信线路的作用类似，不过前者要稍强。主机资源主要用于计算任务。为了分担主机的负担，可以把终端的通信任务分配给专门的小型机承担。小型机的软、硬件配置都是面向通信的，可以放置于终端相对集中的地点，它与各个终端以低速线路连接，收集终端的数据，然后用高速线路传送给主机，通信结构如图 7-3 所示。

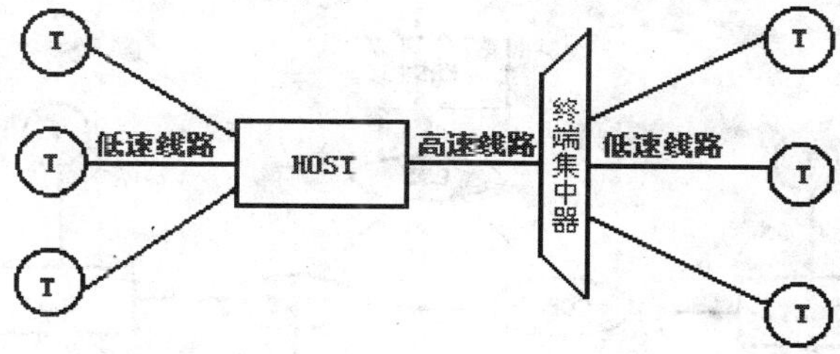

图 7-3 使用终端集中器的通信系统

终端集中器的硬件配置相对简单，它主要负责从终端到主机的数据集中以及从主机到终端的数据分发。前端处理机除了具有以上功能外，还可以互相连接，并连接多个主机，具有路由选择功能，它能根据数据包的地址把数据发送到适当的主机。

3. 计算机—计算机网络

20 世纪 60 年代中期，出现了由若干个计算机互联的系统，开创了“计算机一计算机”通信的时代，并呈现出多处理中心的特点，即利用通信线路将多台计算机连接起来，实现了计算机之间的通信。60 年代后期，美国国防部高级研究计划署所研制的 ARPAnet 网是该网络的典型代表，它的主要目标是借助于通信系统，使网内各计算机系统间能够共享资源。ARPAnet 是一个成功的系统，它在概念、结构和网络设计方面都为今后计算机网络的发展奠定了基础。

这种网络利用通信线路将多个计算机连接起来，为用户提供服务。其主要表现有两种形式：

（1）利用通信线路将主计算机连接起来

这种方式的网络，主机既承担数据处理任务又承担通信任务，如图 7-4 所示。

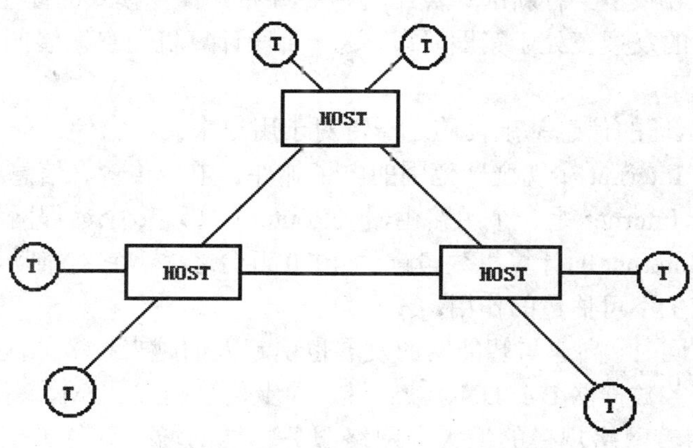

图 7-4 利用通信线路将主机连接起来

（2）把通信从主机分离出来，设置通信控制处理机（CCP）

其中主机间的通信通过 CCP 的中继功能间接进行，由 CCP 组成的传输网络称为通信子网，如图 7-5 所示。

通信控制处理机（CCP）负责网上各主机间的通信控制和通信处理，它们组成的通信子网是网络的内层或骨架网，是网络的重要组成部分。

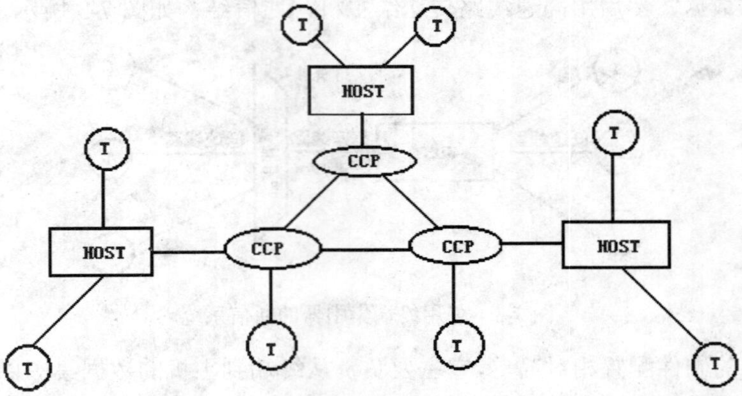

图 7-5　CCP 组成的传输网络

4. 局域网的兴起和分布式计算的发展

自 20 世纪 70 年代开始，随着大规模集成电路技术和计算机技术的飞速发展，硬件价格急剧下降，个人计算机广泛应用，局域网技术得到迅速发展。80 年代后，为了适应办公自动化的需要，各机关、企业迫切要求将自己拥有的为数众多的个人计算机、工作站、小型机等连接起来，从而达到资源共享和互相传递信息等目的。在这种背景下，局域网技术发展呈日新月异之势。

局域网的发展也导致计算模式的变革。早期的计算机网络是以主计算机为中心的，计算机网络控制和管理功能都是集中式的，也称为集中式计算机模式。随着个人计算机（PC）功能的增强，用户一个人就可在计算机上完成所需要的作业，PC 方式呈现出的计算能力已发展成为独立的平台，这就导致了一种新的计算结构——分布式计算模式的诞生。

目前计算机网络的发展正处于第四阶段。这一阶段计算机网络发展的特点是：互联、高速、智能与更为广泛的应用。

Internet 是覆盖全球的信息基础设施之一，对于用户来说，它像是一个庞大的远程计算机网络。用户可以利用 Internet 实现全球范围的电子邮件、电子传输、信息查询、语音与图像通信服务功能。实际上 Internet 是一个用路由器（Router）实现多个远程网和局域网互联的网际网，到 1998 年接入 Internet 的计算机数量已达 4000 万台之多。它对推动世界经济、社会、科学、文化的发展将产生不可估量的作用。

在互联网发展的同时，高速与智能网的发展也引起人们越来越多的注意。高速网络技术发展表现在宽带综合业务数据网 B-ISDN、帧中继、异步传输模式 ATM、高速局域网、交换局域网与虚拟网络上。随着网络规模的增大与网络服务功能的增多，各国正在开展智能网络 IN（Intelligent Network）的研究。

5. 国际互联网的发展时期

国际互联网（Internet）最早起源于 DARPA（Defence Advanced Research Projects Agency，美国国防部高级研究计划署）的前身 ARPAnet，该网于 1969 年投入使用。由此，ARPAnet 成为现代计算机网络诞生的标志。

从 20 世纪 60 年代起，由 ARPA 提供经费，联合计算机公司和大学共同研制并发展起 ARPAnet 网络。最初，ARPAnet 主要是用于军事研究目的。它主要是基于这样的指导思想：网络必须经受住故障的考验而维持正常的工作，一旦发生战争，当网络的某一部分因遭受攻击而失去工作能力时，网络的其他部分应能维持正常的通信工作。ARPAnet 在技术上的另一个重大贡献是 TCP/IP 协议簇的开发和利用。作为 Internet 的早期骨干网，ARPAnet 的试验奠定了 Internet 存在和发展的基础，较好地解决了异种机网络互联的一系列理论和技术问题。

1983 年，ARPAnet 分裂为两部分，ARPAnet 和纯军事用的 MILnet。同时，局域网和广域网的产生和逢勃发展对 Internet 的进一步发展起到了重要作用。其中最引人注目的是 NSF（National Science Foundation，美国国家科学基金会）建立的 NSFnet。NSF 在全美国建立了按地区划分的计算机广域网并将这些地区网络和超级计算机中心互联起来。NSFnet 于 1990 年 6 月彻底取代了 ARPAnet 而成为 Internet 的主干网。

NSFnet 对 Internet 的最大贡献是使 Internet 向全社会开放，而不像以前那样仅供计算机研究人员和政府机构使用。1990 年 9 月，由 Merit、IBM 和 MCI 公司联合建立了一个非营利的组织——ANS（Advanced Network &Science Inc，先进网络科学公司）。ANS 的目的是建立一个全美范围的 T3 级主干网，它能以 45Mbit/s 的速率传送数据。到 1991 年底，NSFnet 的全部主干网都与 ANS 提供的 T3 级主干网相联通。

Internet 的第二次飞跃归功于它的商业化，商业机构一踏入 Internet 这一陌生世界，便很快发现了它在通信、资料检索、客户服务等方面的三大潜力。于是，世界各地的无数企业纷纷涌入 Internet，带来了 Internet 发展史上的一次新的飞跃。

6. 下一代网络（NGN，Next Generation Networks）

2004 年 2 月，ITU（International Telecommunication Union，国际电信组织联盟）确定了 NGN 的定义——NGN 能够提供包括电信业务在内的多种业务，能够利用多种带宽和传送技术，实现功能与技术的分离。它让用户自由接入各种网络，并支持移动接入，实现用户使用上的一致性和统一性。

可以看出，NGN 是一个更广义和宏观的平台概念，包括了以宽带和 IPv6 为标准的 NGI（Next Generation Internet，下一代互联网）、以分组软交换为标志的电话网和 3G 网络等。它就像一块“新大陆”，涵盖了从有线到无线，从固定网到移动网的所有网络。可以说，当使用下一代网络时，用户将不会注意到自己使用的是电话网、电视网还是互联网，因为它们都是一个整体。

提示：

IPv6：IPv6 是下一版本的互联网协议，它的提出最初是因为随着互联网的迅速发展，IPv4 定义的有限地址空间将被耗尽，地址空间的不足必将影响互联网的进一步发展。为了解决该问题，拟通过 IPv6 重新定义地址空间。IPv4 采用 32 位地址长度，只有大约 43 亿个地址，估计在 2005—2010 年间将被分配完毕，而 IPv6 采用 128 位地址长度，几乎可以不受限制地提供地址。

按保守方法估算 IPv6 实际可分配的地址，整个地球每平方米面积上可分配 1000 多个。在 IPv6 的设计过程中除了一劳永逸地解决地址短缺问题以外，还考虑了在 IPv4 中不易解决的其他问题。IPv6 的主要优势体现在以下方面：扩大地址空间、提高网络的整体吞吐量、改善服务质量(QoS，Quality of Service)、更好地保证安全性、支持即插即用和移动性、更好地实现多播功能。

7.1.2 计算机网络的应用

20 世纪 70~80 年代，计算机网络的应用仅仅局限于一些大型企业、公司、校园和研究部门。个人计算机普及后，人们才看到其联网后所产生的重大影响。此时，计算机网络开始普及。到了 90 年代，计算机网络作为个人信息服务的一种重要手段进入日常生活中。步入 21 世纪，计算机网络出现在移动领域。可以说，计算机网络已经深入社会每个角落。下面介绍几种典型的应用。

（1）办公自动化

网络化办公系统的主要功能是实现信息共享和公文流转。其功能包括电子签名、领导办公、公文处理、会议管理、档案管理、财务报销和信访管理等模块，以解决各种类型的无纸化办公问题。在目前大力推广政府上网、企业上网的情况下办公软件具有越来越广阔的应用环境。

（2）电子数据交换

电子数据交换（Electronic Data Interchange，EDI）是一种新型的电子贸易工具，是计算机、通信和现代管理技术相结合的产物。它是一种利用计算机进行商务处理的方式。EDI 是将贸易、运输、保险、银行和海关等行业的信息，用一种国际公认的标准格式，形成结构化的事务处理的报文数据格式，并通过计算机通信网络，使各有关部门、公司与企业之间进行数据交换与处理，最终完成以贸易为中心的全部业务过程。EDI 包括买卖双方数据交换、企业内部数据交换等。

（3）电子商务

电子商务是商业的新模式。各行各业都将通过网络连接在一起，使得各种现实与虚拟的合作都成为可能。一个供应链上的所有企业都可以成为一个协调的合作整体，企业的雇员也可以参与到供应商的业务流程中。零售商的销售终端可以自动与供应商连接，不再需要采购部门的人工环节，采购订单会自动被确认并安排发货。企业也可以通过全新的方式向顾客提供更好的服务，这并不只是大企业才能实现的构想。互联网为中小企业提供了一个新的发展机会，任何企业都可能与世界范围内的供应商或顾客建立业务关系。

（4）远程教育

现代远程教育是应用信息网络技术和多媒体数字技术，在数字化环境下进行交互式的学习。网络化的现代远程教育涵盖信息源、网络传输、多媒体终端和网络教学管理四大部分。现代远程教育是 20 世纪 80 年代以来国际教育发展的重要趋势。到目前为止，世界上已有一百多个国家开展了现代远程教育。随着卫星、光缆和电视以及各种双向交互式电子通信技术的发展和应用，特别是随着全球计算机网络和多媒体技术的发展，各发达国家和许多发展中国家都在采取措施，支持本国现代远程教育发展。

（5）证券和期货交易

证券和期货市场通过计算机网络提供行情分析和预测、资金管理和投资计划等服务，还可以通过无线网络将各机构相连，利用手持通信设备输入交易信息，通过无线网络迅速传递到计算机、报价服务系统和交易大厅的显示板，这样避免了由于手势、送话器、人工录入等方式而产生的不准确信息和时间延迟所造成的损失。

（6）娱乐和在线游戏

随着宽带通信和视频技术的快速发展，网络在线游戏正在成为互联网娱乐的重要组成部分，也是互联网最富于群众性和最具潜力的盈利点。

7.1.3　计算机网络的分类

计算机网络的种类繁多、性能各不相同，根据不同的分类原则，可以得到各种不同类型的计算机网络。这样的分类有利于全面了解网络系统的各种特性。

1. 按照网络的分布范围分类

计算机网络按照其覆盖的地理范围进行分类，可以很好地反映不同类型网络的技术特征。由于网络覆盖的地理范围不同，它们所采用的传输技术也就不同，从而形成了不同的网络技术特点与网络服务功能。

按地理分布范围来分类，计算机网络可以分为广域网、局域网和城域网 3 种。

（1）广域网 WAN（Wide Area Network）

广域网也称远程网，它的联网设备分布范围广，一般从数公里到数百至数千公里。因此网络所涉及的范围可以是市、地区、省、国家，乃至世界范围。由于它的这一特点使得单独构建一个广域网是极其昂贵和不现实的，所以常常借用传统的公共传输（电报、电话）网来实现。此外，由于传输距离远，而且依靠传统的公共传输网，所以错误率较高。

（2）局域网 LAN（Local Area Network）

局域网是指将小区域内的各种通信设备互联在一起的网络，其分布范围局限在一个办公室、一幢大楼或一个校园内，用于连接个人计算机、工作站和各类外围设备以实现资源共享和信息交换。它的特点是分布距离近（通常为 1000~2000m）、传输速度高（一般为 1Mbit/s~20Mbit/s）、连接费用低、数据传输可靠、误码率低等。

（3）城域网 MAN（Metropolitan Area Network）

城域网的分布范围介于局域网和广域网之间，其目的是在一个较大的地理区域内提供数据、声音和图像的传输。

2. 按网络的交换方式分类

按交换方式分类，计算机网络可以分为电路交换网、报文交换网和分组交换网 3 种。

（1）电路交换网

电路交换方式是在用户开始通信前，先申请建立一条从发送端到接收端的物理信道，并且在双方通信期间始终占用该信道。此方式类似于传统的电话交换方式。

（2）报文交换网

报文交换方式是把要发送的数据及目的地址包含在一个完整的报文内，报文的长度不受限制。报文交换采用存储—转发原理，每个中间节点要为途经的报文选择适当的路径，使其能最终到达目的端。此方式类似于古代的邮政通信，邮件由途中的“驿站”逐个存储转发。

（3）分组交换网

分组交换方式是在通信前，发送端先把要发送的数据划分为一个个等长的单位（即分组），这些分组逐个由各中间节点采用存储—转发方式进行传输，最终到达目的端。由于分组长度有限，可以比报文更加方便地在中间节点机的内存中进行存储处理，所以其转发速度大大提高。

3. 按拓扑结构分类

（1）星形结构

星形结构是最古老的一种连接方式，大家每天都使用的电话都属于这种结构，如图 7-6 所示。

（2）环形结构

环形结构在 LAN 中使用较多。这种结构中的传输媒体从一个端用户到另一个端用户，直到将所有端用户连成环型，如图 7-7 所示。

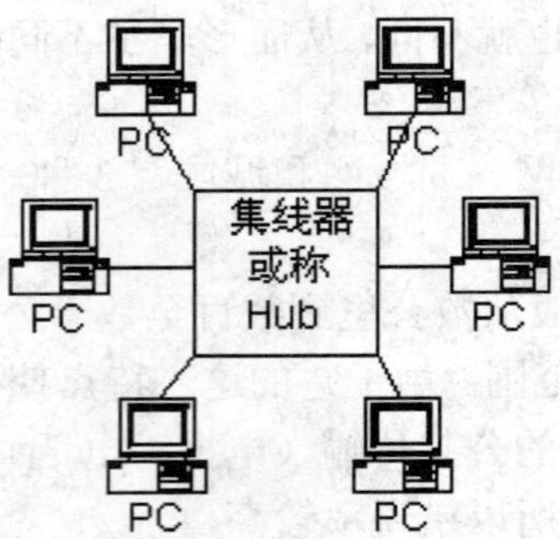

图 7-6　星形结构

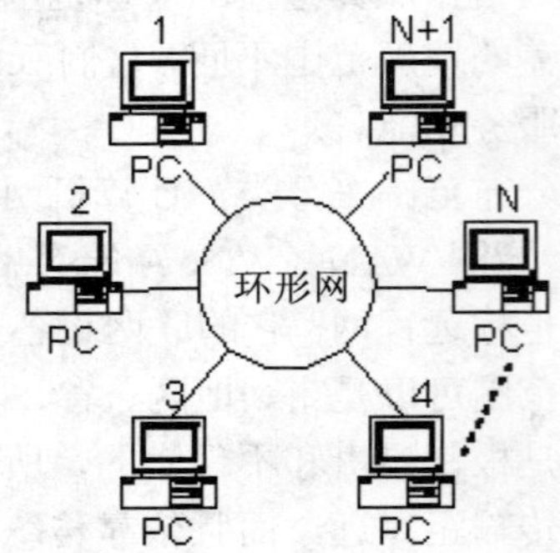

图 7-7　环形结构

（3）总线型结构

总线结构是使用同一媒体或电缆连接所有端用户的一种方式。也就是说，连接端用户的物理媒体由所有设备共享，结构如图 7-8 所示。

（4）树形结构

树形拓扑结构（见图 7-9）就像一棵"根"朝上的树，与总线拓扑结构相比，主要区别在于总线拓扑结构中没有"根"。这种拓扑结构的网络一般采用同轴电缆，用于军事单位、政府部门等上、下界限相当严格和层次分明的部门。

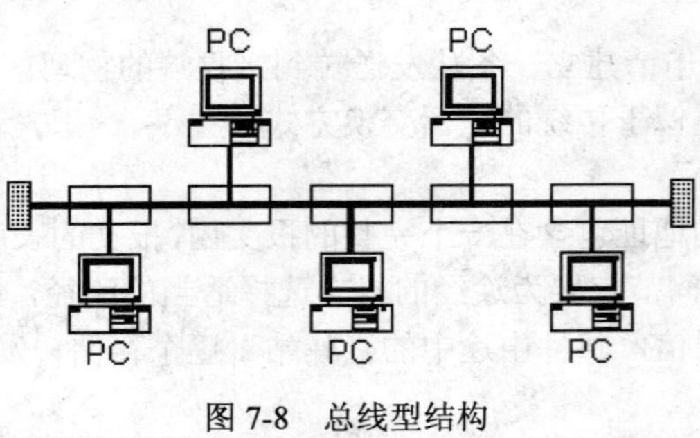

图 7-8　总线型结构

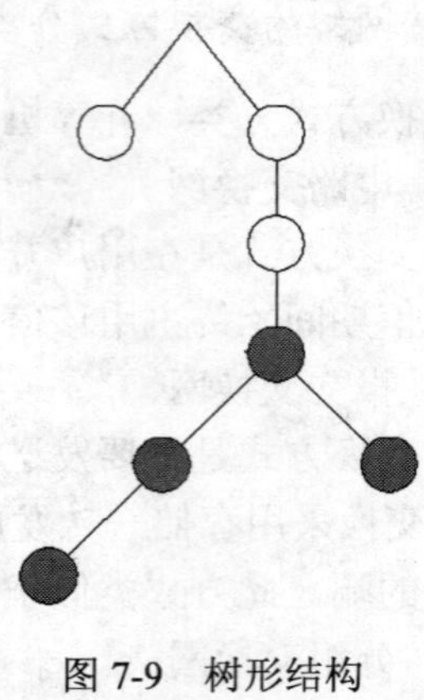

图 7-9　树形结构

除了以上 3 种分类方法外，还可按采用的传输媒体分为双绞线网、同轴电缆网、光纤网、无线网；按网络传输技术可分为广播式网络和点到点式网络；按信道的带宽分为窄带网和宽带网；按不同的用途分为科研网、教育网、商业网、企业网等。

7.2　Internet 的发展和应用

Internet 就是由很多计算机网络组成的一个全球网络。Internet 并不是一个具体的网络，它是全球最大的、开放的、由众多网络互联而成的一个广泛的集合。它允许各种各样的计算机通过拨号方式或者局域网方式接入，并以 TCP/IP 协议进行通信。通过 Internet，个人计算机（PC）、大型机和小型机就能彼此相互通信，更重要的是，Internet 可以使这些计算机系统的用户之间能够进行通信和交互。现在网络的资源越来越丰富，Internet 提供了包罗万象、瞬息万变的信息资源，它正在成为人们交流和获取信息的一种重要手段，对人类社会各个方面产生着深刻影响。

7.2.1　Internet 的产生和发展

Internet 的起源可以追溯到美国的 ARPAnet（阿帕网），它是 Internet 的雏形。Internet 经历了从军用到民用、从小规模到大规模、从简单到复杂的过程。

1. Internet 的发展历史

（1）Internet 的起源

Internet 起源于美国。20 世纪 60 年代开始实施 ARPAnet（Advanced Research Project Agency Network）计划，其目的是测试建立基于分组交换协议的网络的可行性，检验该网络在其一部分遭到打击并受到破坏的情况下，保持信息通畅的能力，最初被严格局限于军事领域。ARPAnet 是 Internet 的雏形。ARPAnet 在技术上的另一个重大贡献是 TCP/IP 协议簇的开发和使用。

（2）20 世纪 80 年代

1980 年，ARPA 投资把 TCP/IP 加进 UNIX（BSD4.1 版本）的内核中，在 BSD 4.2 版本以后，TCP/IP 协议即成为 UNIX 操作系统的标准通信模块。1982 年，Internet 由 ARPAnet、MILNET 等几个计算机网络合并而成，作为 Internet 的早期骨干网，ARPAnet 试验并奠定了 Internet 存在和发展的基础，较好地解决了异种机网络互联的一系列理论和技术问题。

1983 年，ARPAnet 分裂为两部分：ARPAnet 和纯军事用的 MILNET。与此同时，局域网和其他广域网的产生及蓬勃发展对 Internet 的进一步发展起了重要的作用。其中，最为引人注目的就是美国国家科学基金会 NSF（National Science Foundation）建立的美国国家科学基金网 NSFnet。1986 年，NSF 建立起了六大超级计算机中心，为了使全国的科学家、工程师能够共享这些超级计算机设施，NSF 建立了自己的基于 TCP/IP 协议簇的计算机网络 NSFnet。NSF 在全国建立了按地区划分的计算机广域网，并将这些地区网络和超级计算中心相联，最后将各超级计算中心互联起来。地区网一般是由一批在地理上局限于某一地域，在管理上隶属于某一机构或在经济上有共同利益的用户的计算机互联而成，连接各地区网上主通信节点计算机的高速数据专线构成了 NSFnet 的主干网，这样当一个用户的计算机与某一地区相联以后，它除了可以使用任何一个超级计算中心的设施外，还可以同网上任意用户通信，可以获得网络提供的大量信息和数据。这一成功使得 NSFnet 于 1990 年 6 月彻底取代了 ARPAnet 而成为 Internet 的主干网。

（3）20 世纪 90 年代

20 世纪 90 年代，Internet 上已经拥有 5000 多万个用户，并且每月仍以 10%~15%的速度增长。1995 年，Internet 开始大规模应用在商业领域。当年，美国 Internet 业务的总营收额为 10 亿美元，1996 年达到 18 亿美元。提供联机服务的供应商也在原先 America Online 和 ProdigyService 这样的计算机公司的基础上增加了 AT&T、MCI、Pacific Bell 等通信运营公司。

由于商业应用产生巨大需求，因此从调制解调器到诸如 Web 服务器和浏览器的 Internet 应用市场都分外红火。

2. Internet 的未来

从目前的情况来看，Internet 市场仍具有巨大的发展潜力，不久的将来其应用将涵盖从办公室共享信息到市场营销、服务等广泛领域。然而 Internet 也有其固有的缺点，即入网无整体规划和设计、网络拓扑结构不清晰以及容错及可靠性能缺乏，而这些对于商业领域的不少应用是至关重要的。安全性问题是困扰 Internet 用户发展的另一主要因素。虽然现在已有不少的方案和协议来确保 Internet 网上的联机商业交易的可靠进行，但真正适用并将主宰市场的技术和产品目前尚不明确。所有这些问题都在一定程度上阻碍了 Internet 的发展，只有解决了这些问题，Internet 才能更好地发展。

为此，美国政府和一些组织及机构提出了下一代 Internet 的研究与开发的三大计划。分别是超高宽带网服务、下一代互联网（NGI，Next General Internet）和 Internet 2。

（1）超高宽带网络服务（VBNS，Very High-speed Backbone Network Service）

1995 年春，美国国家科学基金会 NSF 与美国通信公司 MCI 签订了合作协议，协议的名称是超高带宽网络服务（VBNS）。VBNS 的目的是为美国研究教育机构的研究与教育活动提供网络支持，并作为一个资源网络为美国的科研教育界提供有价值的高性能服务、应用、技术和协议，为正在演化中的 Internet 服务和技术提供了一个试验环境。

（2）下一代 Internet（NGI）

美国白宫的 NGI 计划（Next Generation Internet Initiative，下一代互联网计划）源于高性能计划和通信协议，它是美国政府“大规模网络协议”的组成部分。NGI 倡议计划在美国国家科学和技术委员会框架内协调，高级战略将由计划、信息和通信委员会提出，大规模网络工作组将提出实施战略。到 1997 年，研究机构已演示了 5 种“前期应用”。NGI 的研究工作主要涉及协议、开发、部署高端试验网及应用演示。NGI 的一个关键目标是开发和演示两个试验网，要在传输速率方面，分别比目前的 Internet 快 100 和 1000 倍，即达到 100Mbit/s 和 1Gbit/s。

NGI 的构成有 6 个关键因素，它们是 NGI 的优势所在，下面对其作一简要介绍。

① IPv6 和 IP 设备

IP 设备包括各种拥有全球惟一 IP 地址的信息家电和移动设备，它犹如每件设备的身份证，起到标识设备网络地址的作用。IPv6 则扩大了 IP 地址的数量，使得 IP 地址得以无限地扩展，今后再也不会听到有人抱怨“IP 地址不够用了”。另外，IPv6 还提高了整体在线吞吐量，令服务质量得到大幅提升，安全性更有保证，并支持即插即用和移动性。

② 软交换

软交换相当于公路上的十字路口和立交桥。它采用了电话交换机的先进体系结构及 IP 网中的 IP 包来承载话音、数据以及多媒体流等多种信息，并且能够以更低的成本实现各种网络的并存通信，让手机、小灵通、电话和 IM 等各种通信方式和设备轻松通信。软交换技术节约了成本，最终会让消费者以更低廉的价格享受下一代网络的优质服务。

③ 3G

3G 是英文 3rd Generation 的缩写，指第三代移动通信技术。相对第一代模拟制式手机（1G）和第二代 GSM、TDMA 等数字手机（2G），第三代手机是指将无线通信与国际互联网等多媒体通信相结合的新一代移动通信系统，它能够处理图像、音乐、视频流等多种媒体形式，提供包括网页浏览、电话会议、电子商务等多种信息服务。为了提供这种服务，无线网络必须能够支持不同的数据传输速率，也就是说在室内、室外和行车的环境中能够分别支持至少 2Mbit/s（兆位 / 每秒）、384kbit/s（千位 / 每秒）以及 144kbit/s 的传输速度。

④ QoS（Quality of Service，（网络）服务质量）

QoS 是网络的一种安全机制，是用来解决网络延迟和阻塞等问题的一种技术。在正常情况下，如果网络只用于特定的无时间限制的应用系统，就不需要 QoS，比如 Web 应用，或 E-mail 设置等。但是对关键应用和多媒体应用来说就十分必要。当网络过载或拥塞时，QoS 能确保重要业务量不受延迟或丢弃，同时保证网络的高效运行。

⑤ 网络安全

网络安全一向受到人们的关注，一个稳定、高效的网络环境可以保证网络的顺畅运行，一个完全没有安全感的网络是没有人愿意使用的。

⑥ 高速智能光网

高速智能光网是 NGI 的核心物理部分，只有信息高速公路本身够"平滑"，才能真正实现"飞驰"一般的快感。高效智能光网依靠高效、稳定的线路系统，能够为相距数千公里的两个城市之间提供兆比特级的全光数据通道。与传统的线路系统相比，该线路系统几乎没有电中继，所以这种线路系统具有易操作及成本低等优点。

（3）Internet 2

Internet 2 是一个由超过 200 家大学、协会、公司和政府机构共同努力建设的下一代互联网网络。Internet 2 的创建目的是为了满足高等教育与国家科研的需要。下面简要介绍 Internet 2 及其技术核心特点。

1）Internet 2 简介

Internet 2 是一项将为 140 所大学完成内部联网工作的 5 年计划，它将开发出先进的互联网应用软件，使学生与教师能在即时手术过程中一同观看，或在虚拟实验室内共同研究等。为了能以极快的速度并不受干扰地在网上传输大量数据，参加者计划将每年投资 5000 万美元。

这项大学计划将在价值 5 亿美元的 Abilene 光纤骨干网上展开，该骨干网由高级互联网开发大学公司（UCAID）与 Qwest Communications、Nortel Networks、Cisco Systems 及印地安那大学联合开发。Abilene 每秒可传输数据比标准调制解调器高 85 000 倍。

虽然 Internet 2 技术及其骨干网不会很快就提供给普通大众使用，但新技术及数据传输速率的提高所带来的优势会逐渐影响到整个全球互联网。

2）Internet 2 核心技术

① 开发新的 Internet 协议——IPv6

即将当前 IPv4 的 32 位扩充为 128 位。

提示：

IPv6 全称 Internet Protocol Version 6，即 IP 协议的 6.0 版本，通常又称为下一代互联网协议。IPv6 是 Internet 工程任务组（IETF）开发设计的用来替代现行 IPv4 协议的一种新 IP 协议。IPv6 和 IPv4 作用大致相同，开发的目的主要是为了缓解 IPv4 地址空间的压力，另外还用于弥补 IPv4 协议的一些问题，包括端对端 IP 连接、服务质量（QoS）、安全性、扩展性以及即插即用等。

② 组播（Multicasting）

组播是一种数据包传输方式，当有多台主机同时成为一个数据包的接收者时，出于对带宽和 CPU 负担的考虑，组播成为了一种最佳选择。

③ Gigapop（Gigabit Points of Presence，区域性的大容量互联点）

Gigapop 扩大了 Internet 的范围，另一方面是通信更为方便、快捷。

④ QoS（服务质量）

运行区分不同优先级的应用，并对不同的需要设置权限，提供不同服务质量的网络通信服务和收取不同的费用。

7.2.2 Internet 提供的服务

Internet 提供了丰富的信息资源和应用服务。它不仅可以传送文字、声音、图像等信息，而且远在千里之外的人们通过互联网可以实现点播、即时对话、在线交谈等。互联网上的信息包罗万象，上至政治、经济、高科技、军事，下至平民百姓喜闻乐见的消息等，人们可以非常方便地浏览、查询、下载、复制和使用这些信息。就目前而言，使用较多的主要有下面几种。

1. 万维网（WWW，World Wide Web）

WWW 的含义是“环球网”、“布满世界的蜘蛛网”，俗称“万维网”、3W 或 Web。WWW 是一个基于超文本（Hypertext）方式的信息检索服务工具。它是由欧洲粒子物理实验室（CERN）研制的，将位于全世界 Internet 网上不同地点的相关数据信息有机地编织在一起。WWW 提供友好的信息查询接口，用户仅需要提出查询要求，而到什么地方查询及如何查询则由 WWW 自动完成。因此，WWW 为用户带来的是世界范围的超级文本服务：只要操纵鼠标，就可以通过 Internet 从全世界任何地方调来希望得到的文本、图像（包括活动影像）和声音等信息。另外，WWW 还可为用户提供“传统的”Internet 服务：Telnet、FTP、Gopher 和 Usenet News（Internet 的电子公告牌服务）。通过使用 WWW，一个不熟悉网络使用的人也可以很快成为 Internet 行家。

WWW 与传统的 Internet 信息查询工具 Gopher、WAIS 最大的区别是它展示给用户的是无数篇文章，而不是那种令人时常费解的菜单说明。因此，用它查询信息具有很强的直观性。

WWW 的成功在于它制定了一套标准的、易为人们掌握的超文本开发语言 HTML、信息资源的统一定位格式 URL 和超文本传送通信协议 HTTP。

2. 电子邮件

电子邮件（E-mail，也被大家昵称为“伊妹儿”）是 Internet 应用最广的服务，通过网络的电子邮件系统，可以用非常低廉的价格（不管发送到哪里，都只需负担电话费和网费即可），以非常快速的方式（几秒钟之内可以发送到世界上任何指定的目的地），与世界上任何一个角落的网络用户相联系。这些电子邮件可以是文字、图像、声音等各种方式。它使人们的交流方式得到了极大的改变。

每一个申请 Internet 账号的用户都会有一个电子邮件地址。它是一个类似于门牌号码的邮箱地址，或者更准确地说，相当于用户在邮局租用了一个信箱。因为传统的信件是由邮递员送到家门口，而电子邮件则需要自己去查看信箱，但是不必跨出家门一步。

电子邮件地址的典型格式是 abc@xyz，这里@之前是代表用户的字符组合或代码，@之后是为用户提供电子邮件服务的服务商名称，如 user@163.com。图 7-10 显示的是 Web 形式的邮箱系统。

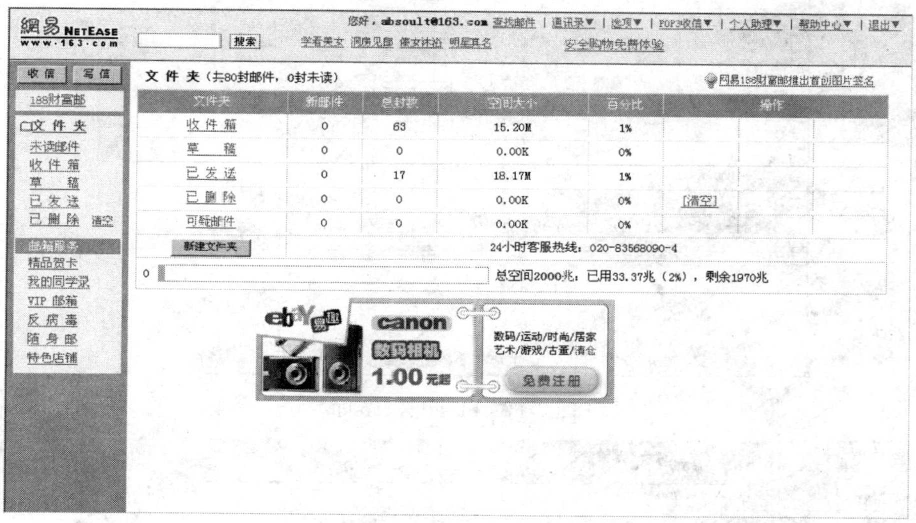

图 7-10　Web 形式的邮箱系统

3. 文件传输（FTP，File Transfer Protocol）

FTP 是 Internet 上最早和最广泛的服务之一，这种服务可以将一台计算机上的文件发送到另一台计算机上。在工作时，首先要登录到对方的计算机上，获取相应的权限就可以进行文件的传输工作了。通过 FTP，用户可以将文件从远程计算机上下载到本地计算机，也可以将本地计算机上的文件上传到远程计算机。

用户可以用 IE 登录到远程计算机，也可以使用专门的 FTP 软件。一般来说，使用专门的 FTP 软件功能更强大。下面是使用 FlashFXP 登录远程计算机，如图 7-11 所示。

网络上的 FTP 资源很丰富，一般是通过 BBS 论坛上的帖子获得 FTP 地址的。但是想要找到符合自己需要的资源，仅靠论坛发布是不够的。这时就要用到 FTP 搜索引擎，在国内使用较多的是北京大学天网搜索引擎，如图 7-12 所示。

4. 远程登录（Telnet）

Telnet 是进行远程登录的标准协议和主要方式，它为用户提供了在本地计算机上完成远程主机工作的能力。通过使用 Telnet，Internet 用户可以与全世界许多信息中心图书馆及其他信息资源联系。Telnet 的使用主要有两种情况：第一种是用户在远程主机上有自己的账号

（Account），即用户拥有注册的用户名和口令；第二种是许多 Internet 主机为用户提供了某种形式的公共 Telnet 信息资源，这种资源对于每一个 Telnet 用户都是开放的。Telnet 是使用最为简单的 Internet 工具之一。在 UNIX 系统中，要建立一个到远程主机的对话，只需在系统提示符下输入命令：Telnet 远程主机名，用户就会看到远程主机的欢迎信息或登录标志。在 Windows 系统中，用户将以具有图形界面的 Telnet 客户端程序与远程主机建立 Telnet 连接。

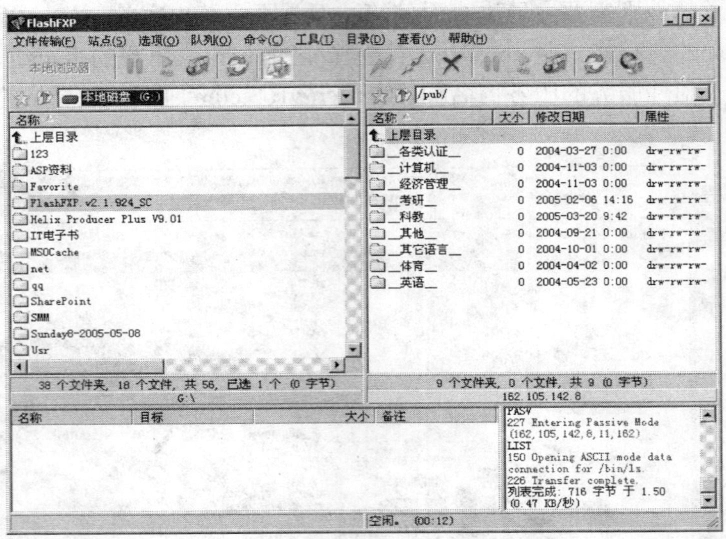

图 7-11　FlashFXP 界面

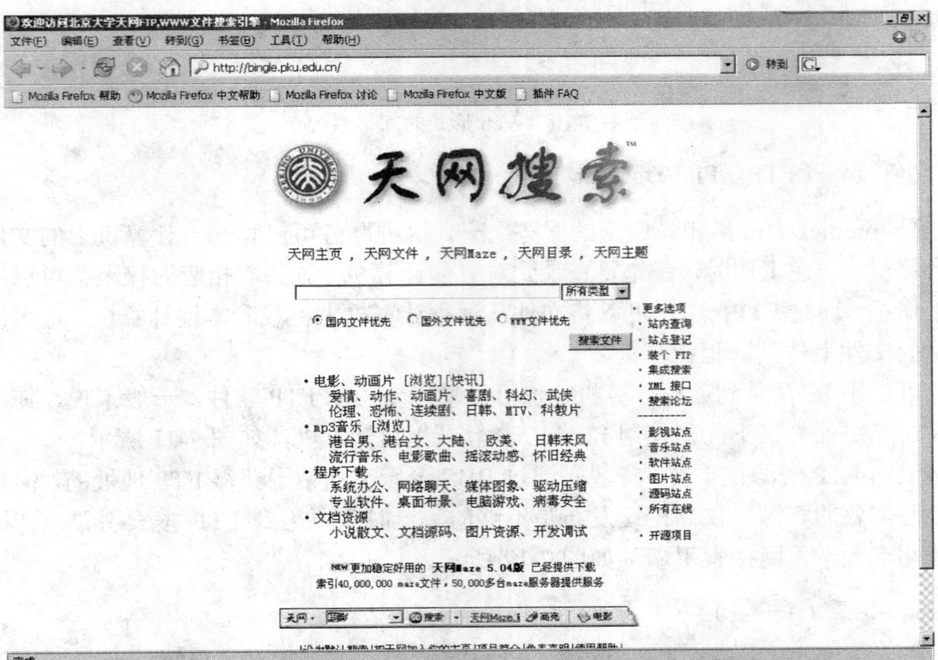

图 7-12　天网搜索

5. 新闻组

在网络上，公告板称之为新闻组（Usenet）。每个新闻组集中于特定的兴趣主题。用户可阅读新闻组中的文章，如同浏览本地公告板的通告。用户也可添加自己的评论或问题。以后，其他用户能阅读其文章，能回复邮件，提出劝告、观点或解答。

通过 Outlook Express 可以访问新闻组。下面介绍如何使用新闻组。

（1）运行 Outlook Express 程序，单击【新闻组】下面的【设置新闻组账号】超链接，如图 7-13 所示，出现设置新闻组账号建立的向导，如图 7-14 所示。

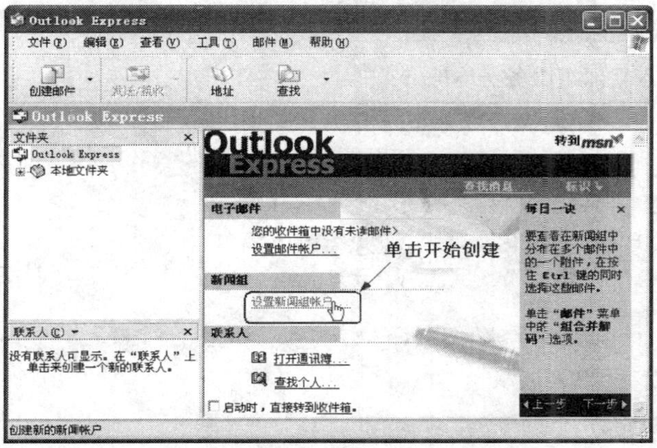

图 7-13 设置新闻组账号界面

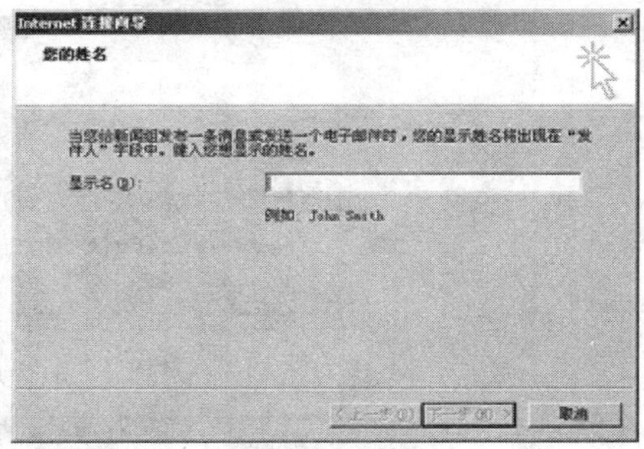

图 7-14 新闻组账号建立

（2）输入用户名和用户的 E-mail 地址，如图 7-15 所示。

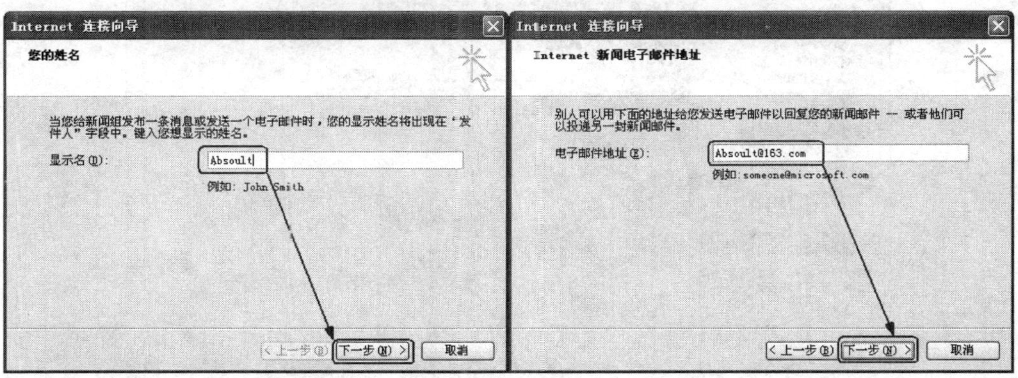

图 7-15 输入用户名和 E-mail 地址

（3）输入新闻组的服务器地址，这里输入微软的新闻组服务器地址 msnews.microsoft.com，如图 7-16 所示。

（4）完成后，系统会弹出一个提示框，询问是否从添加的新闻组服务器下载新闻组，单击【是】按钮，系统就会连接服务器下载新闻组，如图 7-17 所示。

（5）连接成功后，即可看到已经订阅好的新闻组，如图 7-18 所示。

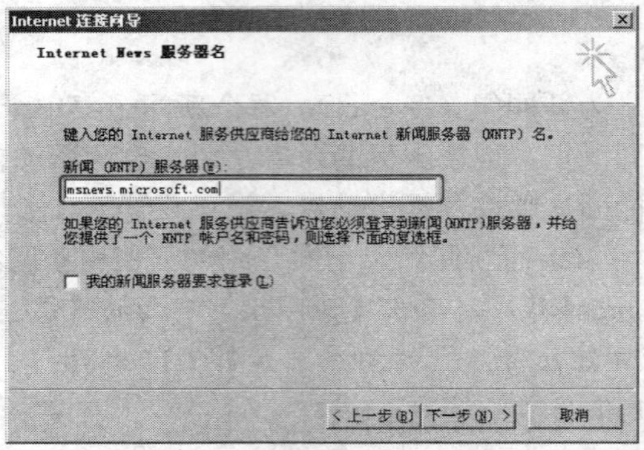

图 7-16　输入新闻组服务器地址

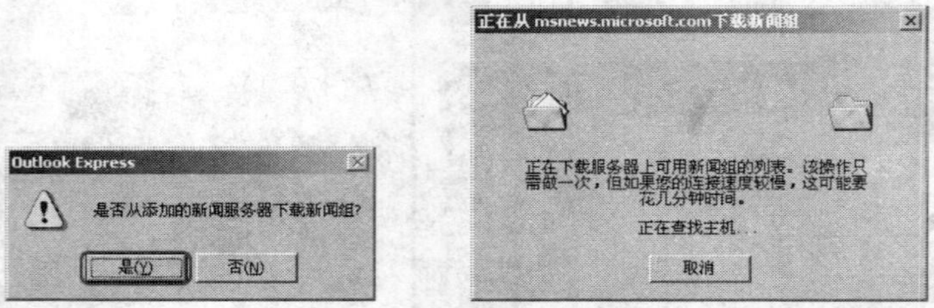

图 7-17　下载新闻组

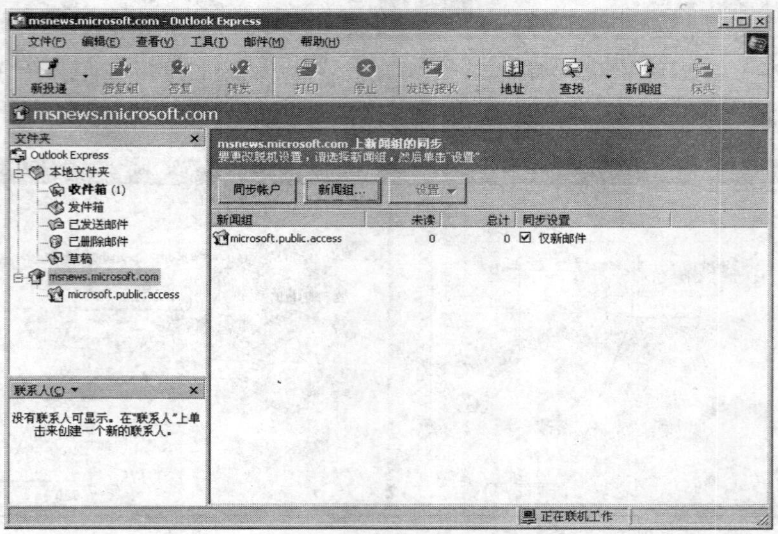

图 7-18　订阅好的新闻组

6. IP 电话

IP 电话是指在 IP 网上通过 TCP/IP 协议实时传送语音信息的应用。IP 电话始于互联网上 PC 到 PC 的电话，随后发展到通过网关把互联网与传统电话网联系起来，实现从普通电话机到普通电话机的 IP 电话。IP 电话大体可以分为 3 大类。

（1）PC to PC

这种电话是 Internet 上使用最多的语音传输方式，它需要有相应的服务器及客户端软件的支持，如 Microsoft 公司的 NetMeeting，VocalTech 公司的 IPhone 等。

（2）C to Phone

这种 IP 电话通话时只需要主叫方（PC）上的 Internet，将语音信号通过特定的服务器转接到被叫方的普通电话机上，支持这种方式的软件有 IPhone、Net2Phone 等。

（3）Phone to Phone

这种形式是目前一般家庭用户使用最多的，直接在普通电话机上使用就可以了。国内的中国电信和中国联通等公司都提供这种服务。

7.2.3　Internet 的浏览操作

计算机连接了网络后，如果要浏览 Internet 上的某个网站，只要在 IE 浏览器的地址栏中输入相应的网址，单击浏览器中的【转到】按钮或按 Enter 键即可登录，如图 7-19 所示。

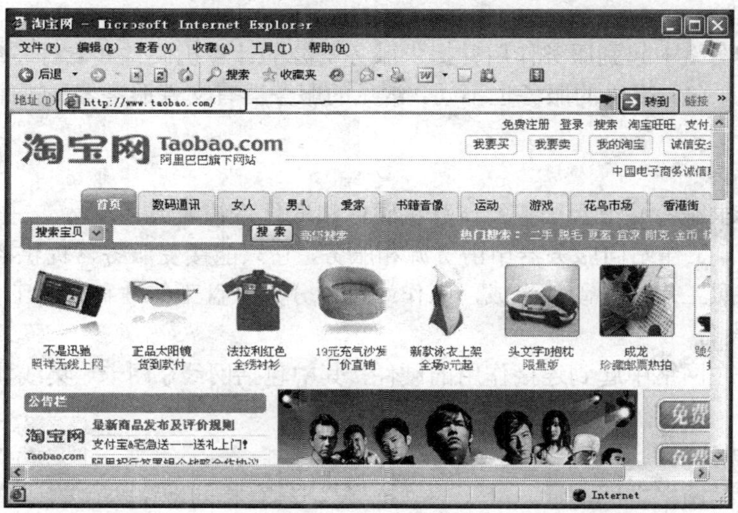

图 7-19　登录网站

7.3　简单局域网的架设

局域网（Local Area Network，LAN）是将小区域内的各种通信设备互联在一起的通信网络。随着越来越多的家庭和小型办公室开始拥有两台以上的计算机，用两台或者多台计算机直接构建一个小型局域网便成为一个热门的话题。下面从局域网的基础开始，介绍如何实现局域网共享上网。

7.3.1　局域网的基础知识

目前的局域网主要是以双绞线为传输介质的以太网。在网络发展的早期或在其他各行业中，因其行业特点所采用的局域网也不一定都是以太网。常见的局域网类型主要有以太网（Ethernet）、令牌网（Token Ring）、FDDI 网、异步传输模式网（ATM）等。

1. 局域网的工作特点

局域网分布范围小，投资少，配置简单。概括来说，局域网具有以下特点。

（1）传输速率高：一般为 1Mbit/s~20Mbit/s，光纤高速网可达 100Mbit/s~1000Mbit/s。

（2）支持传输介质种类多。

（3）通信处理一般由网卡完成。

（4）传输质量好，误码率低。

（5）有规则的拓扑结构。

2. 局域网的组成及结构

局域网与其他计算机一样，也是由服务器、工作站、连接设备和网络协议 4 部分组成。具备了以上 4 部分，就可以搭建一个基本的局域网了。

（1）服务器

服务器是在网络中起到服务作用并提供服务资源的计算机硬件和软件系统。服务器的功能和访问对象不同，它所提供的服务也不同。常见的服务器有文件服务器、邮件服务器和打印服务器等。

（2）工作站

在网络中请求服务并得到服务的计算机硬件和软件系统成为工作站。工作站是计算机进行日常工作的地方，工作站向服务器申请资源和服务，它只能接受服务器提供的服务，是服务器的服务对象。按照工作站的硬件组成，工作站可以分为有盘工作站和无盘工作站。

（3）连接设备

连接设备是在网络中起到连接作用的硬件，其中包括网线、网卡、集线器、路由器和交换机等设备。

（4）网络协议

网络协议就是网络之间沟通、交流的“桥梁”，只有相同网络协议的计算机才能进行信息的沟通与交流，这就好比人与人之间交流所使用的各种语言，只有使用相同语言才能正常、顺利地进行交流。从专业角度定义，网络协议是计算机在网络中实现通信时必须遵守的约定，也即通信协议。主要是对信息传输的速率、传输代码、代码结构、传输控制步骤、出错控制等作出规定和制定标准。

3. 局域网的结构

按拓扑结构、工作方式和网络操作系统来划分，局域网的结构有对等式和专用服务器，结构如图 7-20 所示。

（1）对等式网络

对等式网络（Peer to Peer），指的是网络中没有专门的服务器，网络中每一台主机既是工作站又是服务器，独立存在于网络中。在对等网络中，计算机直接可以实现互访、进行文件的交换，还可以共享驱动器、打印机等设备。

（2）专用服务器网络

专用服务器结构主要是指客户端/服务器模式。在网络中的所有工作站都以服务器为中心。

在需要进行通信时，都必须以服务器为中介进行文件的读取和数据的传输，工作站之间不直接通信。

（3）主从式服务器结构

主从式服务器结构是在专用服务器结构的基础上产生和发展起来的。它解决了专业服务器结构中存在的一些不足，网络中客户机之间可以与服务器端进行通信，不同客户端之间还可以直接对话，而不需要通过服务器。

目前，Windows NT Server 和 Windows 2000 Server 以上的网络操作系统是工作于主从式结构网络的典型代表。

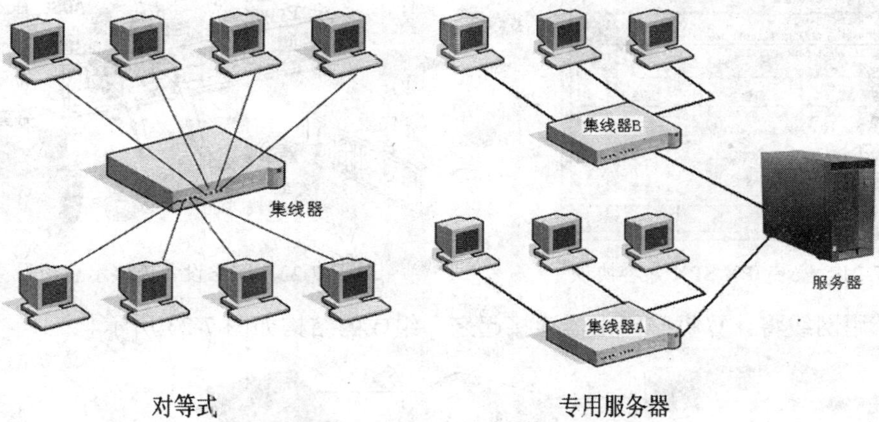

图 7-20　局域网结构

7.3.2　简单局域网的组建

建立局域网的主要目的是为了更好地实现资源共享，使局域网内部信息迅速、有效地传输。高效地使用局域网所能提供的各项服务功能，能充分发挥现有的计算机资源潜能，实现效率和效益的最优化。在众多的局域网组建案例中，宿舍局域网组建最具代表性，下面就介绍宿舍局域网的组建。

1．案例分析

宿舍组建局域网的目的无非是两个：共享局域网资源和共享上网。显然，56kbit/s Modem 拨号不能满足其要求，而 ADSL 宽带上网无论从成本还是技术上来说，都可满足宿舍组网的要求。在硬件方面，采用路由器加 ADSL Modem 的组建模式，这样一来，每台计算机都可以作服务器，而不必再考虑用哪台计算机作服务器的问题了，只要路由器不断电，可以随时随地连接到 Internet。

2．硬件的安装

（1）网卡的安装

现在一般的主板都集成了网卡，如果主板没集成，应该选择 10/100MB 自适应网卡。将网卡装入计算机后，为网卡添加驱动程序和网络协议。因为局域网之间需要共享资源，所以还必须安装 IPX/SPX 兼容协议，如图 7-21 所示。

（2）网络设备的连接

将网线插入路由器背后的 LAN 端口上，另外一端插入 ADSL Modem 的 Ethernet 接口上。而电话线则连接 ADSL Modem 上的 DSL 接口和电话分离器接口，如图 7-22 所示。

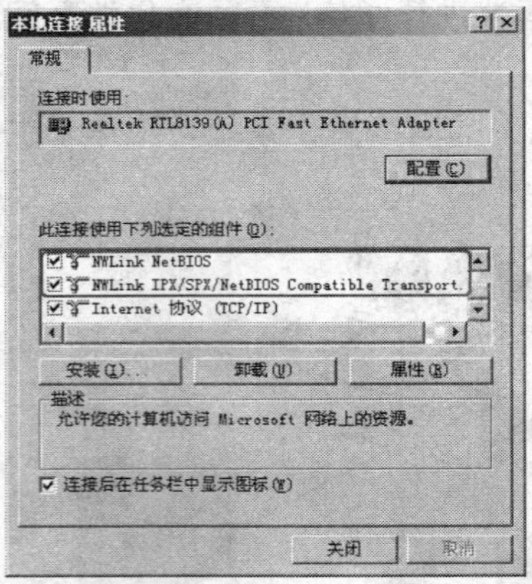

图 7-21　安装 IPX/SPX 兼容协议

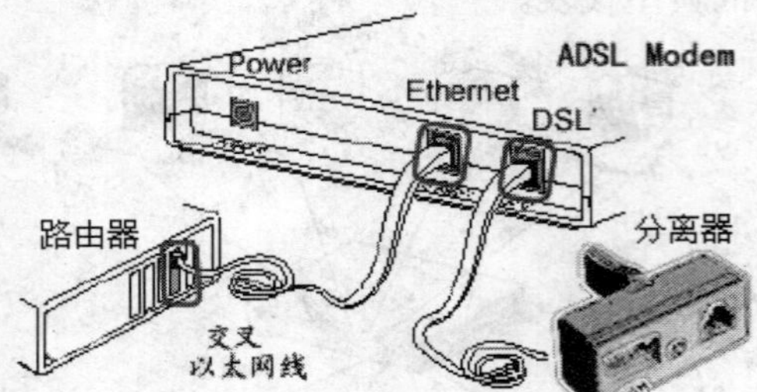

图 7-22　网络设备连接示意图

最后，用网线将计算机与路由器连接起来，组成的结构如图 7-23 所示。

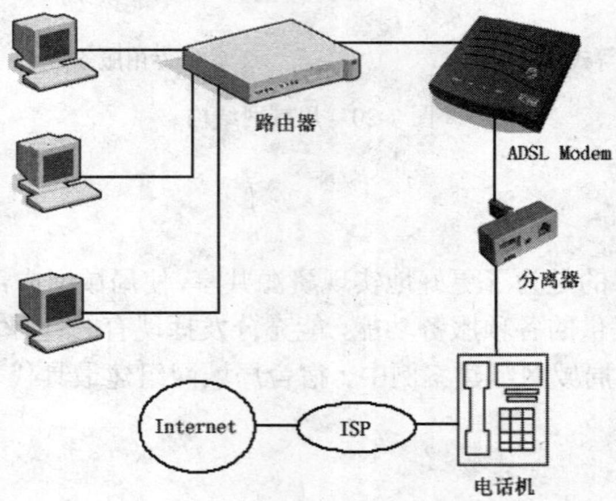

图 7-23　局域网共享结构图

3．网络的配置

网络的配置主要是设置路由器和对计算机 TCP/IP 协议的设置，这里的路由器采用的是 TP-Link Rooter R410，具体设置如下。

（1）路由器的设置

1）在网页浏览器的地址栏中输入 http://192.168.1.1，打开路由器设置界面，如图 7-24 所示。

2）单击【网络参数】，在下级选项中单击【LAN 口设置】，在网页右边出现【LAN 口设置】窗口，从中设置具体参数——IP 地址：192.168.1.1、子网掩码：255.255.255.0。然后单击【保存】按钮，如图 7-25 所示。

图 7-24　路由器设置界面

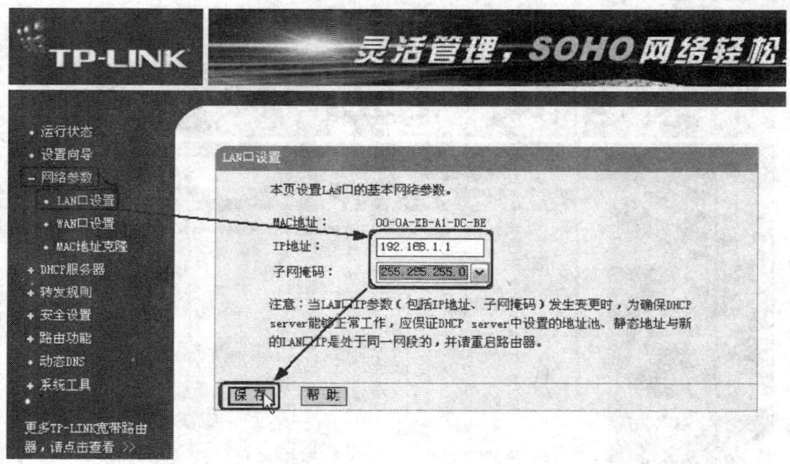

图 7-25　设置 LAN 口

3）单击【WAN 口设置】，出现【WAN 口设置】对话框。在【WAN 口连接类型】下拉列表框中选择“PPPoE”，上网账号和口令分别是 ISP 提供的账号和密码。设置完后单击【保存】按钮，具体如图 7-26 所示。

提示：

广域网（WAN，Wide Area Network）是一种跨地区的数据通信网络，通常包含一个国家或地区。广域网通常由两个或多个局域网组成。计算机常常使用电信运营商提供的设备作为信息传输平台连接到广域网，也可以通过专线或卫星连接。

4）单击【DHCP 服务器】，在下级选项中单击【DHCP 服务】，出现【DHCP 服务】设置对话框。在【DHCP 服务器】选项组中选中【启用】，地址池的开始和结束地址分别设置为 192.168.1.100 和 192.168.1.199，【主 DNS 服务器】中输入 ISP 提供的 IP 地址，其他的选项默认安装就可以了，设置完毕后单击【保存】按钮，如图 7-27 所示。

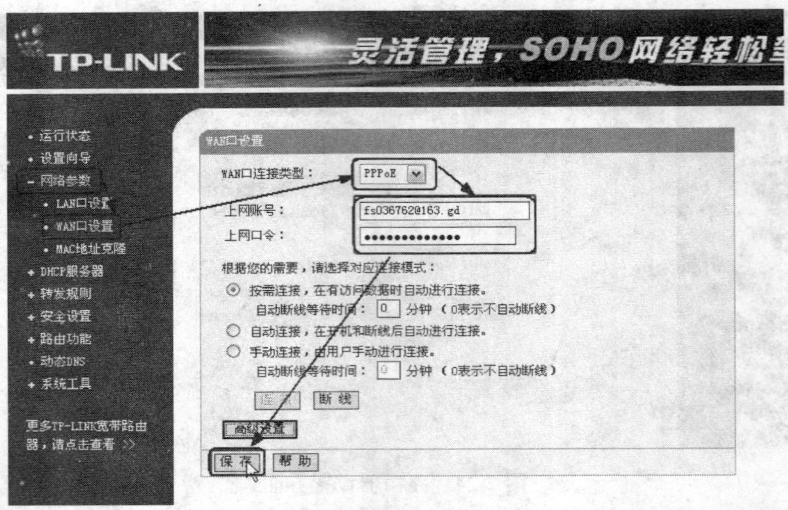

图 7-26　设置 WAN 口

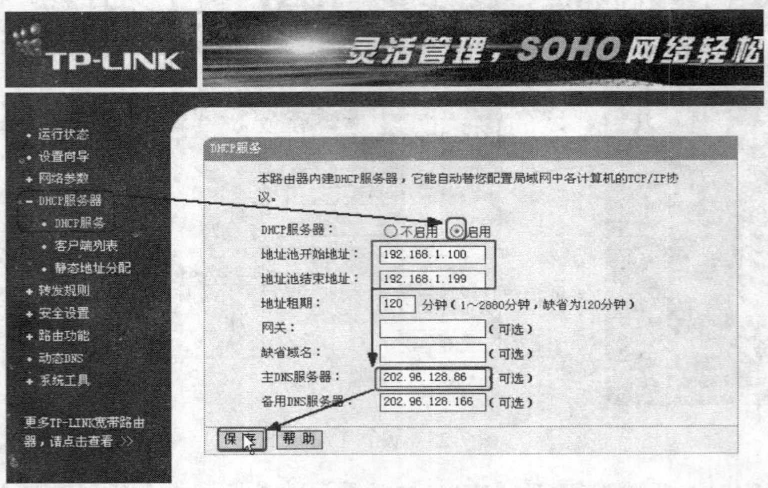

图 7-27　设置 DHCP 服务器

提示：

启动 DHCP 服务的目的是让路由器为计算机自动分配 IP 地址，方便网络的管理。不过 DHCP 分配的地址是有一定租期的，租期一到 IP 地址就会失效，计算机必须向路由器申请另外一个 IP 地址（这个 IP 地址可以是原来的 IP 地址，也可以是其他的）。

5）开启防火墙。单击【安全设置】，在下级选项中单击【防火墙设置】，然后在右边的【防火墙设置】对话框中勾选【开启防火墙】，接着单击【保存】按钮，如图 7-28 所示。

6）全部设置正确后，可以看到路由器已经开始工作了，如图 7-29 所示。

（2）计算机网络设置

1）依次进入【我的电脑】|【控制面板】|【网络和拨号连接】，选中【本地连接】选项，然后右击，在快捷菜单中选择【属性】命令，如图 7-30 所示。

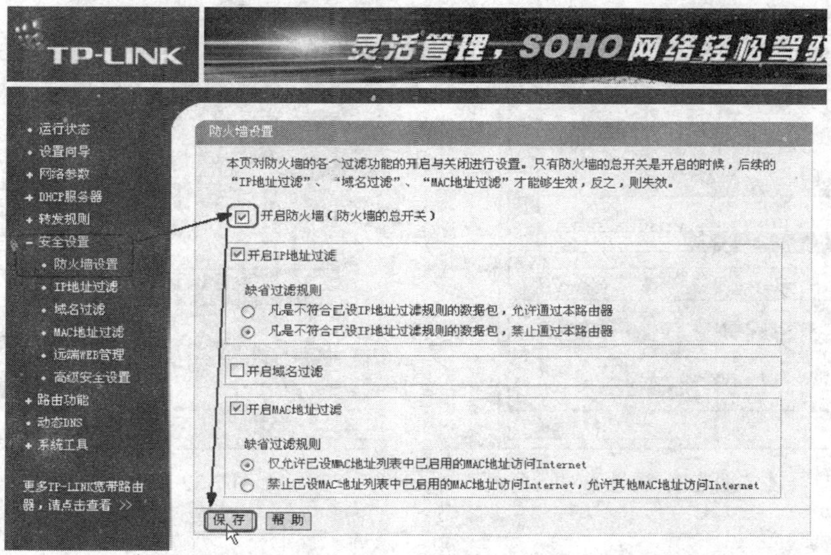

图 7-28　设置防火墙

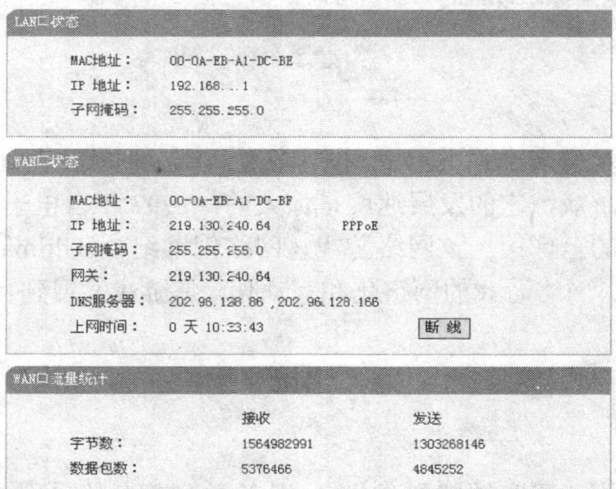

图 7-29　路由器状态

图 7-30　选择属性

2）在【本地连接 属性】对话框中双击【Internet 协议（TCP/IP）】组件，如图 7-31 所示。进入【Internet 协议（TCP/IP）属性】设置对话框，选中【自动获得 IP 地址】和【自动获得 DNS 服务器地址】，然后单击【确定】按钮，如图 7-32 所示，完成计算机的网络设置。

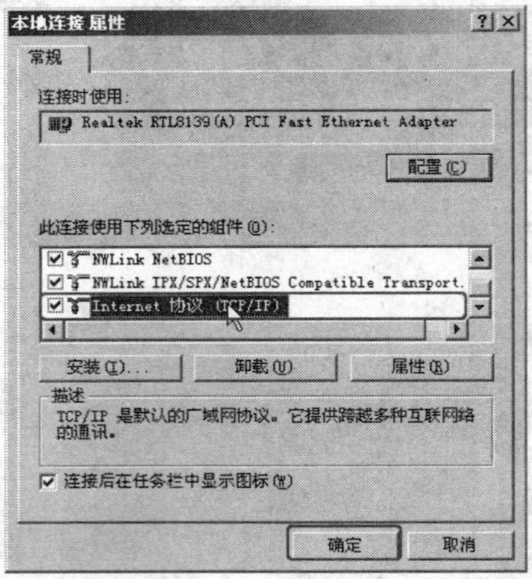

图 7-31 【本地连接 属性】对话框

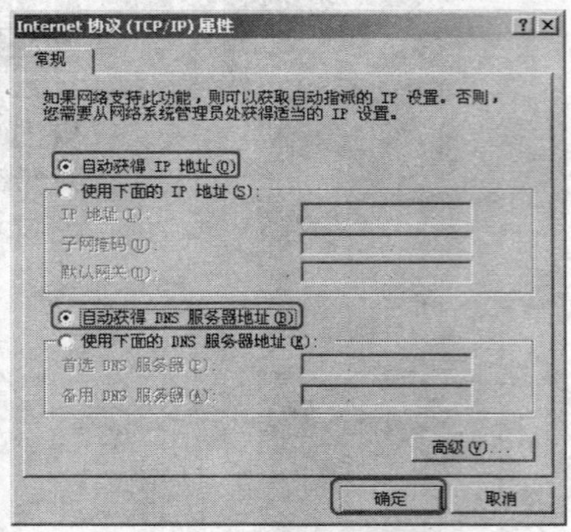

图 7-32 更改 IP 选项

提示：

由于路由器启动了 DHCP 服务，所在计算机上不必设置具体的 IP 地址，只须勾选自动选项就可以了，这样路由器就会自动分配 IP 地址给计算机。

7.4 网络游戏

网络游戏对于许多玩家来说并不陌生，从最初的 MUD 时代，直到目前风风火火吸引上千万玩家的众多三维网络游戏，它的发展速度是惊人的。1997 年自电子艺界（Electronic Arts）的子公司 ORIGIN 出品的全球第一款网络游戏《网络创世纪》(Ultima Online）问世以来，网络游戏在全球迅速风行。网络游戏的网络化和互动化，是游戏发展到目前的最新演化形态，也是未来游戏的发展趋势。

7.4.1 网络游戏发展概况

网络游戏的发展经历了研究领域到商业化、从简单到复杂的过程。下面介绍网络游戏的历史发展过程。

1. 第一代网络游戏（1969—1977 年）

（1）背景

由于当时的计算机硬件和软件尚无统一的技术标准，因此第一代网络游戏的平台、操作系统和语言各不相同。它们大多为试验品，运行在高等院校如美国的麻省理工学院、弗吉尼亚大学，以及英国的埃塞克斯大学的大型主机上。

（2）游戏特征

① 非持续性，计算机重启后游戏的相关信息即会丢失，因此无法模拟一个持续发展的世界。

② 游戏只能在同一服务器/终端机系统内部执行，无法跨系统运行。

2. 第二代网络游戏（1978—1995 年）

（1）背景

一些专业的游戏开发商和发行商开始涉足网络游戏，如 Activision、Interplay、Sierra Online、Stormfront Studios、Virgin Interactive、SSI 和 TSR 等，都曾在这一阶段试探性地进入过这一新兴产业，它们与 GEnie、Prodigy、AOL 和 CompuServe 等运营商合作，推出了第一批具有普及意义的网络游戏。

（2）游戏特征

① 网络游戏出现了"可持续性"的概念，玩家所扮演的角色可以成年累月地在同一世界内不断发展，而不像 PLATO 上的游戏那样，只能在其中扮演一个匆匆过客。

② 游戏可以跨系统运行，只要玩家拥有计算机和调制解调器，且硬件兼容，就能联入当时的任何一款网络游戏。

（3）商业模式

网络游戏市场的迅速膨胀刺激了网络服务业的发展，网络游戏开始进入收费时代，许多消费者都愿意支付高昂的费用来玩网络游戏。从《凯斯迈之岛》的每小时 12 美元到 GEnie 的每小时 6 美元，第二代网络游戏的主流计费方式是按小时计费，尽管也有过包月计费的特例，但未能形成"气候"。

MUD1 是第一款真正意义上的实时多人交互网络游戏，它可以保证整个虚拟世界的持续发展，尽管这套系统每天都会重启若干次，但重启后游戏中的场景、怪物和谜题仍保持不变，这使得玩家所扮演的角色可以获得持续的发展。MUD1 的另一重要特征是，它可以在全世界任何一台 PDP-10 计算机上运行，而不局限于埃塞克斯大学的内部系统。

3. 第三代网络游戏（1996 年至今）

（1）背景

越来越多的专业游戏开发商和发行商介入网络游戏，一个规模庞大、分工明确的产业生态环境最终形成。人们开始认真思考网络游戏的设计方法和经营方法，希望归纳出一套系统的理论基础，这也是长久以来一直缺乏的。

（2）游戏特征

"大型网络游戏"（MMOG）的概念浮出水面，网络游戏不再依托于单一的服务商和服务平台而存在，而是直接接入互联网，在全球范围内形成了一个大一统的市场。

（3）商业模式

包月制被广泛接受，成为主流的计费方式，从而把网络游戏带入了大众市场。

第三代网络游戏始于 1996 年秋季《子午线 59》的发布，这款游戏由 Archetype 公司独立开发。Archetype 公司的创建者为克姆斯兄弟，即将发售的《模拟人生在线》的设计师迈克·塞勒斯和已被取消的《网络创世纪 2》的设计师戴蒙·舒伯特都曾在这家公司工作过。

从游戏本身来看，第三代网络游戏这六年来更多的是在进化而没有任何质的飞跃，这种进化更多的是体现在技术和横向层面的拓宽上，而未能向前突破。

7.4.2 网络游戏介绍——梦幻西游

常见的网络游戏类型有 RPG（角色扮演类游戏）、STG（射击类游戏）、ACT（动作类游戏）、AVG（冒险类游戏）、SLG（战略模拟类游戏）和 TAB（桌面游戏）。下面介绍的是一款 RPG 游戏——梦幻西游。

1. 游戏介绍

“梦幻西游”是网易公司（163.com）制作的一款 Q 版回合的 RPG 游戏。这款游戏以《西游记》为文化背景，把天地分为人、仙、魔 3 个种族，并且可以各立门派，如图 7-33 所示。

图 7-33　种族

2. 游戏下载和安装

（1）游戏的下载

登录网易“梦幻西游”的主页 http://xyq.163.com，在主页中单击【客户端下载】按钮，如图 7-34 所示。用户可以根据自己所在网络的特点，选择合适的下载方式。

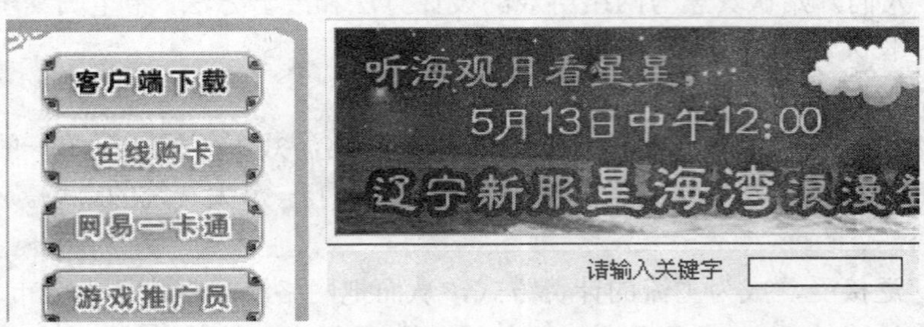

图 7-34　客户端下载

（2）安装游戏

双击下载的游戏包，选择安装目录便可以开始安装，如图 7-35 所示。

提示：

“梦幻西游”是绿色安装的，用户重装系统后不需重新安装游戏软件就可以使用了。

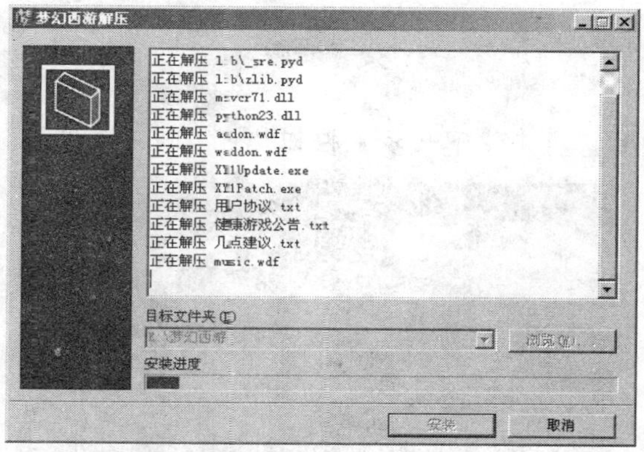

图 7-35　开始安装

3. 运行操作游戏

（1）运行游戏

1）运行“梦幻西游”客户端软件，游戏会首先从服务器上获取文件列表和检查是否需要更新，如图 7-36 所示。

图 7-36　获取更新

提示：

现在很多网络游戏每隔一段时间都会推出游戏资料包更新，这样可以丰富游戏的内容。

2）更新结束后，进入游戏界面。先选择服务器，然后在登录界面中输入正确的账号和密码就可以进入游戏了，如图 7-37 所示。

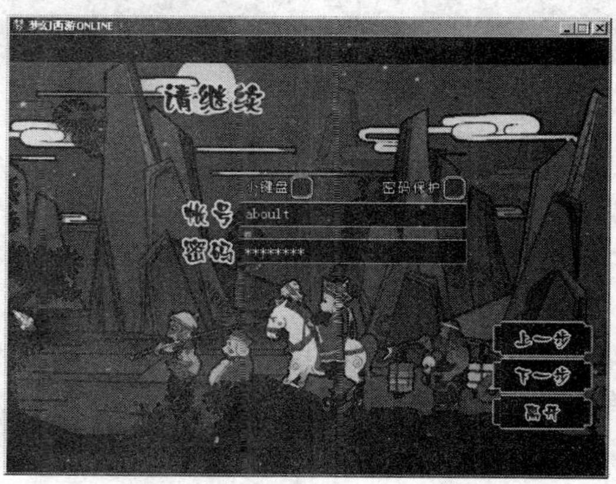

图 7-37　输入账号和密码

提示：

第一次进入游戏，用户必须选择角色类型。

3）选择完角色类型后，单击【下一步】按钮就可以进入游戏了，如图 7-38 所示。

图 7-38　选定游戏角色

（2）进入游戏

游戏分成两个部分，左边是游戏界面，右边是对话窗口，如图 7-39 所示。

图 7-39　游戏界面

（3）基本操作

① 人物行走。在游戏画面中，玩家所控制的角色位于屏幕的中央附近。需要移动位置时，将光标停在目标位置，单击鼠标左键即可。也可以按住鼠标左键停留两秒钟，角色就会跟随光标的指向而移动。

② 人物转向。角色站立不动时，单击鼠标右键可以命令角色转向光标所指的方向。

③ 拾取物品。地面有掉落的物品时，走到物品旁边，用鼠标左键单击物品即可拾取。

④ 使用物品。单击画面下方的小箱子（或使用快捷键 Alt+E），可以打开道具栏。将光标移到道具栏中某件物品上，再单击鼠标右键即可使用。

⑤ 丢弃物品。在道具栏中单击某件物品，抓起后移到道具栏以外，再次单击即可将物品丢弃（需要确认一次）。

⑥ 与 NPC 对话。走到 NPC 旁边，将光标停留在 NPC 身上，单击即可与其对话。

提示：

双击鼠标右键，就可以不用重复单击鼠标而移动角色了，此时角色会随光标所指而移动。

4. 游戏规则

游戏时可以选择自己的宠物和使用招呼兽，其中宠物是用来捕捉招呼兽的，而招呼兽可以参加战斗。如果不幸在游戏中“牺牲”，玩家将回到第一次进入游戏时所在的地方——建邺城。另外，等级太低的玩家只能停留在某个区域，等到等级达到一定程度后才能到其他地方。

7.5　搜索网络资源

在 Internet 发展初期，网站的数量相对较少，信息的检索比较容易。随着 Internet 爆炸性的发展，网络上的信息越来越多，用户想要找到所需的资料如同大海捞针。为了满足大众信息检索的需求，专业的搜索网站应运而生，这些网站提供的搜索工具，即是人们日常所说的“搜索引擎”。

最早出现的搜索引擎是 Lycos，它起源于卡内基-梅隆大学。经过几年的发展，搜索引擎已成为一个网络门户，起着网络导航的作用。门户网站是指在 Internet 上查找信息时提供起始点的 Web 站点。著名的搜索引擎有 Yahoo（雅虎）、Alta Vista、Excite、Google 和百度等。

7.5.1　搜索引擎的工作原理和使用方法

早期采用的是目录索引（Search Index），这种方式只能对 Internet 上一部分站点进行索引，比例不超过 10%。要在 Internet 这个“大海”里“捞针”，还需要一个搜索引擎。搜索引擎对 Internet 进行扫描，对站点及其内容进行索引，并且把这些索引存储起来用以快速检索。

1. 搜索引擎的分类

搜索引擎按其工作方式主要可分为 3 种，分别是全文搜索引擎（Full Text Search Engine）、目录索引类搜索引擎（Search Index/Directory）和元搜索引擎（Meta Search Engine）。

（1）全文搜索引擎

全文搜索引擎是名副其实的搜索引擎，国外具有代表性的有 Google、Fast/AllTheWeb、AltaVista、Inktomi、Teoma、WiseNut 等，国内著名的有百度。它们都是通过在互联网上提取各个网站的信息（以网页文字为主）而建立的数据库中，检索与用户查询条件匹配的相关记录，然后按一定的排列顺序将结果返回给用户，因此它们是真正的搜索引擎。

从搜索结果来源的角度，全文搜索引擎又可细分为两种，一种是拥有自己的检索程序（Indexer），俗称“蜘蛛”（Spider）程序或“机器人”（Robot）程序，并自建网页数据库，搜索结果直接从自身的数据库中调用；另一种则是租用其他引擎的数据库，并按自定的格式排列搜索结果，如 Lycos 引擎。

（2）目录索引

目录索引虽然有搜索功能，但在严格意义上算不上是真正的搜索引擎，仅仅是按目录分类的网站链接列表而已。用户完全可以不用进行关键词（Keywords）查询，仅靠分类目录也可找到需要的信息。目录索引中最具代表性的莫过于 Yahoo（雅虎）。其他著名的还有 Open Directory Project（ODP）、LookSmart、About 等。国内的搜狐、新浪、网易搜索也都属于这一类。

（3）元搜索引擎（META Search Engine）

元搜索引擎在接受用户查询请求时，同时在其他多个引擎上进行搜索，并将结果返回给用户。著名的元搜索引擎有 InfoSpace、Dogpile、Vivisimo 等，中文元搜索引擎中具有代表性的有搜星搜索引擎。在搜索结果排列方面，有的直接按来源引擎排列，如 Dogpile；有的则按自定的规则将结果重新排列组合，如 Vivisimo。

2. 搜索引擎的工作原理

搜索引擎使用下面两种方法自动获得各个网址的信息，并保存到自己的数据库中。

一种是定期搜索，即每隔一段时间（比如 Google 一般是 28 天），搜索引擎主动派出“蜘蛛”程序，对一定 IP 地址范围内的互联网站进行检索，一旦发现新的网站，它会自动提取网站的信息和网址加入自己的数据库。

另一种是提交网站搜索，即网站拥有者主动向搜索引擎提交网址，搜索引擎在一定时间内（两天到数月不等）定向向该网站派出“蜘蛛”程序，扫描网站并将有关信息存入数据库，以备访问者查询。由于近年来搜索引擎索引规则发生了很大变化，主动提交网址并不能保证该网站进入搜索引擎数据库，因此目前最好的办法是多获得一些外部链接，让搜索引擎有更多机会找到并自动将网站收录。

当用户以关键词查找信息时，搜索引擎会在数据库中进行搜寻，如果找到与用户要求内容相符的网站，便采用特殊的算法，通常根据网页中关键词的匹配程度、出现的位置/频次、链接质量等，计算出各网页的相关度及排名等级，然后根据关联度高低，按顺序将这些网页链接返回给用户。

目前，搜索引擎与目录索引有相互融合渗透的趋势，原来一些纯粹的全文搜索引擎现在也提供目录搜索。

3. 搜索引擎使用的语法规则

搜索引擎方便了用户，但是如果用户不熟悉搜索引擎的语法规则，并缺乏相应的搜索技巧，搜索结果往往不尽如人意。要提高搜索信息的效率，必须熟悉搜索引擎的语法规则，并掌握一些搜索技巧，这样才能达到事半功倍的效果。

不同的搜索引擎，语法可能会有所不同。下面列举几种常用的搜索引擎通用语法。

（1）布尔逻辑操作符的使用

几乎在所有的搜索引擎中都采用了布尔逻辑操作符作为其最基本的语法规则。一般布尔逻辑操作符包括 NOT、AND、OR 和括号。

① NOT

NOT 表示逻辑“非”，还可用“！”表示。使用 NOT 表示要限制后一个关键字在结果中出现。例如，输入关键字“计算机 not 网络”，将会找出包含“计算机”的信息，而不包含“网络”信息。

② AND

AND 表示逻辑“与”，可用“&”表示。使用 AND 表示前后两个关键字是“与”的逻辑关系。例如，输入关键字“计算机 and 网络”，将会找出包含“计算机”和“网络”的网站。

③ OR

OR 表示逻辑“或”，可用符号“|”来表示。

④ 括号

利用“()”可以把多个关键字作为一组，并进行优先查询。例如，输入“计算机 and（网络 OR 应用)”，则查找的是关键字“计算机网络”或“计算机应用”。

（2）逗号的使用

逗号的作用类似于 OR，也是寻找那些至少包含一个指定关键字的文档。与 OR 不同的是，查询所得的文档中包含关键字越多，文档排列的位置越靠前。例如，查询关键字“计算机，网络，基础”，则搜索结果中同时包含以上 3 个关键字的文档将排在前面。

注意：

搜索引擎会自动将中文符号转换为英文半角符号。

（3）空格的使用

空格的使用相当于 AND，查找结果中包含所有关键字。例如，查询“计算机 网络”，则查找所有包含“计算机”和“网络”关键字的文档。

（4）双引号的使用

使用双引号组合关键字，搜索引擎会将关键字或关键字的组合作为一个字符串在其数据库中进行搜索。例如，要查找关于计算机网络方面的资料，可以输入“计算机网络”作为关键字，这样就把“计算机网络”作为一个完整的语句来搜索。

（5）通配符的使用

进行简单查找时，可以在单词的末尾加入一个通配符来代替任意的字母组合。通配符大多数为“*”。利用“*”代替所有的字母，用来检索那些变形的关键字或者是不能确定的关键字。例如，输入“计算机*”后的查询结果可以包含网络、基础知识等内容。

4. 搜索引擎使用技巧

想要获得理想的搜索效果，则必须在熟悉搜索语法规则的基础上，掌握一些基本的搜索技巧。下面是一些常用的搜索技巧。

（1）搜索之前先思考

搜索引擎“本领”再大，也搜索不到网上不存在的内容，而且有些内容虽然存在于网上，却因为各种原因，而成为“漏网之鱼”。所以，在使用搜索引擎搜索之前，应该先花几秒种思考一下，要找的东西网上可能有吗？如果有，可能在哪里，是什么样子的？网页上会含有哪些关键字？

有些东西根本用不着搜索引擎，比如要找某公司的电话，打 114 查询台的速度可能比搜索引擎快得多。又有些问题可能很难用合适的关键字来描述，或者不能直接用搜索引擎搜到，可以尝试找个精通该问题的朋友，或者寻找这方面的热门论坛来询问，这也是一种搜索方法。有时，能选择的最好搜索方法是放弃网络，去一趟附近的图书馆，图书馆里有网上找不到的成吨的“信息”。

各种搜索引擎的特点泾渭分明，如果没有为每次搜索分别选择正确的搜索工具，将浪费大量的时间。这次搜索，应该使用新浪还是搜狐？Google 还是百度？分析自己的需求，比较不同搜索引擎的强项和弱点，然后为这次搜索选择最适合的搜索工具。

（2）学会使用两个关键词搜索

如果一个陌生人突然走近你，向你问道：“北京？”，你会怎样回答？大多数人会觉得莫名其妙，然后会再问这个人到底想问“北京”哪方面的事情。同样，如果在搜索引擎中输入一个关键词“北京”，搜索引擎也不知道用户要找什么，它也可能返回很多莫名其妙的结果。因此，要养成使用多个关键词搜索的习惯。当然，大多数情况下使用两个关键词搜索已经足够了，关键词与关键词之间以空格隔开。

比如，想了解北京旅游方面的信息，就输入“北京 旅游”，这样才能获取与北京旅游有关的信息；如果想了解北京暂住证方面的信息，可以输入“北京 暂住证”进行搜索；如果要下载名叫“xxxx”的 MP3，就输入“xxxx 下载”来搜索。

（3）学会使用减号“-”

“-”的作用是为了去除无关的搜索结果，提高搜索结果相关性。有时，在搜索完毕会看到一些想要的结果，但也发现很多与之不相关的，这时可以找出那些不相关结果的特征关键词，把它减掉。

（4）单击搜索结果前先思考

一次成功的搜索由两个部分组成：正确的搜索关键词、有用的搜索结果。在单击任何一条搜索结果之前，快速地分析一下搜索结果的标题、网址、摘要，会有助于选出更准确的结果，节省大量的时间。当然，到底哪一个是需要的内容，取决于用户在寻找什么，评估网络内容的质量和权威性也是搜索的重要步骤。

一次成功的搜索也经常是由多次搜索组成的，如果对自己搜索的内容不熟悉，即使是搜索专家，也不能保证第一次搜索就能找到想要的内容。搜索专家会先用简单的关键词测试，他们不会忙着仔细查看各条搜索结果，而是先从搜索结果页面中寻找更多的信息，再设计一个更好的关键词重新搜索，这样重复多次以后，就能设计出理想的搜索关键词，也就能搜索到满意的搜索结果了。

（5）善于改正错误

经常会有这样的事情发生：似乎已尽了全力来搜索，但是依然没有找到需要的答案。这时不要放弃，认真回顾检查搜索过程，也许只是因为一个小差错。所以，很有可能在检讨完自己的搜索策略后获得成功。

7.5.2 主要搜索引擎介绍

目前用户经常使用的搜索引擎主要有 Google 和百度。Google 是一个检索内容丰富、访问速度快、功能齐全的中英文搜索引擎。百度是国内最大的商业化全文搜索引擎，其功能完备，搜索精度高，是目前国内技术水平最高的搜索引擎。

1. Google 搜索引擎

Google 成立于 1997 年，现已迅速发展成为目前规模最大的搜索引擎，并向 AOL、Compuserve、Netscape 等其他门户和搜索引擎提供后台网页查询服务。目前 Google 每天处理的搜索请求已达两亿次，而且这一数字还在不断增长。Google 数据库存有 42.8 亿个 Web 文件，属于全文（Full Text）搜索引擎。

Google 提供常规及高级搜索功能。在高级搜索中，用户可限制某一搜索必须包含或排除特定的关键词或短语。该搜索引擎允许用户定制搜索结果页面所含信息条目数量，可在 10~100 条中任选。它也提供网站内部查询和横向相关查询，还提供特别主题搜索，如 Apple Macintosh、BSD UNIX、Linux 和大学院校搜索等。

Google 允许以多种语言进行搜索，在操作界面中提供多达 30 余种语言选择，包括英语、主要欧洲国家语言（含 13 种东欧语言）、日语、中文简/繁体、韩语等，同时还可以在 40 多个国别专属引擎中进行选择。

Google 的地址是 http://www.google.com。第一次进入 Google，它会根据用户的操作系统，确定语言界面。需要提醒的是，Google 是通过 Cookie 来存储页面设定的，所以如果用户的系统禁用 Cookie，就无法对 Google 界面进行个人设定，如图 7-40 所示。

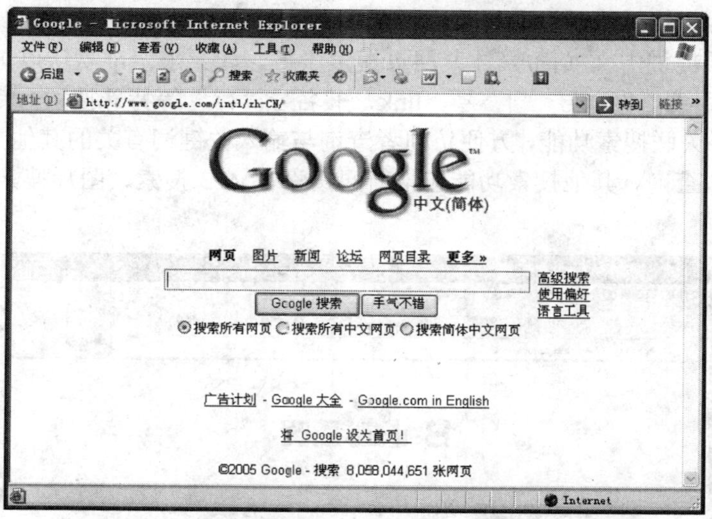

图 7-40　Google 搜索引擎

（1）搜索规则

以关键词搜索时，返回结果中包含全部及部分关键词；短语搜索时默认以精确匹配方式进行；不支持单词多形态（Word Stemming）和断词（Word Truncation）查询；字母无大小写之分，默认全部为小写。

（2）搜索结果

搜索结果将显示网页标题、链接（URL）及网页字节数，匹配的关键词以粗体显示。其他特色功能包括“网页快照”（Snap Shot），即直接从数据库缓存（Cache）中调出该页面的存档文件，而不实际链接到网页所在的网站，方便用户在预览网页内容后决定是否访问该网站；或者在网页被删除或暂时无法链接时，方便用户查看原网页的内容。

（3）搜索原理

Google 借用 Dmoz 的目录索引提供分类目录查询，但默认网站排列顺序并非按照字母顺序，而是根据网站 PageRank™ 的分值高低排列。

Google 的“蜘蛛”程序名为 Googlebot，Google 一般每隔 28 天派出“蜘蛛”程序检索现有网站一定 IP 地址范围内的新网站，而对现有网站的更新则根据该网站的等级不同有快慢之分。一般来说，网站网页等级越高，更新的频率就越快。

2. 百度搜索引擎

百度公司（Baidu.com，Inc）于 1999 年底成立于美国硅谷。2000 年 1 月，百度公司在中国成立了它的全资子公司百度网络技术（北京）有限公司，同年 10 月成立了深圳分公司，2001 年 6 月又在上海成立了上海办事处。

百度是国内最大的商业化全文搜索引擎，占据了国内 80%的市场份额，其功能完备，搜索精度高，除数据库的规模及部分特殊搜索功能外，其他方面可与当前的搜索引擎业界领军人物 Google 相媲美，在中文搜索支持方面有些地方甚至超过了 Google，是目前国内技术水平最高的搜索引擎。百度还为 Lycos 中国、Tom.com、21CN、广州视窗等搜索引擎，以及中央电视台、外经贸部等机构提供后台数据搜索及技术支持。

百度目前主要提供中文（简/繁体）网页搜索服务。如无限定，默认以关键词精确匹配方式搜索。支持“-”号、“.”号、“|”号、link、书名号“《》”等特殊搜索命令。在搜索结果页面，百度还设置了关联搜索功能，方便访问者查询与输入关键词有关的其他方面的信息。它也提供“百度快照”查询。其他搜索功能包括新闻搜索、MP3 搜索、图片搜索、Flash 搜索等，如图 7-41 所示。

图 7-41 百度搜索引擎

7.6　个人主页

网站为网络世界提供内容，网络是否精彩，很大程度上取决于网站的内容。政府和企业建立网站的目的主要是为了宣传自己、加强内部管理和提高效率；个人则可以利用网站展示个性风采，建立朋友间彼此沟通和交流的桥梁。下面以一本书的宣传主页为基础，利用网页制作软件 Dreamweaver MX 2004 介绍如何制作个人主页。

7.6.1　内容的规划和设计

网站规划应该尽可能涵盖其中的各个方面，其中必须明确建设的目的和功能定位。由于这里要建立的是一个书的宣传网站，所以建站的目的就是为了宣传产品。了解目的后就要进行设计，其中包括主页的结构、内容设计。

1. 确定主页的结构

在设计主页的界面前，必须先勾画出站点的结构。心中有了蓝图，有助于构建主页的某一部分或者整个网页。这里采用“导航条－主体”结构来构建主页，具体如图 7-42 所示。

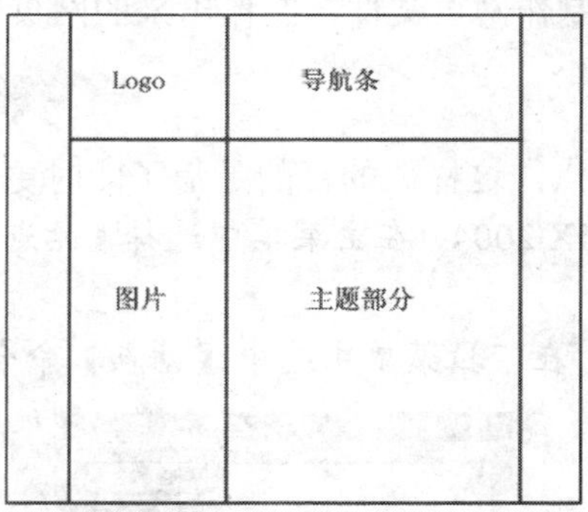

图 7-42　主页结构

2. 准备内容

主页结构确定后，就要收集相关的资料内容。内容是网站的生命，一定要花大量的时间来准备。大致可以包括以下几方面：

（1）文字材料

收集或自己原创的内容，可先用适当的文档格式保存。保存时文件的命名要有意义，以方便制作主页时调用。

（2）图片

设计和制作网站的标志（Logo）、背景图片及网站上用到的其他图片。有特色的图片会给网站增加特色。

（3）声音、动画和影片

特别是动画（Flash）会使主页看起来更加动感、富有生气和活力。

3. 设计主页的目录结构

主页的目录结构是指建立主页时创建的目录。收集完全部资料后，就要确定主页的目录结构。这里建立两个文件夹，分别是 images 和 items，其中 image 文件夹是用来存放主页的图片、动画文件，items 文件夹是用于存放子网页，结构如图 7-43 所示。

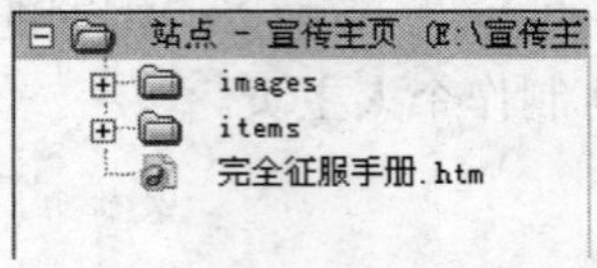

图 7-43　设计目录结构

7.6.2 建立主页

完成了建立主页的准备工作，即可开始建立主页。目前，制作网页的工具有很多种，主流的有 Macromedia 公司的 Dreamweaver 和 Microsoft 公司的 FrontPage。这里采用 Dreamweaver 来制作主页。Dreamweaver 是 Macromedia 公司推出的可视化网页制作工具，它与 Flash、Fireworks 合在一起被称为网页制作“三剑客”，这 3 个软件相辅相成，是制作网页的最佳选择。其中，Dreamweaver 主要用来制作网页文件，制作出来的网页兼容性较好，制作效率也很高。

1. 新建站点

制作主页前必须先建立站点，这样做的目的是为了即时更新主页和方便管理。

（1）启动 Dreamweaver MX 2004，在主菜单中选择【站点】|【管理站点】命令，出现【管理站点】对话框。

（2）单击【新建】按钮，在下拉菜单中选中【站点】命令，如图 7-44 所示。

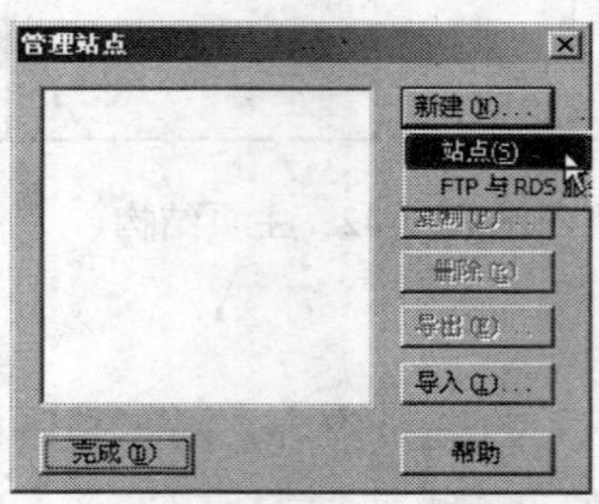

图 7-44　选择【新建】|【站点】命令

（3）在【站点定义】对话框中输入站点的名称“宣传主页”，如图 7-45 所示，单击【下一步】按钮，出现选择服务器技术对话框，因为这里建立的是一般的网页，所以选中【否，我不想使用服务器技术】复选框，如图 7-46 所示，单击【下一步】按钮。

（4）选择站点的文件位置，这里设置为【E:\宣传主页】，如图 7-47 所示，单击【下一步】按钮，在共享文件对话框中选择连接远程服务器的类型为【本地/网络】，文件存储的文件夹为【E:\宣传主页】，如图 7-48 所示。单击【下一步】按钮，其他选择默认的形式，这样就完成站点的建立。

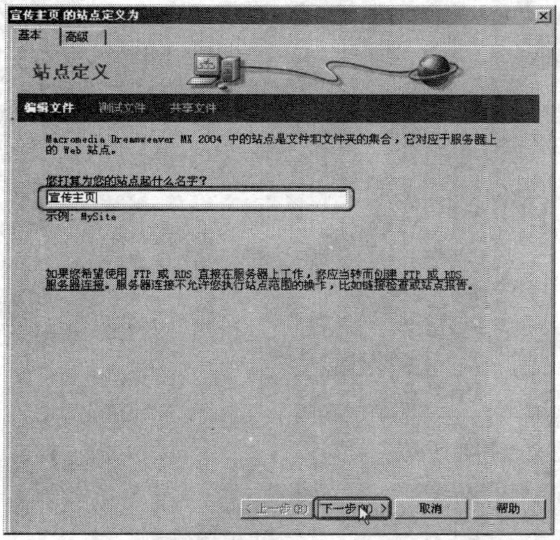

图 7-45 输入站点名称

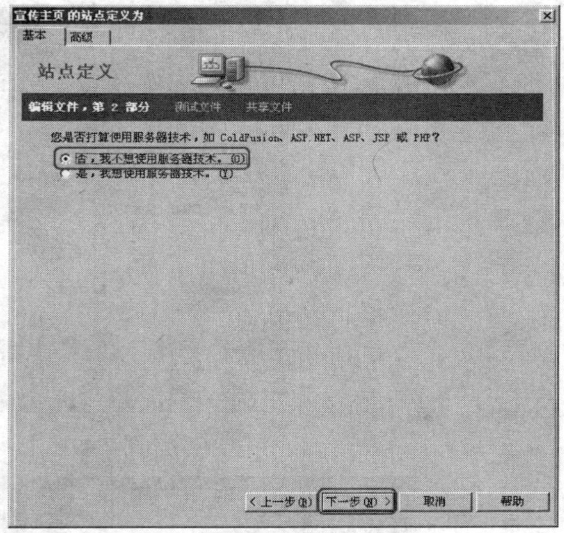

图 7-46 选择服务器技术

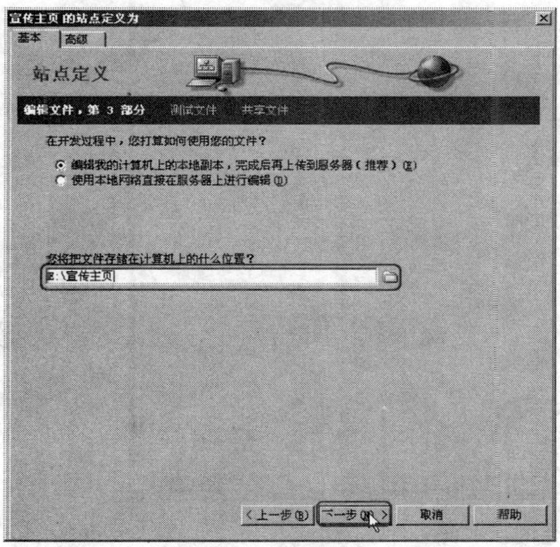

图 7-47 选择站点文件位置

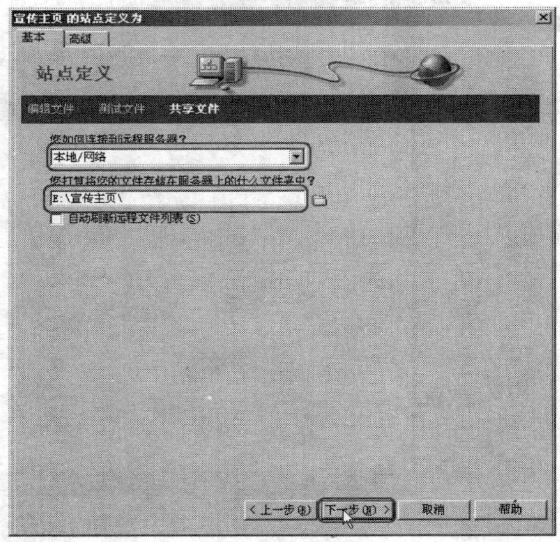

图 7-48 选择共享文件

2. 新建主页

主页就是网站默认的首页，在浏览网站时，如果直接在地址栏中输入网站地址，而不输入任何文档名称，就会打开主页。主页一般默认文件名是 index.htm 或者 default.htm。

新建 HTML 基本页

（1）选择【文件】|【新建】命令，出现【新建文档】对话框，如图 7-49 所示。

（2）在【基本页】列表框中选中 HTML，然后单击【创建】按钮，这样就建立了一个基本的 HTML 页面，如图 7-50 所示。

（3）选择【文件】|【保存】命令，将新建的文件保存在刚刚建立的站点所在的路径【E:\宣传主页】中，然后单击【保存】按钮，如图 7-51 所示。这样 HTML 基本页便建立完毕。

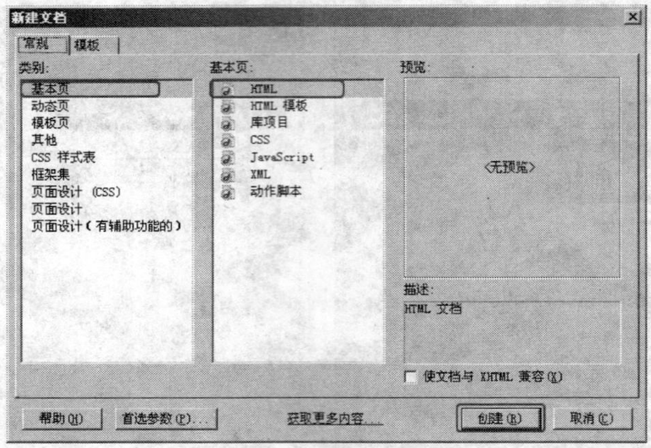

图 7-49 【新建文档】对话框

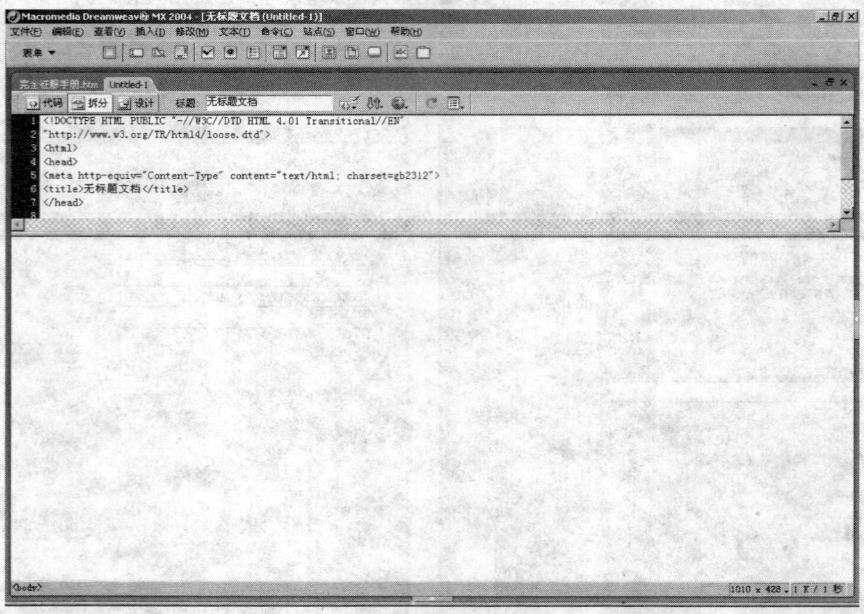

图 7-50 新建的基本页

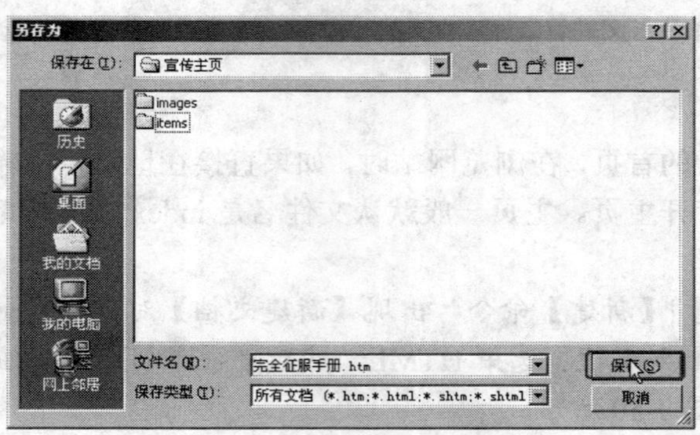

图 7-51 保存文件

（4）选择【站点】|【管理站点】命令，出现【管理站点】对话框。选中【宣传主页】站点，然后单击【编辑】按钮，如图 7-52 所示。出现编辑文件对话框，如图 7-53 所示。

（5）在编辑文件对话框中选择【高级】选项卡。在【分类】列表框中选中【站点地图布局】，出现对话框，在右边设置中有一个“主页”文件的选择，这里单击📁，如图 7-54 所示。选中【完全征服手册.htm】文件，然后单击【打开】按钮，结果如图 7-55 所示，这样就建立好了主页。

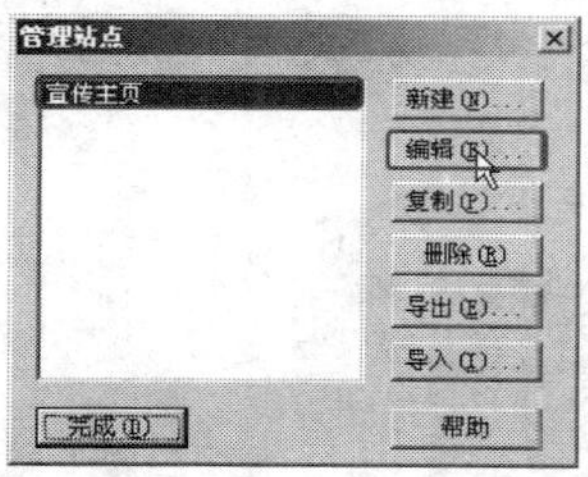

图 7-52　选中站点

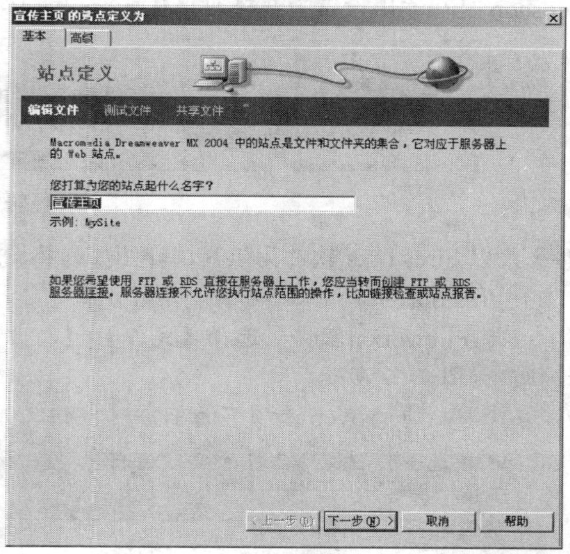

图 7-53　编辑文件

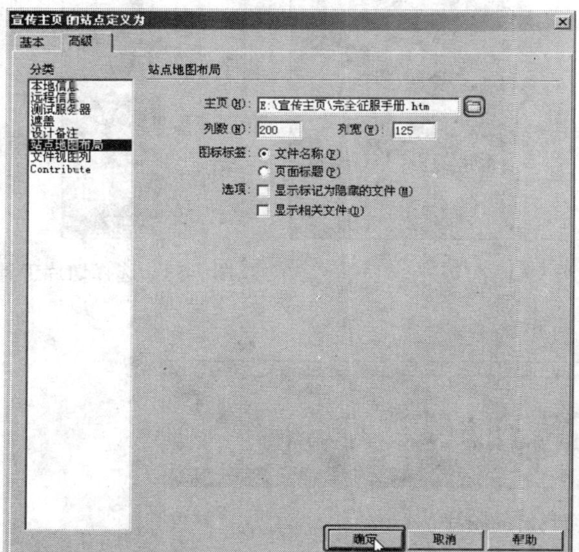

图 7-54　编辑文件高级选项图

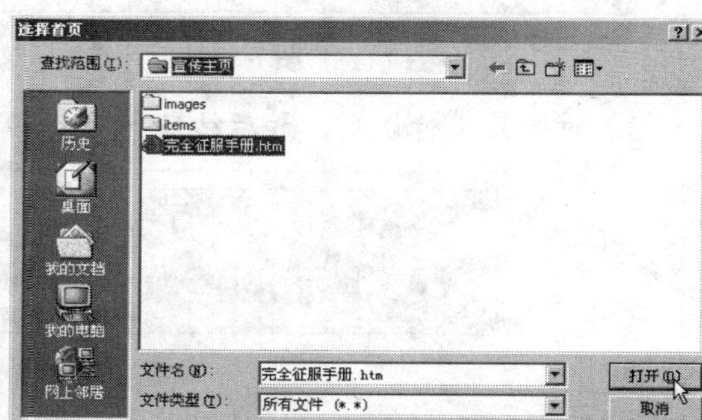

图 7-55　选中文件

3. 编辑主页

主页分为两大部分：导航条和主体。这里要对它们分别编辑，然后再结合在一起。

（1）编辑导航条

一般制作网页的顺序是采用 Photoshop 或者 Fireworks 软件首先设计好图片，然后再利用图片切割技术把整个图片切成若干部分，最后在导出的文件类型中选择“HTML 和图片”（Photoshop 是在输出设置中选择 HTML）。这里已经做好了整个导航条，如图 7-56 所示。

图 7-56　导航条

接下来以 Fireworks 软件为工具，介绍如何将图片进行切割。

（2）切割导航条

1）运行 Fireworks 软件，选择【文件】|【打开】命令，选中导航条文件，然后单击【打开】按钮，如图 7-57 所示。

2）在工具栏中的 Web 选项下面单击按钮，如图 7-58 所示。

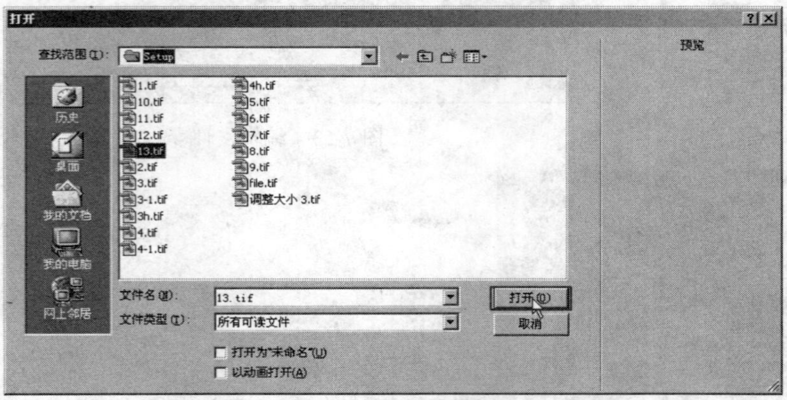

图 7-57　打开导航条文件

图 7-58　选择切片工具

3）对图片进行切割，最后结果如图 7-59 所示。

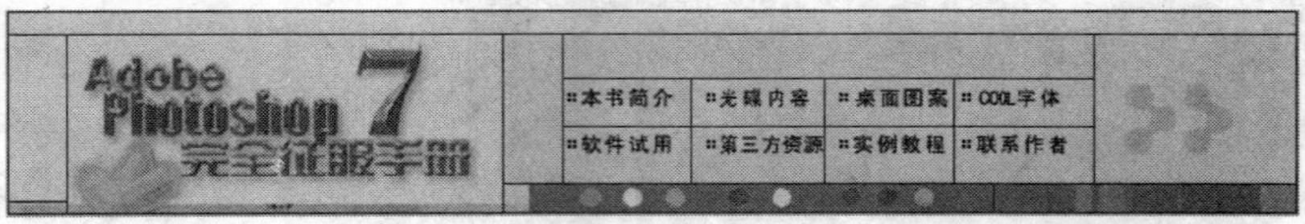

图 7-59　切割好的图片

4）在导航条的栏目中，分别设置“本书介绍”、“光盘内容”、“桌面图案”等栏目的超链接。这里以设置“本书介绍”为例，选中“本书介绍”的切片，然后在【属性】列表的【链接】框中输入所有链接的文件，这里输入 introduce.htm，如图 7-60 所示，然后按 Enter 键确定。

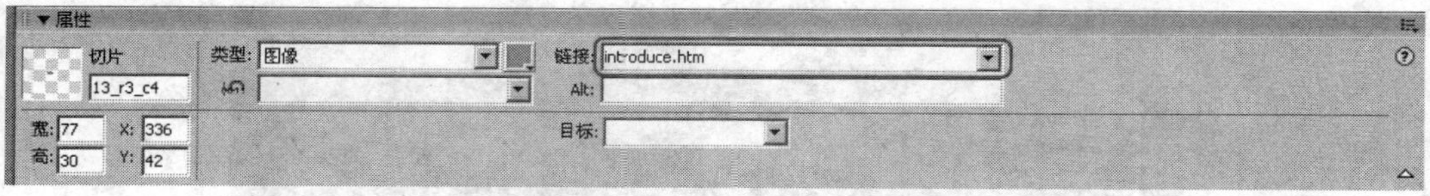

图 7-60　输入超链接

5）选择【文件】|【导出】命令，打开【导出】对话框。在此选择站点的根目录，即【E:\宣传主页】，然后勾选【将图像放入子文件夹】，激活【浏览】按钮，如图 7-61 所示。

6）单击【浏览】按钮，在【选择文件夹】对话框中选中 images 文件夹，然后两次单击【打开】按钮，这样就选择好子文件夹了，如图 7-62 所示。

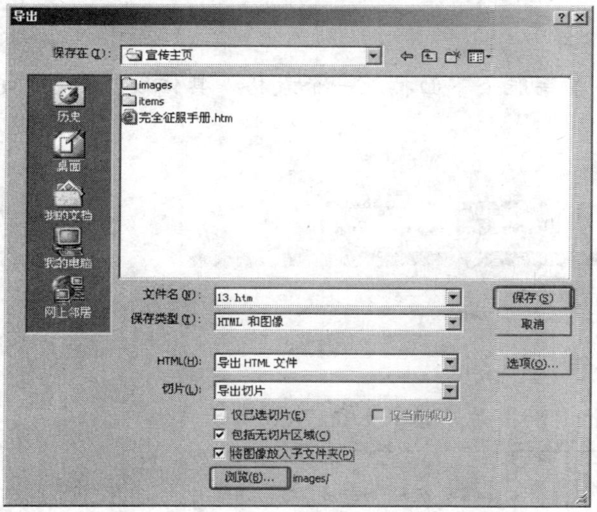

图 7-61　导出文件

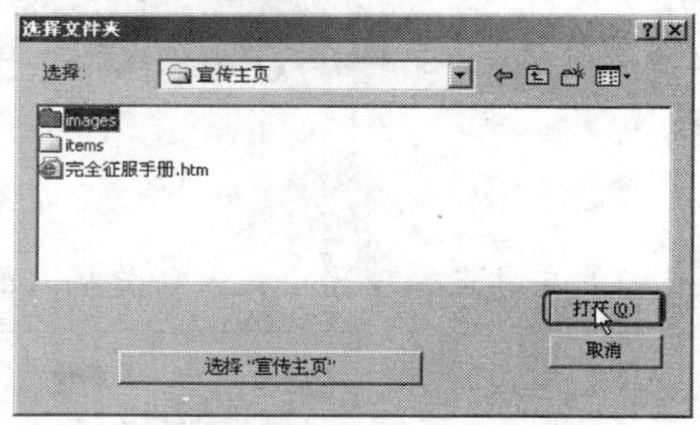

图 7-62　选择子文件夹

7）单击【保存】按钮，保存文件名为 13.htm，这样就完成了导航条的编辑。

（3）复制导航条 HTML 代码到主页中

用 Dreamweaver MX 2004 打开 13.htm 文件，复制代码，如图 7-63 所示。然后再打开主页文件，把全部代码覆盖到主页文件上。单击【保存】按钮，这样就完成了导航条部分的设计，如图 7-64 所示。

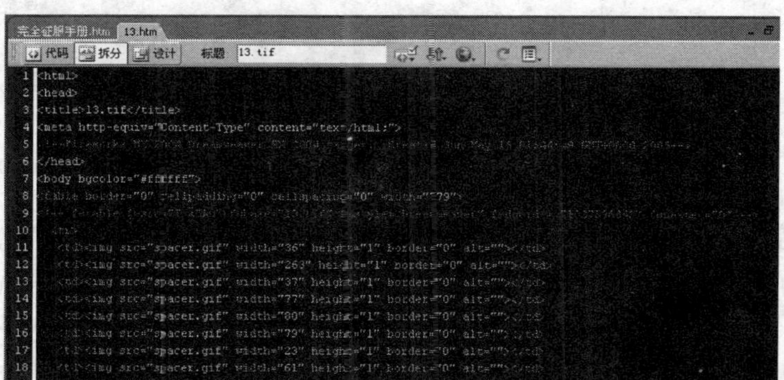

图 7-63　复制网页代码

图 7-64　保存网页代码

（4）编辑主体

1）打开“完全征服手册.htm”文件，在导航条下面插入一个表格，具体设置如图 7-65 所示。

图 7-65　插入表格

2）在站点管理器中拖入所要插入的 Flash 和图片，结果如图 7-66 所示。

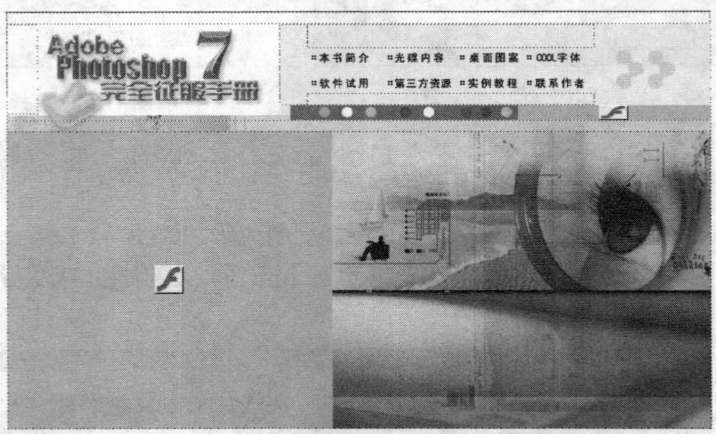

图 7-66　插入媒体文件

（5）主页的修饰

这时主页还显得比较“空虚”，需要对其进行修饰，这样有利于主页的美化。

1）在主页的代码中查找 boby，找到后在<body></body>中插入 background=images/di.gif，改变主页的背景色彩，结构如图 7-67 所示。

2）加入一些底纹和温馨提示，这样有助于显得主页人性化，更贴切用户，结果如图 7-68 所示。

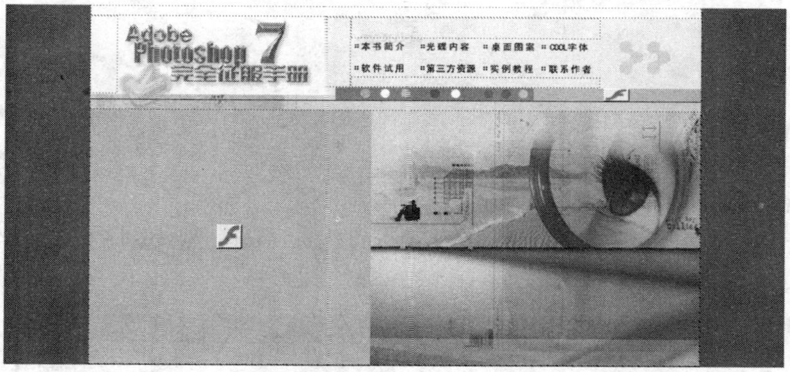

图 7-67　改变背景

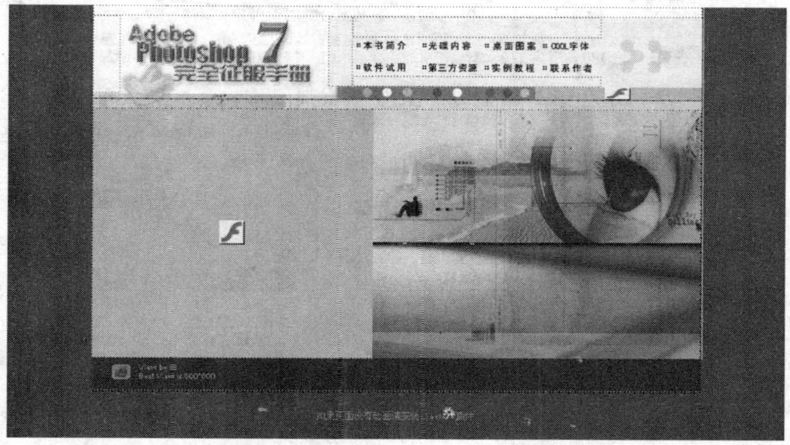

图 7-68　加入修饰部分内容

4．在网页浏览器中预览主页

在用 Dreamweaver MX 2004 打开“宣传主页.htm”的状态下，按下 F12 快捷键，在浏览器中预览主页，如图 7-69 所示。

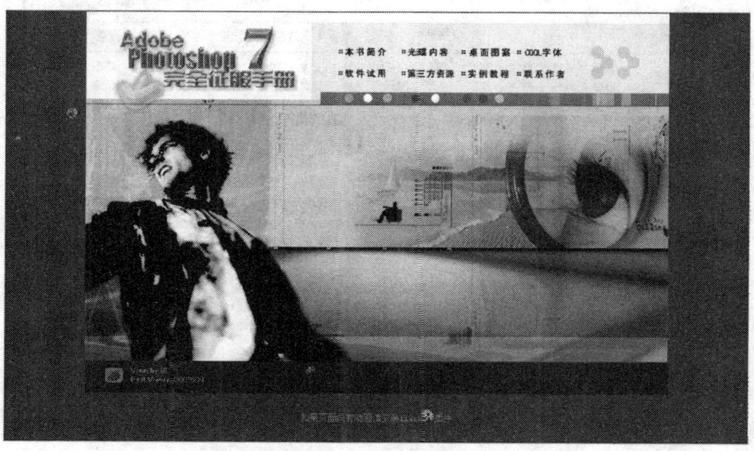

图 7-69　预览网页

7.7 上机实训

7.7.1 浏览 Internet 操作

实训内容：浏览网易网站的最新新闻。

（1）打开 IE 浏览器，在地址栏中输入网易的地址（http://www.163.com），单击【转到】按钮打开网页，如图 7-70 所示。

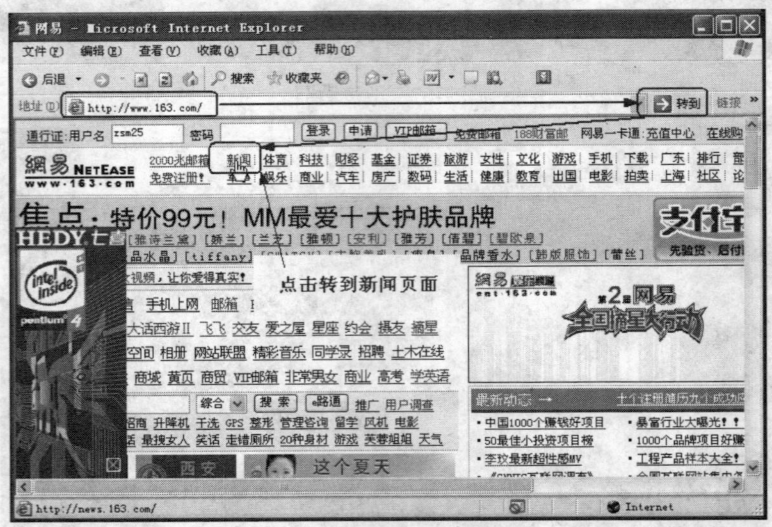

图 7-70　打开网易主页

（2）在页面中单击【新闻】链接按钮，转到新闻页面，在次页面中可以浏览到当天的头条新闻，再单击相应的主题可以浏览其详细的信息内容，如图 7-71 所示。

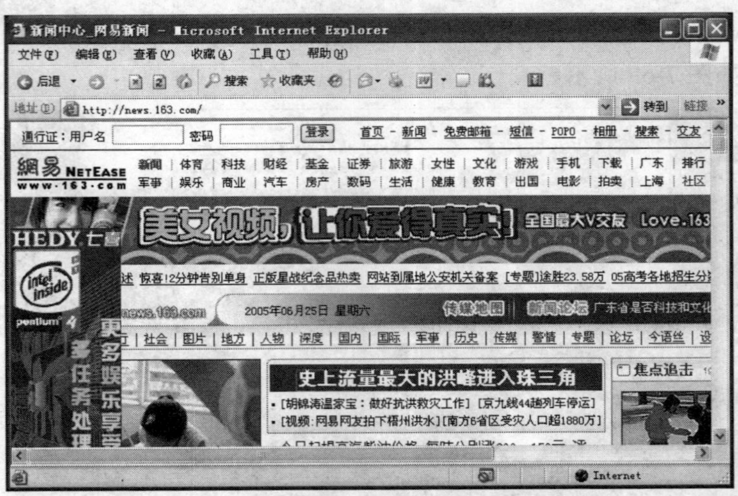

图 7-71　浏览新闻

7.7.2　搜索网络上的资源

实训内容一：用 Google 搜索引擎搜索有关“计算机发展历史”的资料。

（1）在 IE 浏览器中打开 Google 的主页。

（2）在搜索框中输入要搜索的内容“计算机发展历史”，单击【Google 搜索】按钮搜索相关内容，如图 7-72 所示。

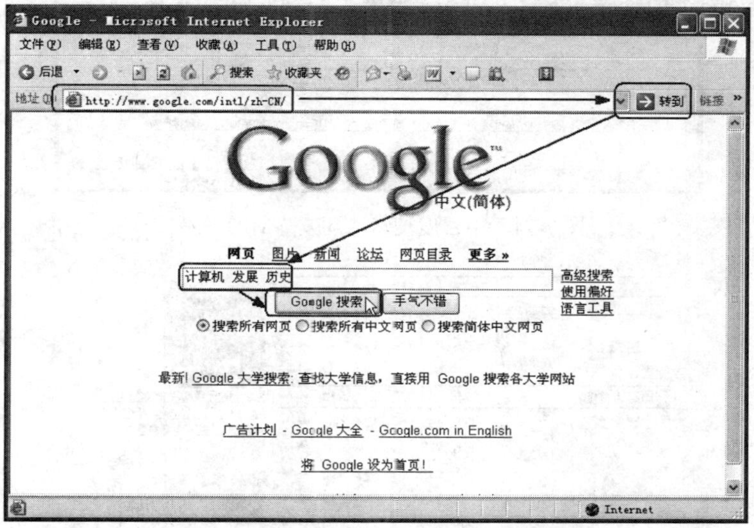

图 7-72　用 Google 搜索“计算机发展历史”

（3）经过片刻搜索，页面弹出结果，并提示一些搜索信息，如图 7-73 所示。

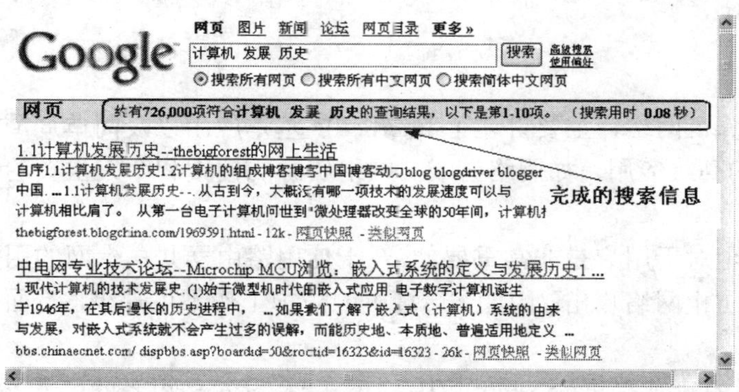

图 7-73　搜索结果

实训内容二：用百度搜索 MP3 音频文件“朋友”。

（1）打开百度搜索的主页（http://www.baidu.com）。

（2）选择 MP3 搜索模块页面，在搜索框中输入“朋友”，选中 MP3 单选按钮，再单击【百度搜索】按钮，如图 7-74 所示。

（3）搜索引擎搜出有关“朋友”的 MP3 文件，在此可以进行试听、下载等操作，如图 7-75 所示。

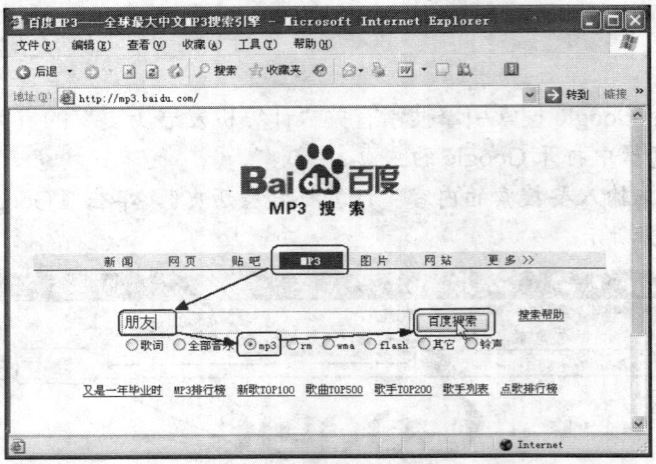

图 7-74　用百度搜索“朋友”MP3 文件

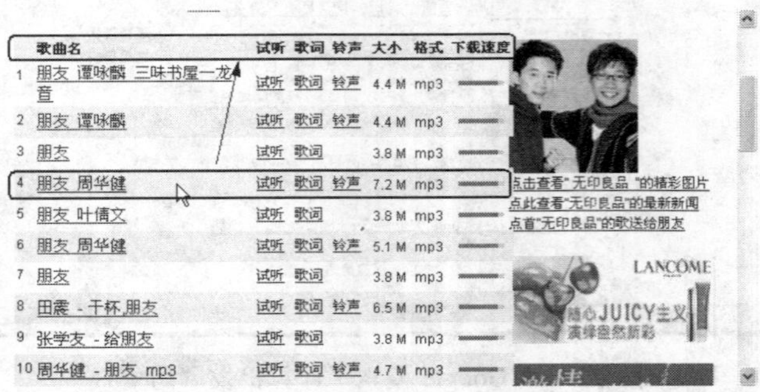

图 7-75　搜索到“朋友”的相关 MP3 文件

7.8　总结提高

本章介绍了计算机网络，主要讲述了 Internet 的基本应用以及简单局域网的架设方法。同时，对于 Internet 的高级应用，如网络游戏、网络资源的搜索和个人主页的制作也通过实例向读者作了介绍。

计算机网络安全对于用户是非常重要的，对于使用路由器共享上网的用户可以利用路由器的安全功能模块来防止网络攻击。因此，计算机的防护工作不可缺少，下面介绍如何设置路由器的安全功能。

（1）在浏览器的地址栏中输入 http://192.168.1.1，进入路由器的配置界面。选择【安全设置】|【高级安全设置】命令，进入路由器安全设置界面。

（2）在【Dos 攻击防范】选项组中选中【启用】单选按钮，在最下面的【禁止来自 LAN 口的 Ping 包通过路由器】选项组中勾选【防范冲击波病毒】复选框，其他的采用默认即可，如图 7-76 所示。

提示：

路由器的安全功能原理是采用数据包过滤，如果设置过多的安全选项会导致网速变慢，用户只需设置基本选项即可。

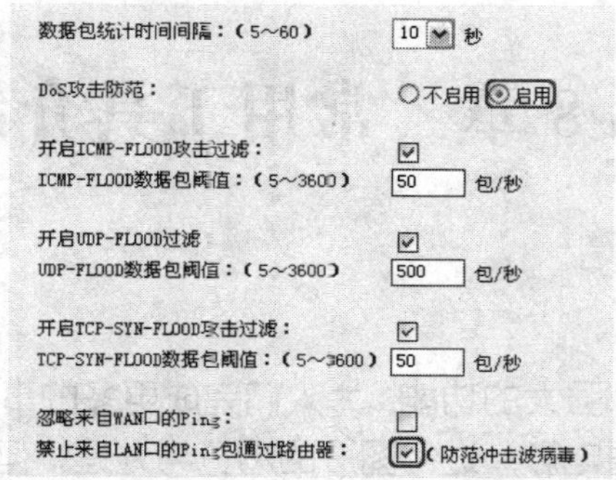

图 7-76　高级安全设置选项

设置路由器过滤在一定程度上阻止了网络的攻击，但是它不能解除局域网内的安全隐患。用户应该灵活结合软硬件手段，方能最大程度上维护网络安全。

7.9　习题

一、填空题

1．按地理分布范围来分类，计算机网络可以分为______、______和______3 种。

2．计算机网络的发展分为______、______、以共享资源为主的计算机网络阶段和以局域网络及其互连为主要支撑环境的分布式计算机四个阶段。

3．计算机的应用很广，主要有______、______、______、______、证券和期货交易和娱乐和在线游戏的应用。

4．Internet 就是由很多计算机网络组成的一个______。Internet 并不是一个具体的网络，它是全球______、______、由众多网络互连而成的一个广泛的______。

二、选择题

1．现代的计算机网络技术起始于______。

A．20 世纪 70 年代末　　B．20 世纪 60 年代初
C．20 世纪 60 年代末　　D．20 世纪 60 年代中期

2．IPv4 采用 32 位地址长度，而 IPv6 采用______位地址长度。

A．64　　B．128　　C．32　　D．48

3．在使用路由器共享 Internet 的局域网中，为了省却 IP 地址设置的麻烦，可启动______。

A．SMTP　　B．DHCP　　C．MMS　　D．TCP/IP

三、操作题

利用“网页三剑客”（Dreamweaver、Flash 和 Fireworks）建立一个主页。

【读书笔记】 DUSHU BIJI

第 8 章　常用工具介绍

本章导读

计算机正凭借着它越来越强大的功能，为人们完成更多的事情。例如，人们利用计算机打字、进行文字处理、听歌、看电影，进行图片的浏览与处理。但是，计算机要实现这些功能，都需要有相应的软件。一台计算机，如果没有应用软件，什么也干不了。在本章中，将介绍计算机一些常用的应用软件，有了这些工具，就能更好地使用计算机。这些常用工具包括压缩软件、优化软件、资源下载软件、媒体播放软件等。

重点和难点

- ☑　掌握常用辅助软件的使用
- ☑　掌握即时通信软件的使用
- ☑　掌握资源下载与共享的使用
- ☑　掌握常用媒体软件的使用

8.1　常用辅助软件

安装好的操作系统已经有足够的工具来处理日常生活中的基本工作，但要是添加一些常用的小软件，会使系统在处理工作时更为方便。例如，安装一个 WinRAR 压缩软件，可以使系统更为方便地应付各种格式的压缩文件。

本节将简要介绍 WinRAR 压缩软件、Windows 优化大师的使用操作。

8.1.1　WinRAR 压缩软件

WinRAR 是目前流行的压缩工具之一，其界面友好，使用方便，压缩率比较高，且压缩速度较快。WinRAR 3.x 版本采用了更先进的压缩算法，对 RAR 和 ZIP 格式完全支持。此外，WinRAR 还支持 ARJ、CAB、LZH、ACE、TAR、GZ、UUE、BZ2、JAR 以及 ISO 等类型文件的解压缩。WinRAR 3.2 以后的版本则不仅增加了对 RAR 压缩文件内部重新命名文件的功能，还增加了修改、创建文件和对最近访问时间进行保存等功能。

1. WinRAR 的界面

安装好 WinRAR 软件后，在【开始】菜单中可以找到它的启动程序，启动后界面如图 8-1 所示。

2. 软件基本设置

安装好的压缩软件，无须进行任何设置便可使用，但有时因其他软件或系统的需要，就要对默认的设置进行改变或调整，如设置关联的文件等。

通过选择【选项】|【设置】命令，可以打开【设置】窗口，也可以用快捷键 Ctrl+S 打开该窗口，如图 8-2 所示。

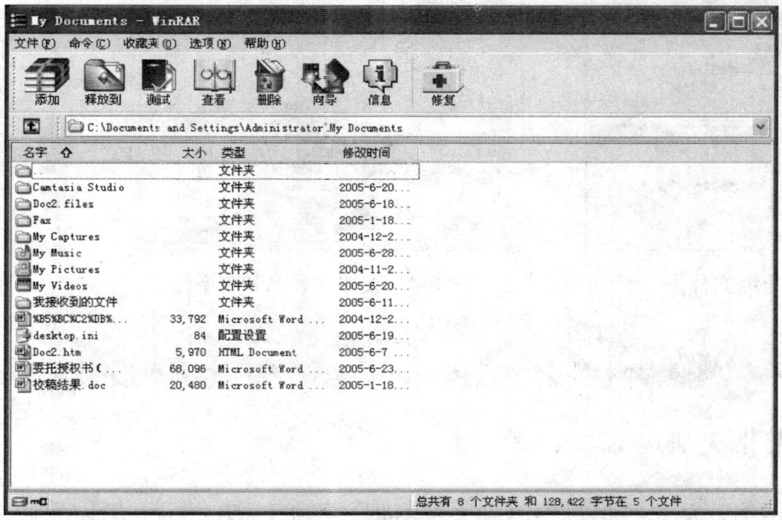

图 8-1　WinRAR 的界面

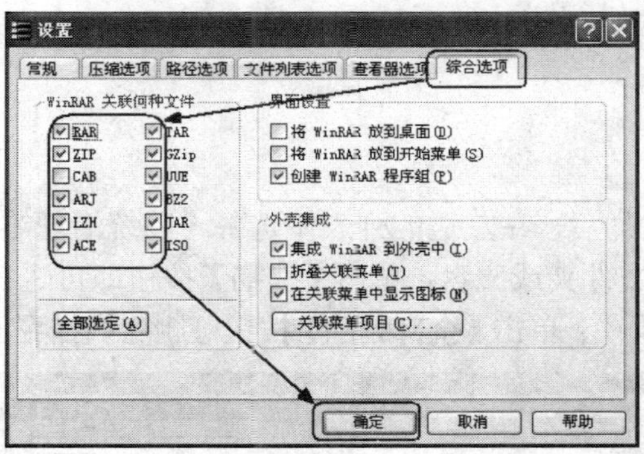

图 8-2　文件关联设置

3. 压缩文件

要将一个文件或文件夹进行压缩存放，可以在软件运行时的工作面板中进行选择，然后进行压缩操作，也可以在不运行压缩主程序的情况下直接操作。

（1）选择要进行压缩的文件或文件夹，右击鼠标，选择快捷菜单中的压缩选项，如图 8-3 所示。

（2）弹出【压缩文件名和参数】设置对话框，设置压缩参数，单击【确定】按钮，如图 8-4 所示。

（3）随后弹出【正在更新压缩文件】窗口，此时系统进入压缩工作状态（压缩的等待时间取决于文件或文件夹的大小），如图 8-5 所示。

（4）在压缩的过程中，可以查看压缩的进度，也可以对压缩工作进行暂停或取消操作。

完成压缩后，可在界面中看到压缩完成的文件。

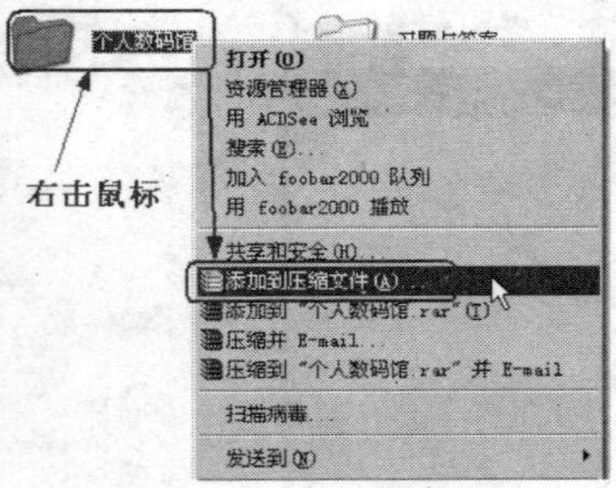

图 8-3　压缩文件夹

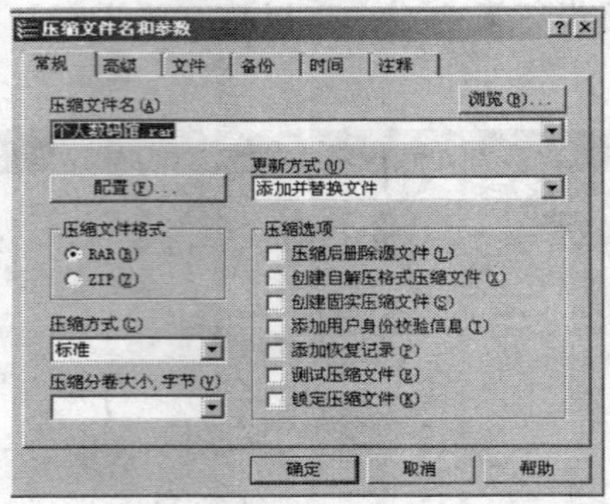

图 8-4　设置文件名和参数

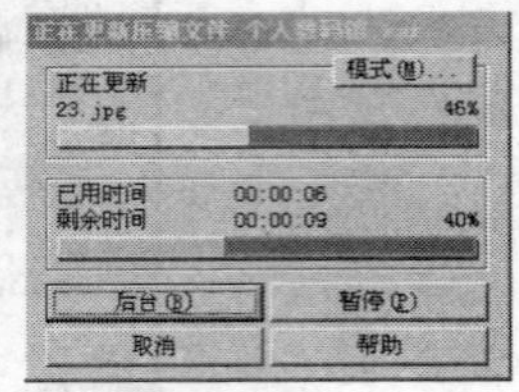

图 8-5　压缩文件

提示：

如果在快捷菜单中选择"添加到'个人数码馆.rar'"选项，则不会出现图 8-4 的窗口。

8.1.2　Windows 优化大师

从桌面到网络，从系统信息检测到系统清理、维护，Windows 优化大师都为用户提供了比较全面的解决方案。对于刚接触计算机的初学者来说，使用 Windows 优化大师来整理计算机是非常必要的，当然还有其他类似的软件，如超级兔子优化等。下面就简单介绍一下 Windows 优化大师的几个常用功能。

1. 清除垃圾文件

运行 Windows 优化大师后，在左边的列表中选择【系统清理维护】下的【垃圾文件清理】选项，之后选择要清理的文件夹或磁盘，单击【扫描】按钮即可进行扫描操作，扫描到的文件将会列在下面的下拉列表框中；单击【全部删除】按钮可删除扫描到的所有文件，如图 8-6 所示。

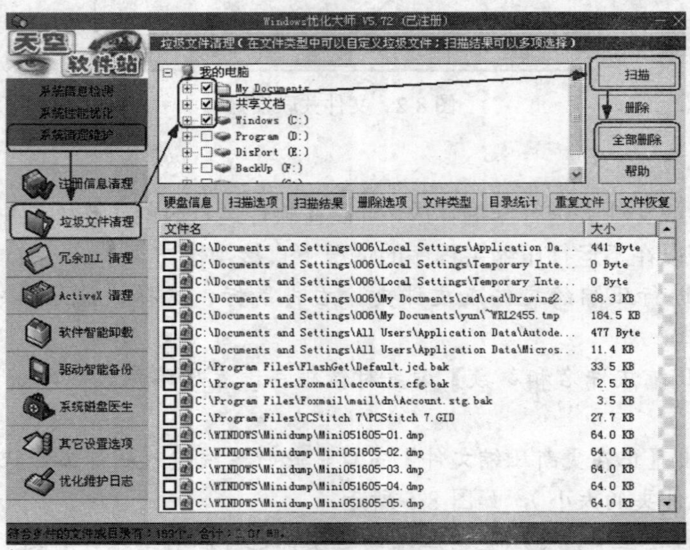

图 8-6　扫描垃圾文件

2. 调整启动选项

选择【系统性能优化】下的【开机速度优化】选项，可以去除系统在启动时不必要的程序，这样可以加快计算机的启动速度，如图 8-7 所示。

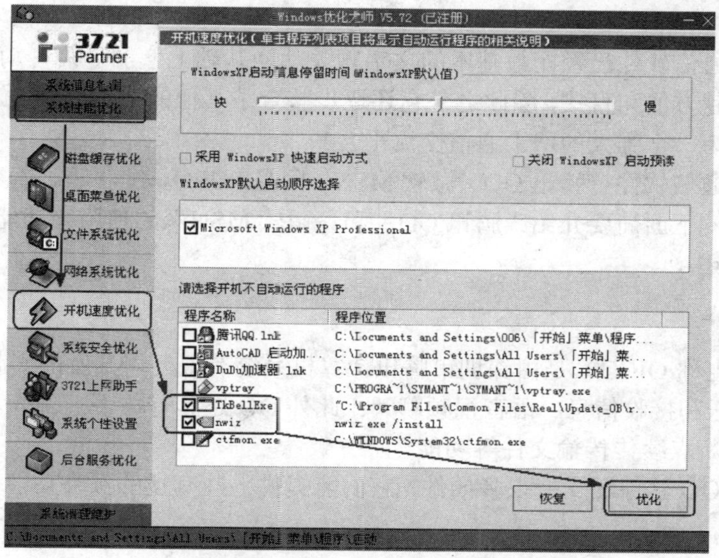

图 8-7　去除开机时不必要的启动程序

3. 自动优化计算机

Windows 优化大师还有一个很适合初学者使用的功能，就是自动优化系统功能，使用该功能，优化只要进行简单的选择即可，如图 8-8 所示。

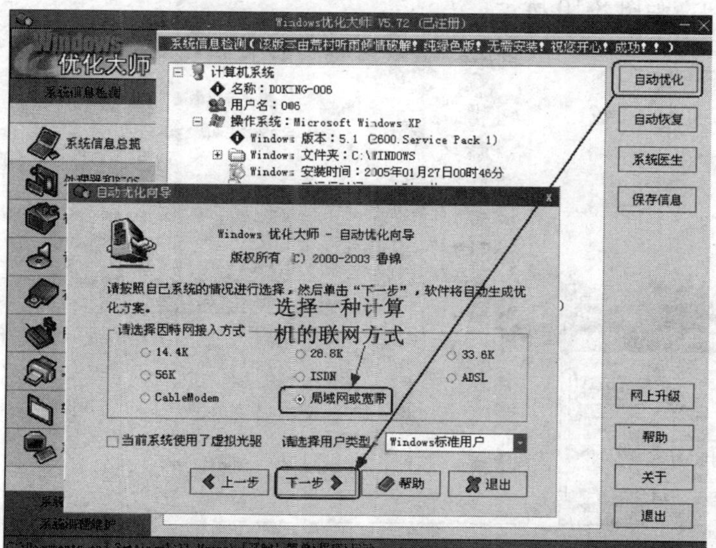

图 8-8　自动优化计算机

待自动优化完成后，Windows 优化大师会提示用户重新启动计算机来设置保存和执行，用户按提示重启计算机即可（也可以暂时不重启）。

8.2 即时通信软件

当今的即时通信软件已经在最基本的文字聊天功能基础上增加了语音功能和视频功能，使网上的交流越来越方便和直接，除此之外它还逐步整合了其他的通信方式，如邮件和短信功能等，使其逐渐成为一个强大的网上通信交流平台。

常见的即时通信软件有腾讯 QQ、微软 MSN、网易 POPO、ICQ 等。该类软件的使用和功能都有相同之处，下面简要介绍“腾讯 QQ”和“微软 MSN”的使用和功能。

8.2.1 腾讯 QQ

腾讯 QQ（也称 OICQ）是由深圳市腾讯计算机系统有限公司开发的一款即时通信软件，QQ 可以即时发送和接收信息、语音视频聊天；此外 QQ 还具有与手机聊天、BP 机网上寻呼、聊天室、点对点断点续传传输文件等功能。

另外，腾迅 QQ 软件还支持很多插件，它们能提供一些有趣的额外功能，如显示朋友的地址、过滤广告等。

1. 申请免费 QQ 号码

（1）双击创建在桌面的 QQ 启动图标，打开 QQ 软件，登录界面如图 8-9 所示（不同版本的 QQ，登录界面会有所不同，但结构基本相似）。

（2）单击【申请号码】按钮弹出【申请号码】窗口，再选择【免费申请号码】选项，单击【下一步】按钮，如图 8-10 所示。

图 8-9 QQ 的登录界面

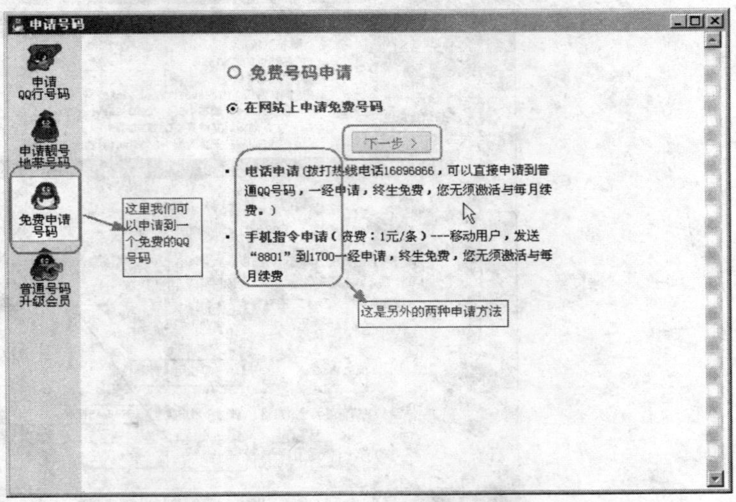

图 8-10 选择【免费申请号码】

（3）在接下来的窗口中单击【同意服务条款】按钮，继续操作。按照提示填写好基本信息（包括必填资料和选填资料），如图 8-11 所示。

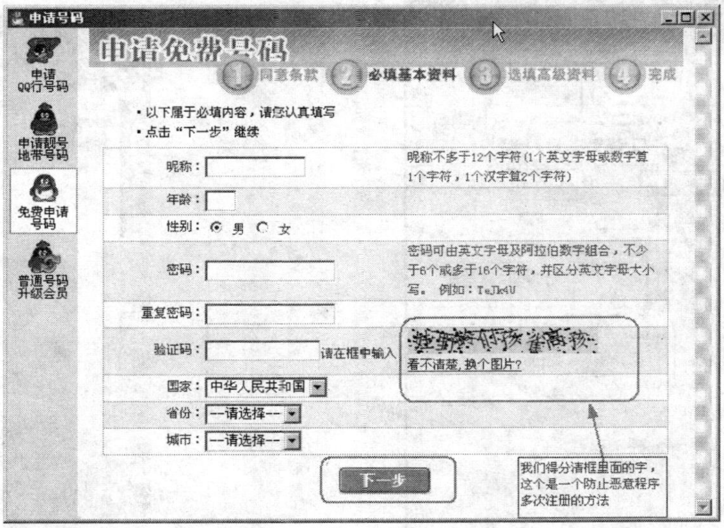

图 8-11　填写资料

（4）继续单击【下一步】按钮，如果验证码没有填错，就可申请到 QQ 号，如图 8-12 所示。

图 8-12　申请到 QQ 号码

2. 登录 QQ

在 QQ 登录窗口中输入申请到的 QQ 号码和密码，单击【登录 QQ】按钮，如果输入信息无误就可以看到 QQ 的主界面了。如果是在公司或学校登录，还可能要设置代理，如图 8-13 所示。成功登录后的界面如图 8-14 所示。

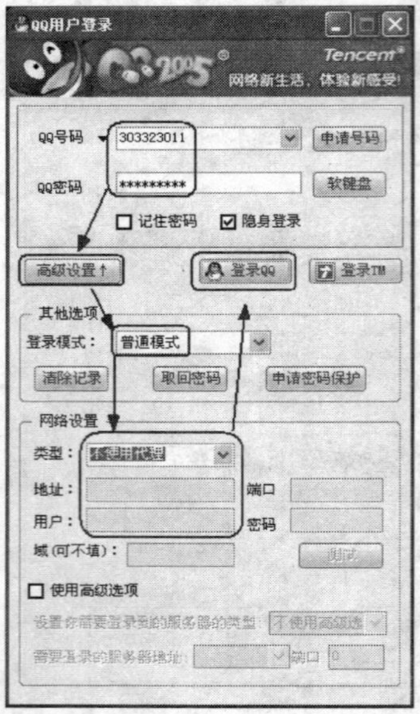

图 8-13　设置登录信息

图 8-14　QQ 的主界面

提示：

QQ 的主界面中，左侧是腾讯公司的一些增值服务，如 QQ 游戏、音乐中心、QQ 交友等。QQ 下面的面板有很多标签，每个标签都可以打开一个面板，这些面板有 QQ 好友、通讯录、手机好友、群/校友录、最近联系人等，最下方是 QQ 的一些控制按钮和功能。

3. 添加好友

要用 QQ 聊天，必须先添加好友，单击主界面右下角的【查找】按钮可以进行好友的查找。

查找已知号码好友的操作步骤如下：

（1）单击【查找】按钮，弹出【查找/添加好友】窗口，从中输入好友的资料信息，如 QQ 号码、好友的昵称或电子邮件等，用 QQ 号码查找是最为准确的，如图 8-15 所示。

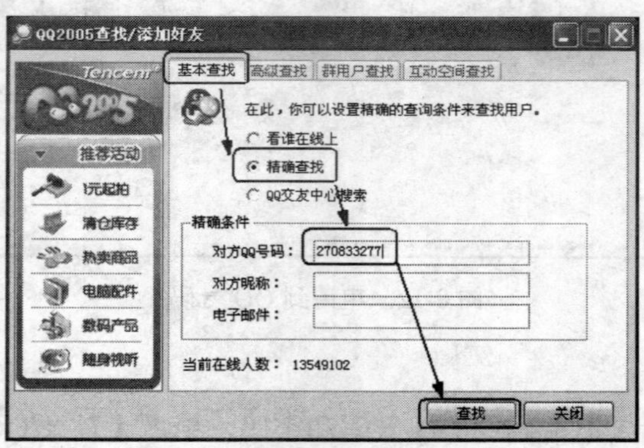

图 8-15　查找好友

（2）查找到的好友将显示在列表中，选择该好友，单击【加为好友】按钮即可将对方加为自己的好友，如图 8-16 所示。

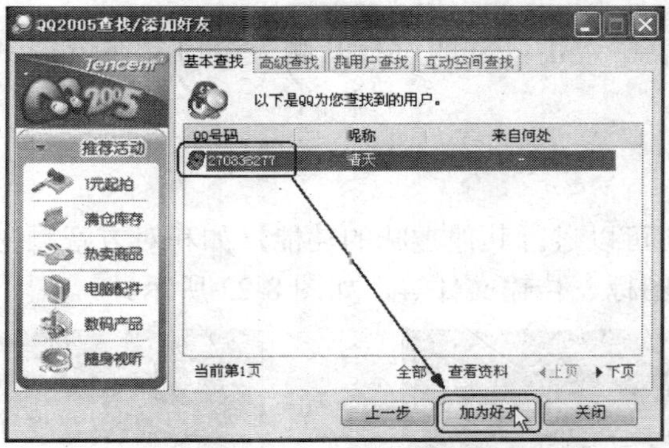

图 8-16 加为好友

（3）因为对方的 QQ 要求身份验证，所以在此要输入相关的验证信息，如图 8-17 所示。

（4）待对方验证后，自己就会在对方的好友列表中了；如果对方也要加自己为好友，将会弹出接受或拒绝的窗口，如图 8-18 所示。将对方加为好友后，会在好友列表中显示好友，如图 8-19 所示。

提示：

如果没有好友的 QQ 号码，可以在【查找/添加好友】窗口中选择【看谁在线上】单选按钮来查找好友，这里将会列出当前所有使用 QQ 的在线用户，如图 8-20 所示。

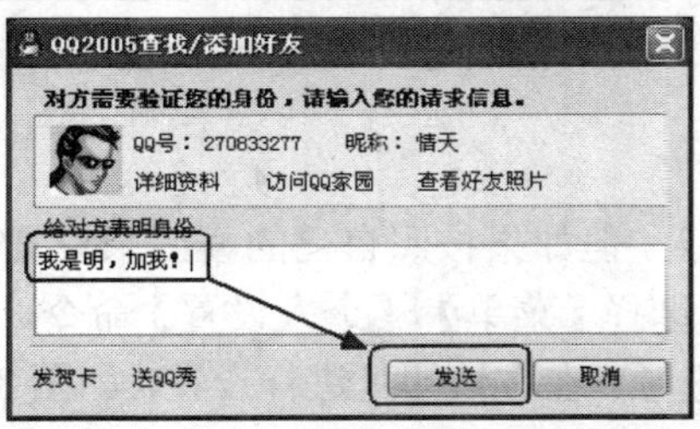

图 8-17 输入验证信息

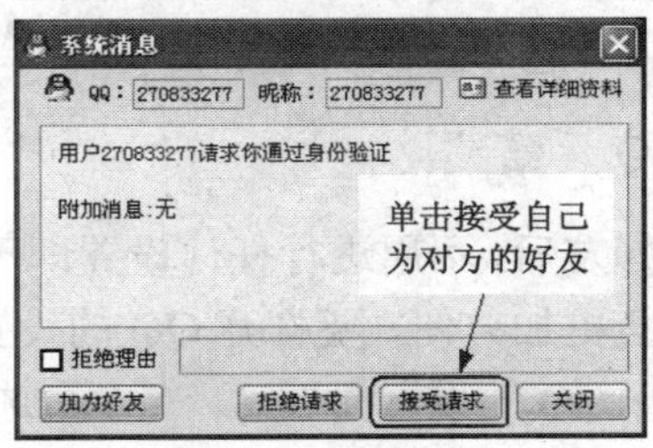

图 8-18 接受请求

图 8-19 添加的好友

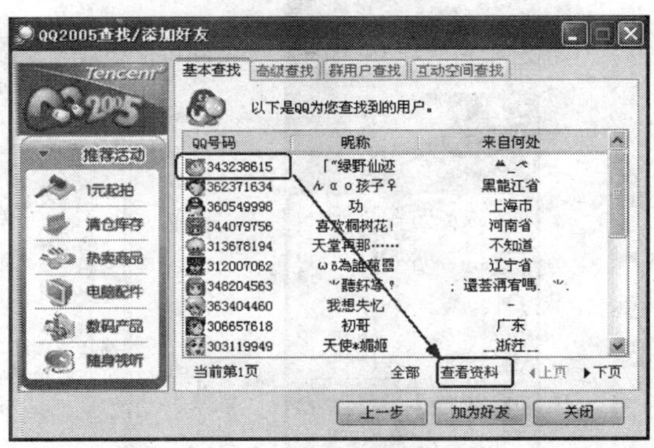

图 8-20 查找其他在线好友

4. 与好友聊天

添加了好友，在列表中双击好友即可打开聊天窗口，在窗口中输入信息进行聊天，如图 8-21 所示。

5. 趣味聊天

在与好友聊天时，还可以进行其他趣味的功能，如和对方音频/视频聊天（需要安装麦克风和摄像头）、发送表情图标、传输文件等，如图 8-22 所示。

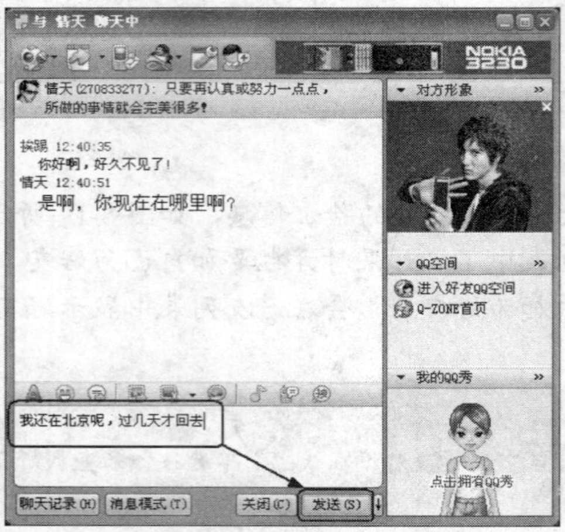

图 8-21　与好友聊天

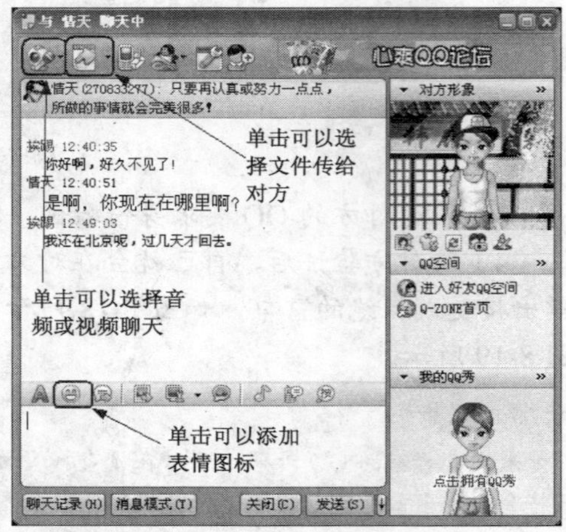

图 8-22　其他趣味聊天功能

6. QQ 设置

添加好友后，不用进行任何设置即可与好友聊天，但如果按照自己的喜好来设置一下 QQ，在使用时会更加方便。要打开 QQ 的设置面板可以选择【菜单】|【个人设置】命令，如图 8-23 所示。打开 QQ 的设置面板后，在左边选择相应的选项，在右边即可进行设置，如图 8-24 所示。

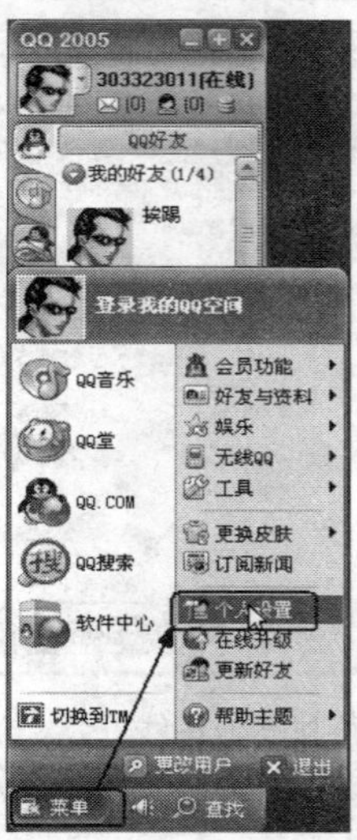

图 8-23　打开 QQ 的设置面板

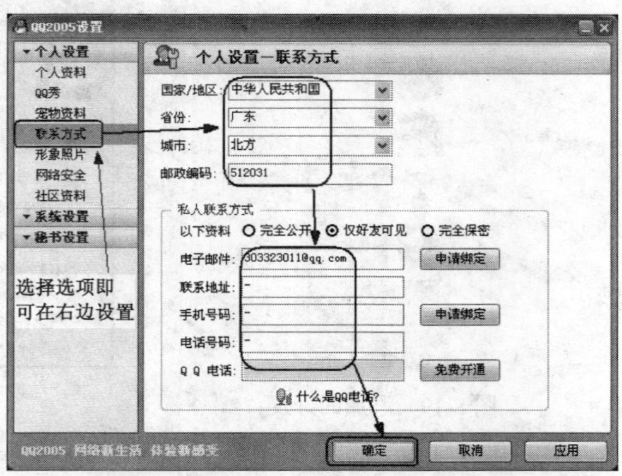

图 8-24　QQ 的设置面板

8.2.2　微软 MSN

MSN 是微软公司推出的即时消息软件，凭借其自身的优秀性能，目前在国内已经拥有了大量的用户群。使用 MSN 同样可以与他人进行文字聊天、语音对话、视频会议等即时交流，还可以通过此软件来查看联系人是否联机。

1．登录微软 MSN

在安装好系统时，会附带将 MSN 软件安装，用户可以直接在【开始】菜单中运行它，如图 8-25 所示。

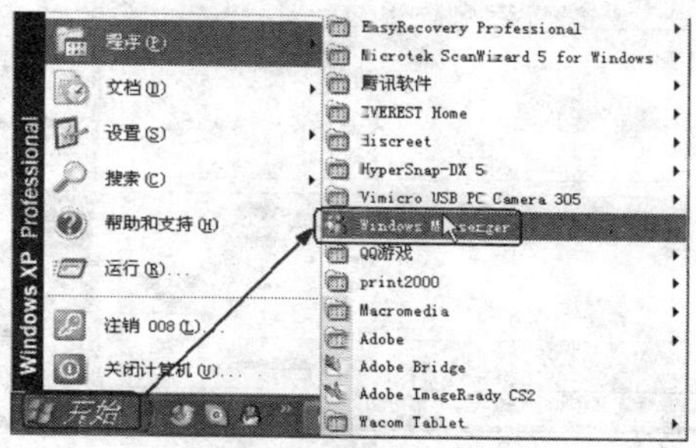

图 8-25　启动 MSN 软件

提示：

在运行时可能会提醒用户更新最新的 MSN 7.0 软件，用户可将其升级为 7.0 版本的软件后再登录。

运行软件后，弹出登录窗口，输入相应的用户名和密码单击【确定】按钮即可，如图 8-26 所示；成功登录后的界面如图 8-27 所示（第一次登录使用的账户是没有联机和脱机好友的）。

图 8-26　MSN 登录窗口

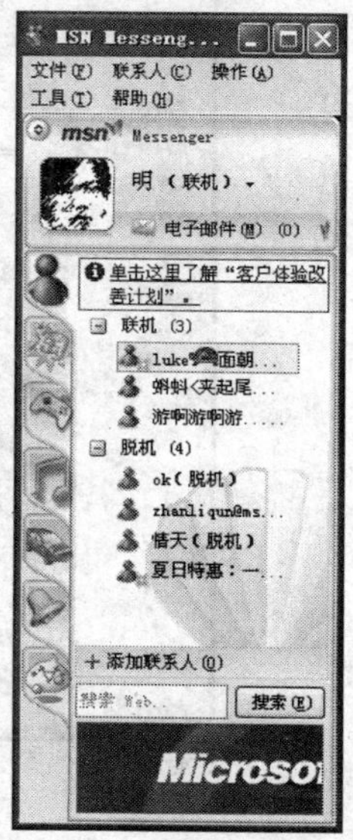

图 8-27　登录 MSN 的界面

提示：

MSN 使用的登录账号是以电子邮箱地址来形成的，从微软的MSN网站中申请的邮箱账号可以直接登录；如果是其他电子邮件地址，必须先进行相关的注册才能作为MSN登录。

2. MSN 的使用

MSN 的使用与 QQ 类似，双击好友名称即可打开聊天窗口，如图 8-28 所示。

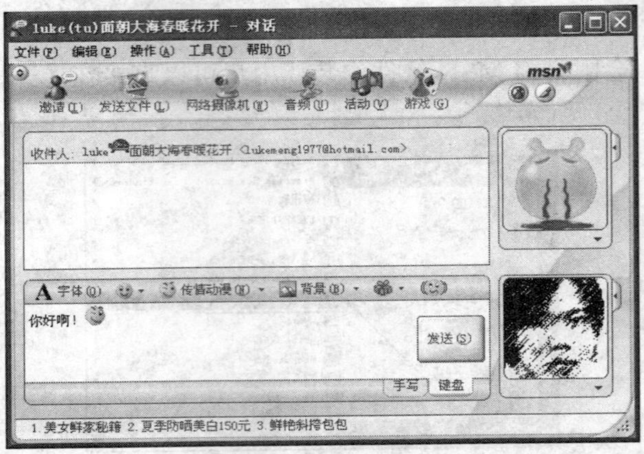

图 8-28　与好友聊天

3. 软件设置

如同 QQ 那样，MSN 也可以进行个性化设置，选择 MSN 界面中的【工具】|【选项】命令即可打开其设置窗口，如图 8-29 所示。

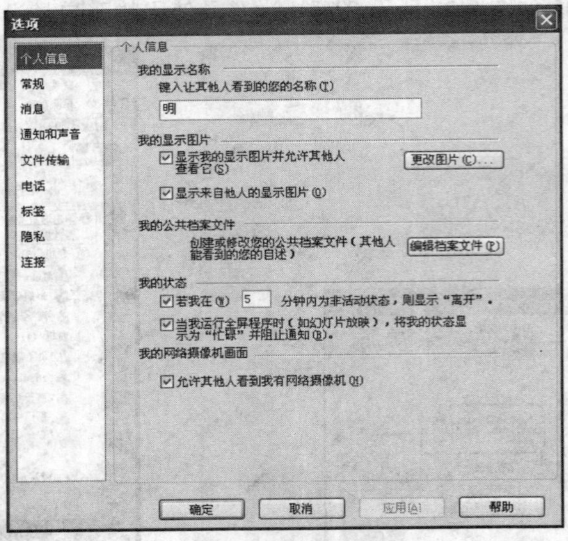

图 8-29　MSN 设置窗口

MSN 其他功能的使用和操作，可以参考它的帮助文档或自己深入去探索，本文不再介绍。

8.3　资源下载与共享

随着网络技术的快速发展，网络上的各种资源越来越丰富，搜索和下载资源的软件也更加多样化。本节将介绍目前较为流行的下载方式。

8.3.1　资源共享软件 eMule

eMule 是以 eDonkey 2000 网络为基础的新型 P2P 文件分享工具。它保留了所有 eDonkey 的标准功能，另外还提供了许多额外的功能，因此被许多网友所喜爱。eMule 简体中文 VeryCD 版，为中国网络的优化增加了一系列实用的功能。

1. eMule 的初始设置

安装完该软件，在第一次使用时，会提示用户进行一些初始配置。首先是欢迎提示，在此单击【下一步】按钮，来到设置用户名窗口，如图 8-30 所示（大部分配置都可以按照它默认的配置，直接单击【下一步】按钮即可）。

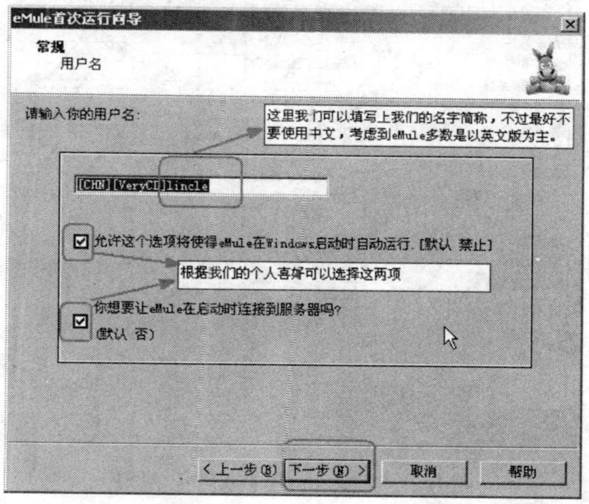

图 8-30　首次运行向导

2. 认识 eMule

下面看一看 eMule 的主界面，如图 8-31 所示。主界面和一般的软件相似，主要有以下两部分，即工具栏和与工具栏对应的信息栏。

单击工具栏上的【选项】图标按钮，可以打开 eMule 的【选项】窗口，如图 8-32 所示。

如果安装的 eMule 界面不是中文的，可以在【选项】|【常规】里设置，在此可以看到有关语言的选项，只需选择中文即可。其他选项的用法和功能在后文介绍。

eMule 的上传和下载速度可以进行调整：先打开【选项】窗口，选择【连接】选项，如图 8-33 所示。也可以右击任务栏中的运行图标来设置，如图 8-34 所示。

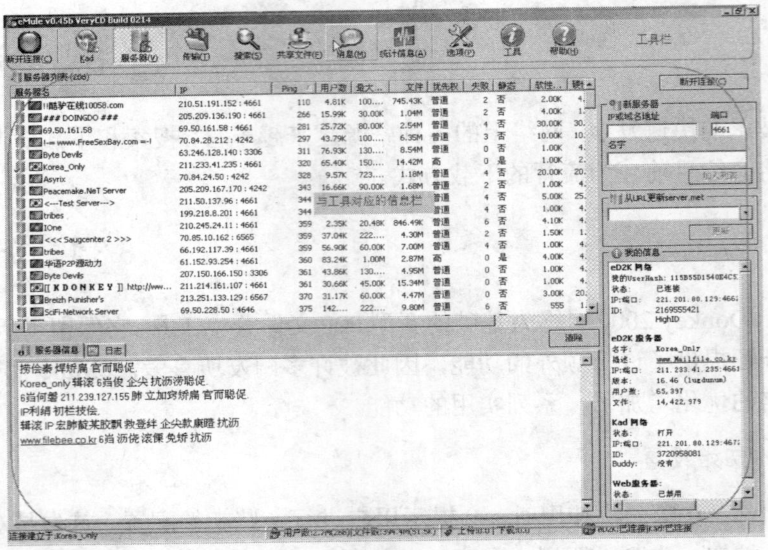

图 8-31　eMule 的主界面

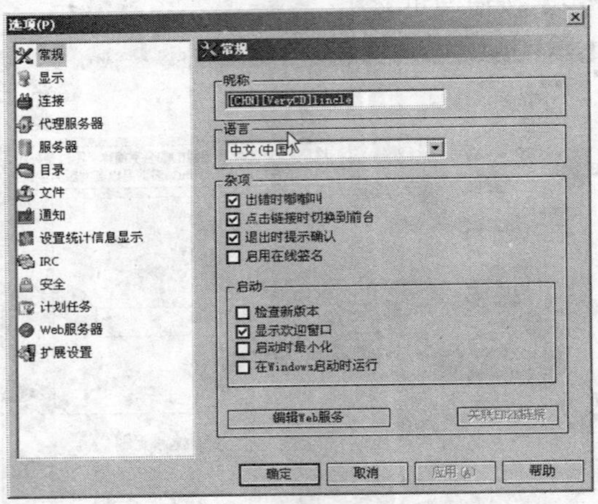

图 8-32　eMule 的【选项】窗口

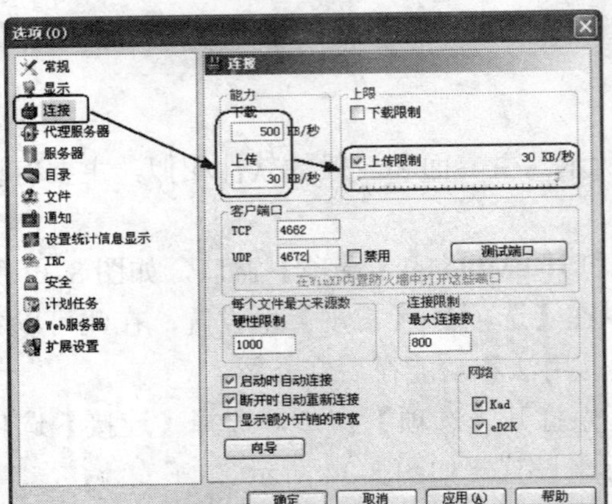

图 8-33　下载速度的设置

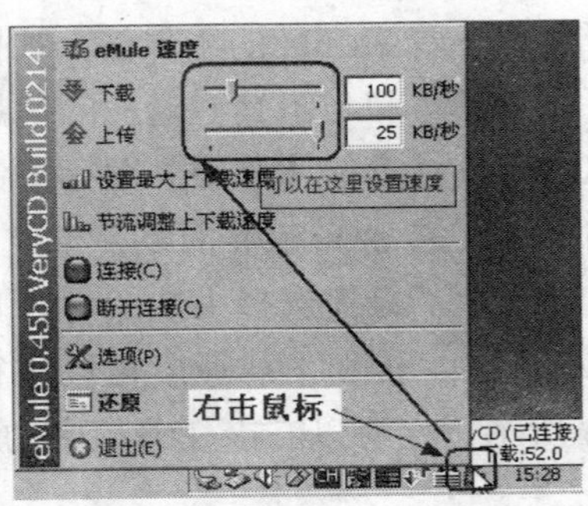

图 8-34　在任务栏中设置

提示：

eMule 的宗旨是“我为人人，人人为我”。所以，要将上传速度设置为适当的数值，如果把下载设定为 50KB/s，上传设成 1KB/s，即只下载而基本不上传，这样是不合适的，会被 eMule 加以相应的惩罚。因为这将直接影响连接数，eMule 分配到用户这里来下载的连接数目必然会很少，下载速度会变得非常慢。所以，不要将上传速度设置得过小。

3. 使用 eMule 搜索文件

单击工具栏中的【搜索】按钮，弹出如图 8-35 所示窗口。在该窗口中，可以输入关键词，搜索所需信息。

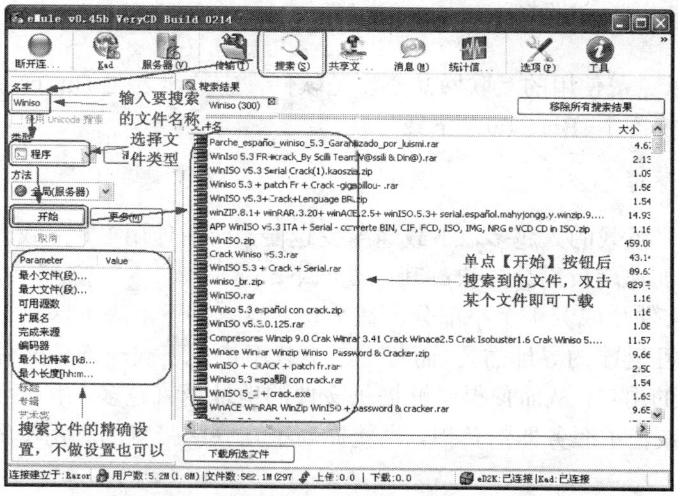

图 8-35　eMule 的搜索界面

4. 使用 eMule 下载软件

用鼠标双击搜索到的文件之后，即可开始下载。可以单击工具栏中的【传输】按钮中查看下载的一些具体信息，如图 8-36 所示。

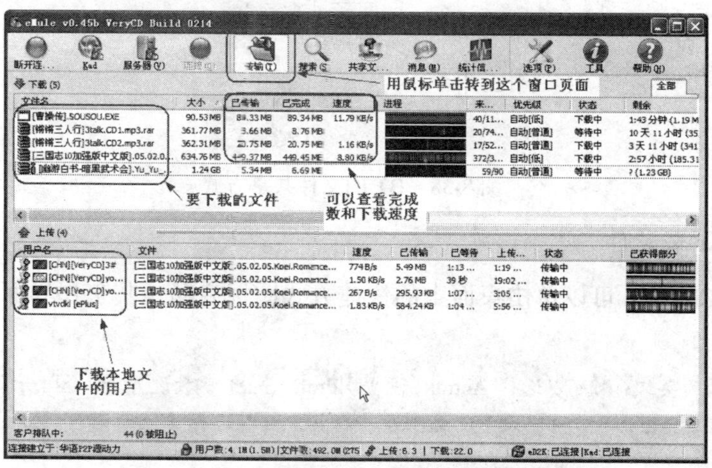

图 8-36　下载的基本信息

eMule 下载完的文件都是放在默认路径下的一个文件夹中。可以在【工具】|【打开 Incoming 目录】中查看，如图 8-37 所示。

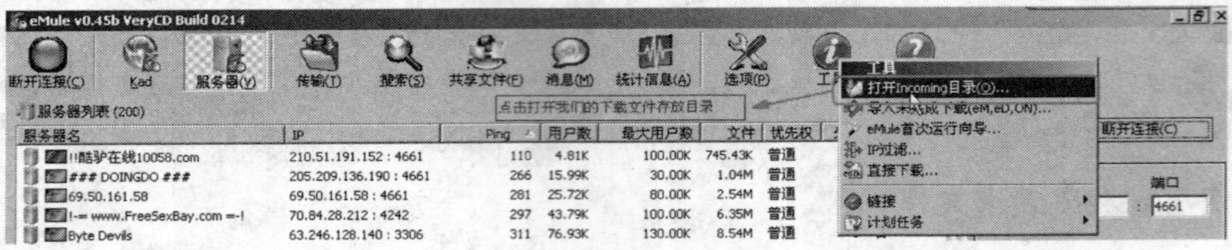

图 8-37　eMule 下载文件存放的目录

8.3.2　BT 软件的使用

BT 是一个可以免费使用的互联网共享资源软件，它的全名是 BitTorrent（比特流），国内很多人戏称它为“变态”（Bian Tai）下载。

1. BT 的工作原理

在传统方式下，下载的人越多，下载速度就越慢，而在使用 BT 下载同一个文件时，下载的人数越多，下载的速度反而会越快。其原因如下：

BT 会将一个文件分成若干个小部分，在 BT 下载方式下，服务器只是作为最初的文件发布和下载过程中相互链接的寻址需要。而每一个下载用户在下载一部分文件以后就可以上传已有文件给其他需要的用户，从而使得能够提供文件的地址越来越多。用户可以从很多地方获取文件，于是就大大减轻了服务器的负担，也就提高了互联网带宽的利用率和用户下载速度，如图 8-38 所示。

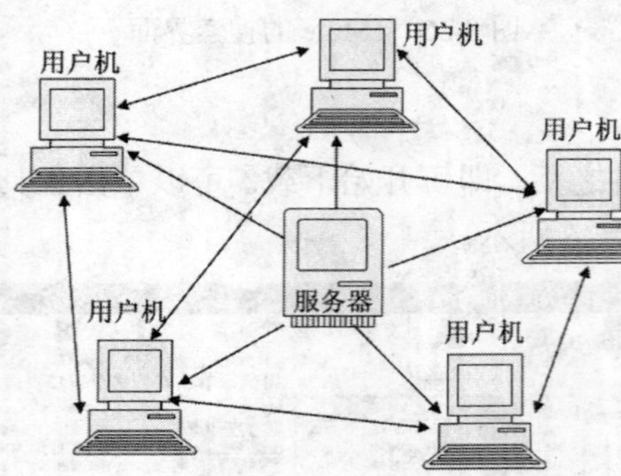

图 8-38　BT 的文件共享方式

2. 认识 BT 下载软件

安装好贪婪 BT 后，可以单击桌面上的快捷方式图标启动，其工作界面如图 8-39 所示。

提示：

如果运行后界面为英文，则可以选择 Action（设置）|Preference（参数设置）命令打开 ABC Preference（ABC 属性设置）面板，选择 Misc.（个性化设置）选项卡，在其中可以选择其他的语言，如图 8-40 所示。

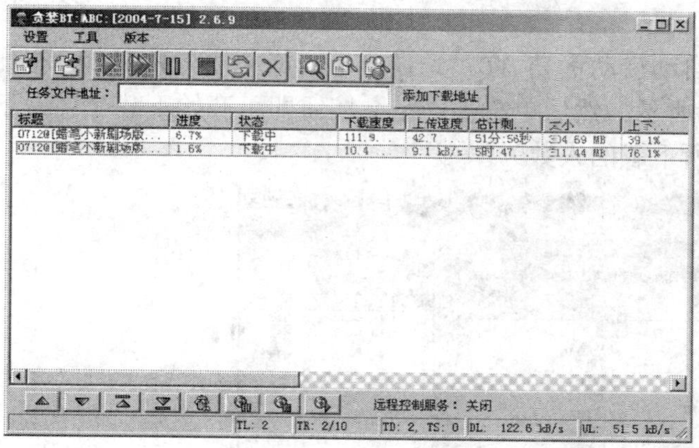

图 8-39　贪婪 BT 的工作界面

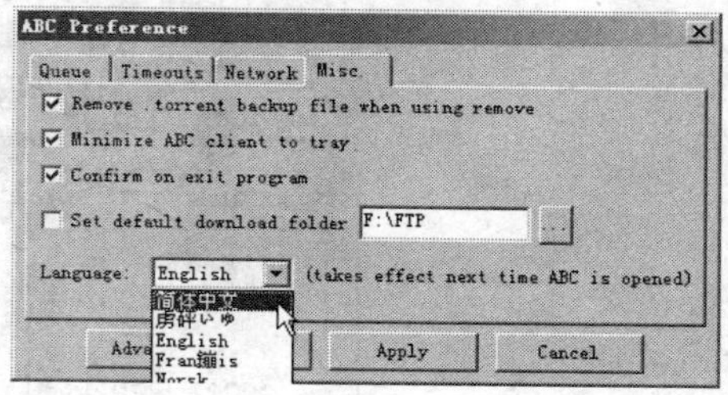

图 8-40　语言选择

3. BT 的下载方法

（1）获取种子文件

用贪婪 BT 来下载文件，必须先要获取对应文件的种子文件（.torrent），可以到专门提供种子文件下载的网站获取。

下面以中国 BT 联盟为例（网址为 http://www.btchina.net/），介绍如何获取种子文件和下载文件。

1）用 IE 浏览器打开中国 BT 联盟网站，并进入相关的种子发布页。

2）找到要下载的种子后，用鼠标右键单击种子列表，选择快捷菜单中的【目标另存为】命令将种子保存起来（也可以直接打开），如图 8-41 所示。

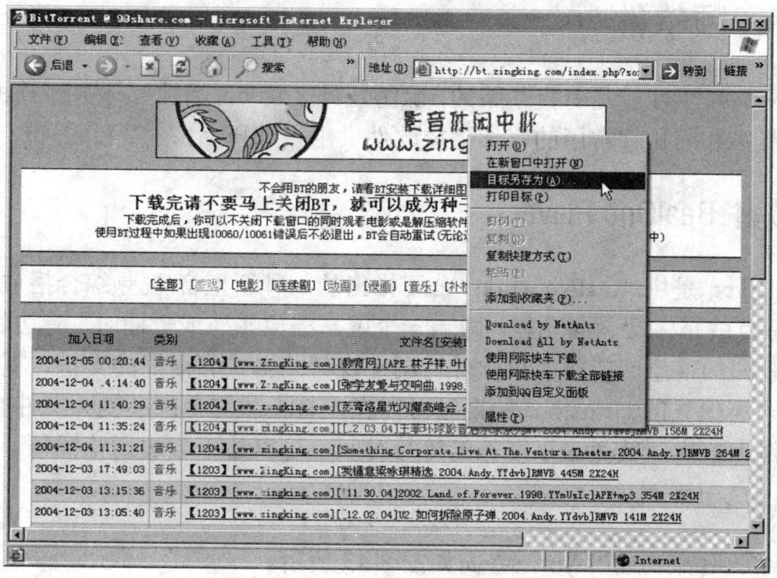

图 8-41　获取种子

提示：

在发布页面中还可以查看文件的大小、种子数和发布者等信息。根据种子数可以确定该文件是否能下载。

（2）开始下载

运行从网站获取的种子，系统就会自动启动贪婪 BT。先弹出【浏览文件夹】窗口，在此设置文件下载后的保存路径，如图 8-42 所示。然后单击【确定】按钮即可开始下载文件，下载的速度取决于上网的速度和种子数（所下载的人数）。

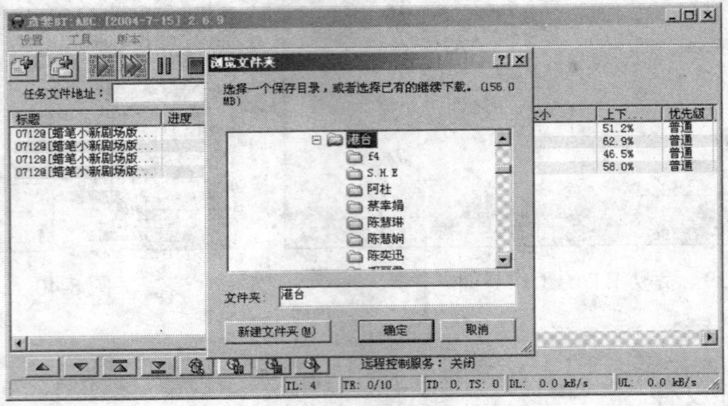

图 8-42　选择保存路径

此外，直接在发布种子的页面单击种子列表，也会弹出【浏览文件夹】窗口，保存路径确定后开始下载。完成后可以看到文件状态栏中出现“完成/做种中”。

注意：

在有些网站上单击种子列表时，会弹出一个【打开】或【保存】的选择对话框。选择【打开】即直接下载文件，选择【保存】则是将该种子文件保存起来。

8.4　媒体视频/音频软件

计算机带来的娱乐性能是有目共睹的，除游戏外，可以说播放媒体是计算机带来的第二大娱乐方式。本节将介绍几款常用的媒体播放软件供用户选择。

8.4.1　视频播放软件 RealOne Player

RealOne Player 是由 RealNetworks 公司推出的一种新型音/视频综合播放软件，RealOne Player 的一大特点就是多层画面功能，即当一个屏幕播放影碟或歌曲时，旁边将有一个侧屏提供有关影碟或歌曲的信息或广告。该软件对网上视频的格式有很好的支持。其中，rm 格式的视频是 real 公司所倡导的。rm 格式的视频可以在没有下载完全部的视频文件时，播放已下载的部分视频文件。这样，就免去了漫长的等待时间，可以边下载边浏览视频。

1. 管理媒体库

安装完软件，运行 RealPlayer，界面如图 8-43 所示。

可以先设置媒体库，就是把磁盘中的媒体信息加载到 RealPlayer 上，以方便以后的查找和使用。加载方法如下：

（1）在界面中单击【文件】按钮，选择【在磁盘中扫描媒体】选项，如图 8-44 所示。

（2）接着设置音频文件的所在位置，如图 8-45 所示。

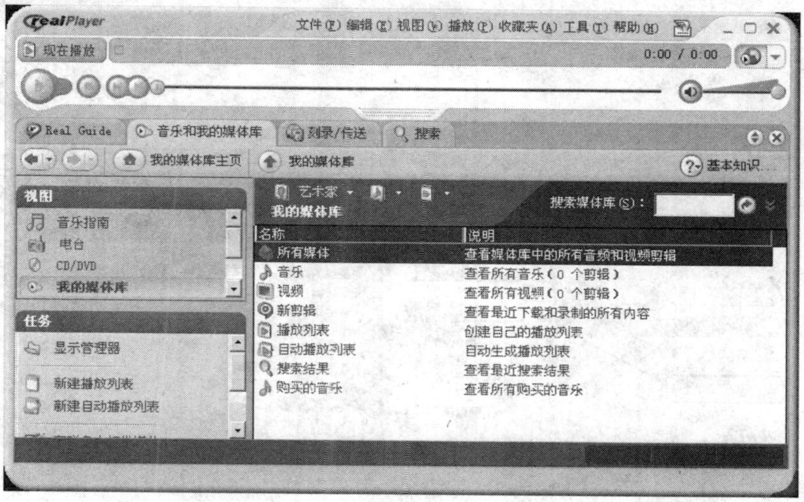

图 8-43　RealPlayer 界面

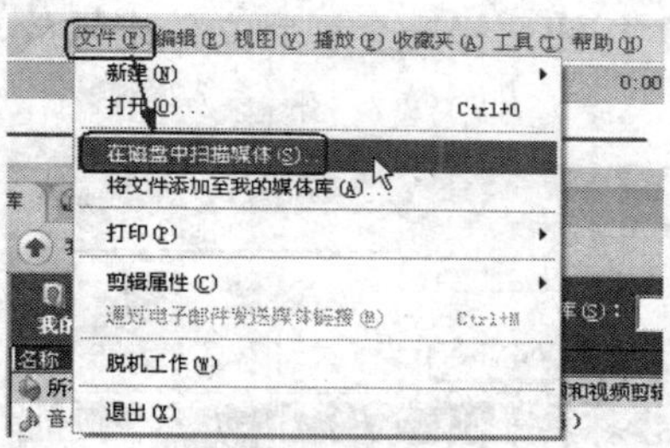

图 8-44　执行“在磁盘中扫描媒体”

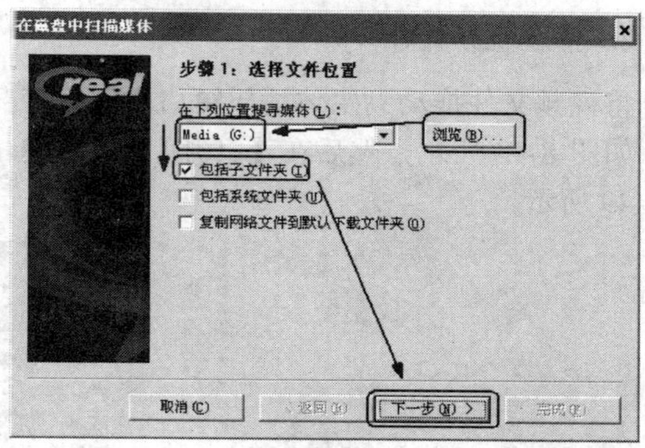

图 8-45　设置文件位置

（3）接着设置要扫描的类型和其他条件，如图 8-46 所示。

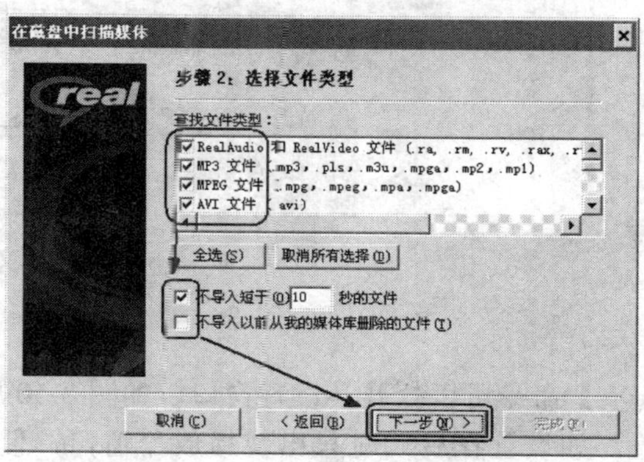

图 8-46　设置扫描条件

（4）完成扫描后，可以在管理窗口中浏览到相关的文件，如图 8-47 所示，单击这些文件即可播放。

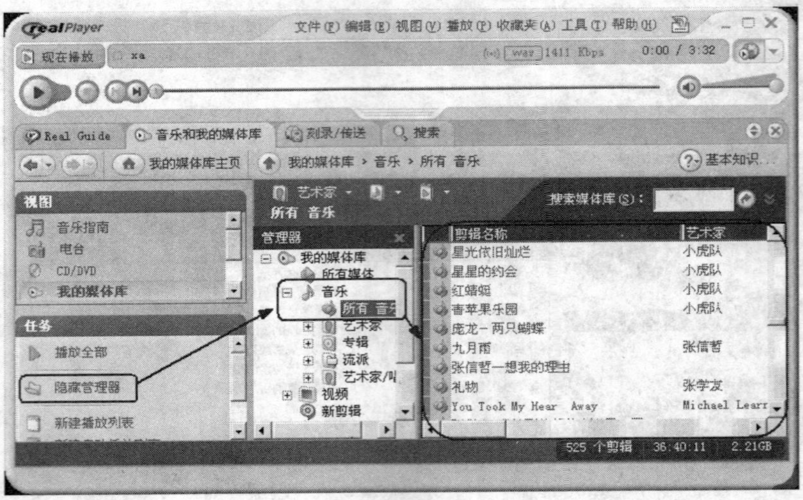

图 8-47　媒体库管理窗口

2. 播放视频文件

将视频文件拖动到媒体播放窗口中即可打开该视频文件，或者选择【文件】|【打开】命令，如图 8-48 所示，然后在【打开】窗口中单击【浏览】按钮选择一个视频文件来播放，如图 8-49 所示。

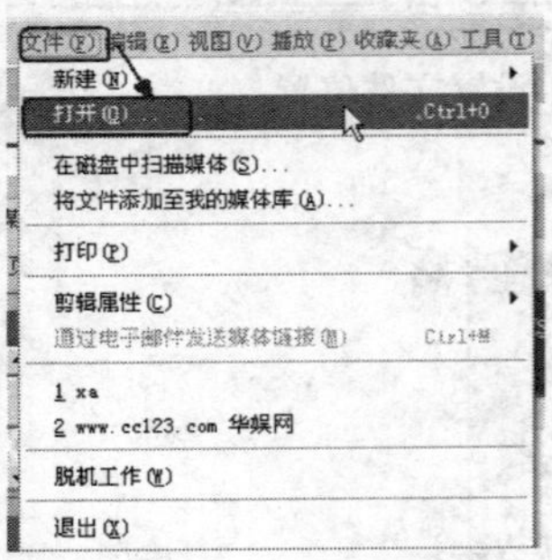

图 8-48　打开文件

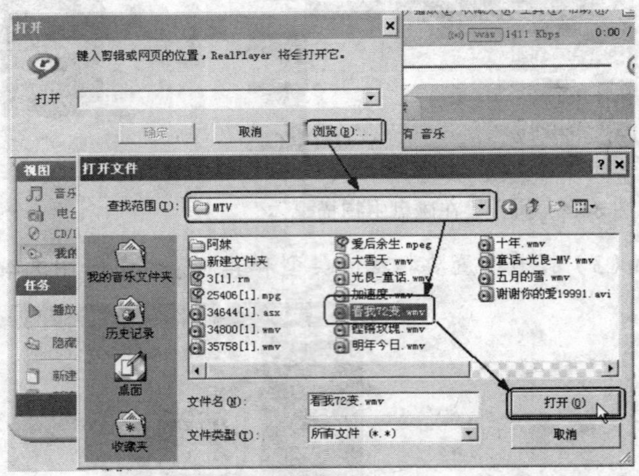

图 8-49　选择文件

3. 软件设置

选择【工具】|【首选项】命令可以打开其设置窗口，如图 8-50 所示。在设置窗口中，可以对软件进行合理的设置，如设置在启动时只出现播放器窗口，便于快速启动，如图 8-51 所示。

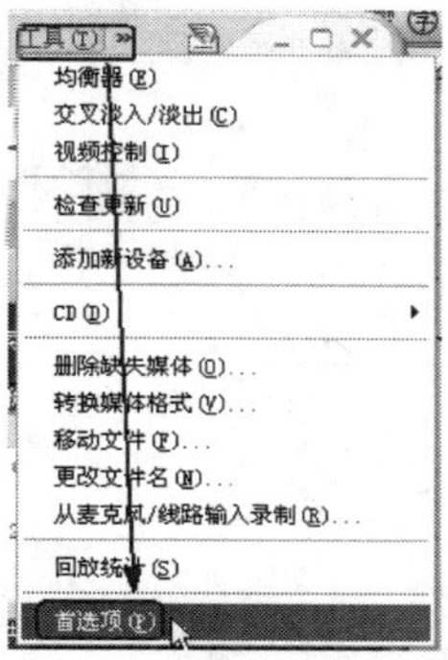

图 8-50　打开设置窗口

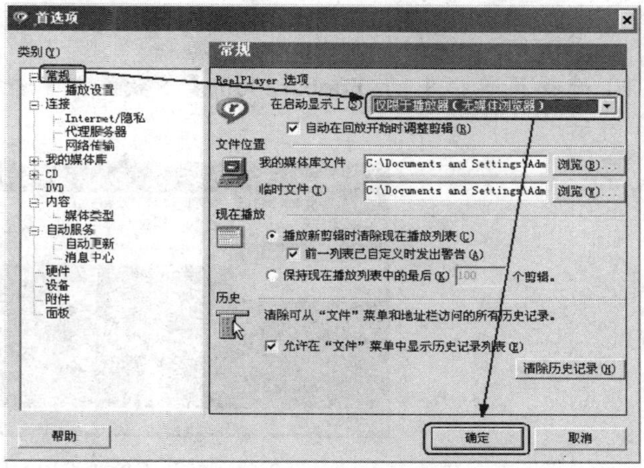

图 8-51　设置相关参数

8.4.2　音频播放软件 Foobar2000

Foobar2000 是一个非常值得推荐的多媒体播放器，主程序体积非常小巧，只有 200KB 左右，运行时只占用 1.9MB 内存、5%左右的 CPU 资源，资源消耗很小，界面朴素，没有 Skin（皮肤）和其他多余物。该软件虽然简单，但其播放音频的质量绝不会比同类软件逊色。

1. 认识 Foobar2000 窗口

安装完软件并启动，简洁的界面如图 8-52 所示。

2. 播放音频文件

单击工具栏上的【打开】按钮 ⏏ 或选择【播放列表】|【打开】命令，都可以打开其【打开】窗口。在窗口中选择相应的文件，单击【打开】按钮即可在软件中打开，如图 8-53 所示。

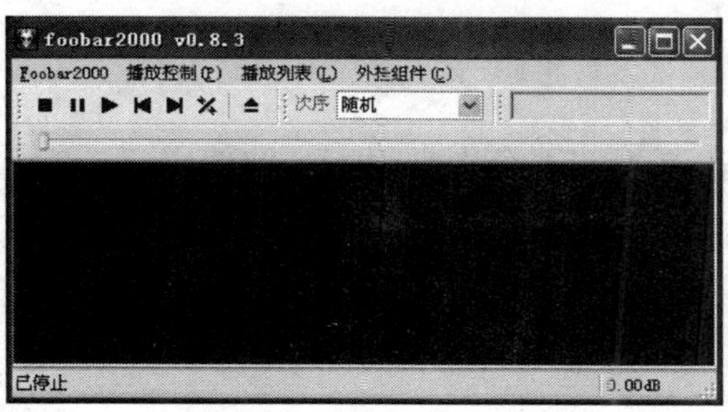

图 8-52　Foobar2000 窗口

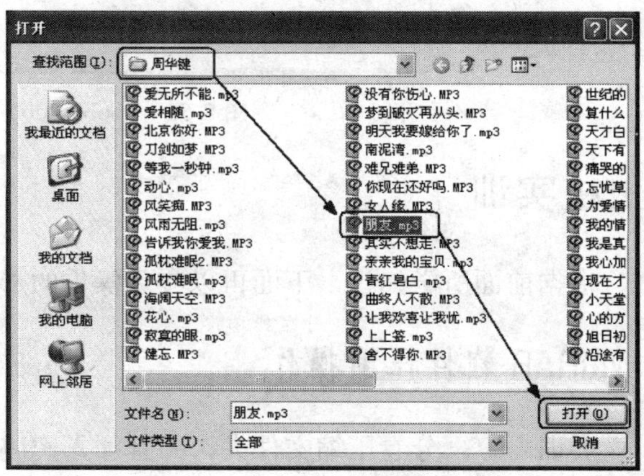

图 8-53　选择播放的文件

3. 参数设置

（1）选择菜单栏中的 Foobar2000|【参数设置】命令可以打开【参数设置】窗口，如图 8-54 所示。

图 8-54　打开【参数设置】窗口

（2）打开该窗口后，用户可以根据个人喜好进行设置，如图 8-55 所示。

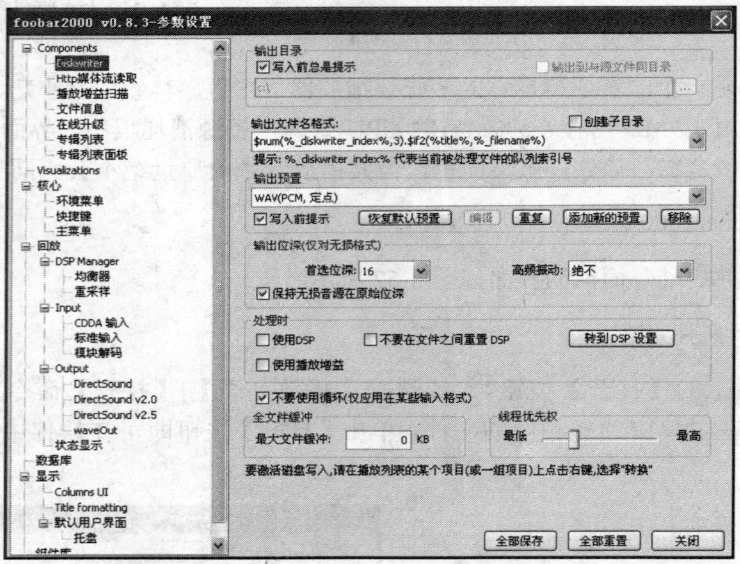

图 8-55　Foobar2000【参数设置】窗口

8.5　上机实训

根据前面所学知识，下面再以实际操作的形式来复习一下个别常用工具的使用。

8.5.1　WinRAR 软件压缩操作

实训内容：分卷压缩文件夹，并且加入密码。

（1）选择并右击要压缩的文件夹，然后选择【添加到档案文件】命令，如图 8-56 所示。

（2）在弹出的参数设置窗口中设置各项压缩参数，如压缩名称、压缩格式、压缩分卷的大小等，如图 8-57 所示。

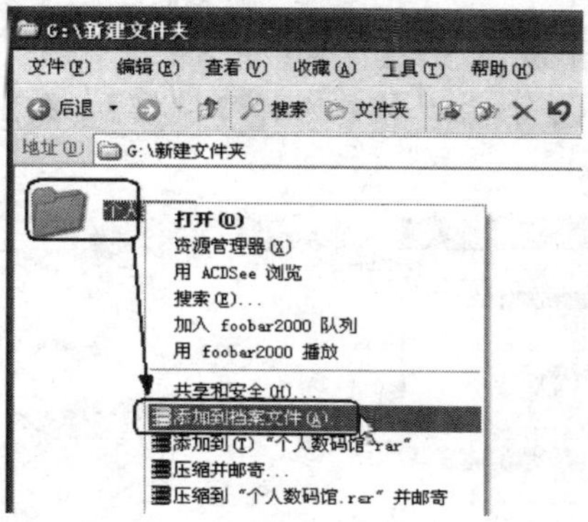

图 8-56 选择要压缩的文件夹

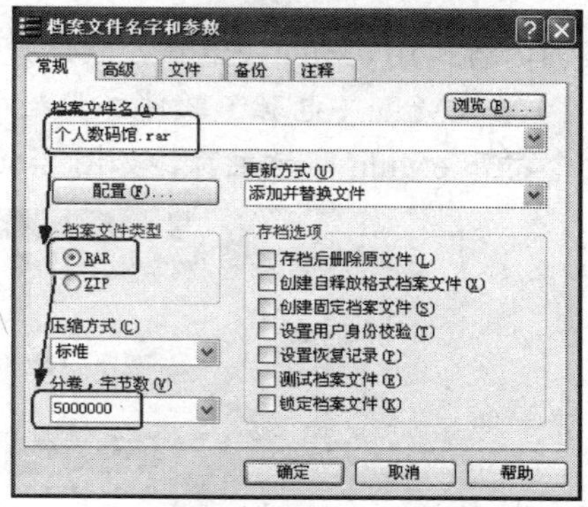

图 8-57 设置压缩参数

（3）接着选择【高级】选项卡进行密码的设置，如图 8-58 所示。

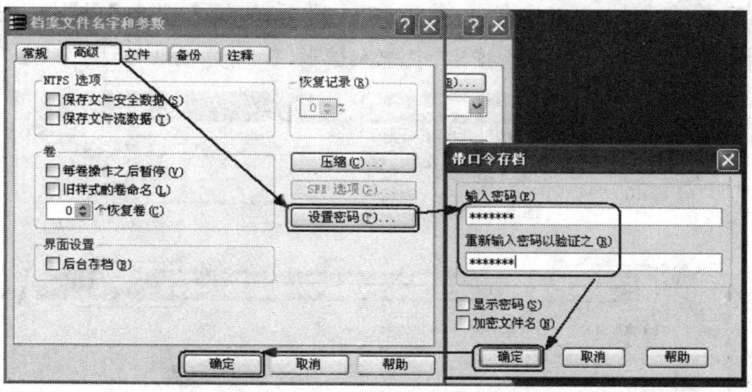

图 8-58 设置压缩密码

（4）完成密码设置后单击【确定】按钮回到参数设置窗口，再单击【确定】按钮，系统开始进行压缩操作，完成后在设定的目标文件夹中（默认为原文件夹的目录中）生成压缩包文件，如图 8-59 所示。

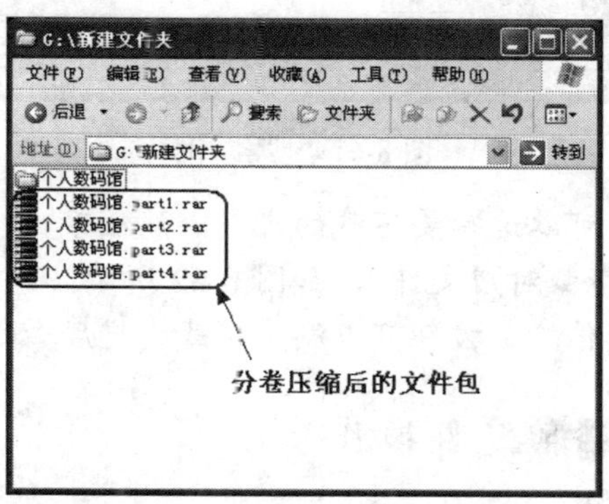

图 8-59 生成的压缩文件包

8.5.2 eMule 软件下载操作

实训内容：用 eMule（电骡）软件搜索电影，并下载电影。

（1）在 eMule（电骡）软件工具栏中单击【工具】按钮，接着选择【链接】|【eMule 主页】命令打开 eMule 网站主页，如图 8-60 所示。

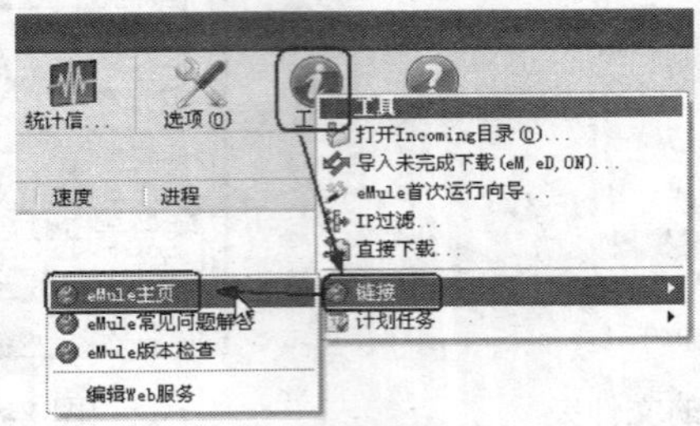

图 8-60 打开 eMule 主页

（2）打开主页后，在搜索框中输入关键词，然后单击【搜索】按钮。这时系统将搜索与关键字相关的文件内容，单击文件链接即可进入选择下载页面，如图 8-61 所示。

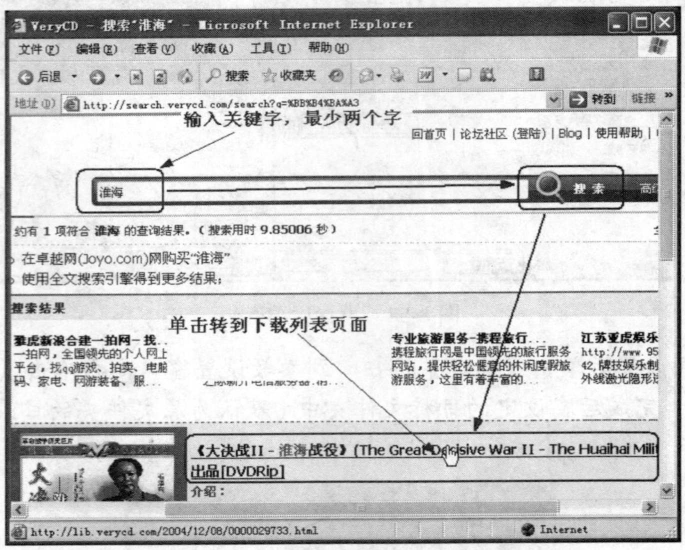

图 8-61 搜索文件

（3）转到下载页面后，可以选择要下载的文件，然后单击【下载选中的文件】即可开始下载（双击文件链接也可以下载对应文件），如图 8-62 所示。

（4）单击工具栏中的【传输】按钮可以浏览下载的进度等。

8.5.3 音频软件 Foobar2000 播放文件操作

实训内容：用 Foobar2000 分列表播放文件。

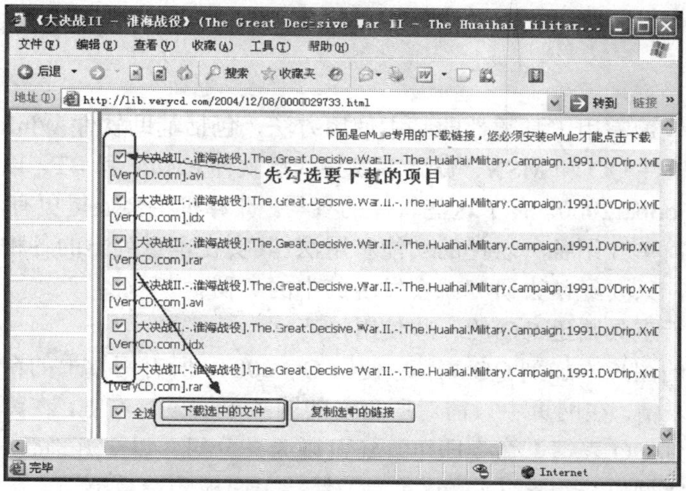

图 8-62　选择要下载的文件

（1）在 Foobar2000 窗口中选择【播放列表】|【创建新列表】命令，创建一个新的列表窗口，如图 8-63 所示。

（2）双击或右击创建的列表窗口名称，为列表重新设置一个名称，如图 8-64 所示。

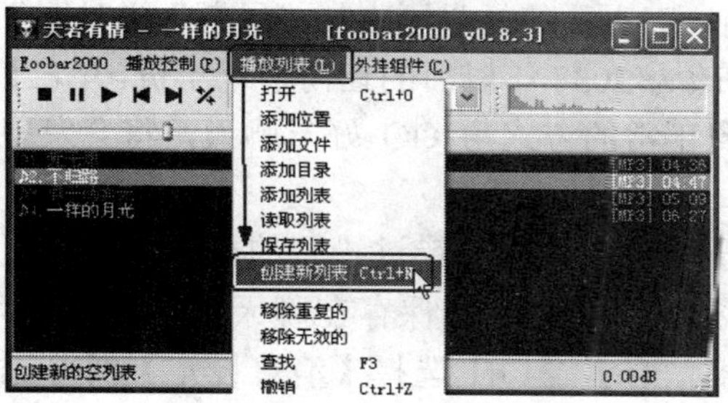

图 8-63　创建新列表

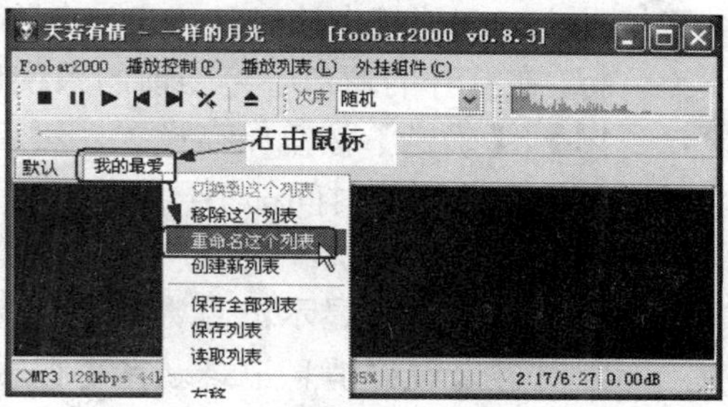

图 8-64　重命名列表名称

（3）创建列表完毕，单击【打开文件】按钮，添加自己最喜爱的歌曲，如图 8-65 所示。

图 8-65　添加播放的文件

8.6 总结提高

本章讲解了一些最常用工具软件的基本使用方法，包括辅助软件 WinRAR 和 Windows 优化大师、即时通信软件 QQ 和 MSN、资源下载与共享软件 eMule 和 BT，以及多媒体播放软件 RealOne Player 和 Foobar2000。有了这些软件的参与，计算机将会显得更有活力、更具娱乐性。

本章内容只是简单介绍各种软件的功能和用法，其实在本章列出的各种软件中都还有更多的功能和使用方法，只要经常去研究就会发现其中的奥秘。

下面仅介绍聊天工具腾迅 QQ 的一些使用技巧。

☑ 将网页上的图片添加到 QQ 表情：使用 QQ 2004，所有网页上的精彩图片都可立即收藏入 QQ 表情。在网页中只需对所喜爱的图片单击鼠标右键，在弹出的快捷菜单中选择【添加到 QQ 表情】命令即可。还可以为其分组，以更好地管理自定义表情。

☑ 收起切换“好友分组”：QQ 2004 为了保持主面板的清爽整洁，采用全新树状好友分组模式。很多用户担心下载的好友分组不易找到，其实很简单——只需单击下面标注出的【QQ 好友】栏，即可快速收起所有的好友分组，再次单击即切换回原状态。

☑ 便捷地传送文件：在 QQ 2004 中，只需将要传送的文件拖动到好友头像上或拖入和好友对话的聊天窗口中，即可快速、便捷地向好友传送文件。

☑ 抹去 QQ 消息中的时间信息：在聊天之前，双击系统托盘区中的“日期”、“时间”图标，在打开的窗口中将当前的系统日期修改为 2038 年以后的任何一个年份，单击【应用】|【确定】按钮保存设置，然后再按照正常的方式与 QQ 好友聊天，将会发现所有消息前面的时间都不再存在了。

☑ 避免群消息骚扰：当用户正忙于工作或学习，却又不想错过纷繁的群消息时，可设置消息来时只显示消息数目，或接收但不提示消息（只保存在聊天记录中），等空闲时再来看群消息记录。在【查看群详细信息】窗口中选择【消息设定】即可进行设置。

另外还有一些很好的软件本章没有介绍，这些软件的使用其实都是大同小异，若结合软件自身提供的帮助信息，相信可以很快掌握它们的使用方法。

8.7 习题

一、选择题

1．WinRAR 是一款比较常用的压缩软件，且支持解压的格式很多，以下说法错误的是______。

A．WinRAR 可以压缩 RAR 和 ZTP 格式

B．WinRAR 不可以压缩 ISO 文件

C．WinRAR 可以压缩 ISO 文件

D．WinRAR 可以解压缩 ISO 文件

2．常用的即时通讯软件还有很多，下面所列______项不属于即时通讯软件。

A．网易 popo　　B．ICQ　　C．朗玛 UC　　D．Google

3．在 BT 下载方式下，服务器是作为______和下载过程中相互连接的寻址需要。

A．最初的文件发布 B．整个文件的提供者

C．快结束时文件的提供者 D．种子的下载

二、操作题

1．找一个大于 30MB 小于 60MB 的文件或文件夹，对其进行分卷压缩，压缩包大小设置为 10MB 左右。

2．申请一个 QQ 号，登录后添加好友 303323011，验证信息中输入“你好，我是计算机入门基础训练的读者”，并与 303323011 进行简单的聊天。

3．用 BT 软件下载大于 100MB 的文件资源（普通拨号上网的用户可以不操作此题）。

【读书笔记】
DUSHU BIJI

附录 A　常规键盘快捷键

附录 A.1　Windows 通用键盘快捷键功能

快　捷　键	功　　能
Ctrl+C	复制
Ctrl+X	剪切
Ctrl+V	粘贴
Ctrl+Z	撤销
Delete	删除
Shift+Delete	永久删除所选项，而不将它放到“回收站”中
拖动某一项时按 Ctrl	复制所选项
拖动某一项时按 Shift+Ctrl	创建所选项的快捷键
F2	重新命名所选项
Ctrl+向右键	将插入点移动到下一个单词的起始处
Ctrl+向左键	将插入点移动到前一个单词的起始处
Ctrl+向下键	将插入点移动到下一段落的起始处
Ctrl+向上键	将插入点移动到前一段落的起始处
Shift+Ctrl+任何箭头键	突出显示一块文本
Shift+任何箭头键	在窗口或桌面上选择多项，或者选中文档中的文本
Ctrl+A	选中全部内容
F3	搜索文件或文件夹
Alt+Enter	查看所选项的属性
Alt+F4	关闭当前项或者退出当前程序
Alt+Enter	显示所选对象的属性
Alt+空格键	为当前窗口打开快捷菜单
Ctrl+F4	在允许同时打开多个文档的程序中关闭当前文档
Alt+Tab	在打开的项目之间切换
Alt+Esc	以项目打开的顺序循环切换
F6	在窗口或桌面上循环切换屏幕元素
F4	显示“我的电脑”和“Windows 资源管理器”中的“地址栏”列表
Shift+F10	显示所选项的快捷菜单
Alt+空格键	显示当前窗口的【系统】菜单
Ctrl+Esc	显示【开始】菜单
Alt+菜单名中带下划线的字母	显示相应的菜单
F10	激活当前程序中的菜单条
右箭头键	打开右边的下一菜单或者打开子菜单
左箭头键	打开左边的下一菜单或者关闭子菜单

（续）

快　捷　键	功　能
F5	刷新当前窗口
BackSpace	在"我的电脑"或"Windows 资源管理器"中查看上一层文件夹
Esc	取消当前任务
将光盘插入到 CD-ROM 驱动器时按 Shift 键	阻止光盘自动播放

附录 A.2　Office 通用键盘快捷键功能

快　捷　键	功　能
F4	重复上一次的操作
Shift+F4	重复上次查找命令
Shift+F5	跳转到文档中的上一次编辑位置
Ctrl+F6	在打开的文档之间切换
F12	打开【另存为】对话框
Ctrl+B	使字符变为粗体
Ctrl+I	使字符变为斜体
Ctrl+U	为字符添加下划线
Ctrl+S	保存当前文件
Shift+F2	复制文本
Shift+F3	改变字母大小写
Ctrl+F2	打印预览
Ctrl+F12	选择【文件】菜单中的【打开】命令
Shift+Ctrl+F12	选择【文件】菜单中的【打印】命令

附录B 习题答案

第1章 认识计算机

一、填空题

1．1946 美国

2．运算器 控制器 存储器 输出设备

3．巨型机 大型机 中型机 小型机 工作站 微型机

4．硬件系统 软件系统

5．系统软件 应用软件

6．DOS OS/2 UNIX Windows NetWare

7．机器语言 汇编语言 高级语言

8．ASCII 2个 0

二、选择题

1．A 2．D 3．B

第2章 Windows XP 操作系统

一、填空题

1．2001

2．家庭版 办公扩展专业版

3．Windows NT/2000

4．【开始】菜单按钮、快速启动工具栏、窗口按钮栏和通知区域

5．Ctrl

6．Shift Shift Del

7．标准计算器 科学计算器

8．切换到经典视图

二、选择题

1．A 2．D 3．C 4．A

三、操作题

1．操作提示

首先右击桌面在弹出的快捷菜单中选择【属性】命令，在打开的【显示 属性】对话框的"桌面"选项卡中设置墙纸；然后选择"屏幕保护程序"选项卡进行设置。

2．操作提示

参照文中"基本操作"下"移动和复制文件或文件夹"的操作。

3．操作提示

参照文中"上机实训"下的"共享文件夹"的操作。

第 3 章　计算机的优化与维护

一、填空题

1．15%　　2．硬盘扫描　　3．msconfig　　4．regedit

二、选择题

1．D　2．A

三、操作题

操作提示：可以登陆 3721 网站进行“上网助手”的安装。

第 4 章　Word 2003 的应用

一、填空题

1．表格　　2．查找　　3．空格

4．格式刷　　5．分散对齐

二、选择题

1．D　2．C　3．D　4．C　5．C　6．D

三、操作题

操作提示：最后操作结果如下图所示。

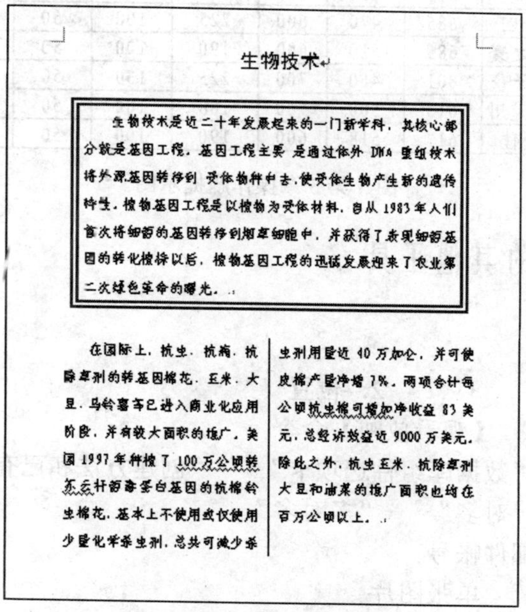

生物技术

生物技术是近二十年发展起来的一门新学科，其核心部分就是基因工程。基因工程主要是通过体外 DNA 重组技术将外源基因转移到受体物种中去，使受体生物产生新的遗传特性。植物基因工程是以植物为受体材料，自从 1983 年人们首次将细菌的基因转移到烟草细胞中，并获得了表现细菌基因的转化植株以后，植物基因工程的迅猛发展迎来了农业第二次绿色革命的曙光。

在国际上，抗虫、抗病、抗除草剂的转基因棉花、玉米、大豆、马铃薯等已进入商业化应用阶段，并有较大面积的推广。美国 1997 年种植了 100 万公顷转苏云杆菌毒蛋白基因的抗棉铃虫棉花，基本上不使用或仅使用少量化学杀虫剂，总共可减少杀虫剂用量近 40 万加仑，并可使皮棉产量净增 7%。两项合计每公顷抗虫棉可增加净收益 83 美元，总经济效益近 9000 万美元。除此之外，抗虫玉米、抗除草剂大豆和油菜的推广面积也均在百万公顷以上。

图　第 4 章操作题提示图

第 5 章　电子表格 Excel 2003

一、填空题

1. 右　左　　2. 嵌入　　3. 选项

4. 排序　　5. D3

二、选择题

1. B　2. D　3. C　4. A　5. D

三、操作题

操作提示：表格结果如下图所示。

工 资 表

编号	姓名	基本工资	岗位津贴	奖金	保险费	住房基金	水电费	实发工资
1	林木森	685	508	700	200	100	50	1543
2	吕口品	800	460	700	245	130	50	1535
3	王明	613	550	600	199	100	50	1414
4	易昌晶	613	550	600	287	100	50	1326
5	许东	830	588	700	234	130	50	1704
6	余从众	800	560	700	234	130	50	1646
7	王平	685	462	700	156	100	50	1541
8	杨四春	613	580	600	199	100	50	1444
9	刘炎焱	685	520	700	199	130	50	1526
10	岳晋生	613	380	600	178	100	50	1265
11	张三	615	390	600	178	100	50	1277
12	李四	685	470	600	225	100	50	1380
13	张之寰	685	510	600	190	100	50	1455
14	庄子仪	801	450	700	225	130	50	1546
15	王大川	613	500	700	188	100	50	1475
16	刘佳	617	518	600	190	100	50	1395

图　第 5 章操作题提示图

第 6 章　认识 Office 2003 的其他工具

一、填空题

1. 动态的形式　　2. 位置

3. 幻灯片放映视图　【观看放映】命令

4. “窗口菜单”　“数据库组件选项卡”　“创建方法和已有对象列表”

5. “一对一”　“一对多”　“多对多”

6. 邮件　邮件　邮件帐号

7. 缩略图　幻灯片　单张图片

二、选择题

1．D 2．A 3．D 4．A 5．D

三、操作题

1．操作提示：首先，用户需要新建一个空的演示文稿，然后才可以往其中添加内容。新建空的演示文稿的操作步骤如下：（1）启动 PowerPoint2003。（2）选择【文件】菜单下的【新建】命令。（3）在弹出的【新建演示文稿】面板中选择【空演示文稿】选项；（4）在弹出的【幻灯片版式】面板中选择空的演示文稿版式。其次，开始在空的演示文稿里面输入相关的个人简历资料。再次，就是进行美化文稿的工作，包括修改语言文字的大小、颜色、字体、添加动作等。

2．操作提示：最简单的方法就是使用“表向导”来建立表单了。参考步骤如下：首先要在数据库窗口的【对象】列表中单击【表】这一项，将数据库的操作对象切换到表上，把鼠标移动到数据库窗口右边的创建方法和已有对象列表中，双击【使用向导创建表】即可启动向导创建表。启动表向导后，在屏幕中自动弹出一个【表向导】对话框，在此用户可以在【示例表】下拉列表框中选择表名，还可以在表的【示例字段】下拉列表框中选择相应的字段（姓名、电话、地址、邮箱等），再将这些选中的字段组成一个新的表。

3．操作提示：（1）单击 Outlook 工作窗口左边的【新建】按钮，在弹出的下级菜单中选择【邮件】命令即可新建邮件。（2）在出现的编写邮件的界面中输入相应的收件人地址、主题、邮件内容等。（3）写邮件的过程中可以按快捷键 Ctrl+S 保存用户的邮件，以免辛辛苦苦写的东西因为意外出错而不见了，保存的邮件会保存在“草稿”文件夹中。写完单击【发送】按钮把它“发送”出去即可。

4．操作提示：单击【调整尺寸】选项，即可打开一个面板，在此面板中可以更改图片的尺寸。

第 7 章 计算机网络应用基础

一、填空题

1．广域网 局域网 城域网
2．具有通信功能的单机系统阶段 具有通信功能的多机系统阶段
3．办公自动化 电子数据交换 电子商务 远程教育
4．全球网络 最大的 开放的 集合

二、选择题

1．C 2．B 3．B

三、操作题

操作提示：略

第 8 章　常用工具介绍

一、选择题

1. C　2. D　3. A

二、操作题

操作提示：略

读者意见反馈卡

尊敬的读者，感谢您购买机械工业出版社的“电脑精品课堂系列教程”，您是本书最重要的评论者，您的评论和建议将帮助我们出版更适合您需要的书。如果您希望我们出版哪些方面的书籍，或有感兴趣的技术话题，以及您的其他想法，都可以通过传真、电子邮件，或直接写信的方式传递给我们。我们的工作离不开您的大力支持和参与！

1. 您对本书的总体感觉：☆☆☆☆☆（您认为有几星级就请填涂几颗星，下同）
2. 您认为本书的层次结构：☆☆☆☆☆
3. 您认为本书的语言文字水平：☆☆☆☆☆
4. 您认为本书的版式编排：☆☆☆☆☆
5. 您认为本书的封面设计：☆☆☆☆☆
6. 您认为本书中所提供的操作说明：☆☆☆☆☆
7. 您最希望从本书中学到什么？

   ____
8. 您最关心或最满意的是哪部分？请简述原因。

   ____
9. 您认为本书需作哪些改进？请简述原因。

   ____
10. 您所学（从事）的专业（职业）是：______________
11. 您最感兴趣的计算机类新书是：

    □ 操作系统类　□ 程序设计语言类　□ 办公软件类
    □ 图形、图像设计类　□ 排版软件类　□ 网络技术类
    □ 多媒体制作类　□ 数据库类　□ 其他________
12. 您最关心的计算机的应用领域是：

    □ 设计　□ CAD/CAM　□ 培训或教学　□ 其他________
13. 您是从哪里第一次知道本书的？

    □ www.cmpbook.com　□ 书店　□ 电子书店　□ 广告
    □ 朋友、同学/同事　□ 其他____________

请您填写：

姓名：________ 年龄：______ 学历：________ 单位：____________

地址：______________________________ 邮编：________

电话：________________ E-mail：________________

填好本卡后，请将本页剪下寄至：

北京市海淀区万柳中路洄桥·泊屋馆 3-3-702 北京时代金科科技有限公司

《电脑入门教程与上机实训》编辑部收

邮编：100089　电话：（010）82573583　传真：（010）82573583

网址：http://www.cmpbook.com/jk.asp　E-mail：zhuyingbiao@163.com

如需本书可与本编辑部联系邮购，汇款请按以上地址填写，另加邮费 15%（挂号）